# 暖 通 空 调 设 计 图 集

# 1

刘 宝 林 主编

中 国 建 筑 工 业 出 版 社

图书在版编目（CIP）数据

暖通空调设计图集 1/刘宝林主编：—北京：中国建筑工业出版社，2004
ISBN 7-112-06070-2

Ⅰ.暖… Ⅱ.刘… Ⅲ.①房屋建筑设备：采暖设备-建筑设计-图集②房屋建筑设备：通风设备-建筑设计-图集③房屋建筑设备：空气调节设备-建筑设计-图集 Ⅳ.TU83-64

中国版本图书馆 CIP 数据核字（2003）第 093237 号

本图集分为 1、2 两册。内容包括：多层住宅设计、高层住宅设计、别墅设计、办公建筑设计、学校建筑设计。书中介绍了各种类型建筑的暖通空调系统设备配置、安装和线路敷设方式，重点放在单系统的布设和预留扩展余地，以适应今后发展的需要。

本图集具有较强的实用性和示范性，可供暖通空调设计人员及施工、管理人员工作中学习参考。

\* \* \*

责任编辑：刘 江
责任设计：彭路路
责任校对：黄 燕

**暖通空调设计图集**
**1**
刘宝林 主编
\*
中国建筑工业出版社出版、发行（北京西郊百万庄）
新 华 书 店 经 销
北京市彩桥印刷厂印刷
\*
开本：787×1092 毫米 横 1/8 印张：28¼ 字数：744 千字
2004 年 2 月第一版 2004 年 2 月第一次印刷
印数：1—4,000 册 定价：57.00 元
ISBN 7-112-06070-2
TU·5338（12083）

版权所有 翻印必究
如有印装质量问题，可寄本社退换
（邮政编码 100037）

本社网址：http://www.china-abp.com.cn
网上书店：http://www.china-building.com.cn

## 本书编写人员名单

主 编：刘宝林
副主编：欧阳东　李 春
编委会成员：

| 刘宝林 | 欧阳东 | 李 春 | 周连军 | 龚玉德 |
| 马文明 | 陈再升 | 刘永江 | 王 伟 | 李东升 |
| 尹永利 | 程 庆 | 张 静 | 李子祥 | 吴进中 |
| 姚朝辉 | 胡永明 | 岳利侠 | 李贤庆 | 田 祥 |
| 马文跃 | 林昆明 | 邢世家 | 李华仁 | 魏永玺 |
| 吴华生 | 武祥果 | 蔡国华 | | |

# 前　　言

进入21世纪，我国国民经济发展更为迅速，各类建筑的技术装备和自动化水平日益提高，建筑设备工程的标准、质量和功能也不断改进和进一步完善。为了全面总结建筑暖通空调工程设计已有的技术成果，为广大建筑暖通空调工作者提供可资借鉴的暖通空调设计施工图，本编写组特组织建筑设备设计人员，将已投入使用并满足功能和质量要求的各类民用建筑项目的设备系统设计，分类汇编成集。

本图集实用性、针对性和示范性强，对于从事建筑暖通空调设计的工程技术人员来说，是一本指导暖通空调设计的必备工具书。书中介绍的设计实例，符合我国国情，其中一部分正在施工，一部分已经交付使用，从经济效益、运行效果证明是可行的。书中所举设计实例，取材广泛，均符合国家制订的有关规范，也适合我国各地区的设计需要。书中图纸编制的内容，贯彻了建设部建设（1998）13号文，关于《1998年国家建筑标准设计编制工作计划》的规定要求。

设计时，读者可以根据本图集中的设计实例，同样的直接修改套用；相近的参考设计；举一反三，达到事半功倍、快速设计的目的。

本图集介绍的各类建筑项目的暖通空调系统的工程设计、施工实例中，重点放在单系统的布设和预留扩展余地，以适应安居和今后发展的需要。图集中介绍了一些技术先进、集成化程度较高的系统，可供高级公寓、别墅等较豪华住宅设计者参考。对某些比较简单、差别不大的装置，图集以解决先设计后订设备的要求为前提，预示管线及设备安装位置，以便于配合土建施工。

本图集介绍各类建筑的暖通空调平面图及干线系统图，意在显示设备配置、安装及线路敷设方式，仅供参考，使用者还须根据当地规定和实际情况，确定设计标准。

由于建筑设备智能化系统技术发展迅速，编者的水平有限，图集中的错误及不当处，敬请指正。

# 目　录

# 第一章　多层住宅设计

## 第一节　新城区住宅楼

### 设 计 总 说 明

#### 一、工程概况

本子项建筑面积为7675.43m²，共7层，其中地上7层（7层为越层），建筑功能为住宅，地下1层，建筑功能为储藏室。所有住宅均做采暖。

本工程采暖热负荷为258688W，热指标为33.7W/m²。

采暖系统最大阻力：54000Pa

#### 二、设计依据

1. 采暖通风与空气调节设计规范（GBJ 19－87）
2. 民用建筑热工设计规范（GB 50176－93）
3. 民用建筑节能设计标准（JGJ 26－95）
4. 中华人民共和国建设部第76号令。
5. 民用建筑节能设计标准（北京地区实施细则DBJ 01－602－97）
6. 新建集中供暖住宅分户计量设计技术规程（DBJ 01－605－2000）
7. 低温热水地板辐射供暖应用技术规程（DBJ/T 01－49－2000）

#### 三、设计内容

本子项设计范围为建筑物冬季采暖系统设计。

#### 四、室内外设计参数

1. 室外设计参数

冬季室外采暖计算（干球）温度：-9℃

冬季室外空调计算（干球）温度：-12℃

冬季室外通风计算（干球）温度：-5℃

冬季室外平均风速：　2.8m/s

最大冻土深度：　85cm

2. 室内设计参数

卧室　20℃

客厅　20℃

厨房　18℃

卫生间　20℃

#### 五、建筑热工及采暖系统设计

1. 建筑热工

本子项体型系数大于0.3，外墙平均传热系数不大于0.86W/(m²·K)，不采暖楼梯间隔墙传热系数不大于1.14W/(m²·K)，外窗传热系数不大于2.6W/(m²·K)，屋面传热系数不大于0.6W/(m²·K)，本子项建筑物耗热量指标为14.1W/m²。

2. 采暖热源

本子项采暖热源来自小区锅炉房，热水供回水设计温度为80～55℃。由小区锅炉房对采暖系统进行定压。

3. 采暖系统

采暖系统为地上一个系统，设九组下供下回式采暖立管，分设于九个管井内。住宅室内采暖系统采用每户一个水平双管同程式系统。该系统流过每组散热器的水温基本均衡。采暖管管径小，系统平衡较容易，并且各房间易调节。住宅室内每组散热器均设温控阀，和手动放气阀各一个。室内采暖管道采用PP-R管沿墙暗敷设于楼板垫层内（垫层厚为50mm）。管道管径均为d25 × 3.5(PP-R管)。

4. 散热器选择要求

本工程散热器按如下规则选用：住宅部分东、北、南向卧室采用TZ4-3-8型散热器；西向卧室、厨房和起居厅采用TZ4-5-8型铸铁散热器；卫生间采用钢制串片（闭式）GCE-1.2-1.0型散热器，卫生间散热器安装在马桶水箱上距地1.5m处。铸铁散热器要求内腔无砂铸造，工作压力为0.8MPa，表面要求喷塑处理（二次）颜色为白色。住宅部分散热器采用暗装时，其外罩前板上下均应开孔，且孔口高度均不小于150mm，孔口应敞开。

5. 采暖热水管管材选择要求

1）本子项设于楼板垫层内的采暖热水管采用PP-R管，要求工作压力为2.0MPa。依据《低温热水地板辐射供暖应用技术规程》(DBJ/T01－49－200) PP-R管材使用等级为5级。管道为热熔连接，管道连接方法按相关的规程、规定执行。埋地PP-R管在连接散热器处用三通（热熔连接）PP-R短管接出地面后，再用工作压力为2.0MPa的明装热镀锌管道。要求管材的工作压力若采用塑料管材，其使用等级为5级。塑料管材的连接方式按相关规定规程执行。

2）本子项地下室内DN ≤ 25的采暖热水管，以及管井内自采暖立管接出的入户采暖支管均采用镀锌钢管丝扣连接。其余管道采用焊接钢管，DN ≤ 32为丝扣连接，DN > 32者为焊接。

3）管井内的Y型过滤器要求滤芯材料为不锈钢丝网,局部阻力系数不大于2.0。公称压力1.0MPa。

4）采暖热力入口设压差控制阀,其他见华北地区标准图集91SB1第51页。

6. 热表、温控阀、压差控制阀的选择要求

1）每户设一个组合式热表，其技术要求如下：公称流量0.6m³/h。当阻力为1mH$_2$O时的流量≥0.4m³/h。热表为垂直安装，并配脉冲输出接口。

2）每组散热器安装一个温控阀。

其中：a. 当散热器不安装暖气罩时，温控阀为角型，内置式温度传感器，有预设定功能，规格为DN15。

b. 当散热器安装暖气罩时，温控阀为角型，配远程式温度传感器，有预设定功能，规格为DN15。

3）采暖系统入口处采暖回水管上设置了压差控制阀，规格为DN70，承压为1.6MPa，控制阀水阻力≤0.02MPa。

4）当确定散热器温控阀和压差控制阀供货厂商后，再确定这两种阀门的具体型号。

5）散热器温控阀和压差控制阀的安装应按产品使用说明进行。

7. 管道保温

由户外热网引入的总管，及管井内管道均做保温，保温材料采用超级玻璃棉管壳外包玻璃布，保温厚度40～30mm，具体做法见华北地区标准图集。91SB1第61页。

8. 采暖管道穿墙及穿楼板处均做钢套管

所有管道均应保证高点放气，低点泄水。非采暖季节满管保护。所有采暖管道穿墙处的预埋钢套管或预留洞在土建施工时均须密切配合。

9. 系统试压

采暖系统安装完毕后作整体试压，试验压力按91SB1暖气工程统一施工说明第7页有关内容进行。试验压力为0.6MPa。

10. 其他注意事项

热量表应在系统冲洗及试压完毕后安装，图中及设计说明中未详事宜按建筑设备施工安装图集中的规定执行并应符合施工验收规范的规定。

图　例

| | |
|---|---|
| R1 | 采暖供水管 |
| R2 | 采暖回水管 |
| | 固定支架 |
| ×× | 散热器及片数 |
| | 自动排气阀 |
| | 截止阀 |
| | 闸　阀 |
| | 泄水丝堵 |
| | 手动调节阀 |
| | 蝶　阀 |
| | 平衡阀 |
| ϕ×　DN×× | 管　径 |
| | 压力表 |
| | 温度计 |
| | Y 型过滤器 |
| LX | 采暖立管编号 |
| | 管道穿楼板套管 |
| | 水管坡向 |
| | 柔性防水套管 |
| AFP | 压差控制阀 |
| | 变径管 |
| | 活接头 |
| RX | 采暖入口编号 |

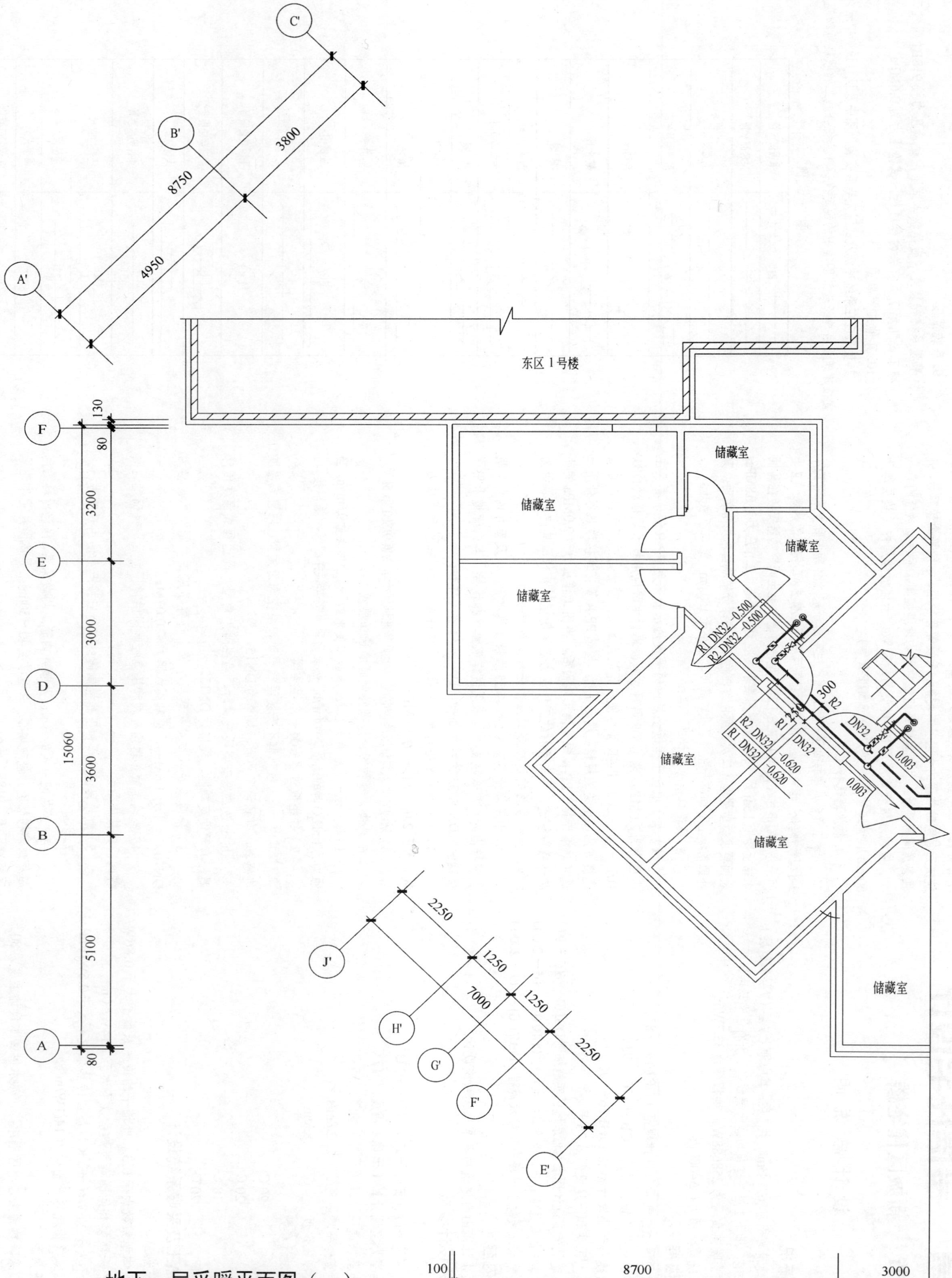
C'
B'
A'
3800
8750
4950
东区 1 号楼
储藏室
储藏室
储藏室
储藏室
储藏室
储藏室
储藏室
储藏室
R1 DN32 -0.500
R2 DN32 -0.500
R2
300
250
R1
DN32
R2 DN32 -0.620
R1 DN32 -0.620
DN32
0.003
0.003
F
E
D
B
A
130
80
3200
3000
3600
5100
80
15060
J'
H'
G'
F'
E'
2250
1250
1250
2250
7000
100
8700
3000
1
4

地下一层采暖平面图（一）

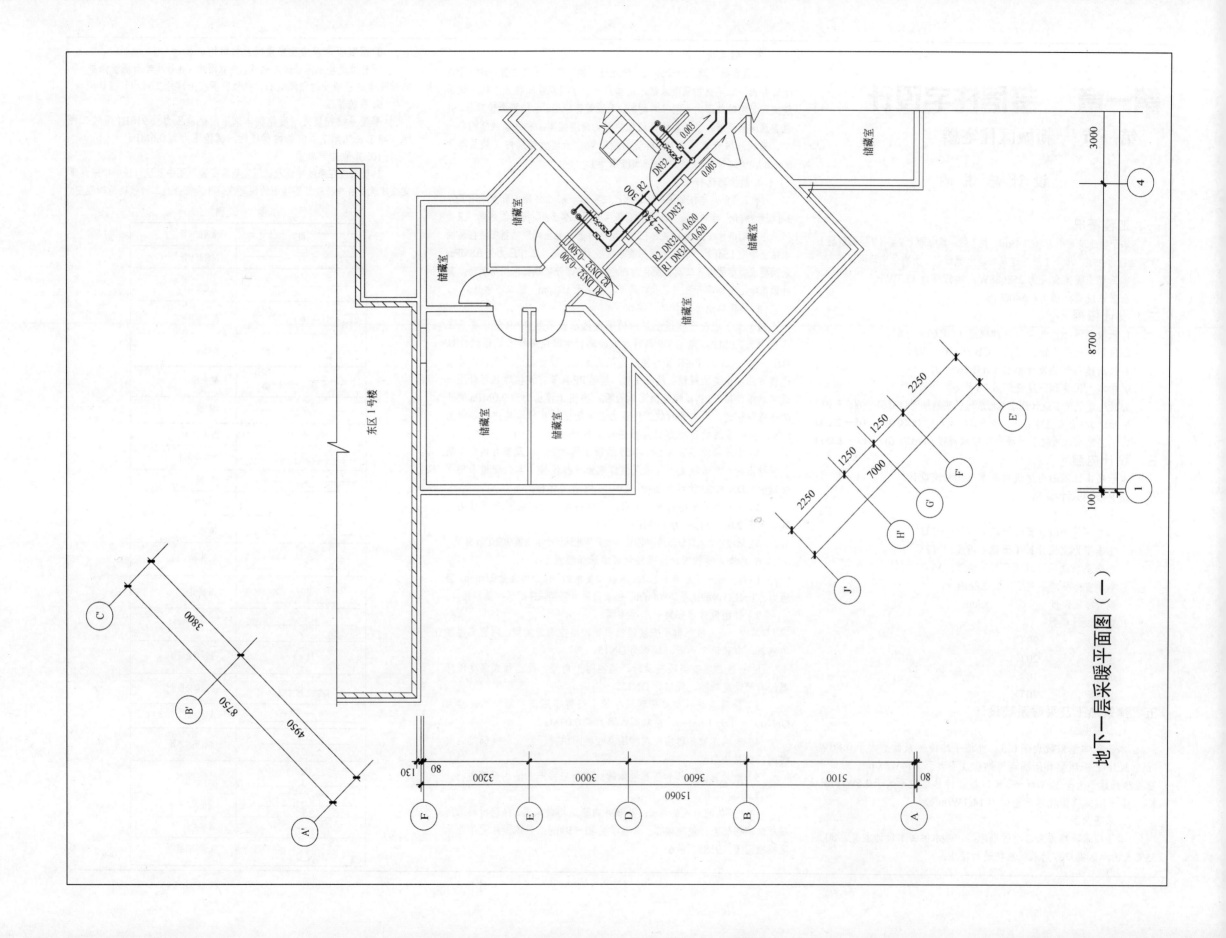

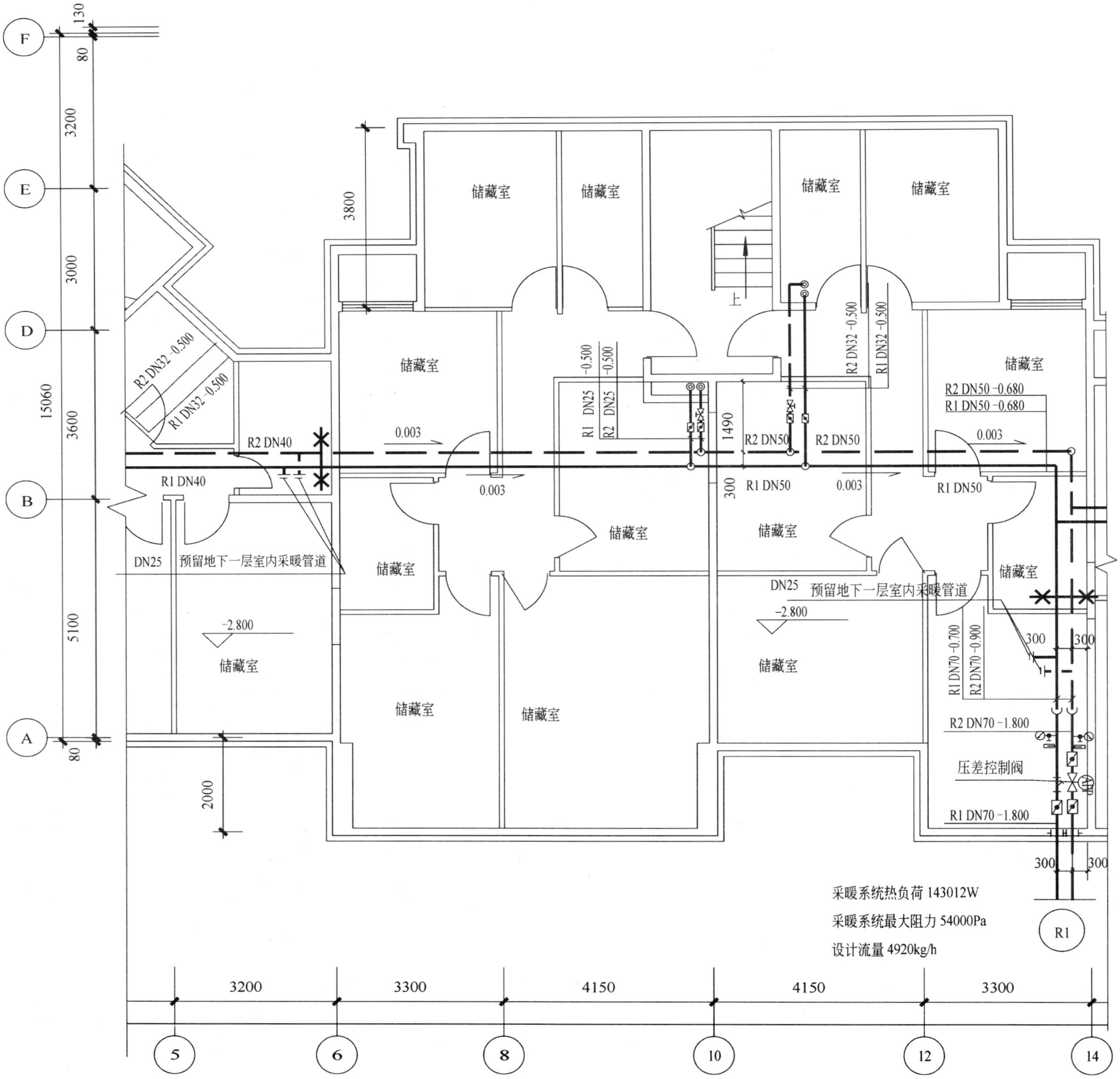

储藏室
R2 DN32 -0.500
R1 DN32 -0.500
R1 DN25 -0.500
R2 DN25 -0.500
R2 DN50 -0.680
R1 DN50 -0.680
R2 DN40
R1 DN40
R2 DN50
R1 DN50
0.003
1490
300
DN25
预留地下一层室内采暖管道
-2.800
R1 DN70 -0.700
R2 DN70 -0.900
R2 DN70 -1.800
压差控制阀
R1 DN70 -1.800
采暖系统热负荷 143012W
采暖系统最大阻力 54000Pa
设计流量 4920kg/h
R1
上
3800
2000
15060
3200
3000
3600
5100
80
130
3300
4150
A
B
D
E
F
5
6
8
10
12
14


地下一层采暖平面图（二）

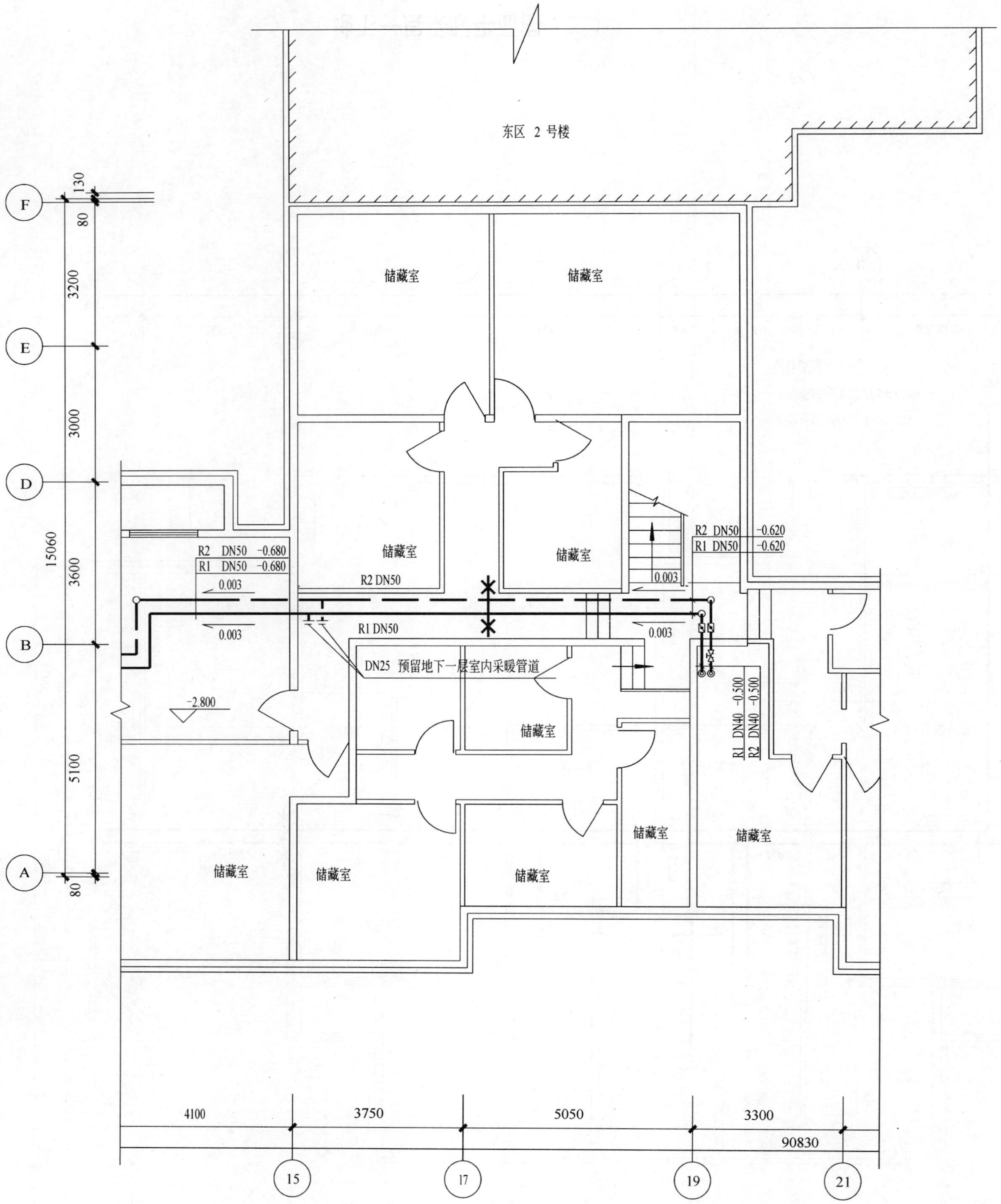
东区 2号楼
储藏室
储藏室
储藏室
储藏室
储藏室
储藏室
储藏室
储藏室
储藏室
储藏室
储藏室
R2 DN50 -0.680
R1 DN50 -0.680
0.003
0.003
R2 DN50
R1 DN50
R2 DN50 -0.620
R1 DN50 -0.620
0.003
0.003
DN25 预留地下一层室内采暖管道
R1 DN40 -0.500
R2 DN40 -0.500
-2.800
F
E
D
B
A
130
80
3200
3000
3600
5100
80
15060
4100
3750
5050
3300
90830
15
17
19
21

地下一层采暖平面图（三）

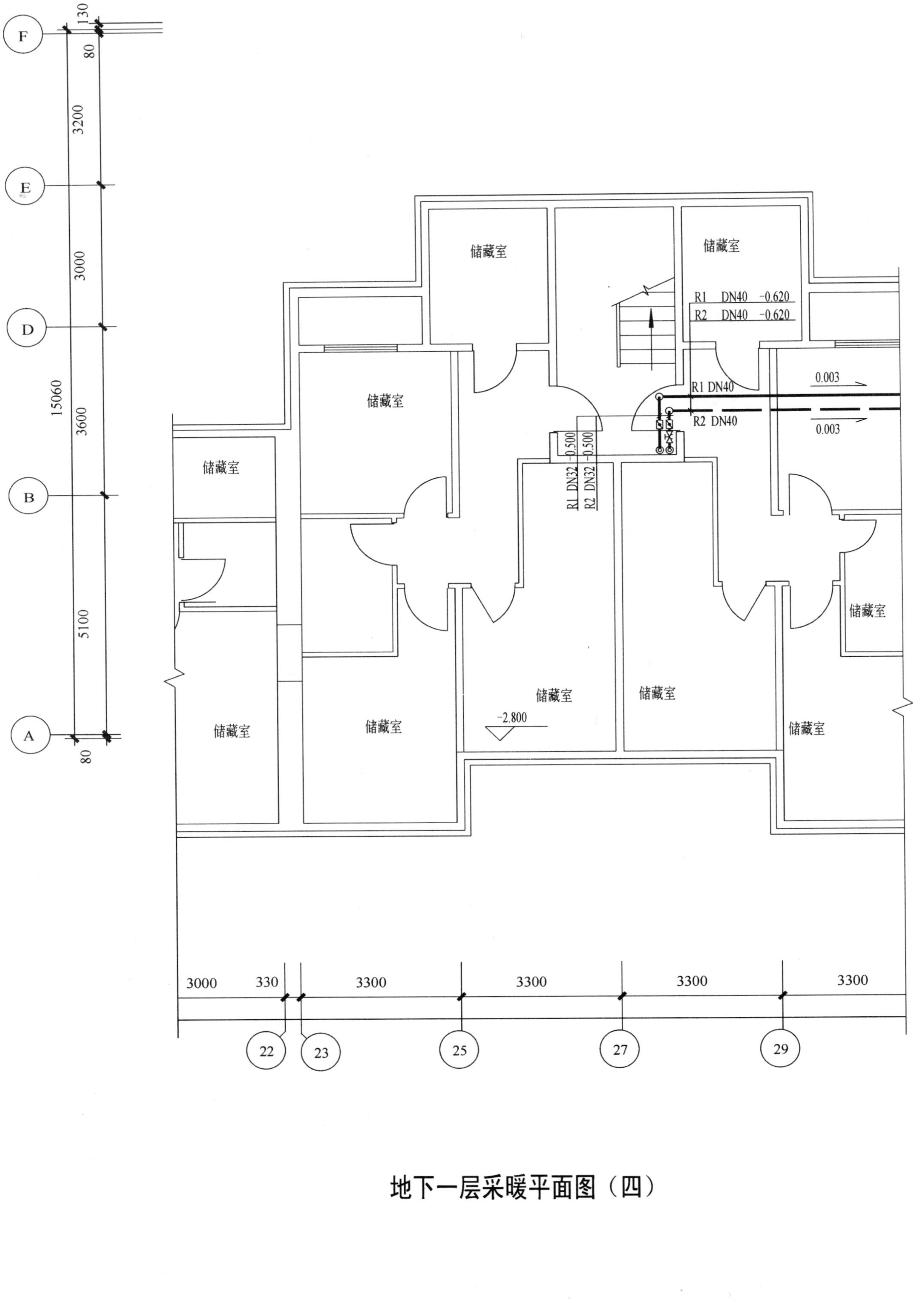
F
E
D
B
A
130
80
3200
3000
3600
5100
80
15060
储藏室
储藏室
储藏室
储藏室
储藏室
储藏室
储藏室
储藏室
储藏室
储藏室
储藏室
R1 DN40 -0.620
R2 DN40 -0.620
R1 DN40
R2 DN40
0.003
0.003
R1 DN32 -0.500
R2 DN32 -0.500
-2.800
3000
330
3300
3300
3300
3300
22
23
25
27
29

地下一层采暖平面图（四）

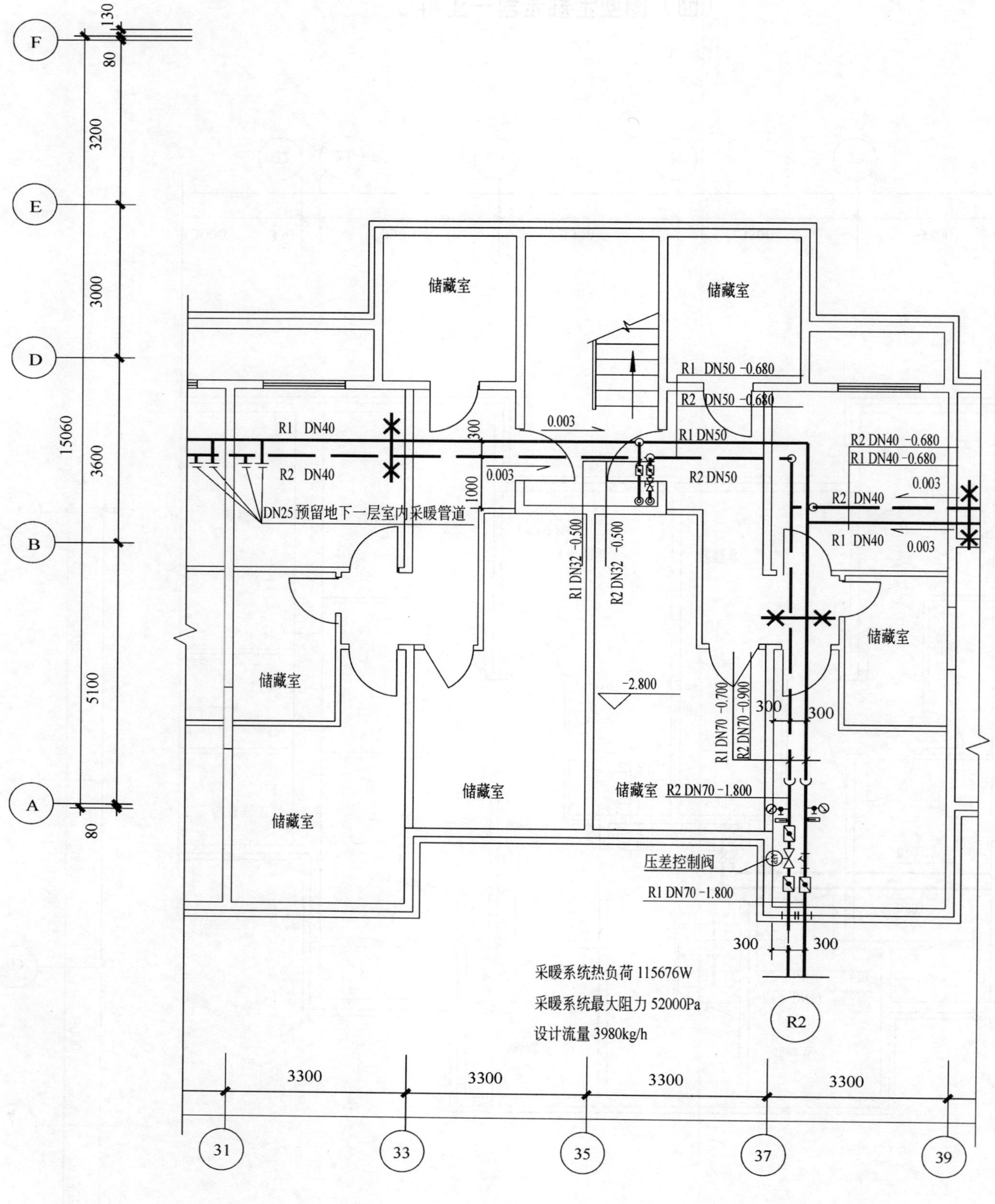

储藏室
R1 DN40
R2 DN40
DN25 预留地下一层室内采暖管道
0.003
300
1000
R1 DN50 -0.680
R2 DN50 -0.680
R1 DN50
R2 DN50
R2 DN40 -0.680
R1 DN40 -0.680
R2 DN40
R1 DN40
R1 DN32 -0.500
R2 DN32 -0.500
-2.800
R1 DN70 -0.700
R2 DN70 -0.900
R2 DN70 -1.800
压差控制阀
R1 DN70 -1.800
R2
采暖系统热负荷 115676W
采暖系统最大阻力 52000Pa
设计流量 3980kg/h
F
E
D
B
A
130
80
3200
3000
3600
5100
15060
3300
31
33
35
37
39


地下一层采暖平面图（五）

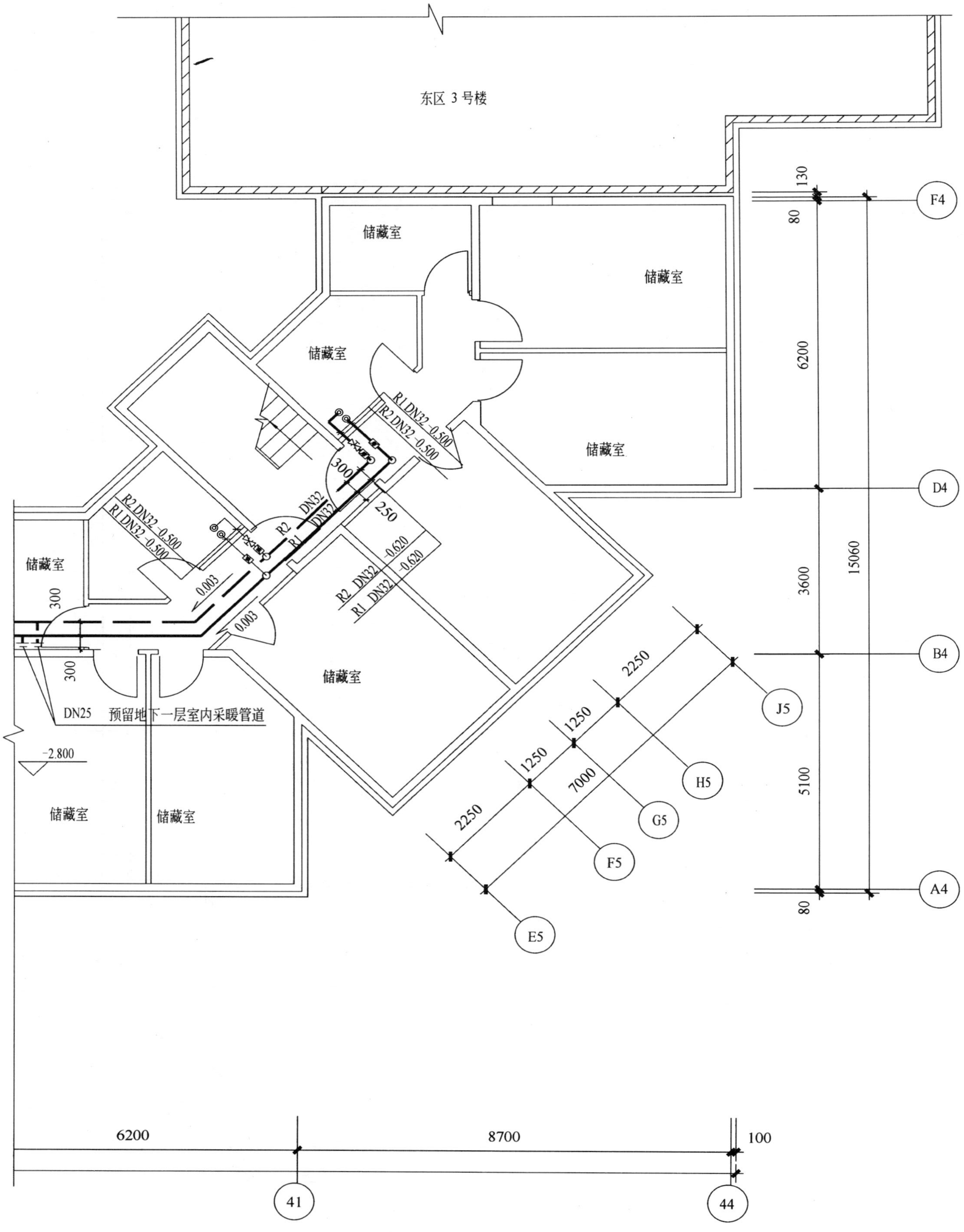
东区 3 号楼
储藏室
储藏室
储藏室
储藏室
储藏室
储藏室
储藏室
储藏室
储藏室
R1 DN32 -0.500
R2 DN32 -0.500
R2 DN32 -0.500
R1 DN32 -0.500
R2 DN32 -0.620
R1 DN32 -0.620
R2
R1
DN32
DN32
300
250
300
300
0.003
0.003
DN25
预留地下一层室内采暖管道
-2.800
130
80
6200
3600
5100
80
15060
2250
1250
1250
2250
7000
6200
8700
100
F4
D4
B4
A4
J5
H5
G5
F5
E5
41
44

地下一层采暖平面图（六）

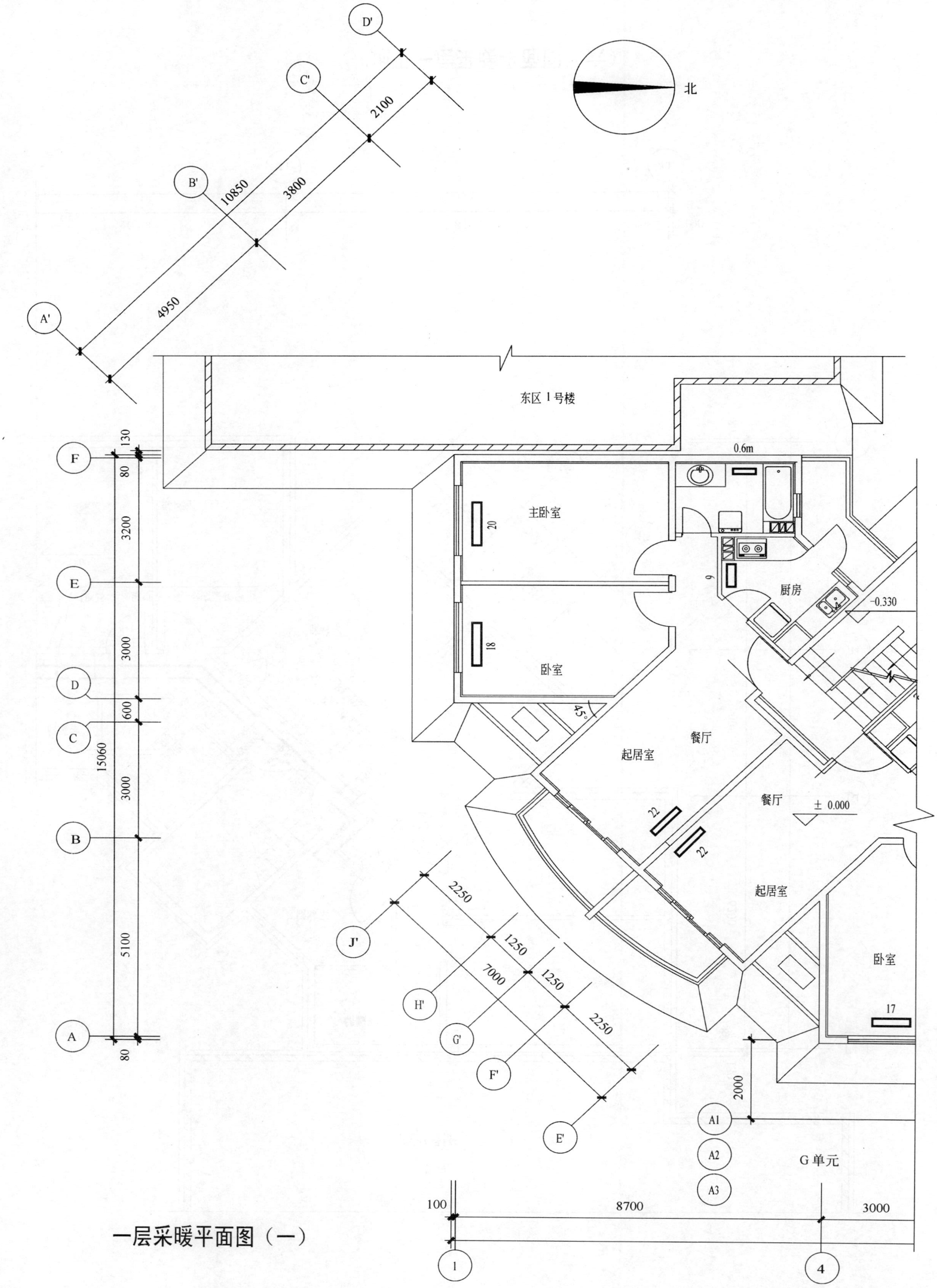
北
D'
C'
B'
A'
2100
3800
10850
4950
东区 1 号楼
0.6m
主卧室
20
卧室
18
45°
厨房
6
-0.330
餐厅
起居室
餐厅
± 0.000
22
22
起居室
卧室
17
F
E
D
C
B
A
130
80
3200
3000
600
3000
5100
80
15060
J'
H'
G'
F'
E'
2250
1250
1250
2250
7000
2000
A1
A2
A3
G 单元
100
8700
3000
1
4

一层采暖平面图（一）

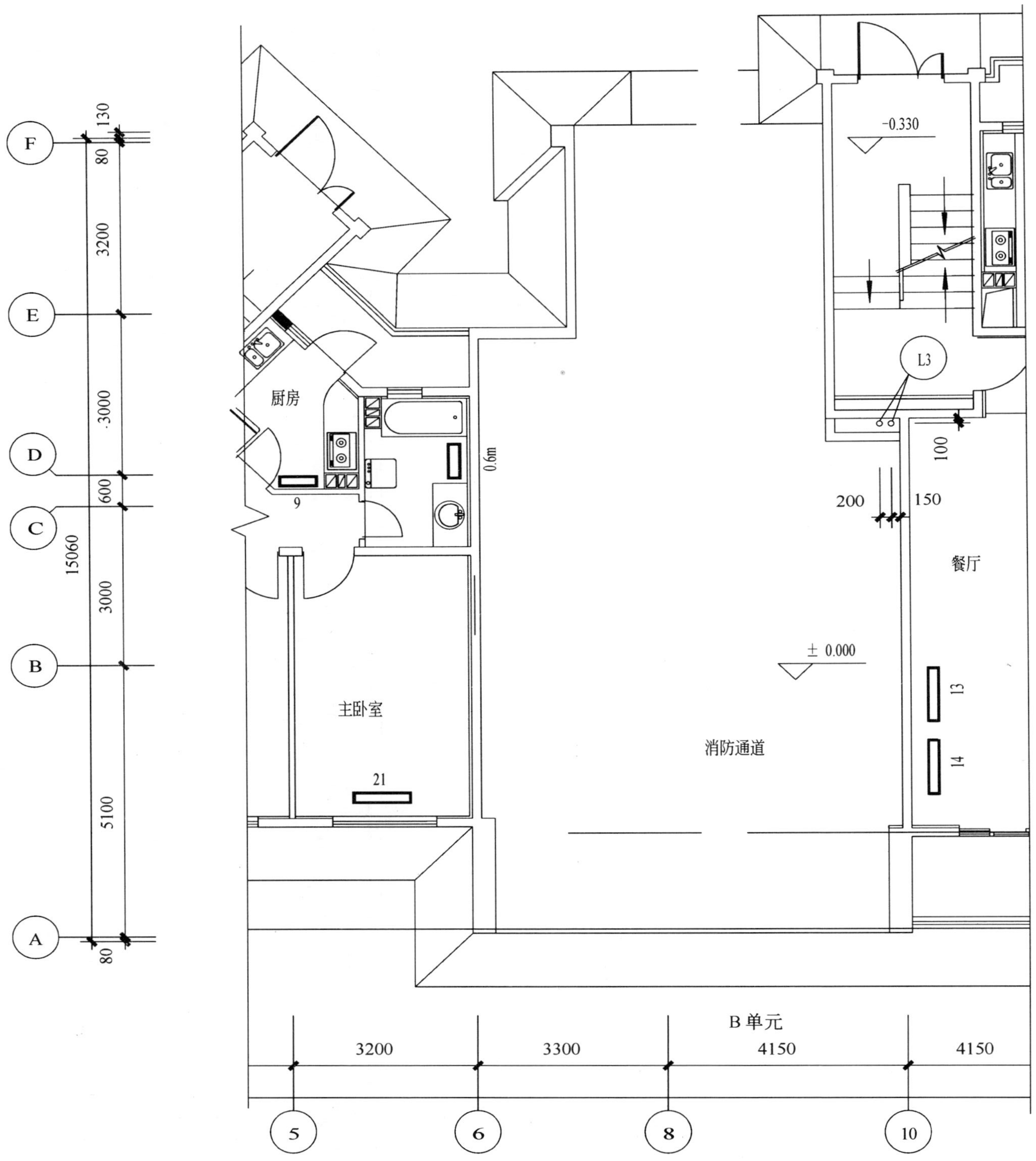
-0.330
L3
100
200
150
餐厅
± 0.000
13
14
消防通道
厨房
9
0.6m
主卧室
21
F
E
D
C
B
A
130
80
3200
3000
600
3000
5100
80
15060
B单元
3200
3300
4150
4150
5
6
8
10

一层采暖平面图（二）

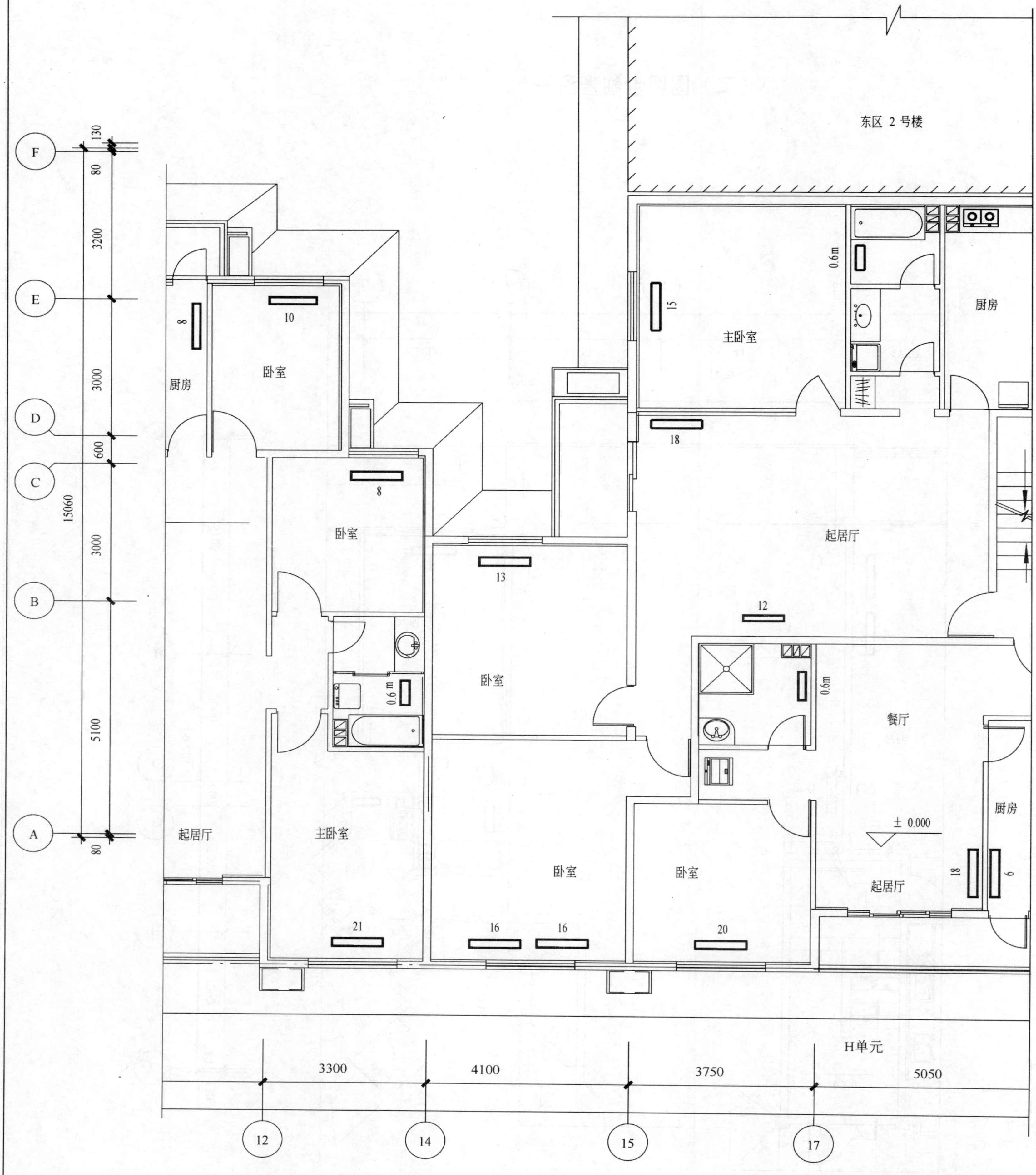
东区 2 号楼
厨房
卧室
主卧室
起居厅
餐厅
± 0.000
0.6m
H单元
15060
130
80
3200
3000
600
3000
5100
80
3300
4100
3750
5050
A
B
C
D
E
F
12
14
15
17

一层采暖平面图（三）

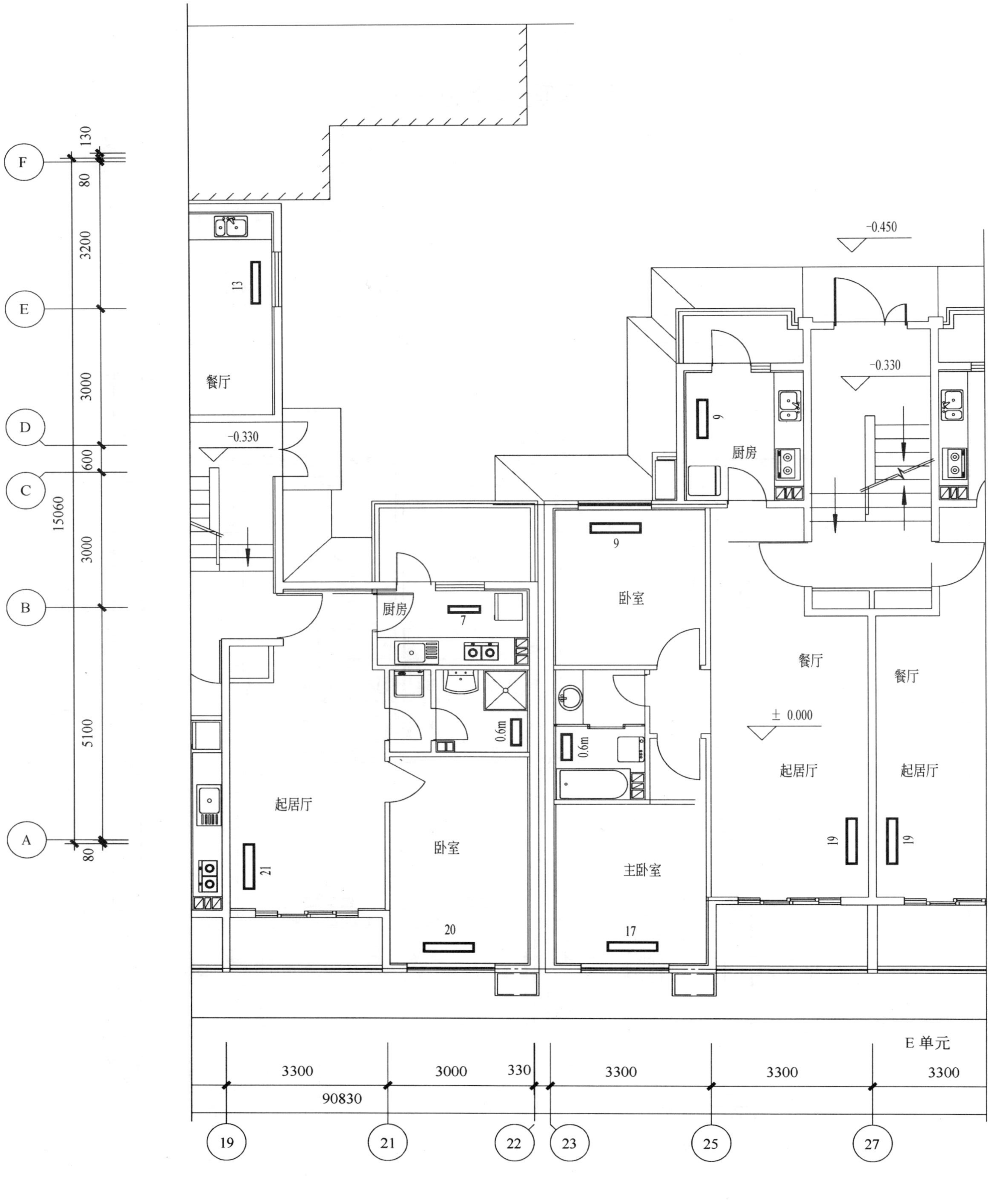

F
E
D
C
B
A
130
80
3200
3000
600
3000
5100
80
15060
-0.450
-0.330
-0.330
±0.000
餐厅
厨房
起居厅
卧室
主卧室
餐厅
起居厅
13
7
21
20
9
6
17
19
19
0.6m
0.6m
E单元
3300
3000
330
3300
3300
3300
90830
19
21
22
23
25
27


一层采暖平面图（四）

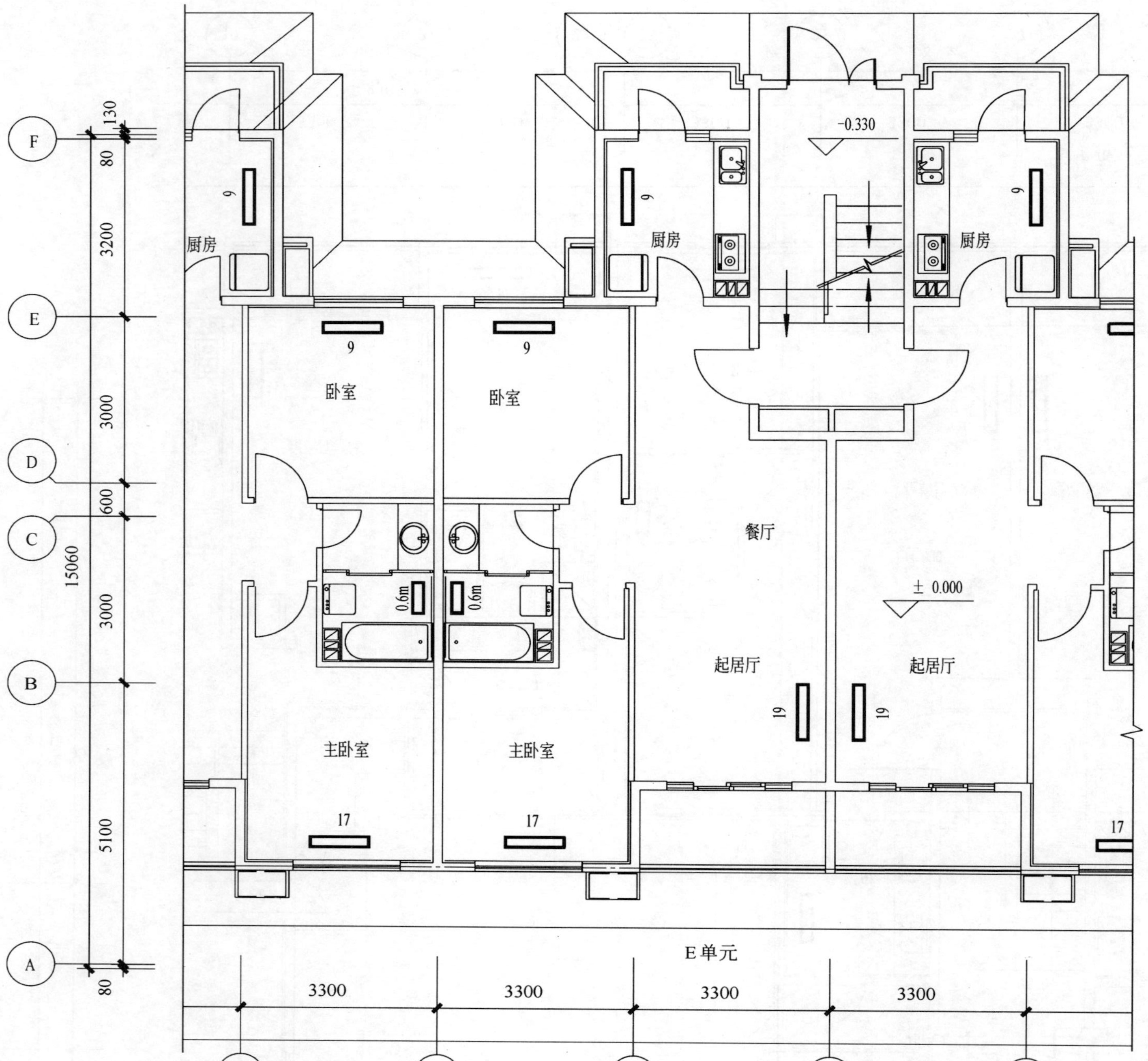
厨房
厨房
厨房
卧室
卧室
餐厅
起居厅
起居厅
主卧室
主卧室
-0.330
± 0.000
0.6m
0.6m
E单元
15060
130
80
3200
3000
600
3000
5100
80
3300
3300
3300
3300
A
B
C
D
E
F
29
31
33
35
37

一层采暖平面图（五）

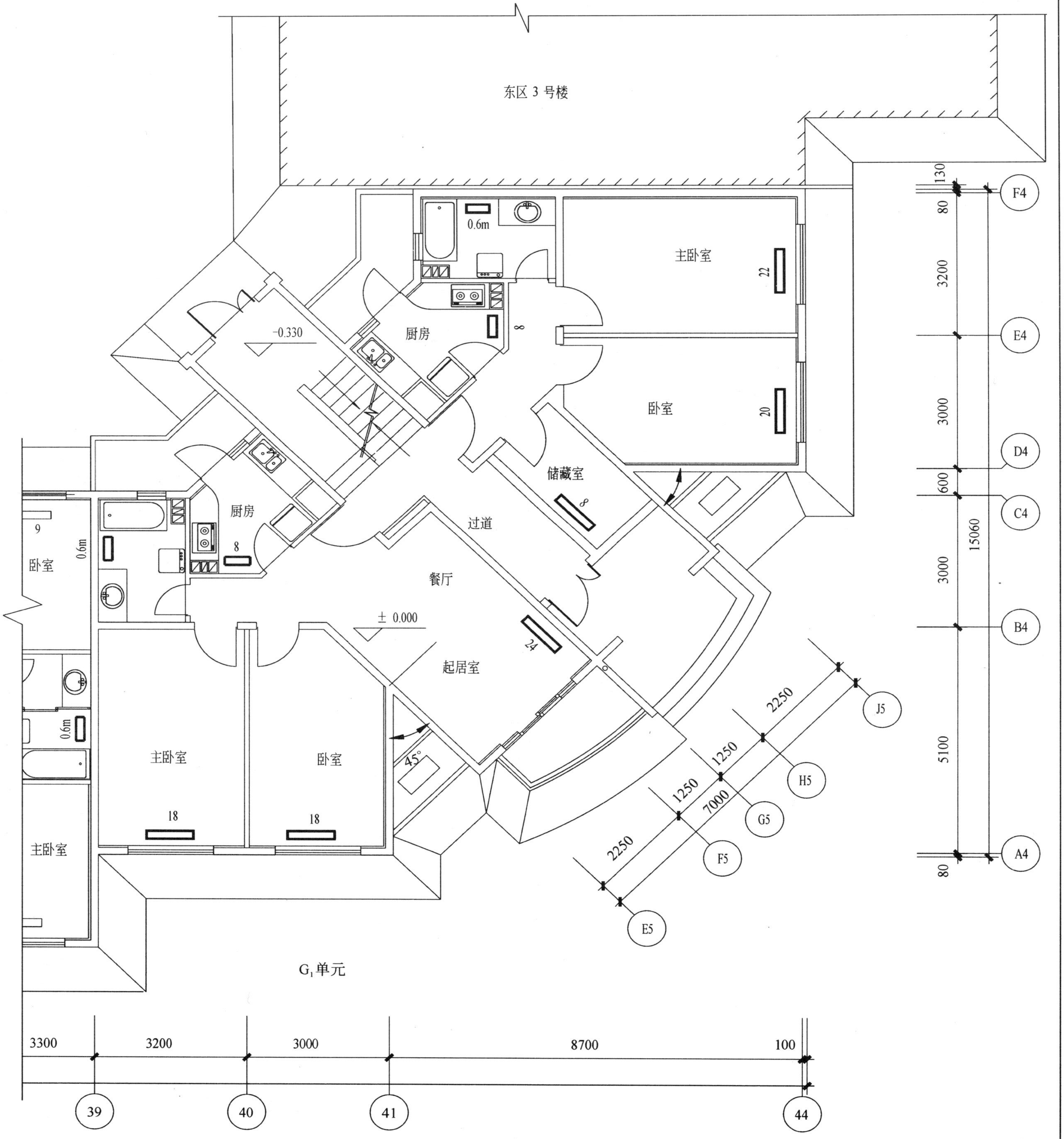
东区 3 号楼
主卧室
22
卧室
20
0.6m
厨房
8
-0.330
储藏室
8
过道
餐厅
± 0.000
起居室
24
卧室
9
0.6m
主卧室
18
卧室
18
45°
G1单元
F4
E4
D4
C4
B4
A4
130
80
3200
3000
600
3000
5100
80
15060
J5
H5
G5
F5
E5
2250
1250
1250
2250
7000
3300
3200
3000
8700
100
39
40
41
44

一层采暖平面图（六）

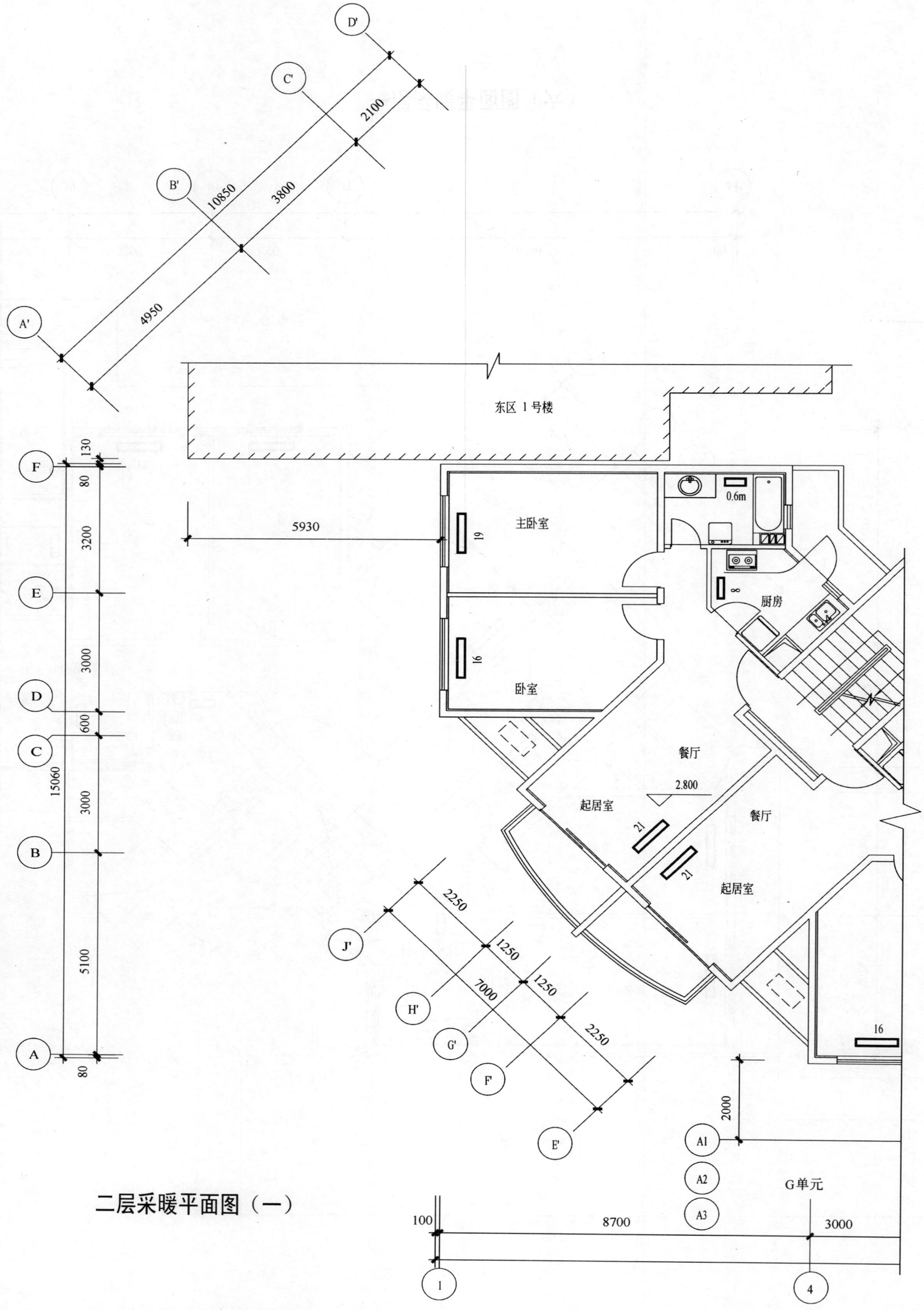

东区 1号楼
主卧室
卧室
厨房
餐厅
起居室
餐厅
起居室
0.6m
2.800
19
16
8
21
21
16
5930
4950
3800
2100
10850
130
80
3200
3000
600
3000
5100
80
15060
2250
1250
1250
2250
7000
2000
100
8700
3000
G单元
A'
B'
C'
D'
F
E
D
C
B
A
J'
H'
G'
F'
E'
A1
A2
A3
1
4


二层采暖平面图（一）

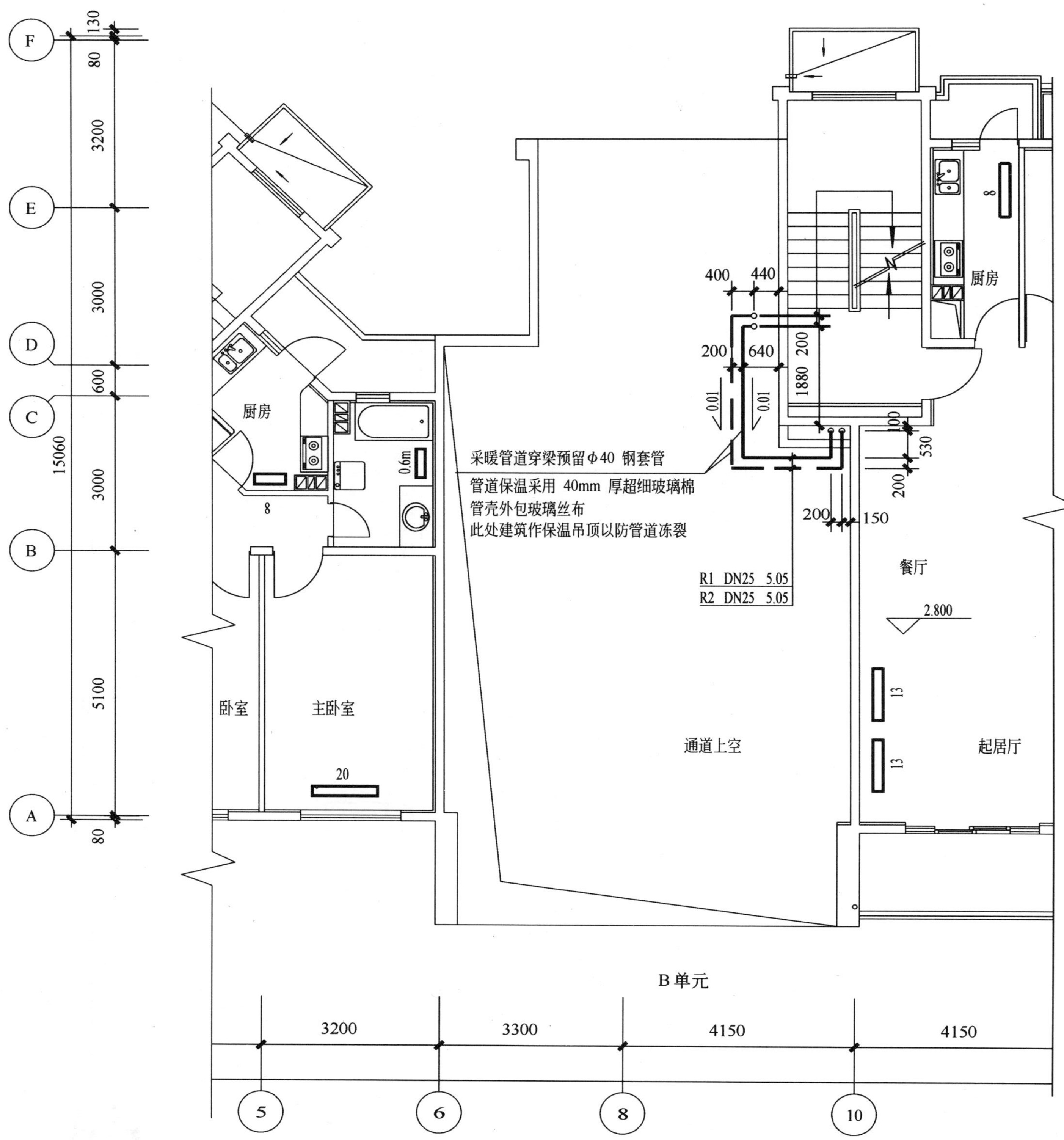
F
E
D
C
B
A
130
80
3200
3000
600
3000
5100
80
15060
厨房
8
0.6m
卧室
主卧室
20
通道上空
采暖管道穿梁预留Φ40 钢套管
管道保温采用 40mm 厚超细玻璃棉
管壳外包玻璃丝布
此处建筑作保温吊顶以防管道冻裂
R1 DN25 5.05
R2 DN25 5.05
400
440
200
640
1880
0.01
100
530
150
餐厅
2.800
13
起居厅
B单元
5
6
8
10
3300
4150

二层采暖平面图（二）

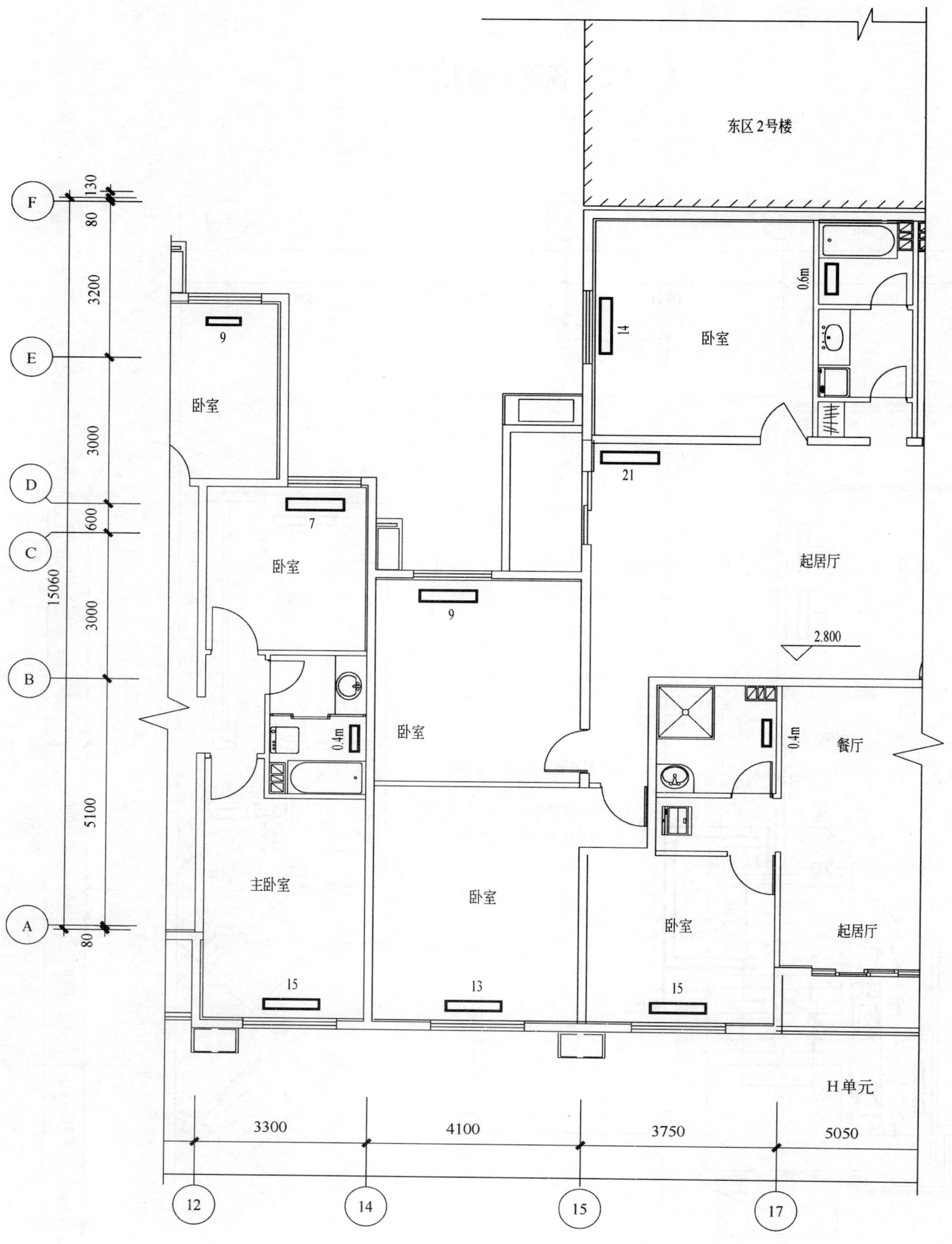
东区2号楼
卧室
0.6m
14
21
起居厅
2.800
卧室
9
卧室
7
卧室
9
0.4m
卧室
0.4m
餐厅
主卧室
卧室
卧室
起居厅
15
13
15
H单元
F
E
D
C
B
A
130
80
3200
3000
600
3000
5100
80
15060
3300
4100
3750
5050
12
14
15
17

二层采暖平面图（三）

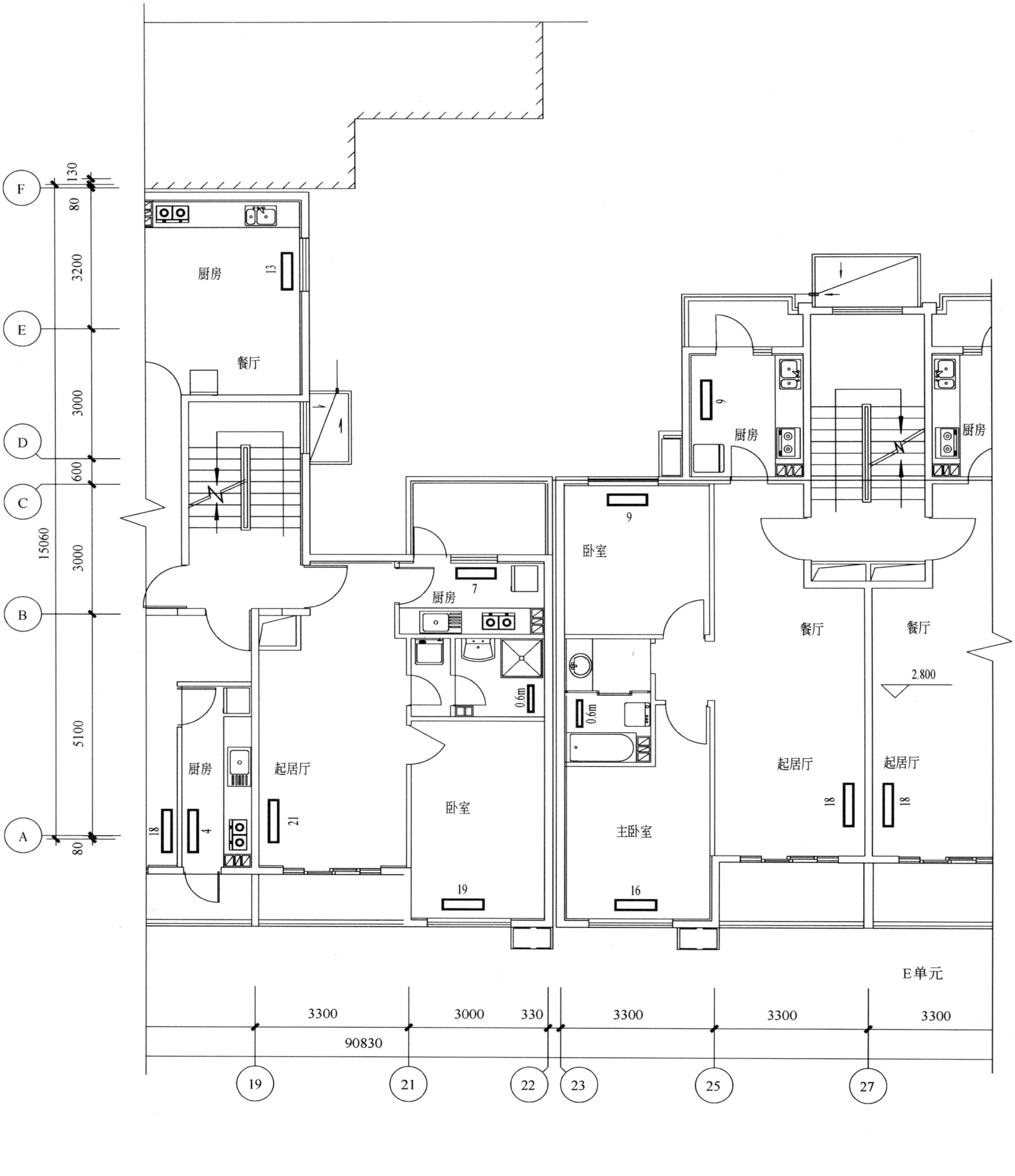
厨房
13
餐厅
厨房
起居厅
18
4
21
厨房
7
0.6m
卧室
19
卧室
9
0.6m
主卧室
16
厨房
9
厨房
餐厅
餐厅
2.800
起居厅
起居厅
18
18
E单元
F
E
D
C
B
A
130
80
3200
3000
600
3000
5100
80
15060
3300
3000
330
3300
3300
3300
90830
19
21
22
23
25
27

二层采暖平面图（四）

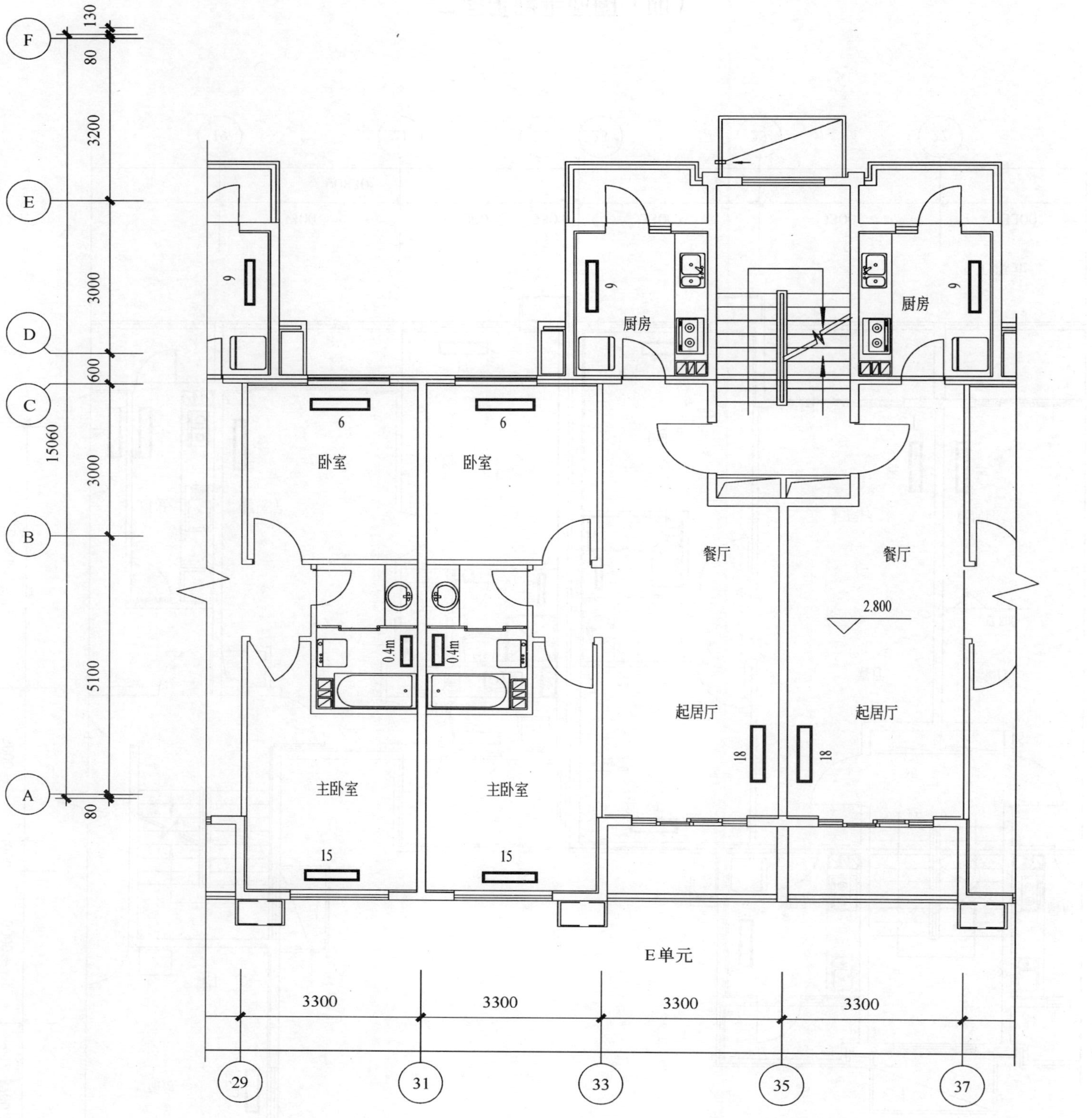
130
80
3200
3000
600
3000
15060
5100
80
F
E
D
C
B
A
厨房
6
卧室
餐厅
2.800
0.4m
起居厅
18
主卧室
15
E单元
3300
29
31
33
35
37

二层采暖平面图（五）

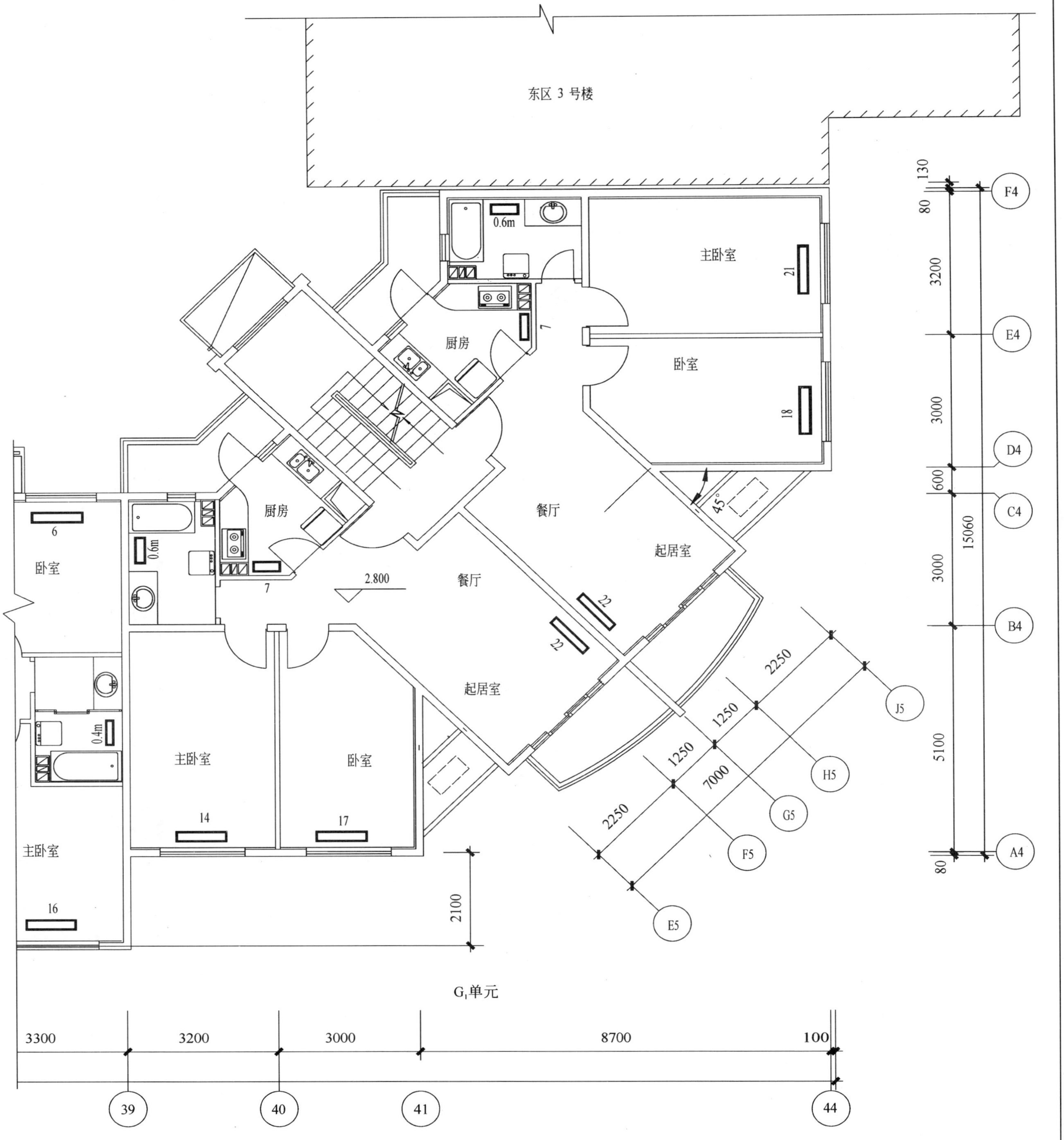
东区 3 号楼
主卧室
21
卧室
18
厨房
7
0.6m
餐厅
起居室
45°
22
2.800
主卧室
14
卧室
17
卧室
6
主卧室
16
0.4m
2100
G1单元
F4
E4
D4
C4
B4
A4
130
80
3200
3000
600
5100
15060
J5
H5
G5
F5
E5
2250
1250
7000
3300
8700
100
39
40
41
44

二层采暖平面图（六）

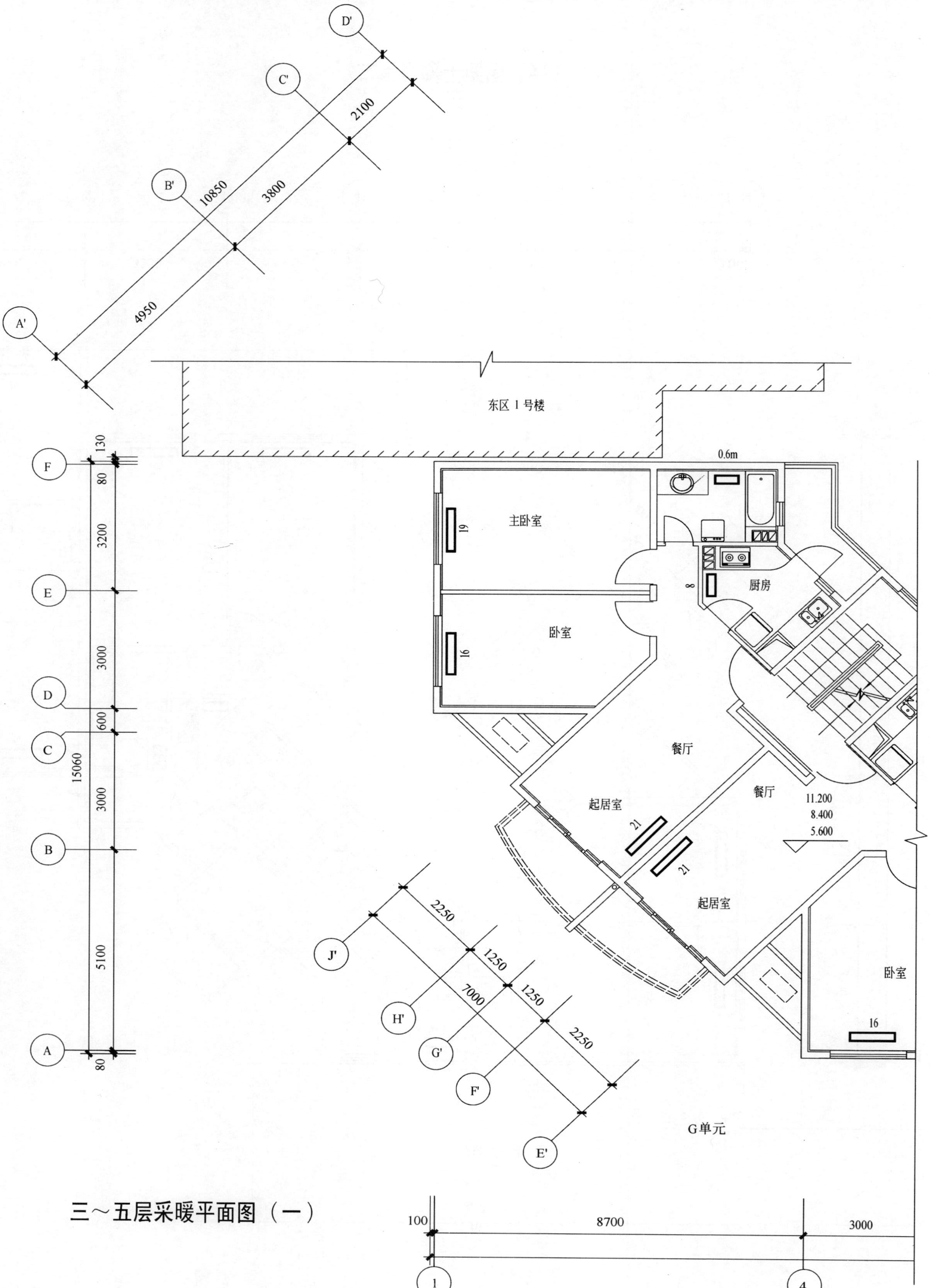
D'
C'
B'
A'
2100
3800
10850
4950
东区 1 号楼
0.6m
主卧室
19
卧室
16
厨房
8
餐厅
餐厅
起居室
起居室
21
21
11.200
8.400
5.600
卧室
16
G单元
F
E
D
C
B
A
130
80
3200
3000
600
15060
3000
5100
80
J'
H'
G'
F'
E'
2250
1250
1250
2250
7000
100
8700
3000
1
4

三～五层采暖平面图（一）

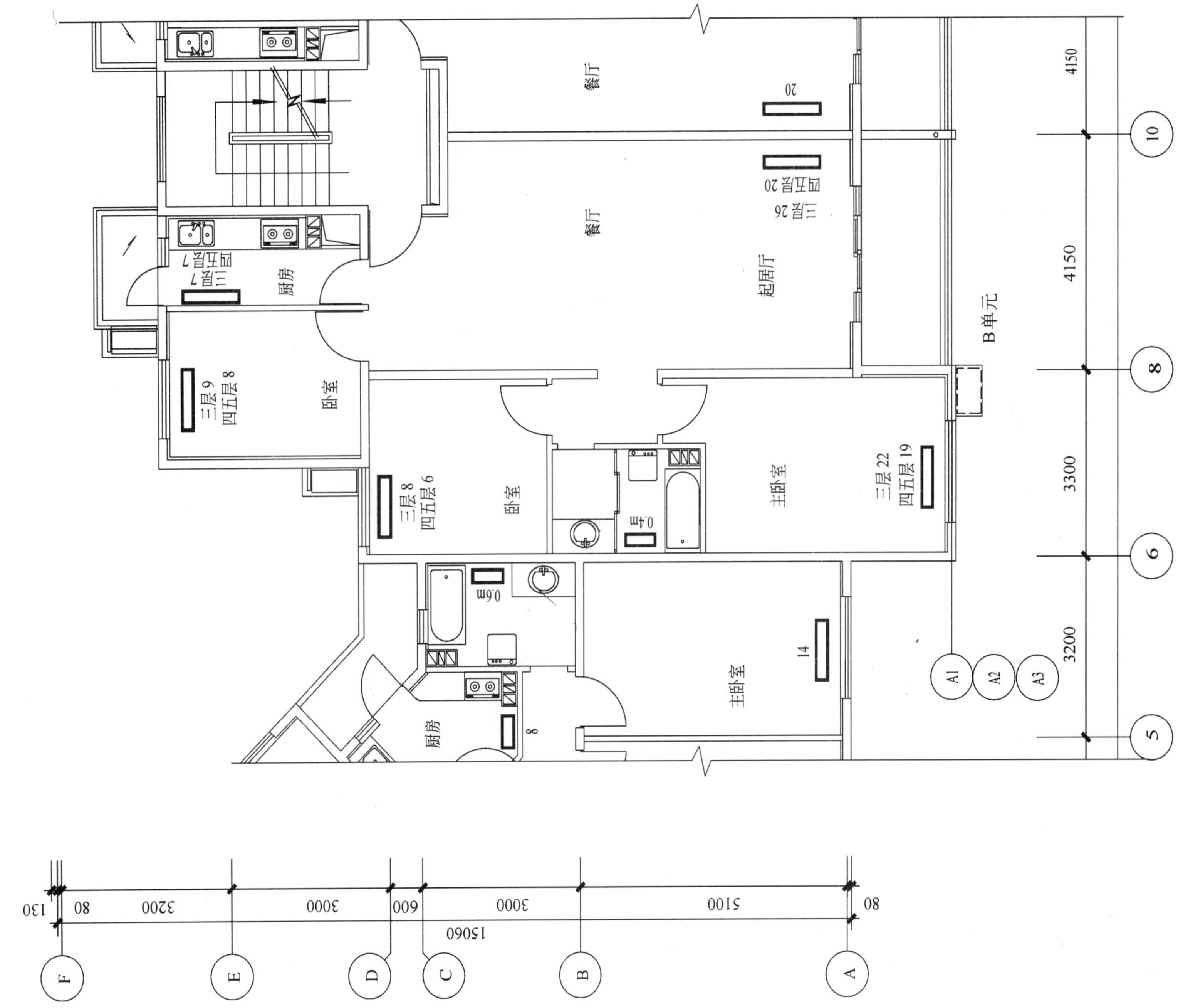
餐厅
20
餐厅
三层 26
四五层 20
起居厅
B单元
厨房
三层 7
四五层 7
卧室
三层 9
四五层 8
卧室
三层 8
四五层 6
0.4m
主卧室
三层 22
四五层 19
0.6m
主卧室
14
厨房
8
4150
4150
3300
3200
10
8
6
5
A1
A2
A3
130
80
3200
3000
600
3000
5100
80
15060
F
E
D
C
B
A

三～五层采暖平面图（二）

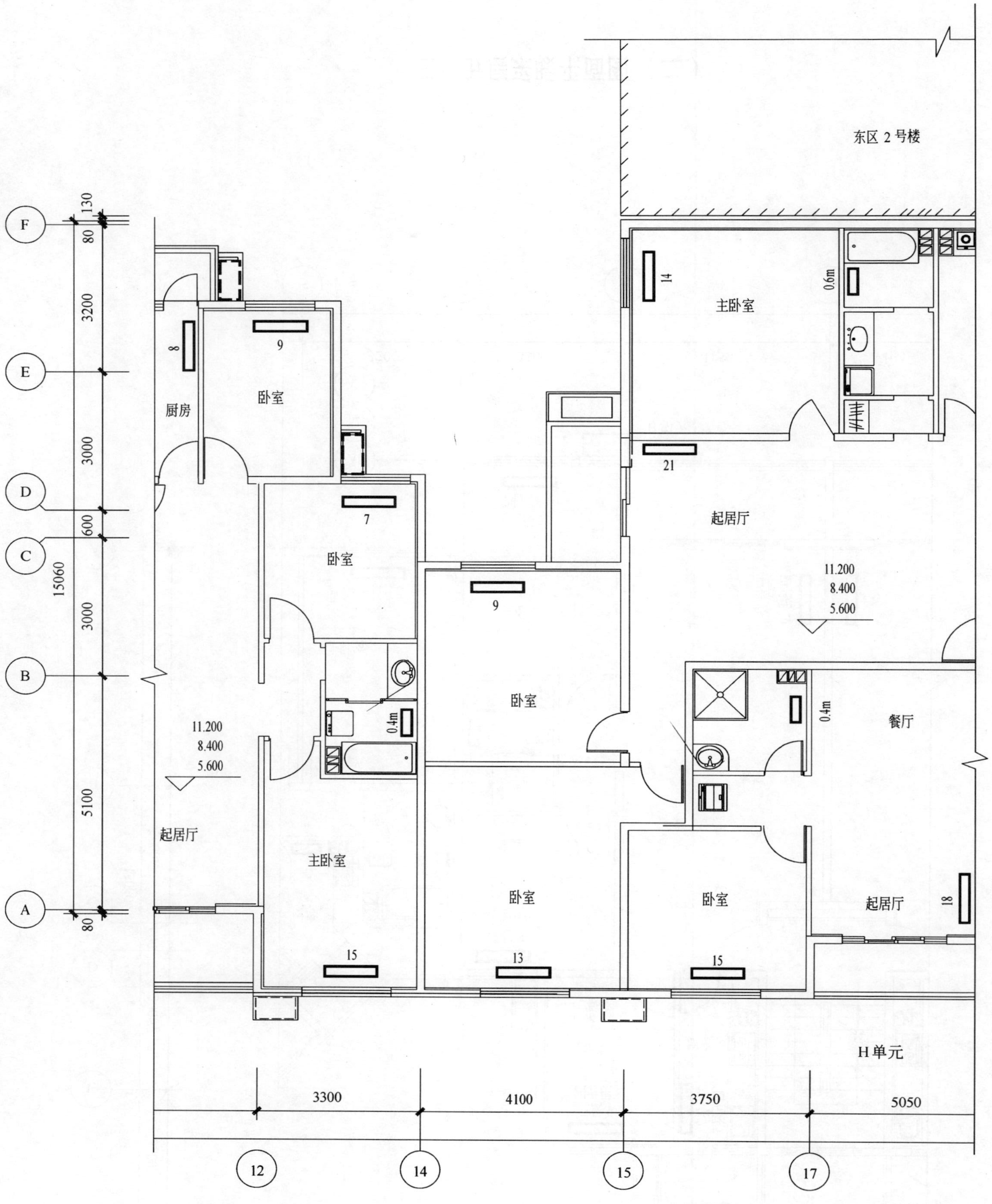
东区 2 号楼
主卧室
14
0.6m
21
起居厅
11.200
8.400
5.600
厨房
8
卧室
9
7
卧室
9
卧室
0.4m
餐厅
11.200
8.400
5.600
起居厅
主卧室
卧室
卧室
起居厅
18
15
13
15
H单元
F
E
D
C
B
A
130
80
3200
3000
600
3000
5100
80
15060
3300
4100
3750
5050
12
14
15
17

三～五层采暖平面图（三）

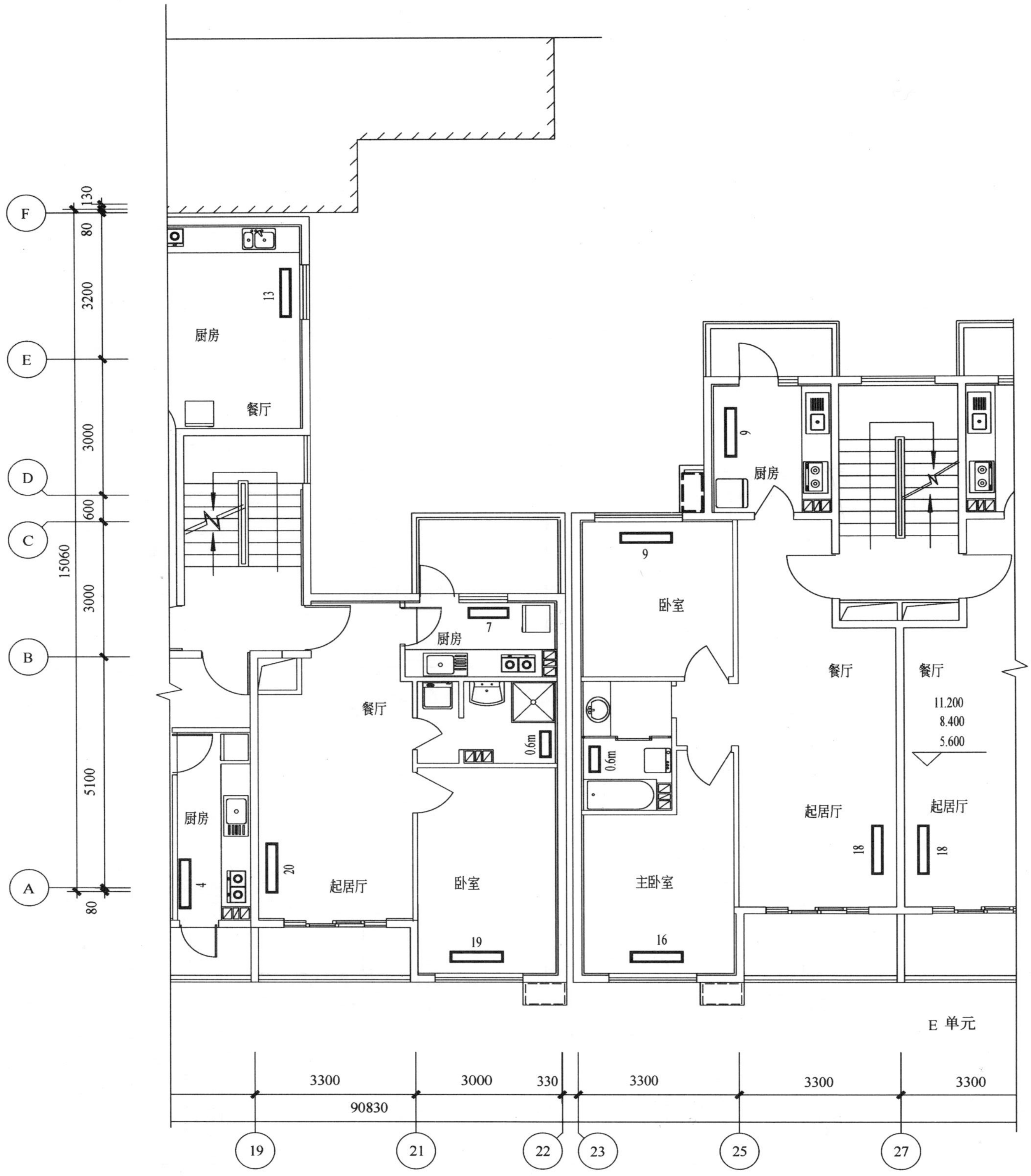
厨房
餐厅
13
厨房
7
餐厅
0.6m
厨房
4
起居厅
20
卧室
19
厨房
9
卧室
9
0.6m
主卧室
16
餐厅
起居厅
18
餐厅
11.200
8.400
5.600
起居厅
18
E 单元
F
E
D
C
B
A
130
80
3200
3000
600
3000
5100
80
15060
3300
3000
330
3300
3300
3300
90830
19
21
22
23
25
27

三～五层采暖平面图（四）

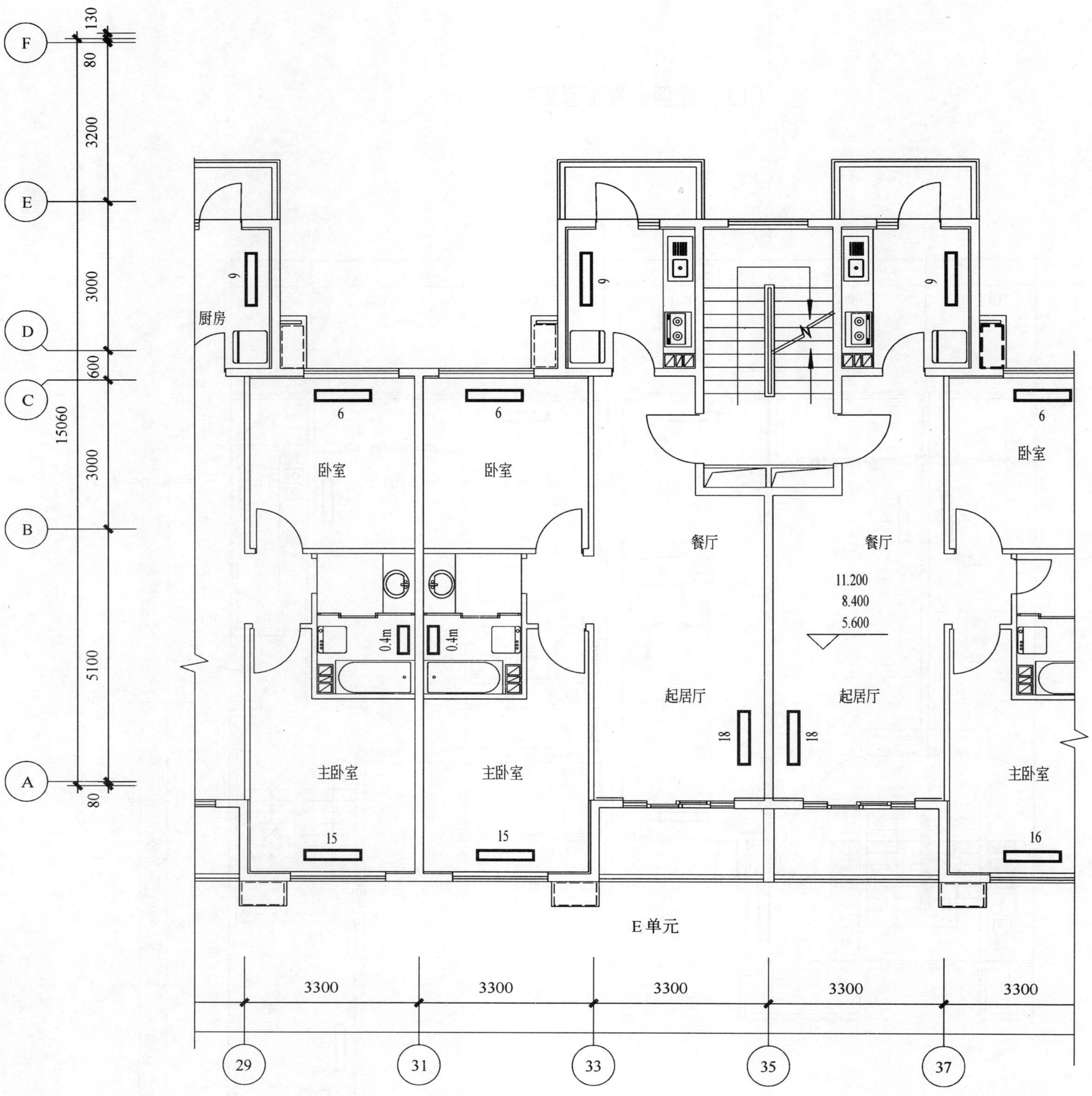
F
E
D
C
B
A
130
80
3200
3000
600
3000
5100
80
15060
厨房
卧室
主卧室
餐厅
起居厅
6
15
16
18
0.4m
11.200
8.400
5.600
E 单元
3300
29
31
33
35
37

三～五层采暖平面图（五）

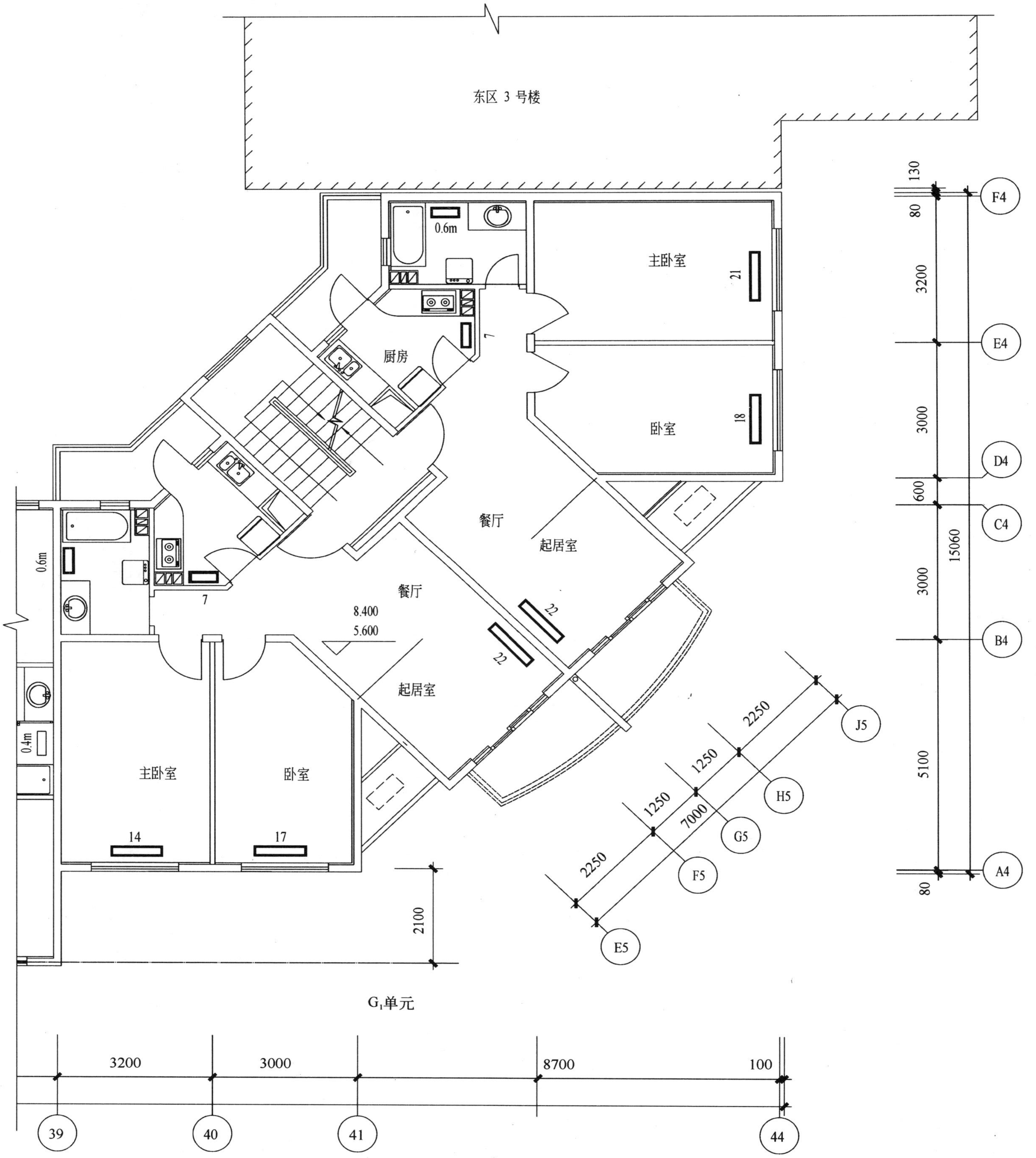
东区 3 号楼
主卧室
21
卧室
18
厨房
0.6m
7
餐厅
起居室
22
8.400
5.600
0.4m
14
17
G₁单元
2100
3200
3000
8700
100
39
40
41
44
130
80
600
5100
15060
F4
E4
D4
C4
B4
A4
2250
1250
7000
J5
H5
G5
F5
E5

三～五层采暖平面图（六）

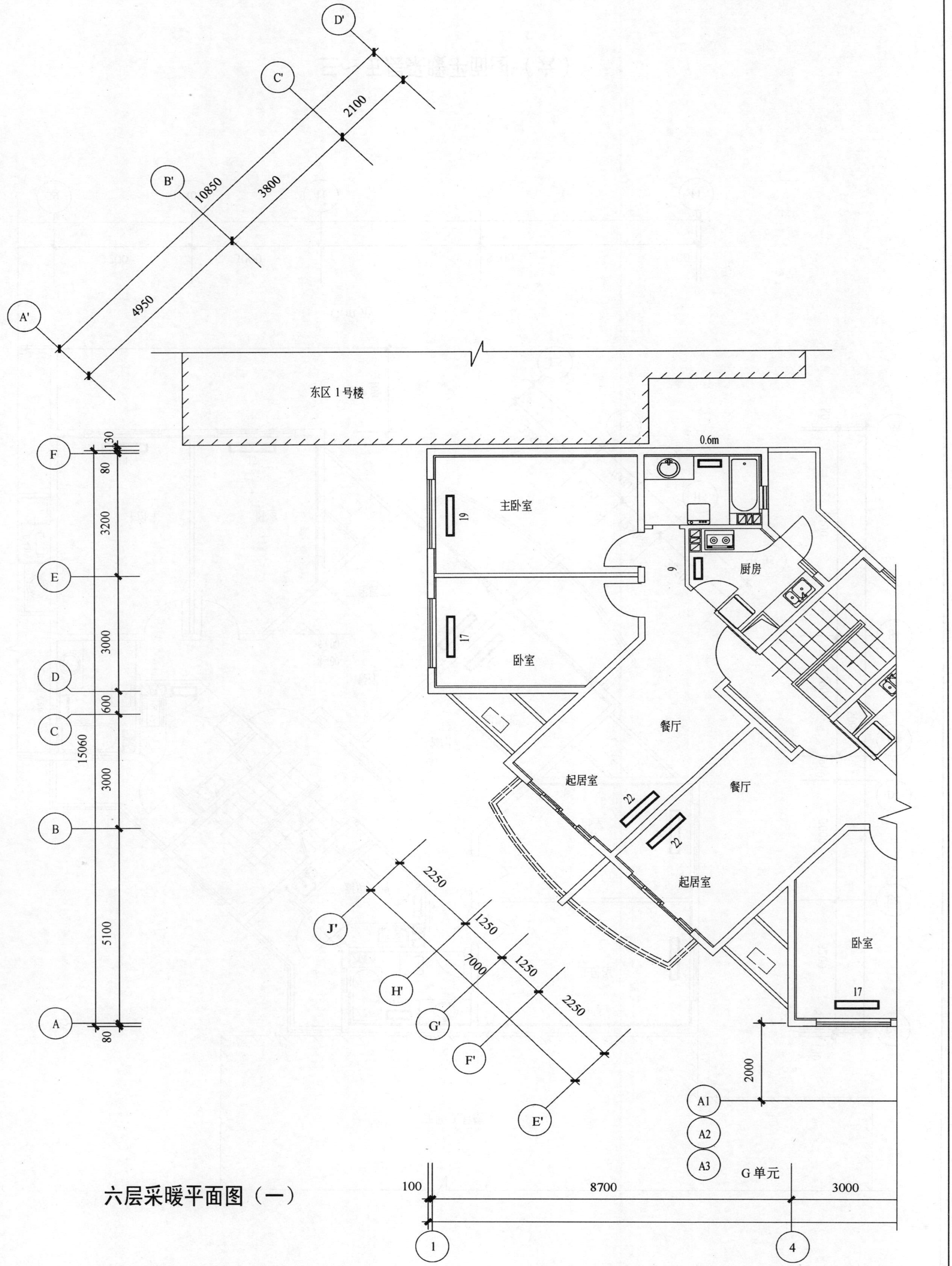
D'
C'
2100
B'
10850
3800
A'
4950
东区 1号楼
0.6m
主卧室
19
6
厨房
17
卧室
餐厅
起居室
22
22
餐厅
起居室
卧室
17
F
E
D
C
B
A
130
80
3200
3000
600
3000
5100
80
15060
2250
1250
1250
2250
7000
J'
H'
G'
F'
E'
2000
A1
A2
A3
G单元
100
8700
3000
1
4

六层采暖平面图（一）

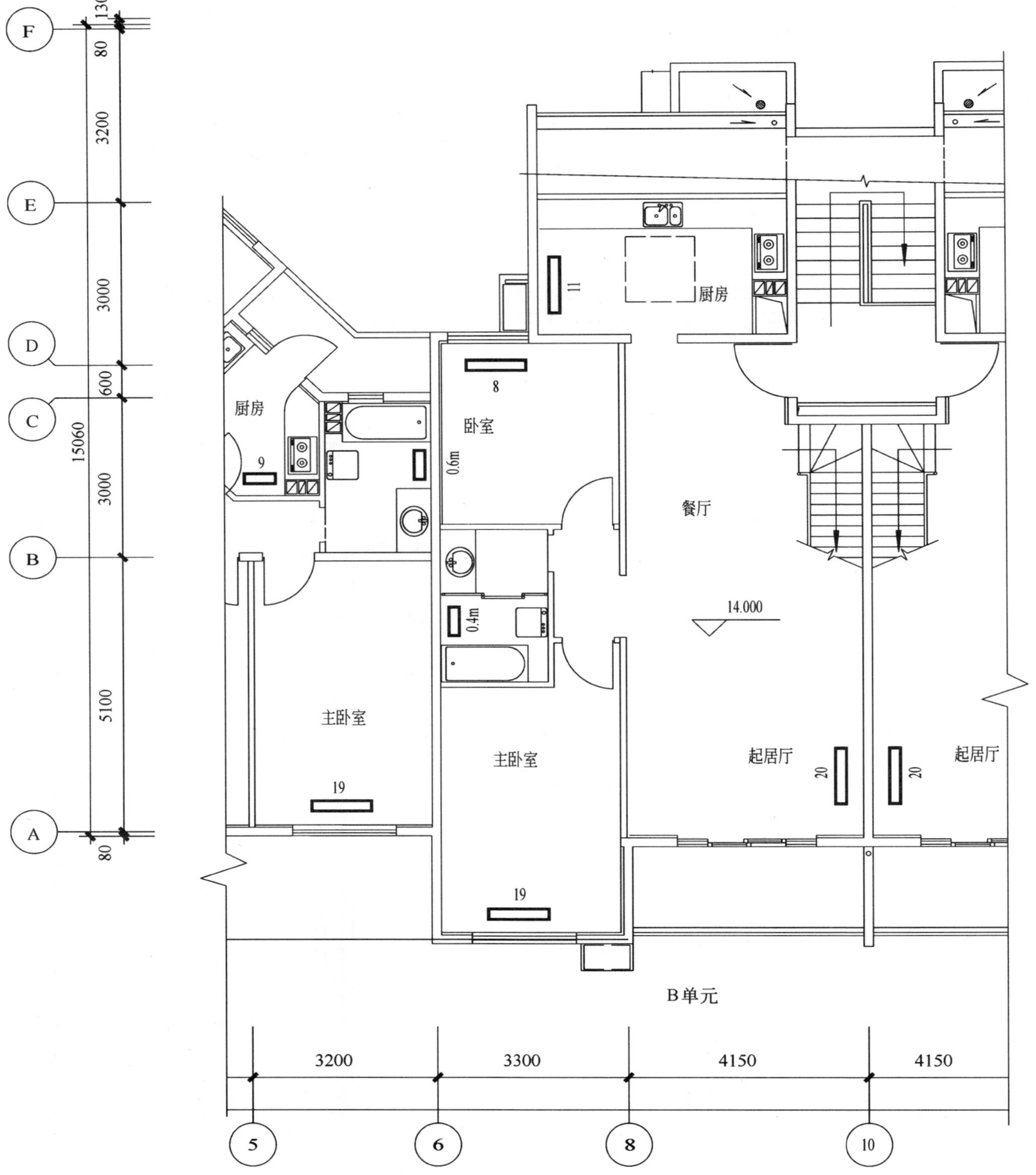
F
E
D
C
B
A
130
80
3200
3000
600
3000
5100
80
15060
厨房
11
厨房
9
卧室
8
0.6m
餐厅
14.000
0.4m
主卧室
19
主卧室
19
起居厅
20
起居厅
20
B单元
3200
3300
4150
4150
5
6
8
10

六层采暖平面图（二）

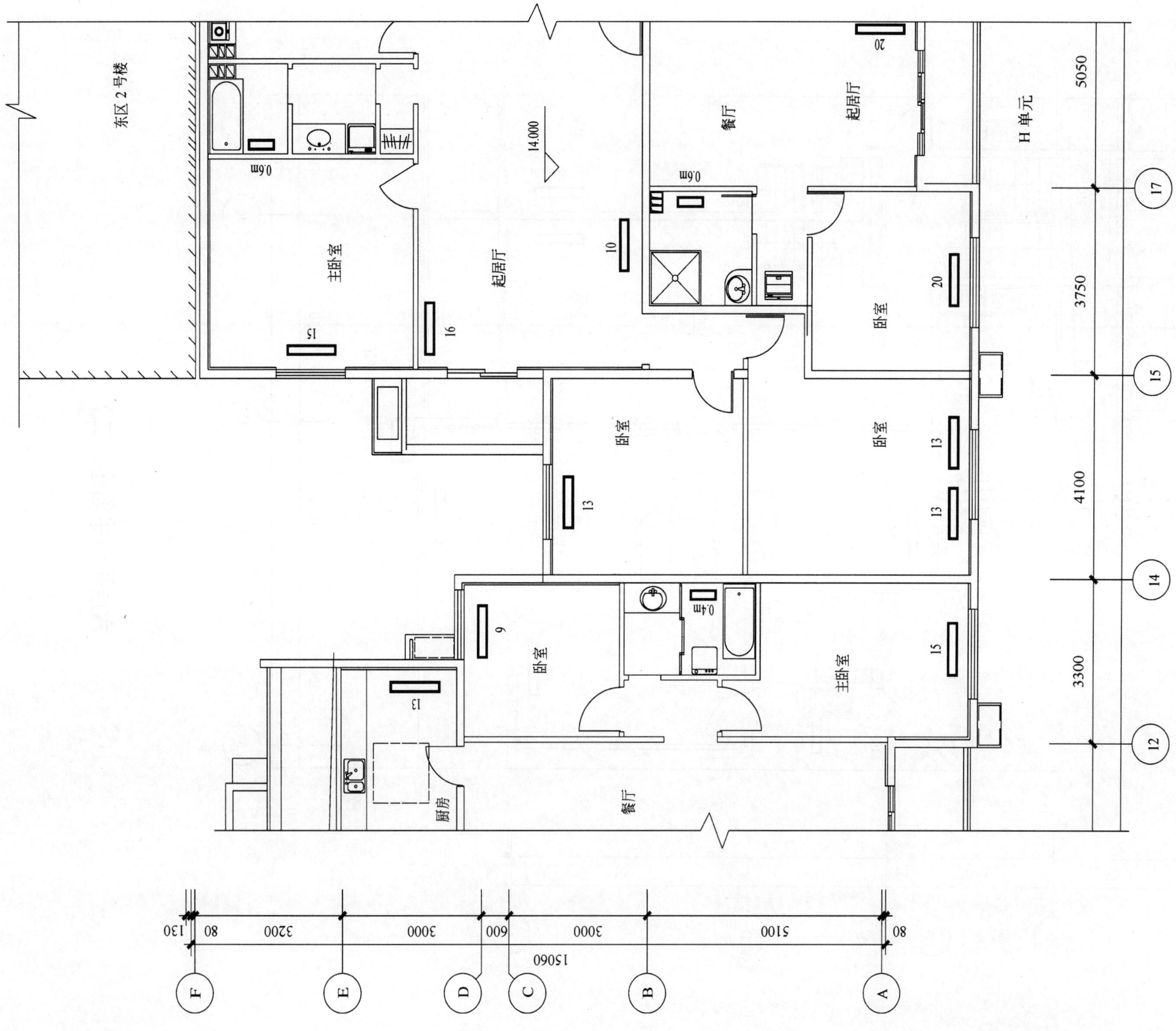
东区 2 号楼
主卧室
起居厅
餐厅
起居厅
卧室
卧室
卧室
卧室
主卧室
厨房
餐厅
H 单元
14.000
0.6m
0.6m
0.4m
15
16
10
20
20
13
13
13
9
15
13
5050
3750
4100
3300
17
15
14
12
130
80
3200
3000
600
3000
5100
80
15060
F
E
D
C
B
A

六层采暖平面图（三）

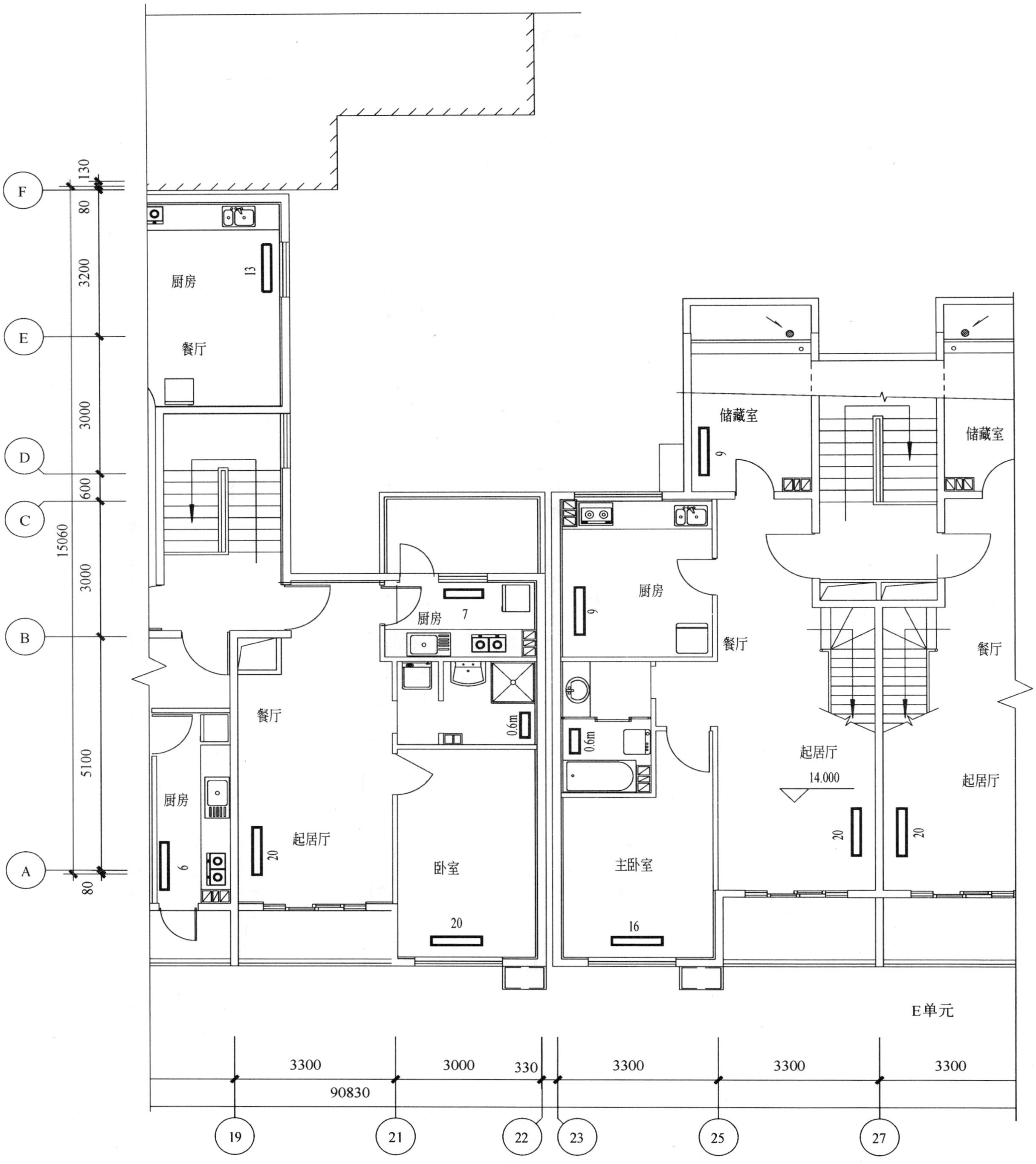

厨房
13
餐厅
厨房
6
餐厅
起居厅
20
厨房
7
0.6m
卧室
20
厨房
6
餐厅
0.6m
主卧室
16
储藏室
6
储藏室
餐厅
起居厅
14.000
20
起居厅
20
E单元
130
80
3200
3000
600
3000
5100
80
15060
3300
3000
330
3300
3300
3300
90830
F
E
D
C
B
A
19
21
22
23
25
27


六层采暖平面图（四）

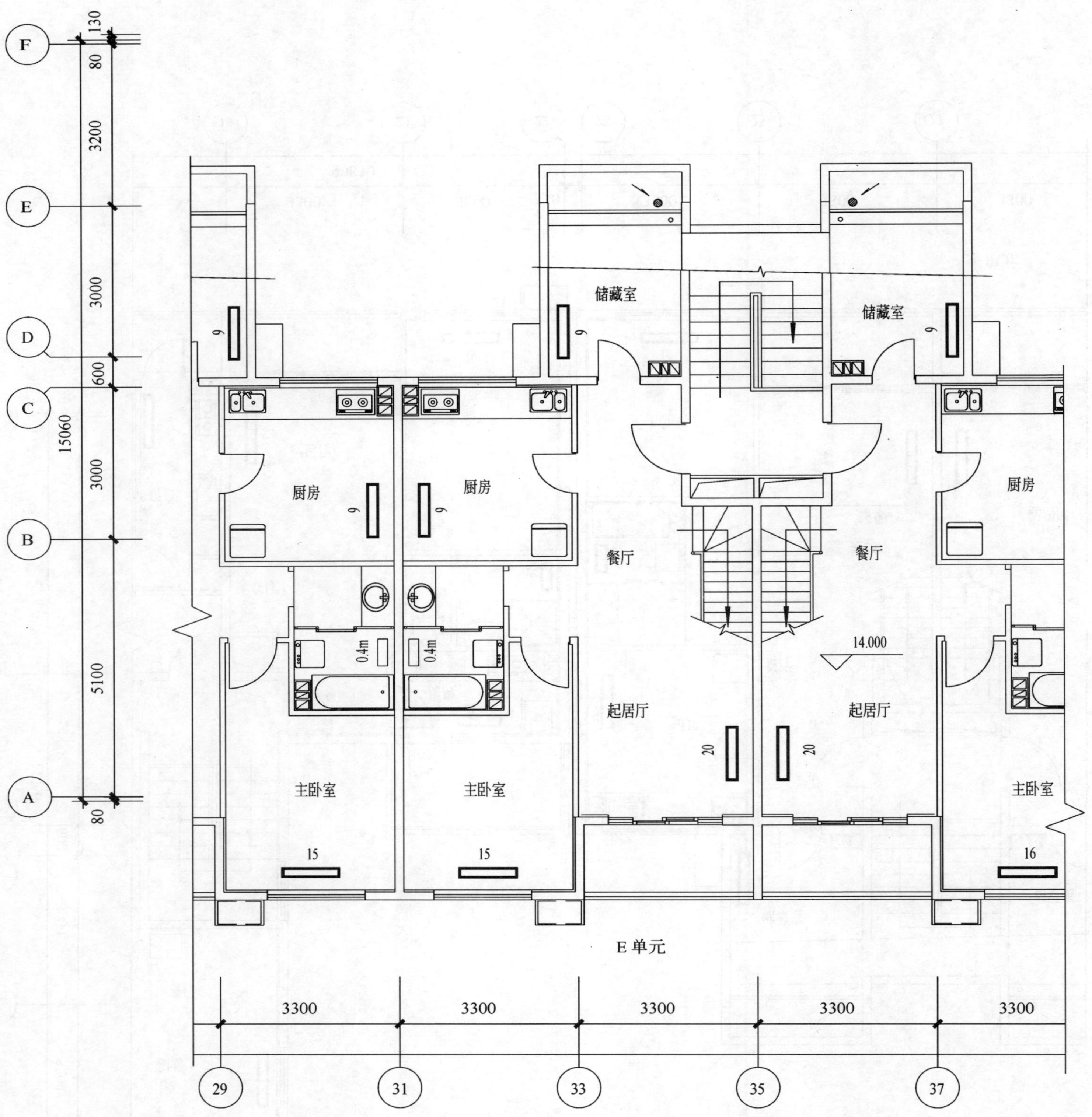
F
E
D
C
B
A
130
80
3200
3000
600
3000
5100
80
15060
储藏室
储藏室
6
6
6
6
厨房
厨房
厨房
6
6
餐厅
餐厅
14.000
起居厅
起居厅
20
20
0.4m
0.4m
主卧室
主卧室
主卧室
15
15
16
E 单元
3300
3300
3300
3300
3300
29
31
33
35
37

六层采暖平面图（五）

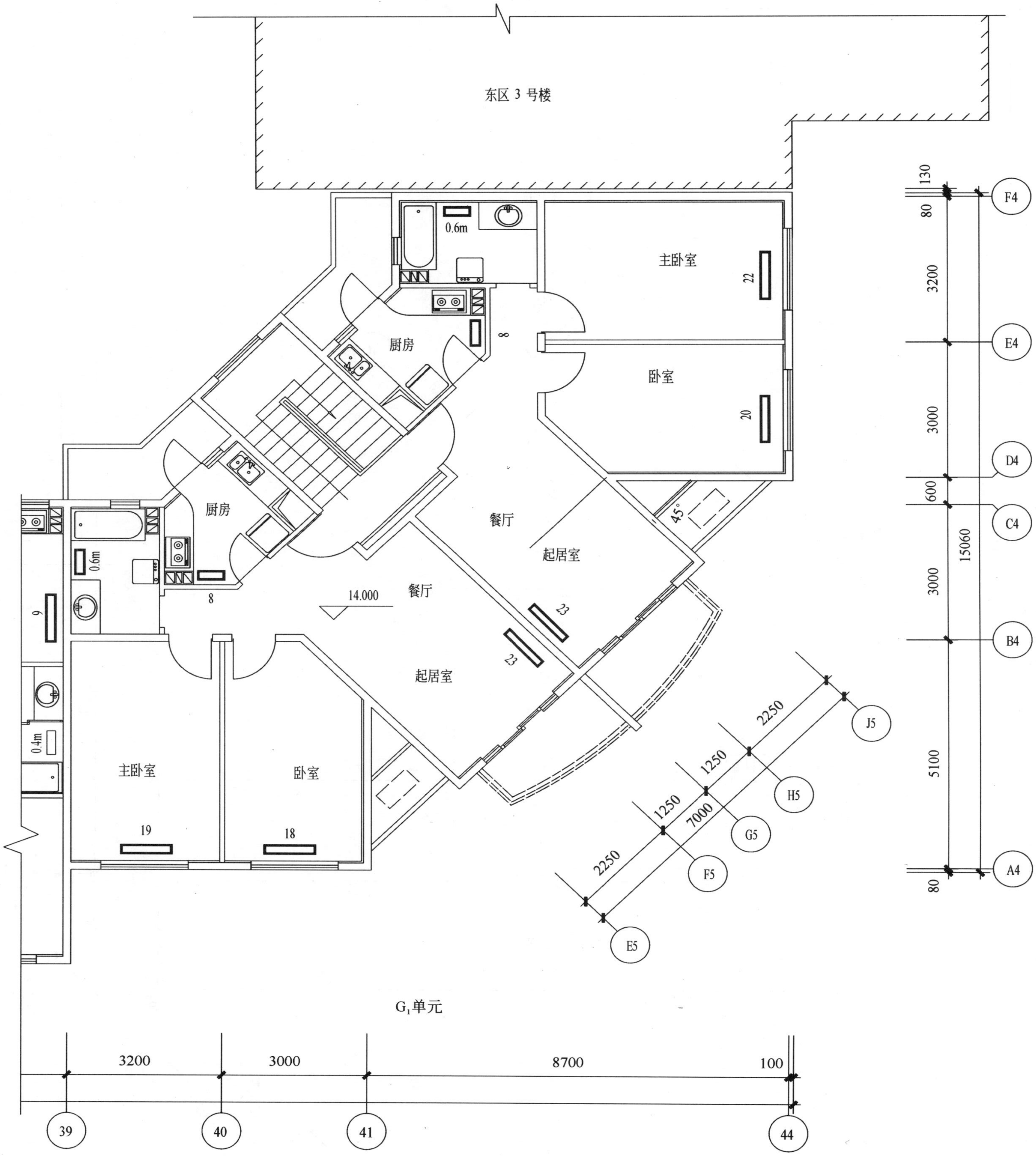
东区 3 号楼
主卧室
卧室
厨房
餐厅
起居室
0.6m
0.4m
14.000
45°
G₁单元
22
20
23
19
18
8
6
F4
E4
D4
C4
B4
A4
J5
H5
G5
F5
E5
39
40
41
44
130
80
3200
3000
600
5100
15060
2250
1250
7000
8700
100

六层采暖平面图（六）

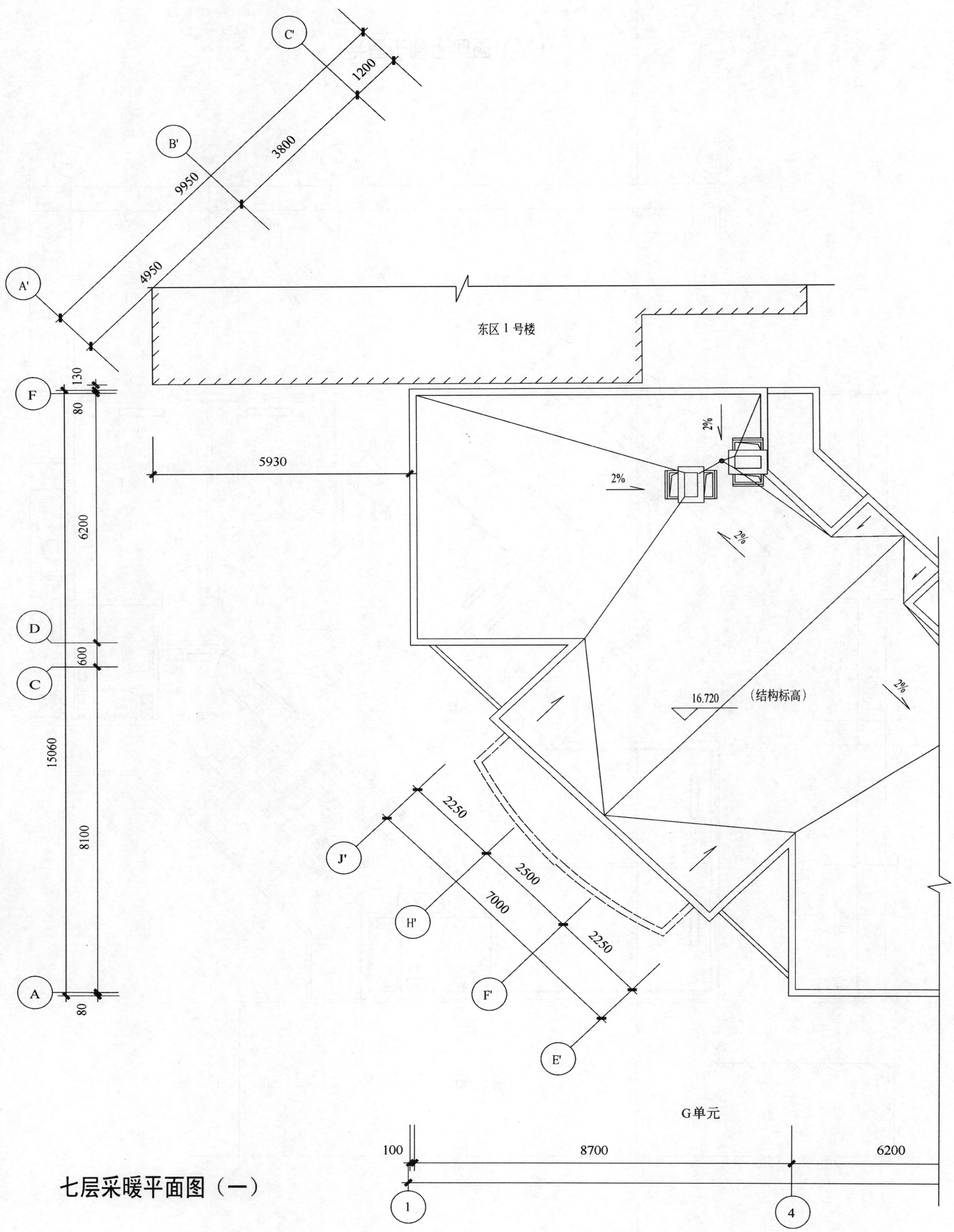
C'
B'
A'
1200
3800
9950
4950
东区 1 号楼
F
D
C
A
130
80
6200
600
15060
8100
80
5930
2%
2%
2%
2%
16.720
（结构标高）
J'
H'
F'
E'
2250
2500
7000
2250
G单元
100
8700
6200
1
4

七层采暖平面图（一）

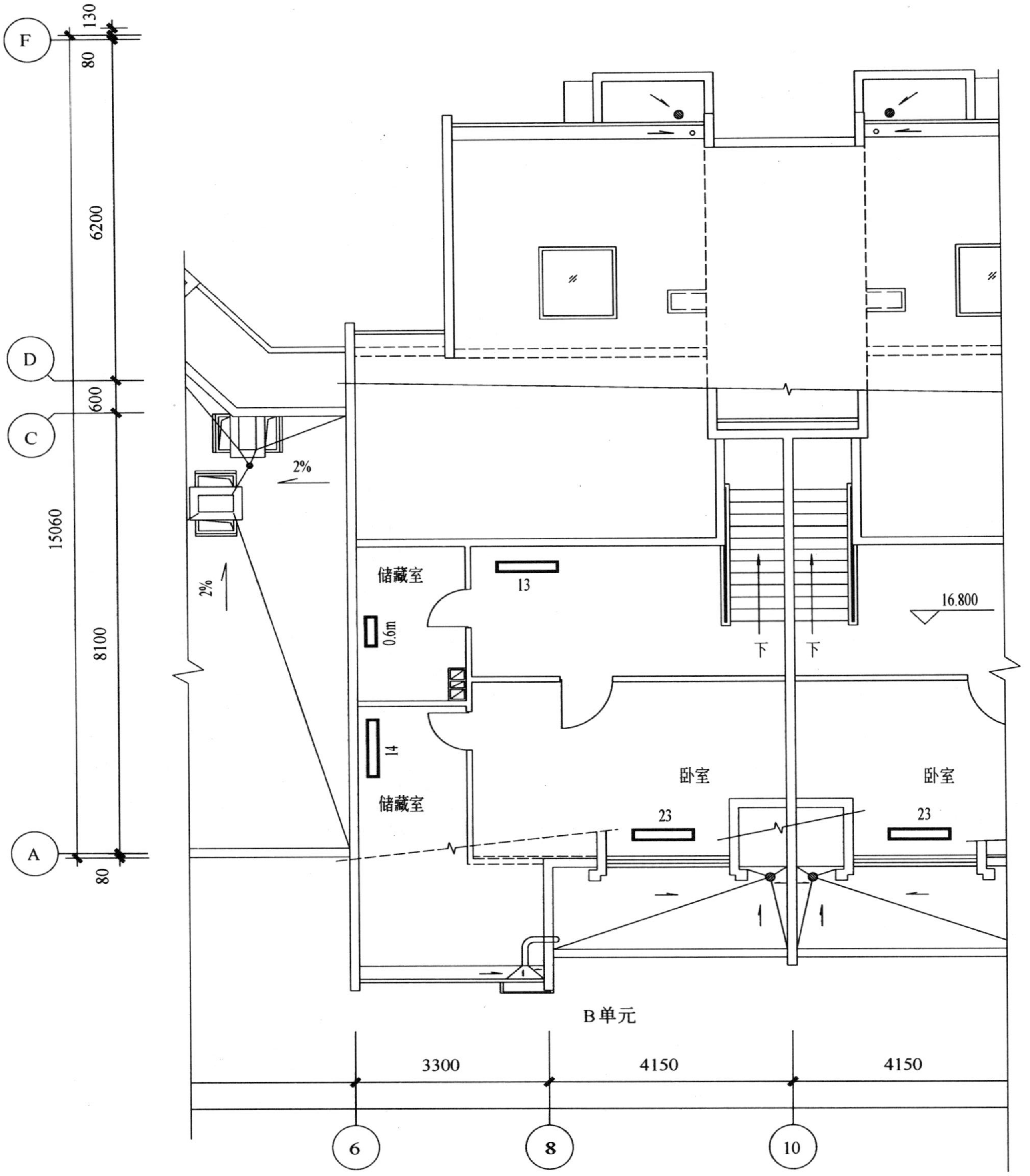
F
130
80
6200
D
600
C
15060
8100
A
80
2%
2%
储藏室
0.6m
13
14
储藏室
卧室
23
卧室
23
16.800
下
下
B单元
3300
4150
4150
6
8
10

七层采暖平面图（二）

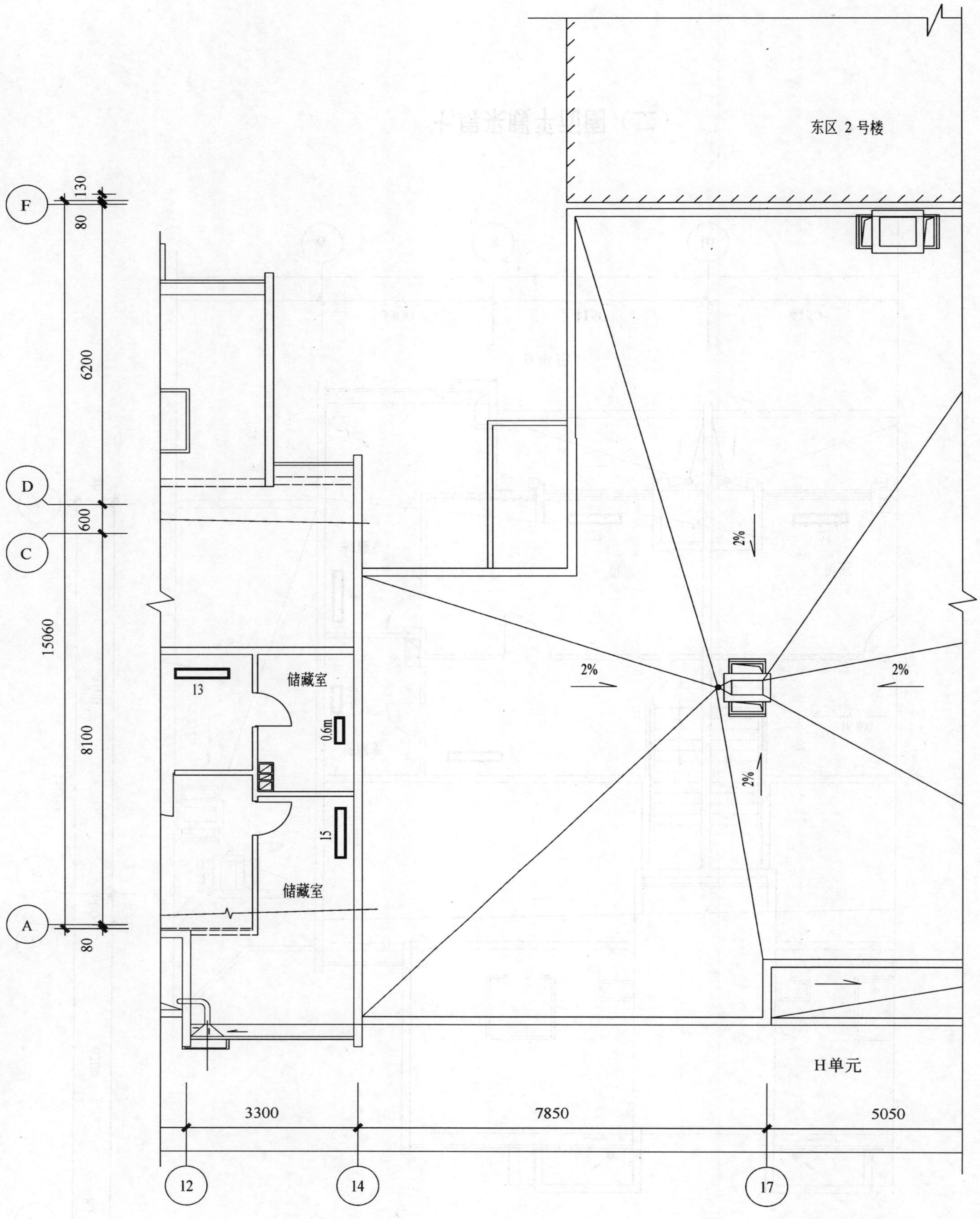
东区 2 号楼
2%
2%
2%
2%
储藏室
储藏室
13
0.6m
15
H单元
F
D
C
A
130
80
6200
600
8100
80
15060
3300
7850
5050
12
14
17

七层采暖平面图（三）

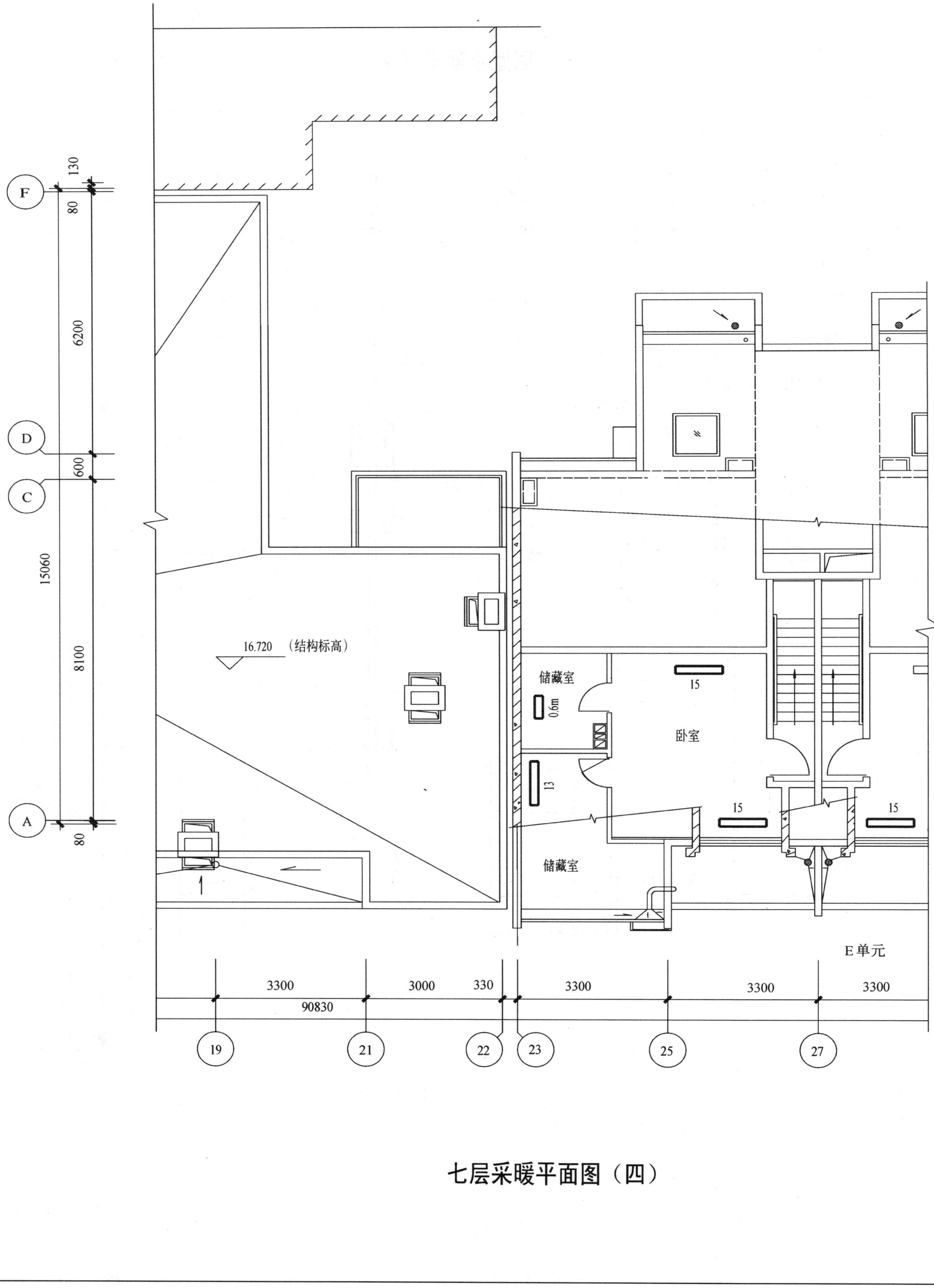
F
D
C
A
130
80
6200
600
15060
8100
80
16.720（结构标高）
储藏室
0.6m
13
卧室
15
15
15
储藏室
E单元
3300
3000
330
3300
3300
3300
90830
19
21
22
23
25
27

七层采暖平面图（四）

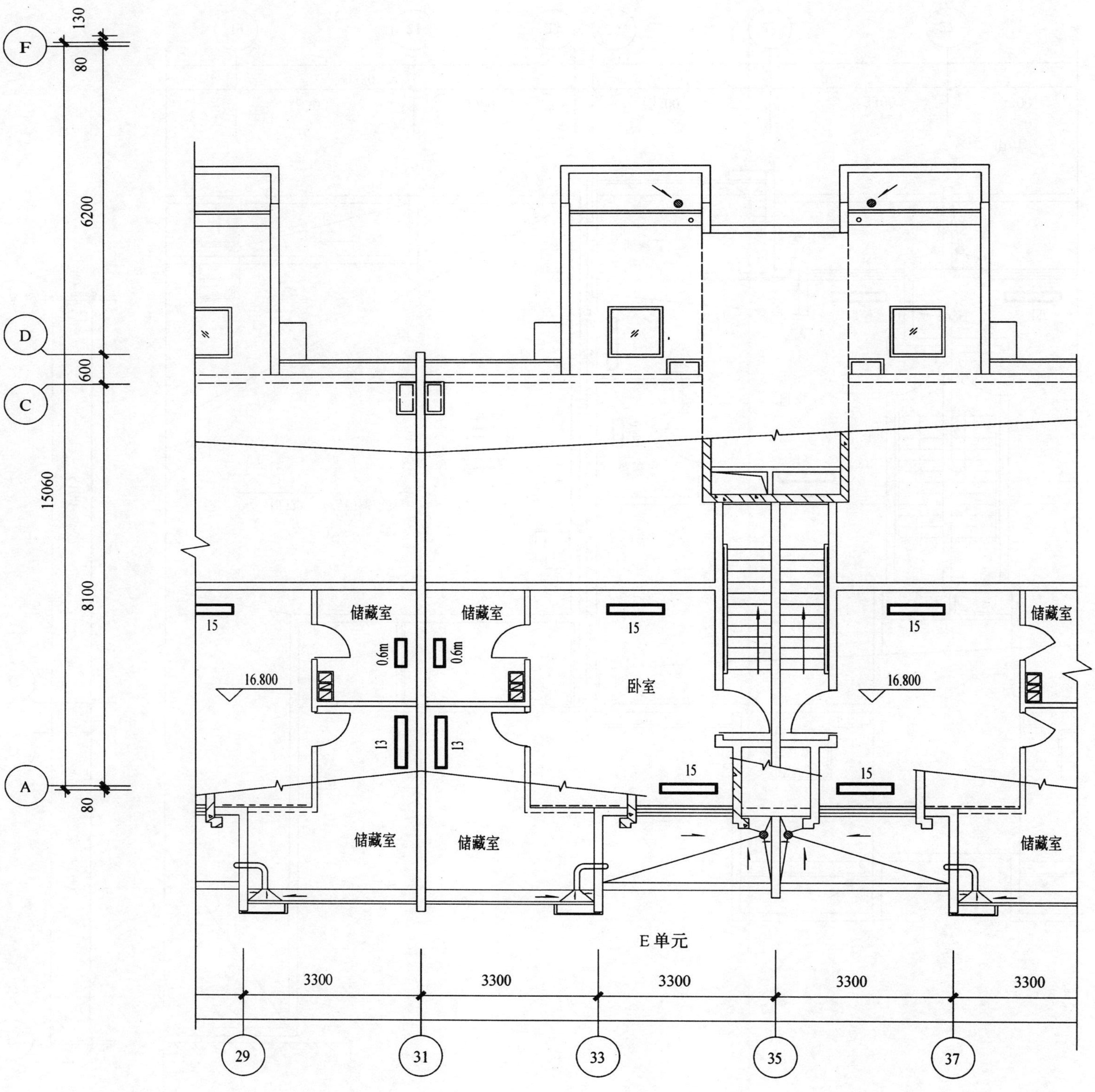
F
D
C
A
130
80
6200
600
15060
8100
80
储藏室
储藏室
储藏室
储藏室
储藏室
储藏室
卧室
15
0.6m
13
16.800
E单元
3300
29
31
33
35
37

七层采暖平面图（五）

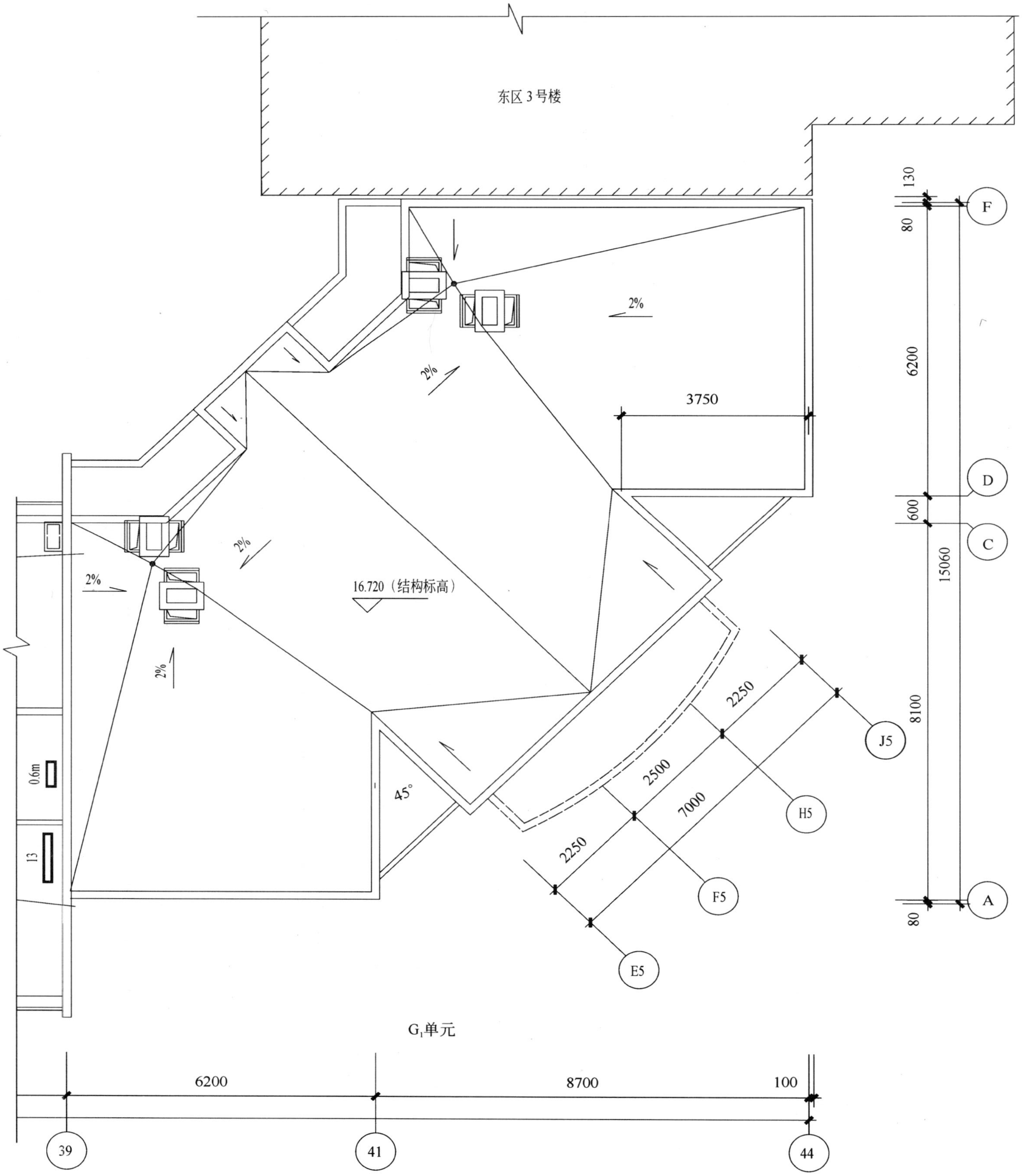
东区3号楼
130
80
6200
600
15060
8100
80
F
D
C
A
3750
2%
2%
2%
2%
2%
16.720（结构标高）
2250
2500
2250
7000
J5
H5
F5
E5
45°
0.6m
13
G1单元
6200
8700
100
39
41
44

七层采暖平面图（六）

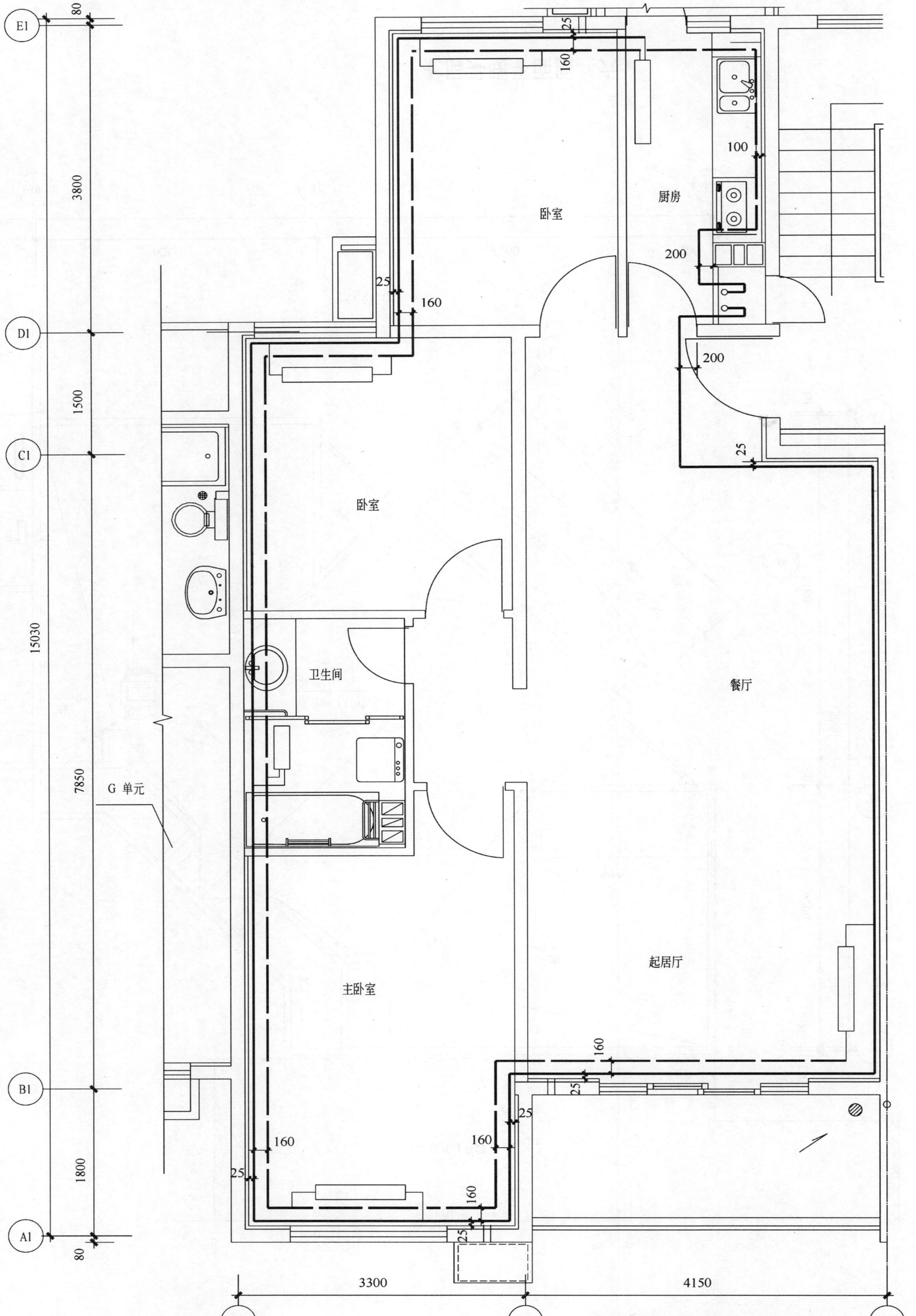


B 单元标准层采暖平面放大图

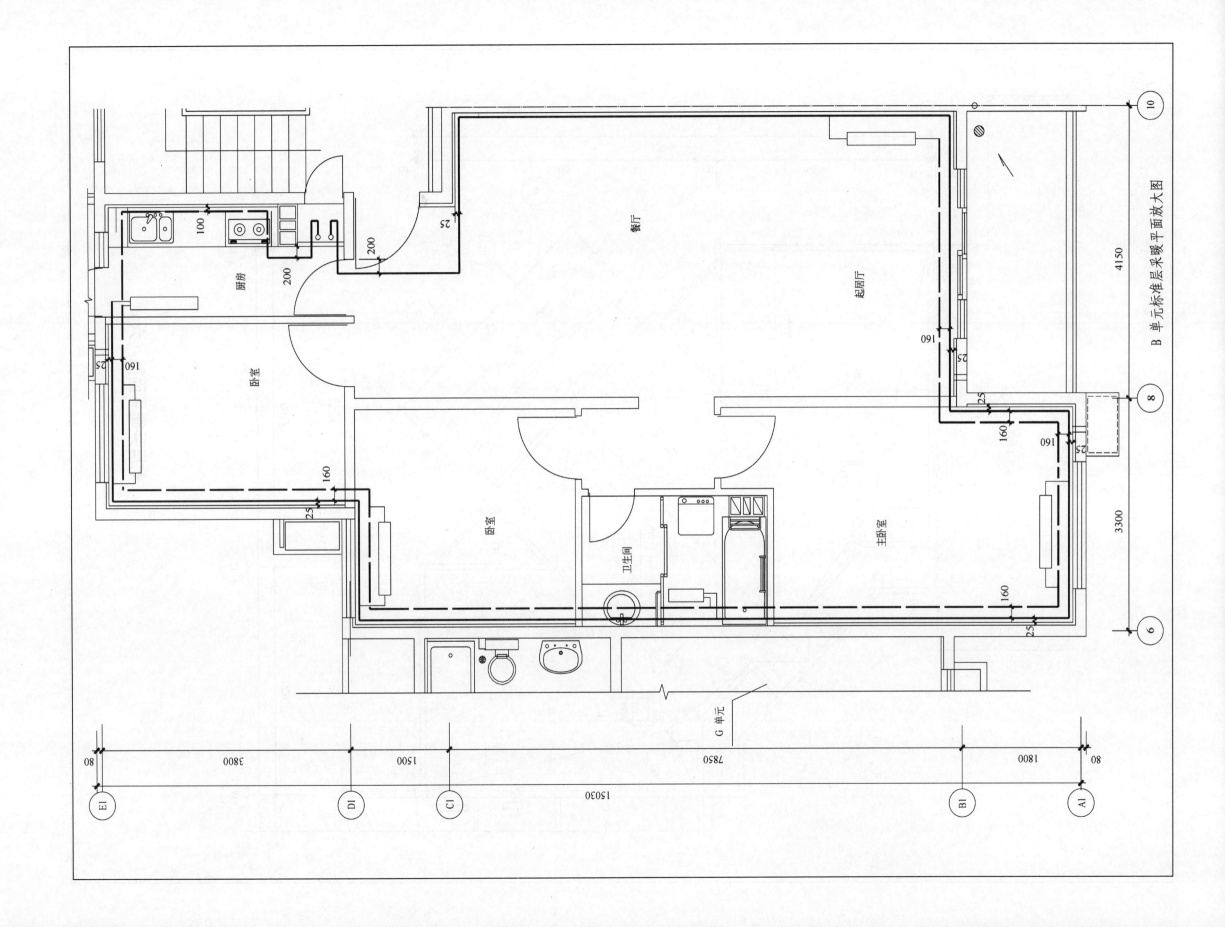

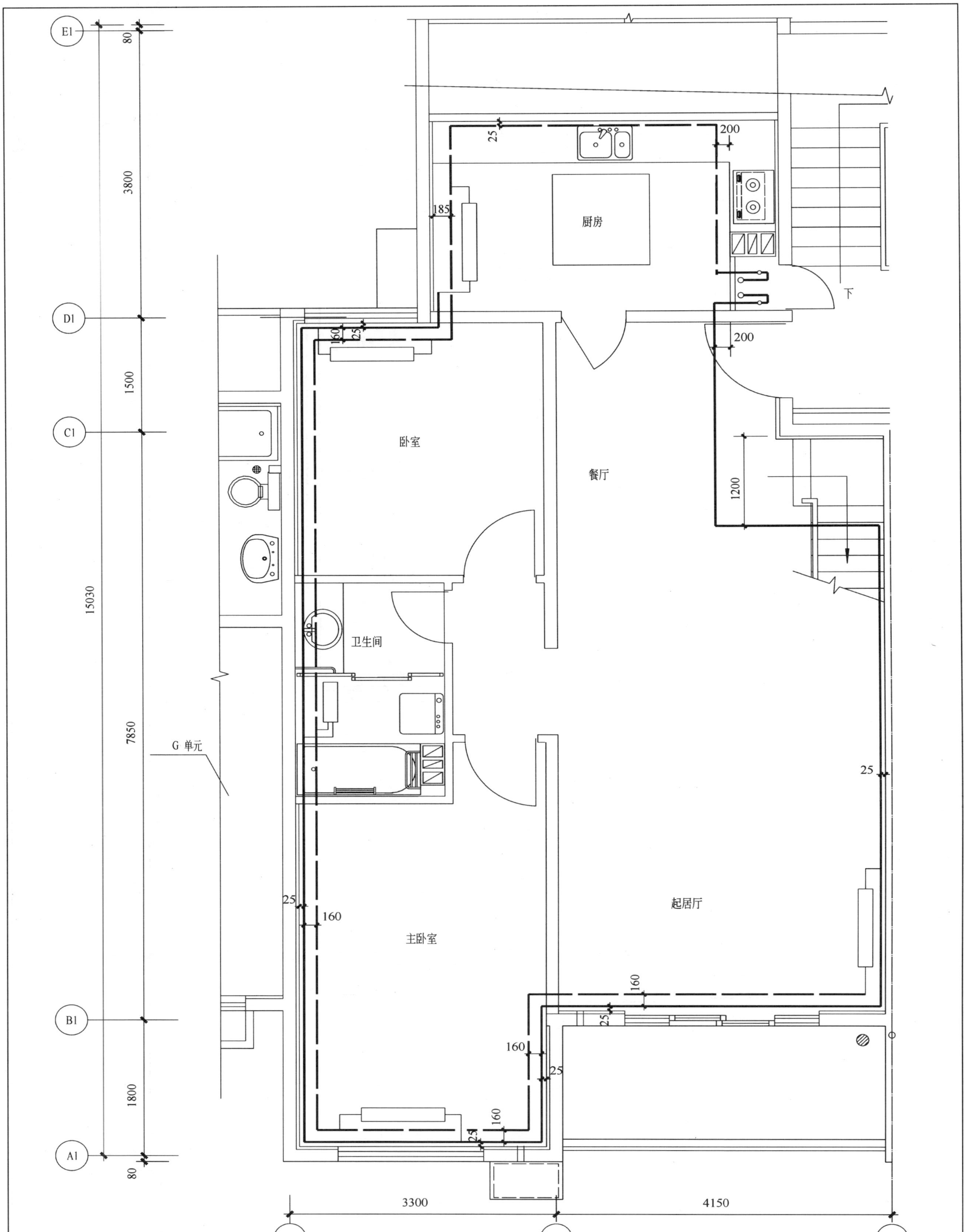


B 单元六层采暖平面放大图

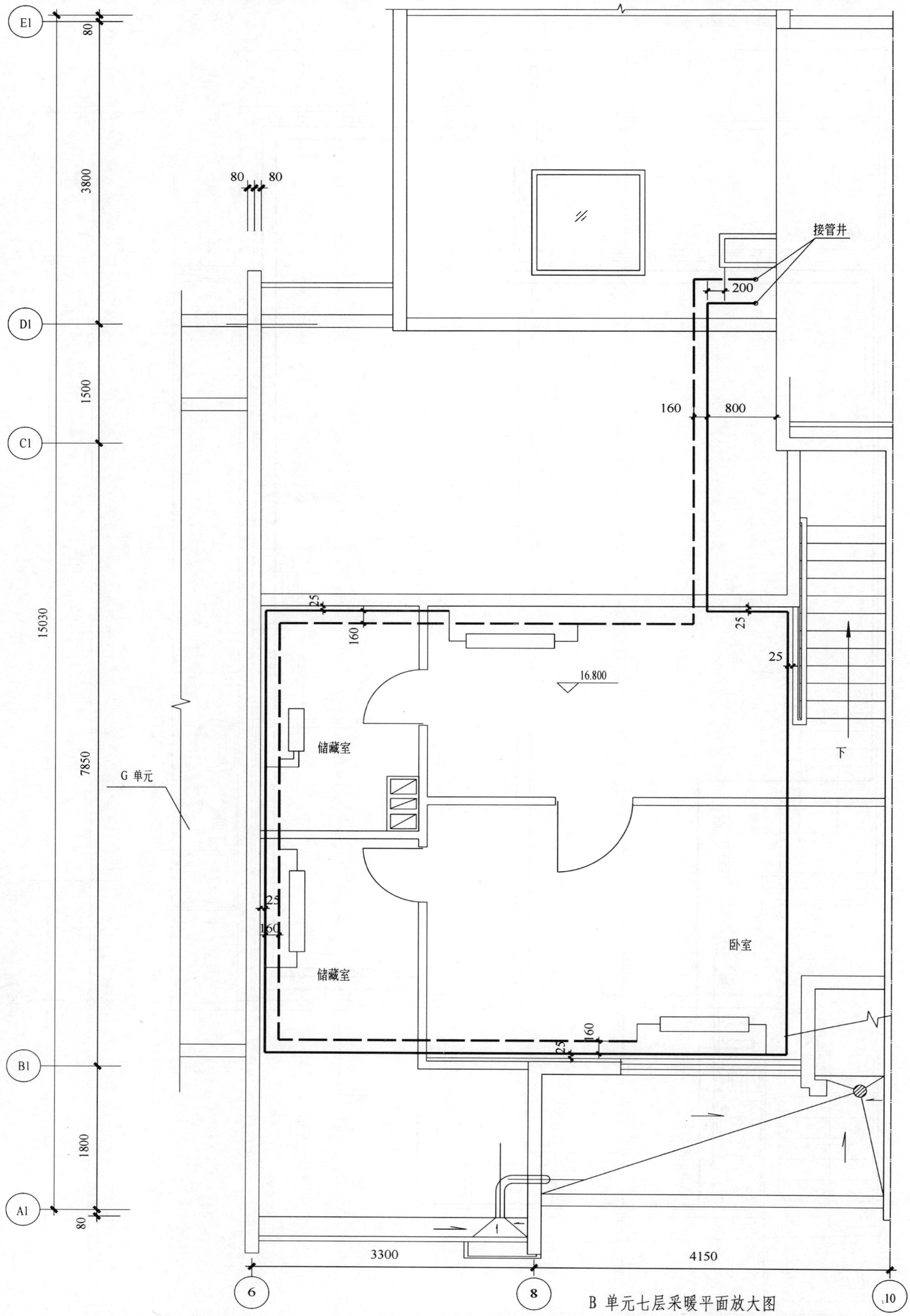


B 单元七层采暖平面放大图

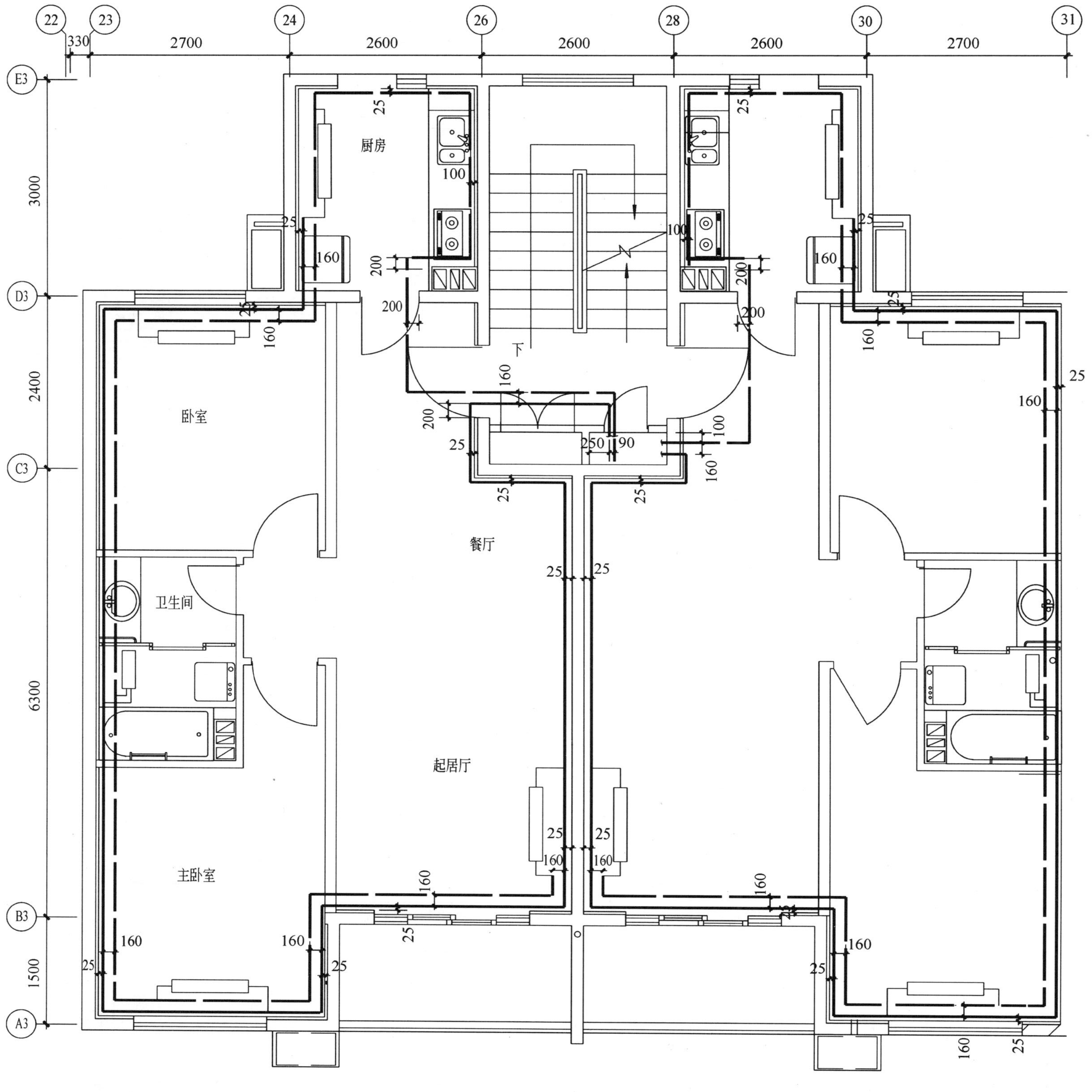


E 单元标准层采暖平面放大图

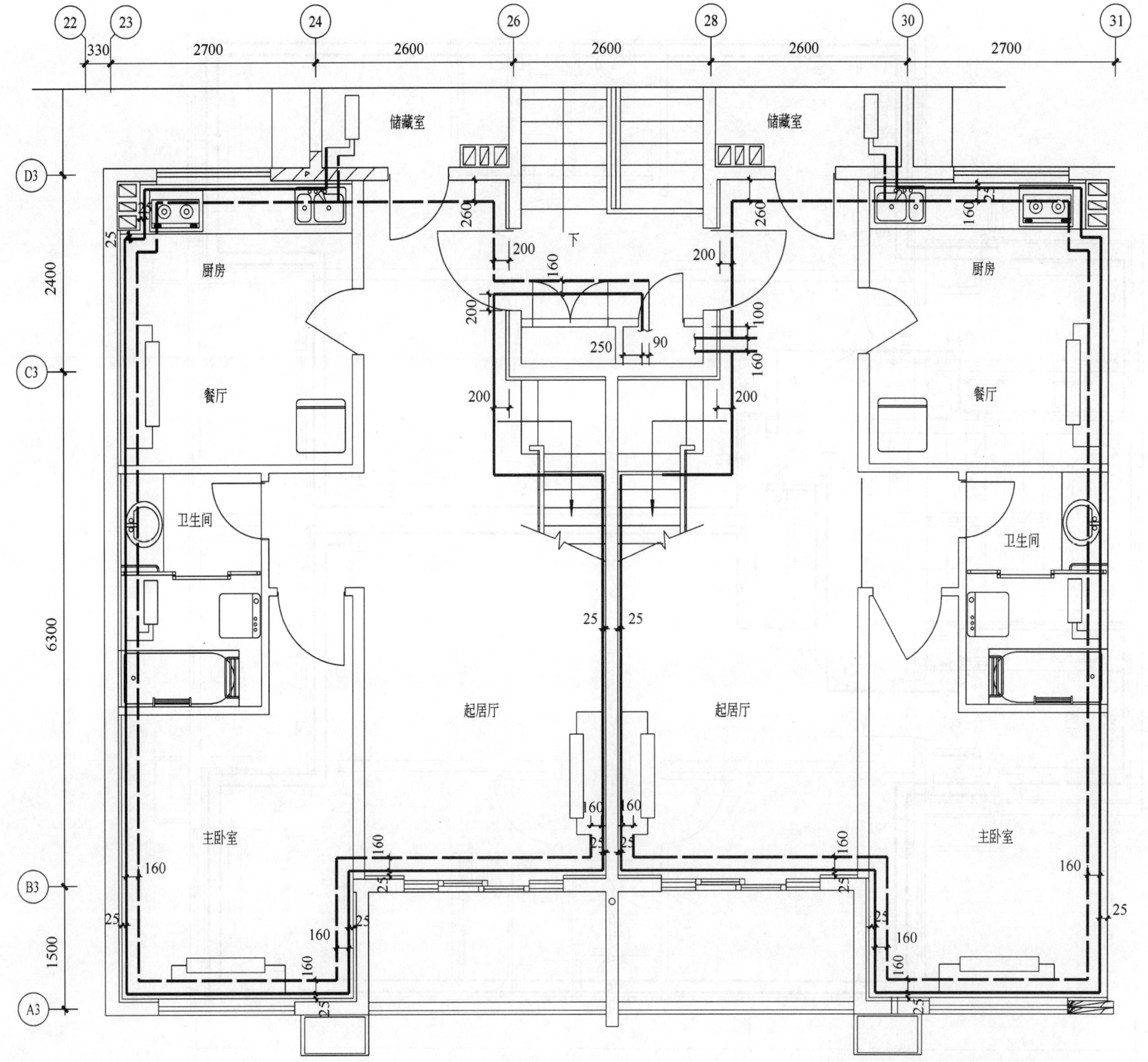


E 单元六层采暖平面放大图

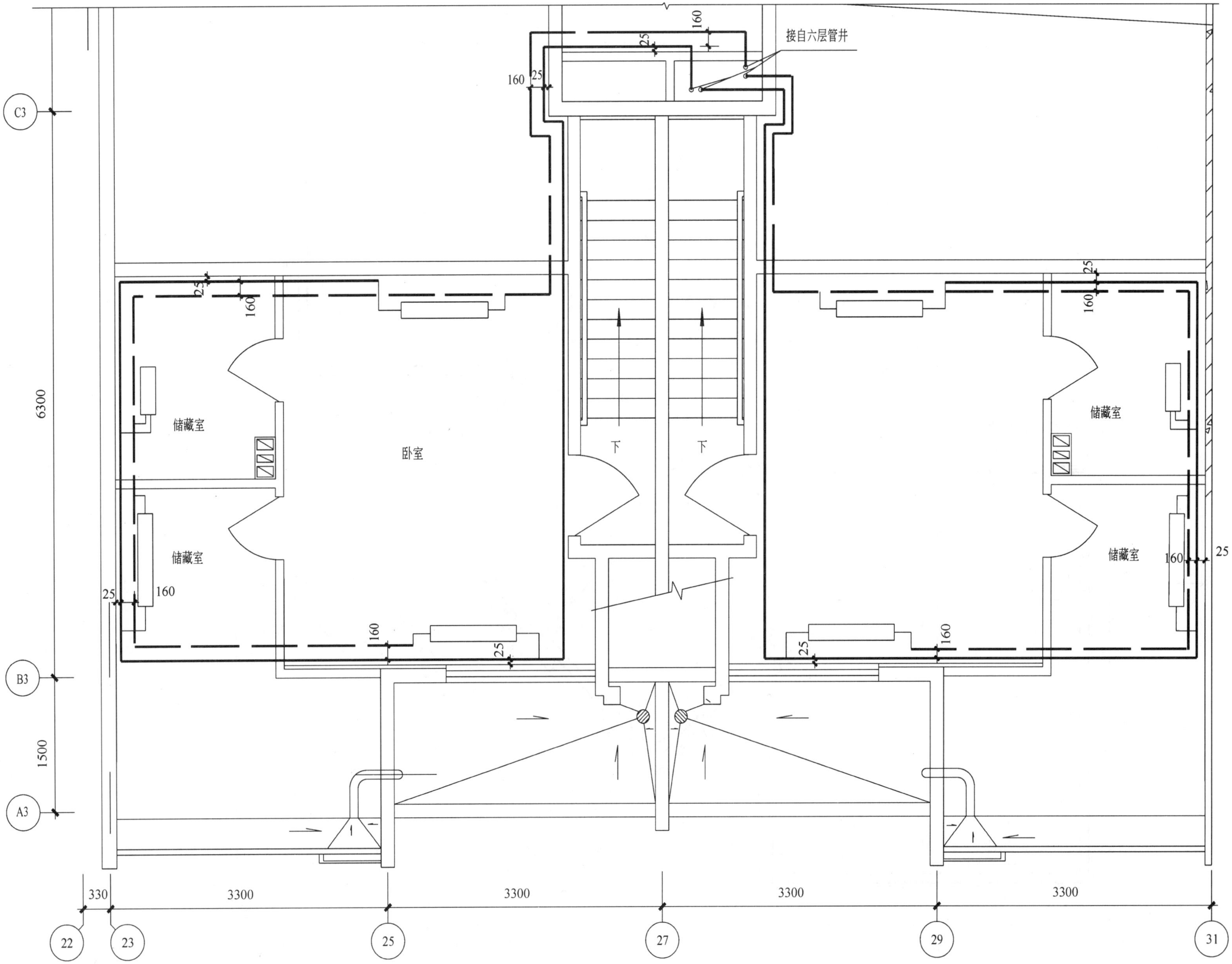


E 单元七层采暖平面放大图

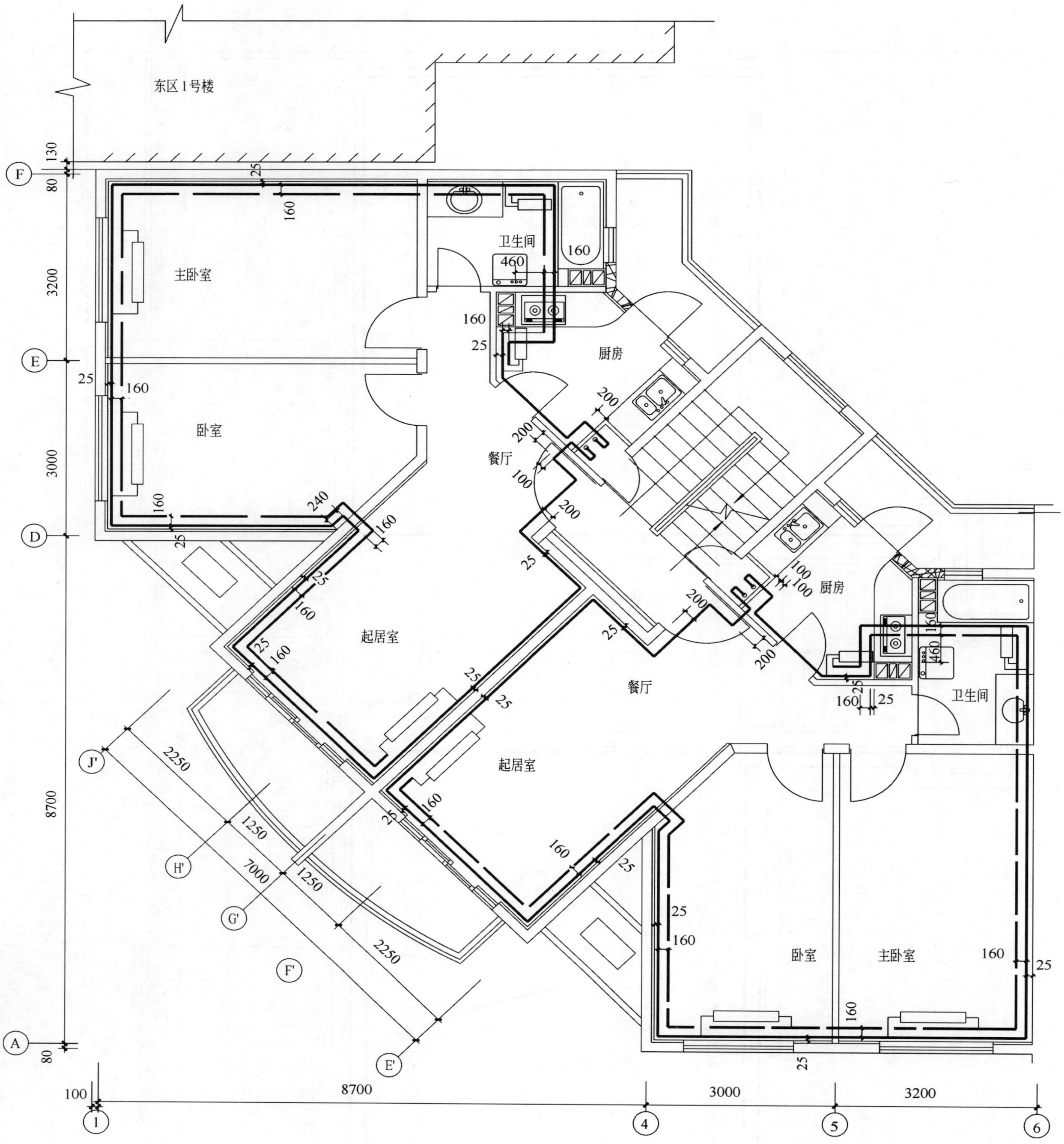


G 单元标准层采暖平面放大图

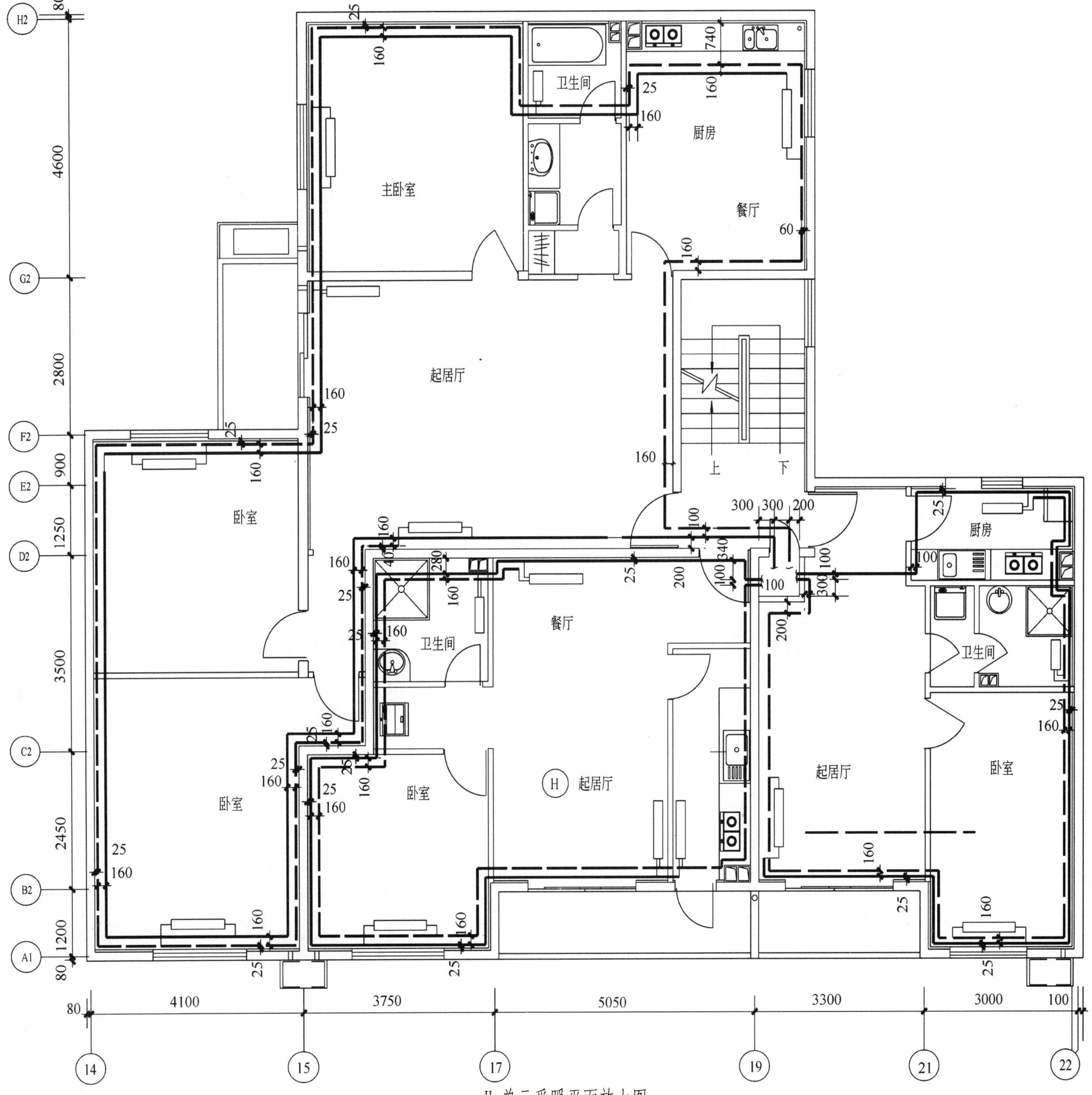
主卧室
卫生间
厨房
餐厅
起居厅
卧室
卧室
卫生间
餐厅
卧室
H 起居厅
厨房
卫生间
起居厅
卧室
上
下
H2
G2
F2
E2
D2
C2
B2
A1
4600
2800
900
1250
3500
2450
1200
80
4100
3750
5050
3300
3000
100
14
15
17
19
21
22

H 单元采暖平面放大图

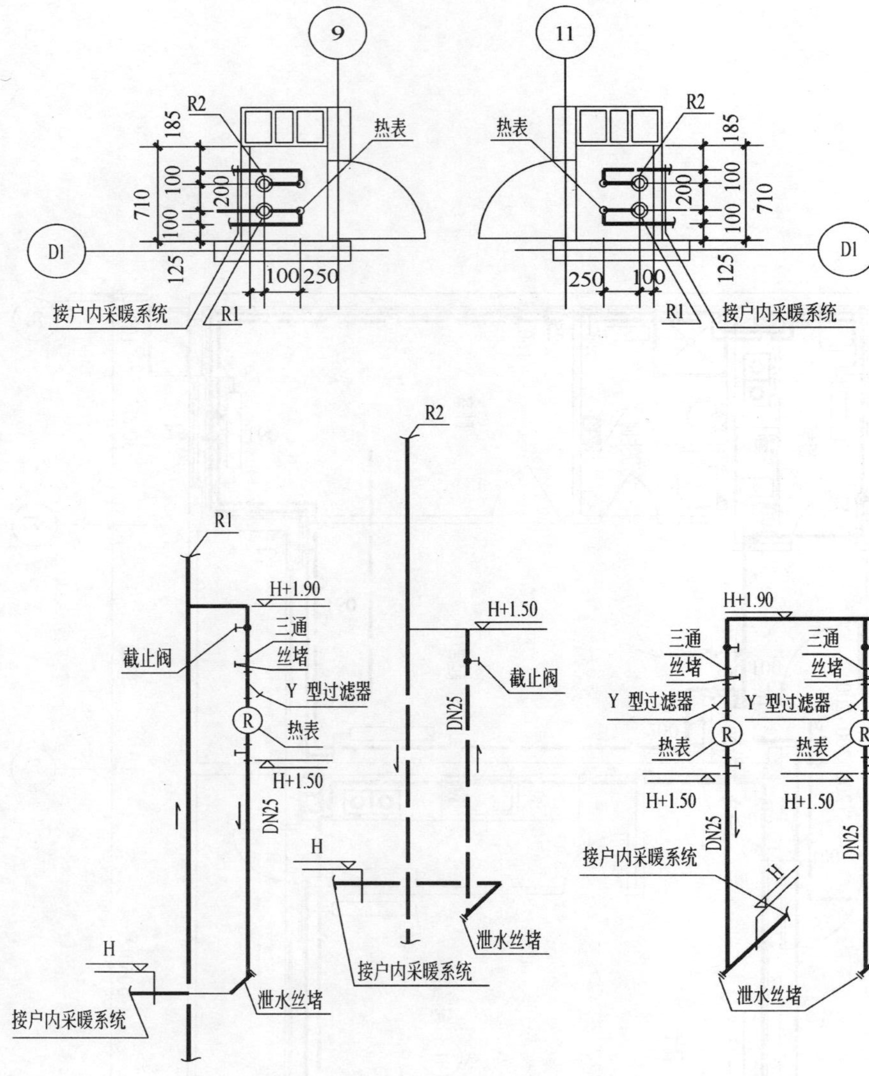


B 单元热表井详图

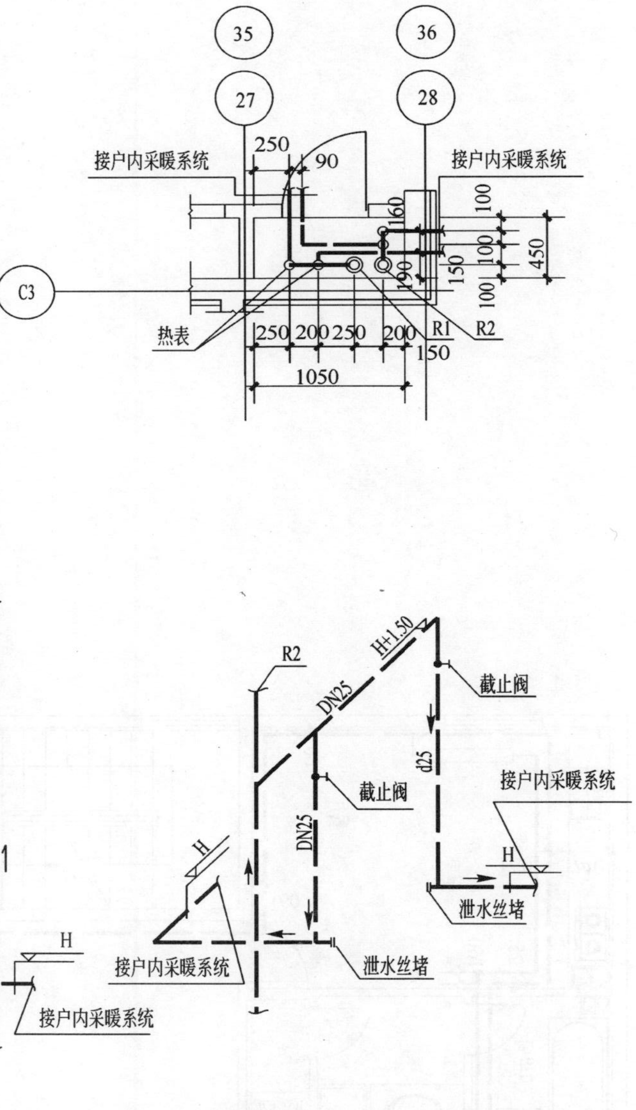


E 单元热表井详图

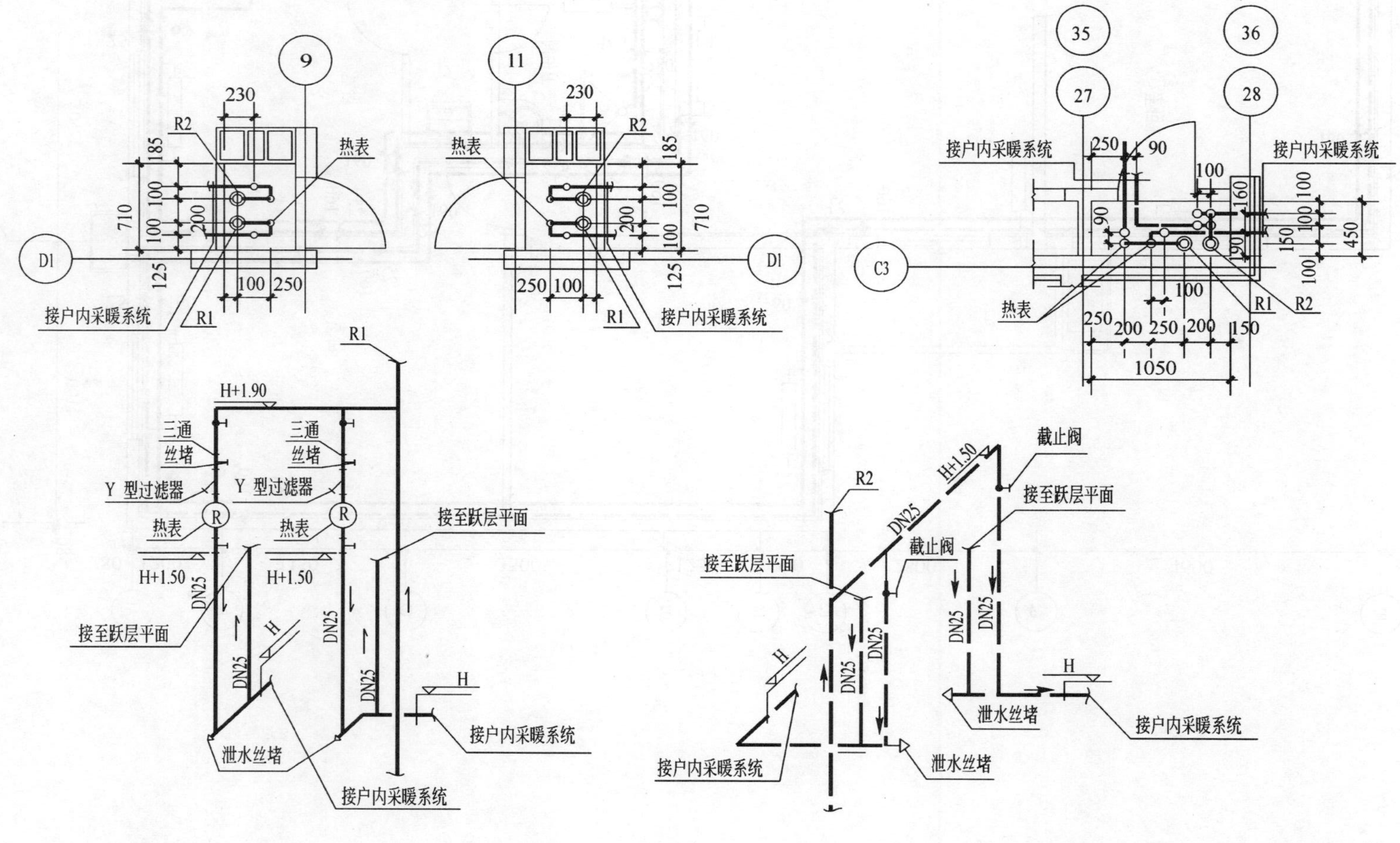


E 单元跃层热表井详图

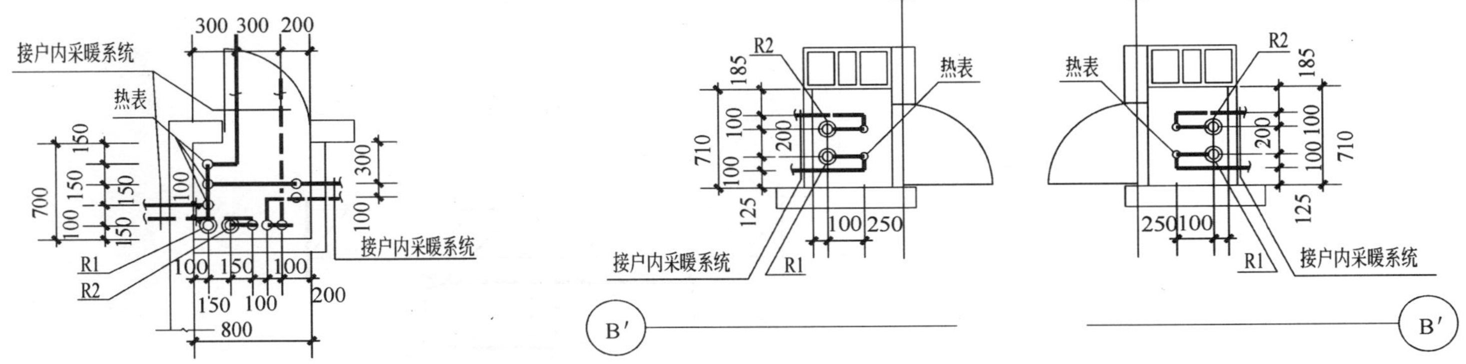


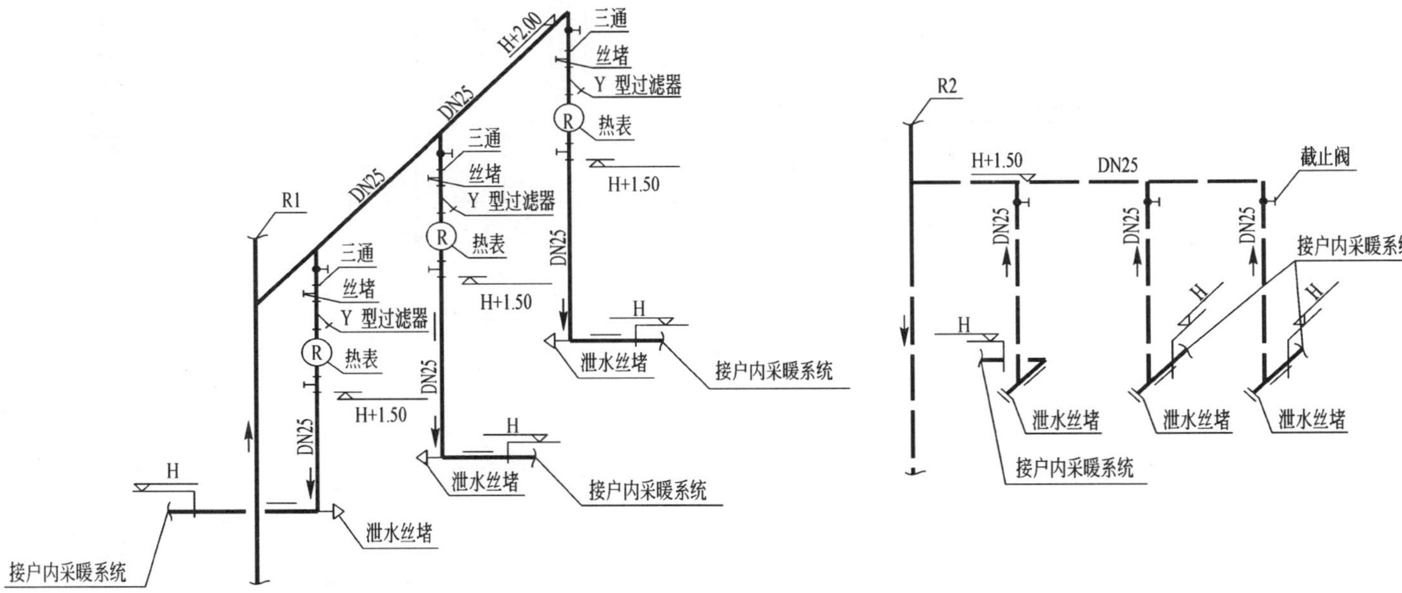


H 单元热表井详图

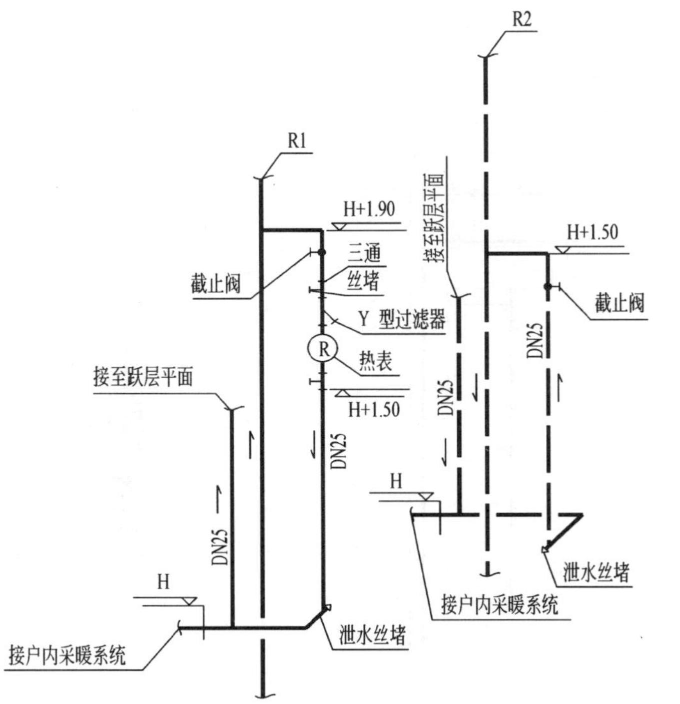


B 单元跃层热表井详图

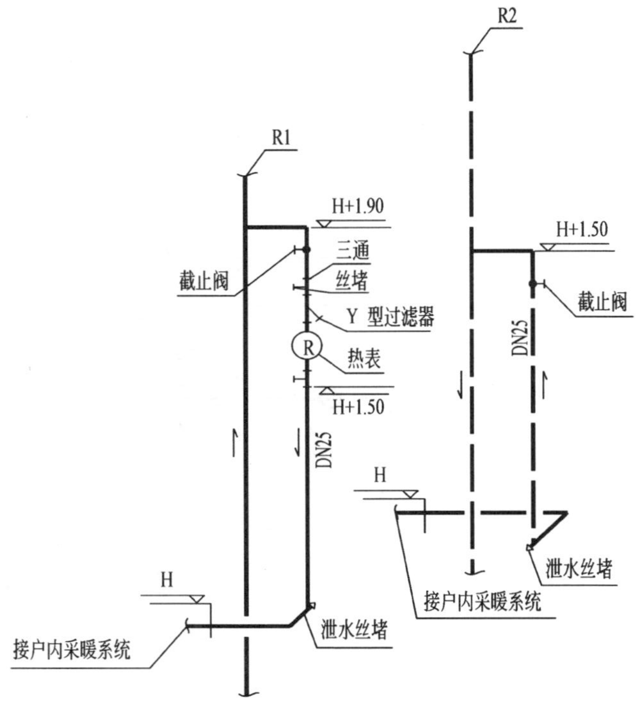


G 单元热表井详图

注：G 单元热表井与 G1 单元热表井对称。

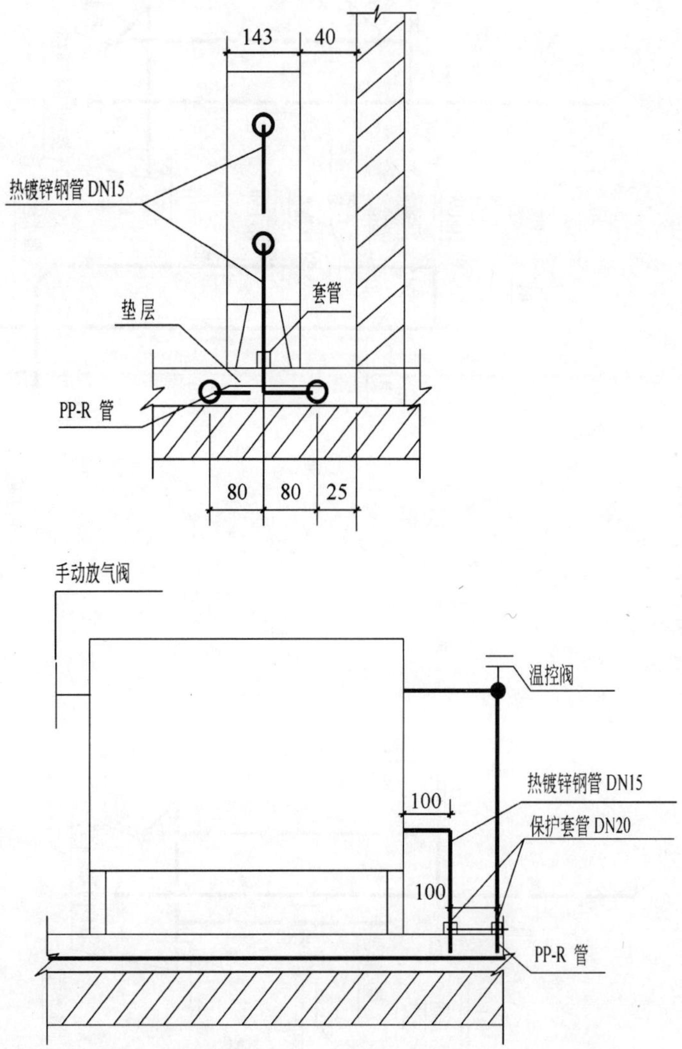


散热器接管图一

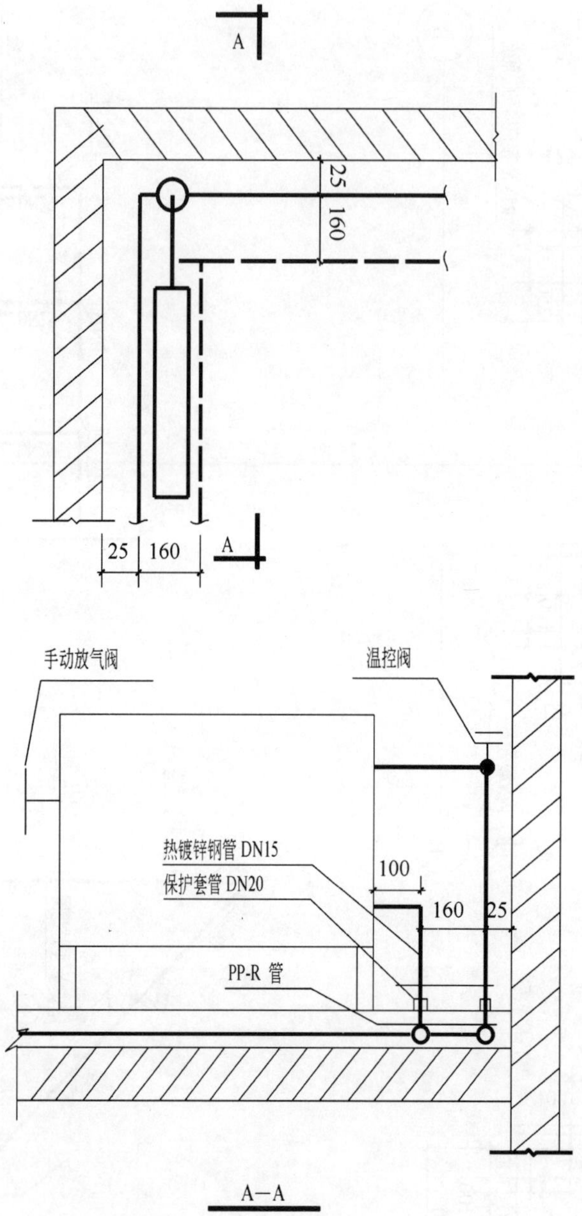


散热器接管图二

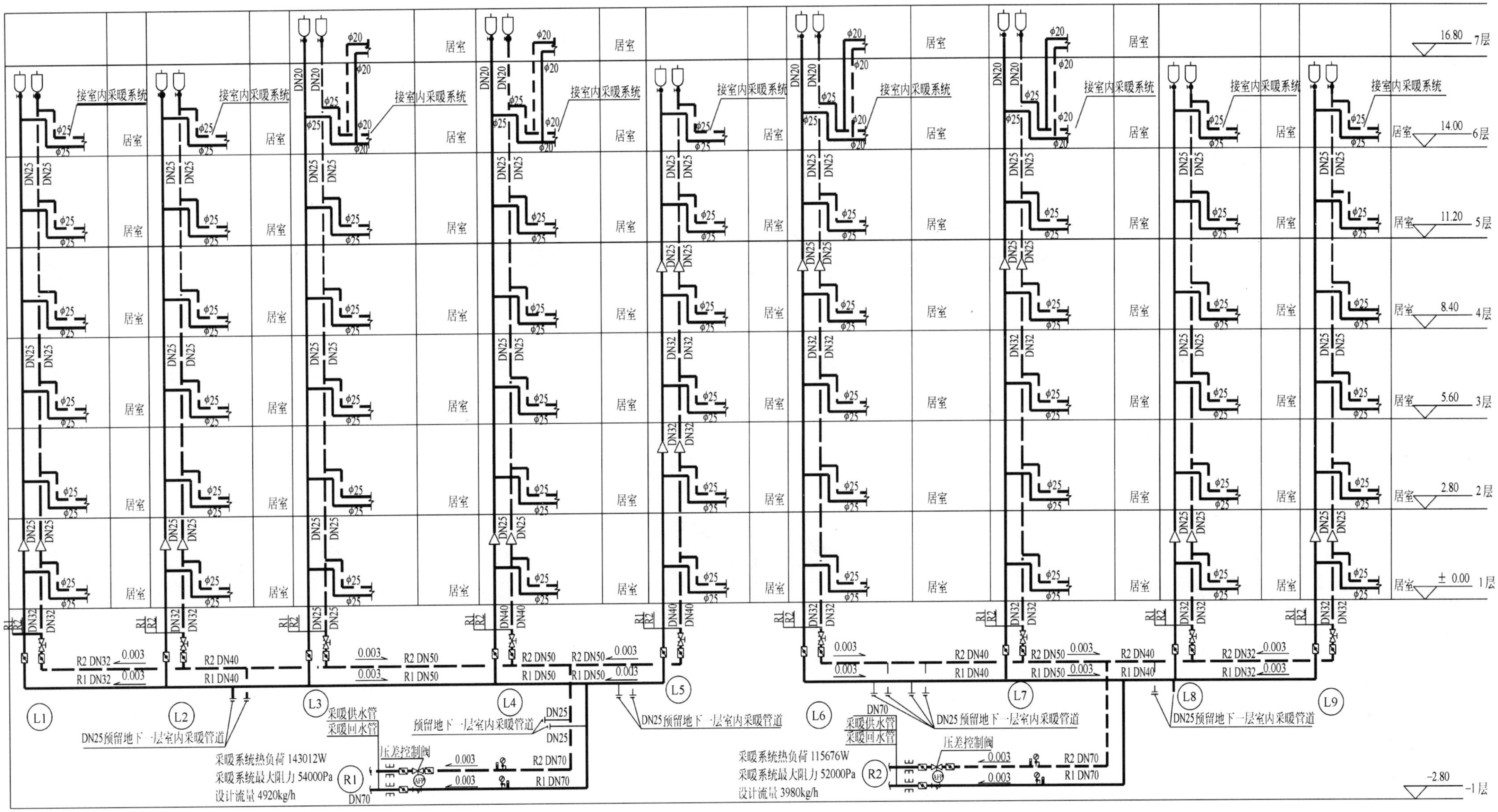
16.80 7层
14.00 6层
11.20 5层
8.40 4层
5.60 3层
2.80 2层
± 0.00 1层
-2.80 -1层
居室
接室内采暖系统
L1
L2
L3
L4
L5
L6
L7
L8
L9
R1
R2
DN25预留地下一层室内采暖管道
预留地下一层室内采暖管道
采暖供水管
采暖回水管
压差控制阀
采暖系统热负荷 143012W
采暖系统最大阻力 54000Pa
设计流量 4920kg/h
采暖系统热负荷 115676W
采暖系统最大阻力 52000Pa
设计流量 3980kg/h
R2 DN70
R1 DN70
0.003

采暖系统原理图

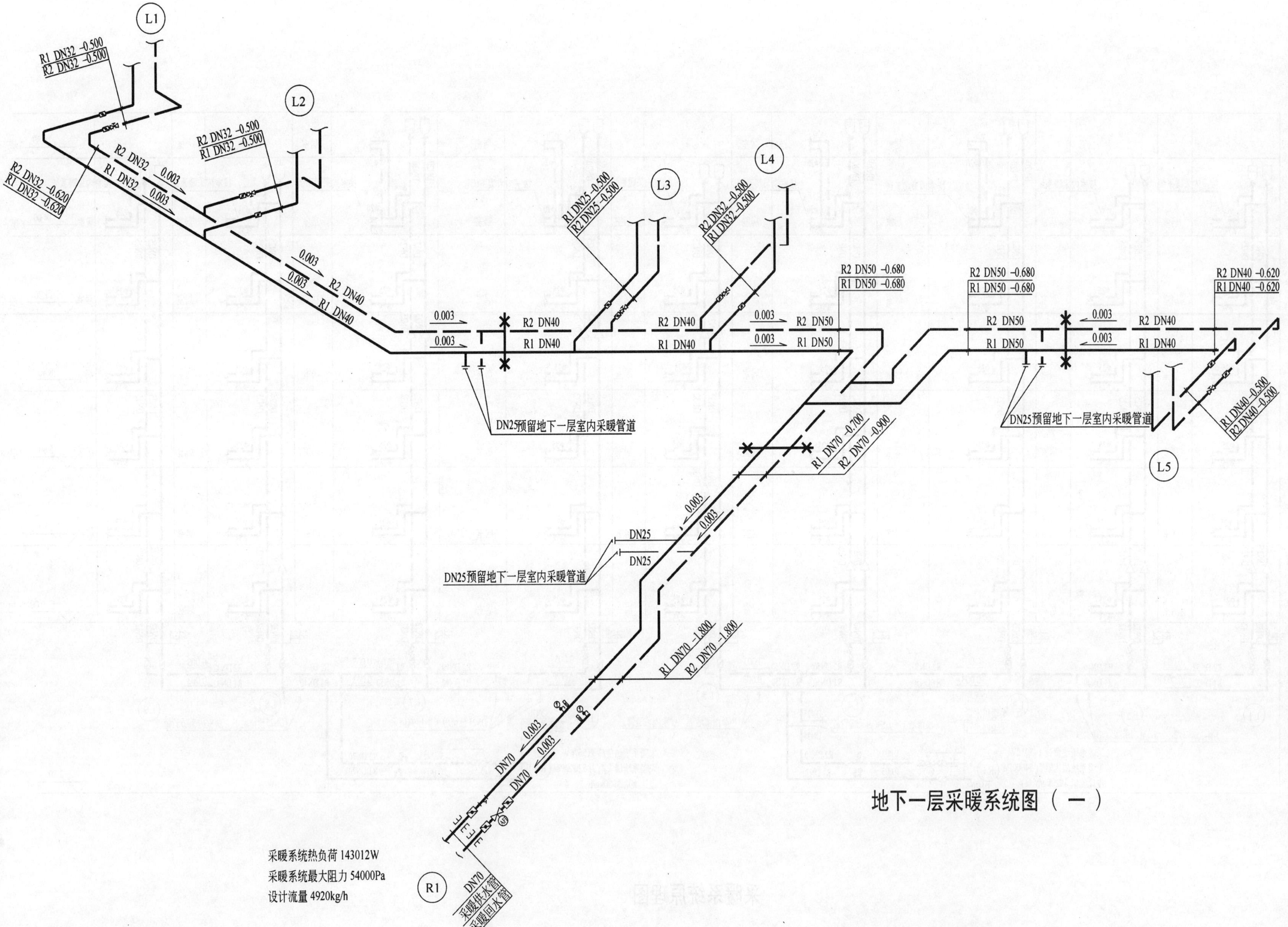


采暖系统热负荷 143012W
采暖系统最大阻力 54000Pa
设计流量 4920kg/h

## 地下一层采暖系统图（一）

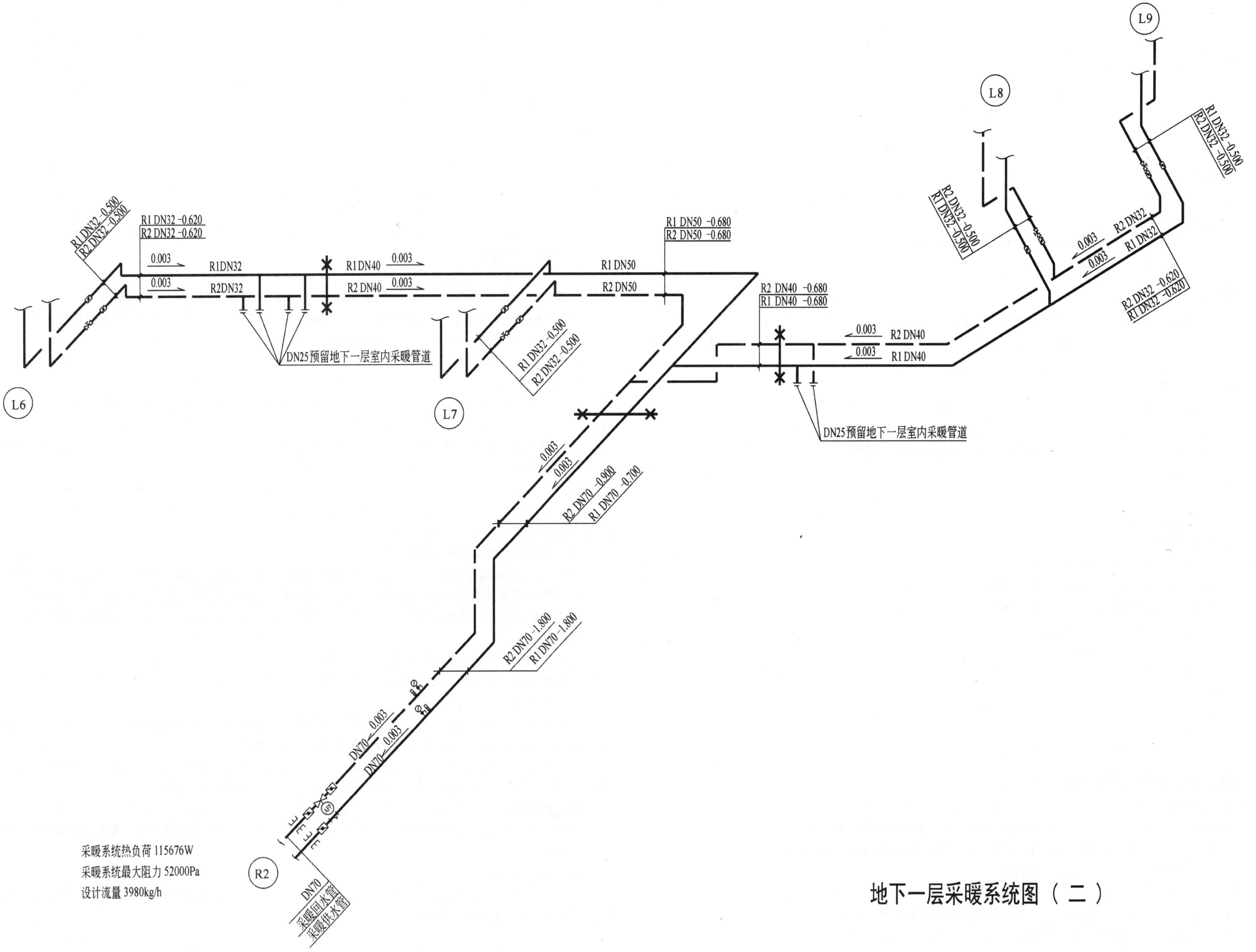


采暖系统热负荷 115676W
采暖系统最大阻力 52000Pa
设计流量 3980kg/h

地下一层采暖系统图（二）

# 第二节　社区住宅楼

## 设计总说明

### 一、工程概况

本子项建筑面积为 10860.21m²，共 6 层，其中地上 7 层（7 层为跃层），建筑功能为住宅，地下 1 层，建筑功能为自行车库。所有建筑均做采暖。

本工程采暖热负荷为 444813.8W，热指标为 40.95W/m²。

采暖系统最大阻力：60500Pa

### 二、设计依据

1. 采暖通风与空气调节设计规范（GBJ 19 — 87）
2. 民用建筑热工设计规范（GB 50176 — 93）
3. 民用建筑节能设计标准（JGJ 26 — 95）
4. 中华人民共和国建设部第 76 号令。
5. 民用建筑节能设计标准（北京地区实施细则 DBJ 01 — 602 — 97）
6. 新建集中供暖住宅分户计量设计技术规程（DBJ 01 — 605 — 2000）
7. 低温热水地板辐射供暖应用技术规程（DBJ/T 01 — 49 — 2000）

### 三、设计内容

本子项设计范围为建筑物冬季采暖系统设计。

### 四、室内外设计参数

1. 室外设计参数

冬季室外采暖计算（干球）温度：-9℃

冬季室外空调计算（干球）温度：-12℃

冬季室外通风计算（干球）温度：-5℃

冬季室外平均风速：　2.8m/s

最大冻土深度：　85cm

2. 室内设计参数

| | |
|---|---|
| 卧室 | 20℃ |
| 客厅 | 20℃ |
| 厨房 | 18℃ |
| 卫生间 | 20℃ |

### 五、建筑热工及采暖系统设计

1. 建筑热工

本子项体型系数小于 0.3，外墙平均传热系数不大于 1.16W/（m²·K），

外窗传热系数不大于 4.0W/（m²·K），屋面传热系数不大于 0.8W/（m²·K），

本子项建筑物耗热量指标为 15.63W/m²。

2. 采暖热源

本子项采暖热源来自小区锅炉房，热水供回水设计温度为 80 ~ 55℃。

由小区锅炉房对采暖系统进行定压。

3. 采暖系统

采暖系统分为地下和地上两个系统，其中地下室内为水平串联系统。住宅部分设七组下供下回式采暖立管，分设于各管井内。住宅室内采暖系统采用每户一个水平双管同程式系统。该系统流过每组散热器的水温基本均衡。采暖管管径小，系统平衡较容易，并各房间易调节。住宅室内每组散热器均设温控阀和手动放气阀各一个。室内采暖管道采用 PP-R 管沿墙暗敷设于楼板垫层内（垫层厚为 50mm）。管道管径均为 D25 × 3.5(PP-R 管)。

4. 散热器选择要求

本工程散热器按如下规则选用，住宅部分南向卧室，书房采用 TZ4-3-5 型散热器；南向起居厅采用 TZ4-3-8 型散热器。其余朝向卧室、厨房和起居厅采用 TZ4-5-8 型铸铁散热器。卫生间采用钢串片（闭式）GCB-1.2-1.0 型。地下一层自行车库采用钢串片 GCB-1.2-1.0 型散热器，特殊加工双侧接管。其中卫生间散热器安装在大便器水箱上方，安装高度为距地 1.5m。铸铁散热器要求内腔无砂铸造，工作压力为 0.8MPa。表面要求喷塑处理（二次），颜色为白色。住宅部分散热器采用暗装时，其外罩前板上下均应开孔，且孔口高度均不小于 150mm，孔口应敞开。

5. 采暖热水管管材选择要求

（1）本子项设于楼板垫层内的采暖热水管采用 PP-R 管，要求工作压力为 2.0MPa，依据《低温热水地板辐射供暖应用技术规程》（DBJ/T 01 — 49 — 200）PP-R 管材使用等级为 5 级。管道为热熔连接，管道连接方法按相关的规程、规定执行。埋地 PP-R 管在连接散热器处用三通（热熔连接）PP-R 短管接出地面后再用铝塑复合管或其他塑料管材与散热器连接。要求管材的工作压力为 2.0MPa。若采用塑料管材其使用等级为 5 级。塑料管材的连接方式按相关规定规程执行。

（2）本子项地下室内 DN ≤ 20 的采暖热水管以及管井内自采暖立管接出的入户采暖支管均采用镀锌钢管螺纹连接。其余管道采用焊接钢管，DN ≤ 32 为螺纹连接，DN > 32 者为焊接。

（3）管井内的 Y 型过滤器要求滤芯材料为不锈钢丝网,局部阻力系数不大于 2.0。公称压力 1.0MPa。

（4）采暖热力入口具体做法见华北地区标准图集 91SB1 第 51 页。

6. 热表、温控阀、压差控制阀的选择要求

（1）每户设一个组合式热表，其技术要求如下：公称流量 0.6m³/h。当阻力为 9.8kPa 时的流量 ≥ 0.4m³/h。热表为垂直安装，并配脉冲输出接口。

（2）每组散热器安装一个温控阀。

其中：*a.* 当散热器不安装暖气罩时，温控阀为角型，内置式温度传感器，有预设定功能，规格为DN15。

*b.* 当散热器安装暖气罩时，温控阀为角型，配远程式温度传感器，有预设定功能，规格为 DN15。

（3）采暖系统入口处采暖回水管上设置了压差控制阀，规格为 DN70 承压为 1.6MPa，控制阀水阻力 ≤ 0.02MPa。

（4）当确定散热器温控阀和压差控制阀供货厂商后，再确定这两种阀门的具体型号。

（5）散热器温控阀和压差控制阀的安装应按产品使用说明进行。

7. 管道保温

由户外热网引入的总管，及管井内管道均做保温，保温材料采用超级玻璃棉管壳外包玻璃布，保温厚度 40 ~ 30mm，具体做法见华北地区标准图集 91SB1 第 61 页。

8. 采暖管道穿墙及穿楼板处均做钢套管。所有管道均应保证高点放气，低点泄水。非采暖季节满管保护。所有采暖管道穿墙处的预埋钢套管或预留洞在土建施工时均须密切配合。

9. 系统试压

采暖系统安装完毕后作整体试压，试验压力按 91SB1 暖气工程统一施工说明第 7 页有关内容进行，试验压力为 0.6MPa。

10. 其他注意事项

热量表应在系统冲洗及试压完毕后安装，图中及设计说明中未详事宜按建筑设备施工安装图集中的规定执行并应符合施工验收规范的规定。

# 图　例

| 图例 | 名称 | 图例 | 名称 |
|---|---|---|---|
| R1 | 采暖供水管 |  | 压力表 |
| R2 | 采暖回水管 |  | 温度计 |
|  | 固定支架 |  | Y 型过滤器 |
| ×× | 散热器及片数 | Lx | 采暖立管编号 |
|  | 自动排气阀 |  | 管道穿楼板套管 |
|  | 截止阀 |  | 水管坡向 |
|  | 闸阀 |  | 柔性防水套管 |
|  | 泄水丝堵 | AFP | 压差控制阀 |
|  | 手动调节阀 |  | 变径管 |
|  | 蝶阀 |  | 活接头 |
|  | 平衡阀 | R× | 采暖入口编号 |
| φ×　DN ×× | 管径 |  |  |

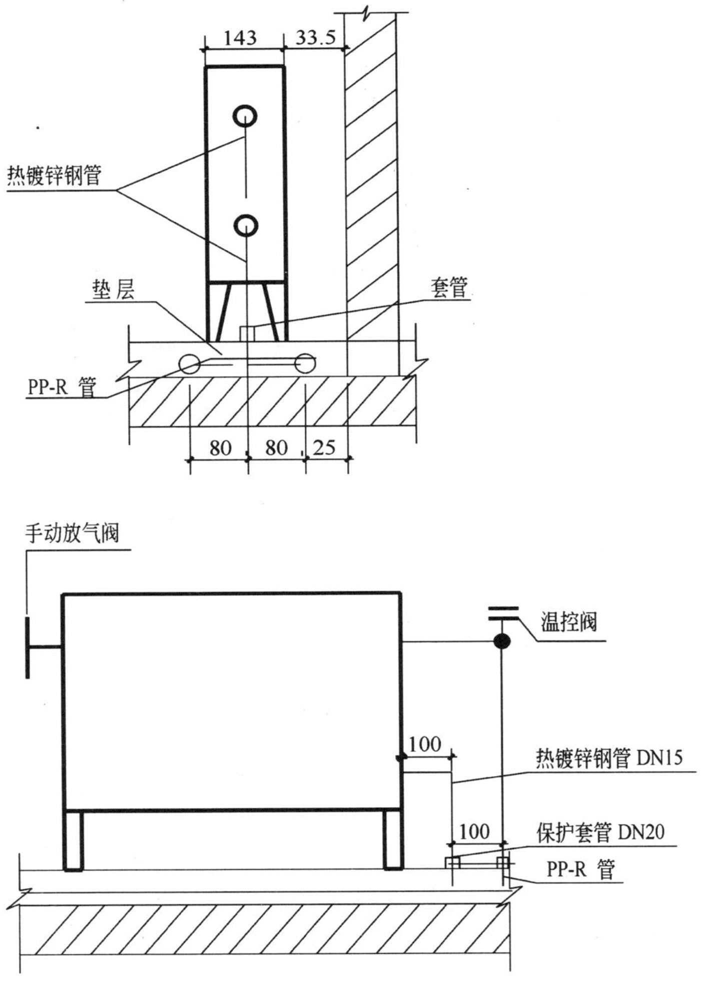


散热器接管图一

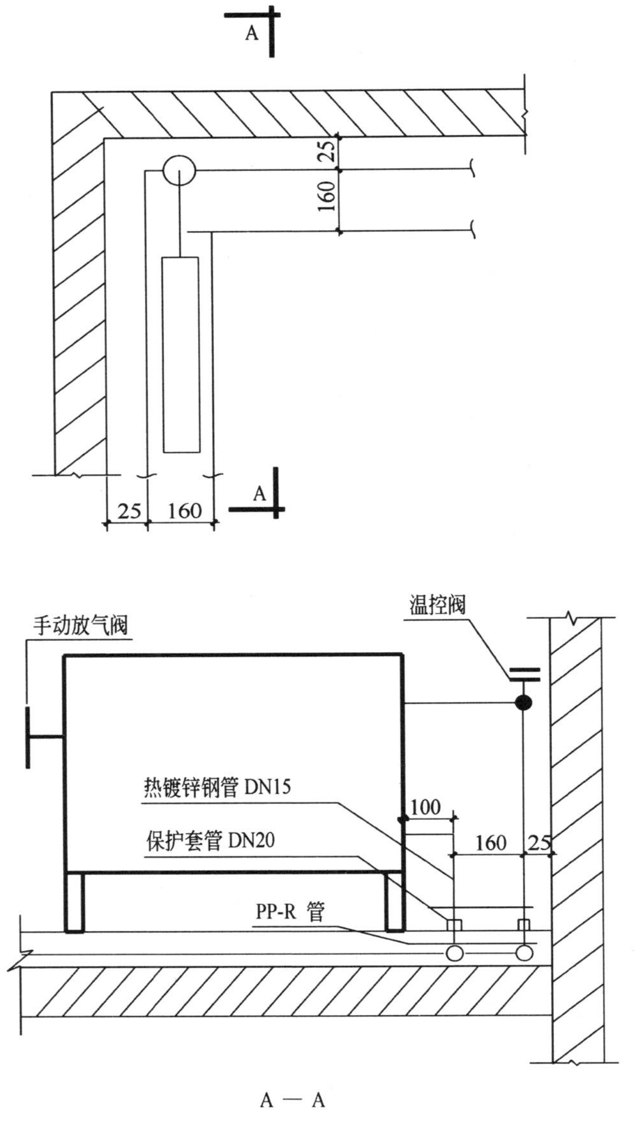


散热器接管图二

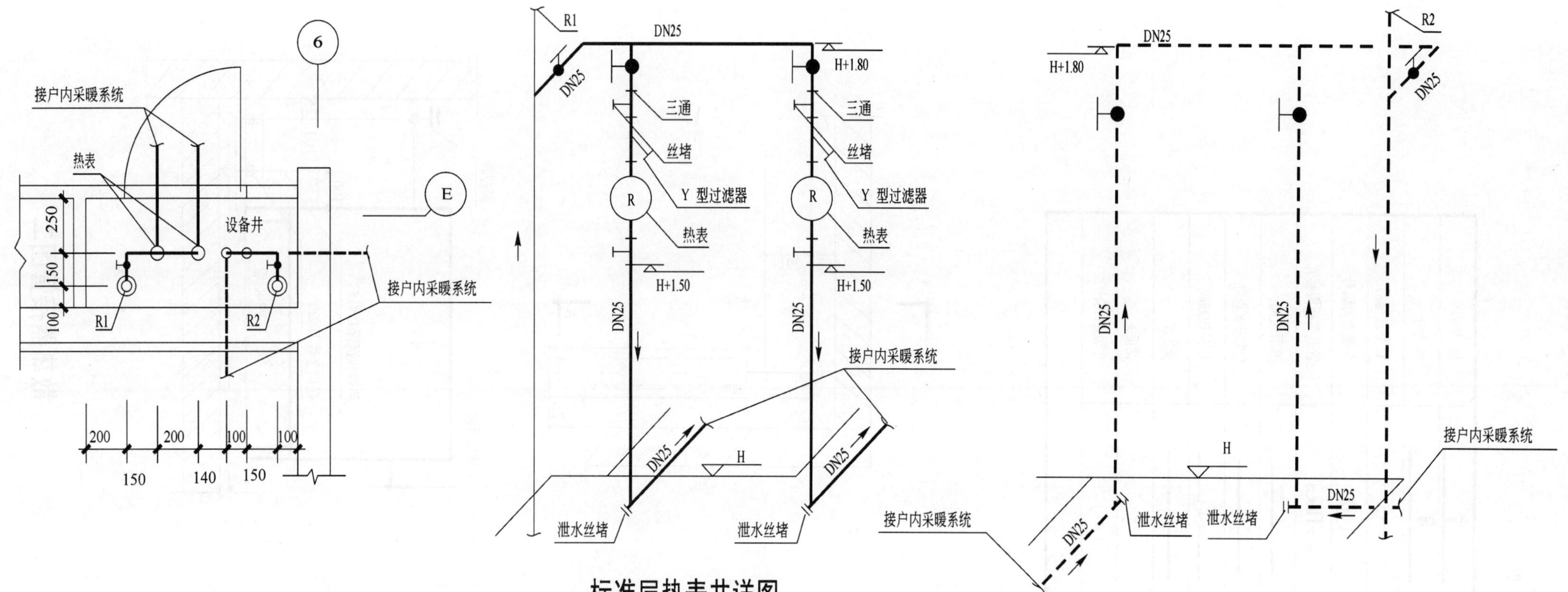


标准层热表井详图

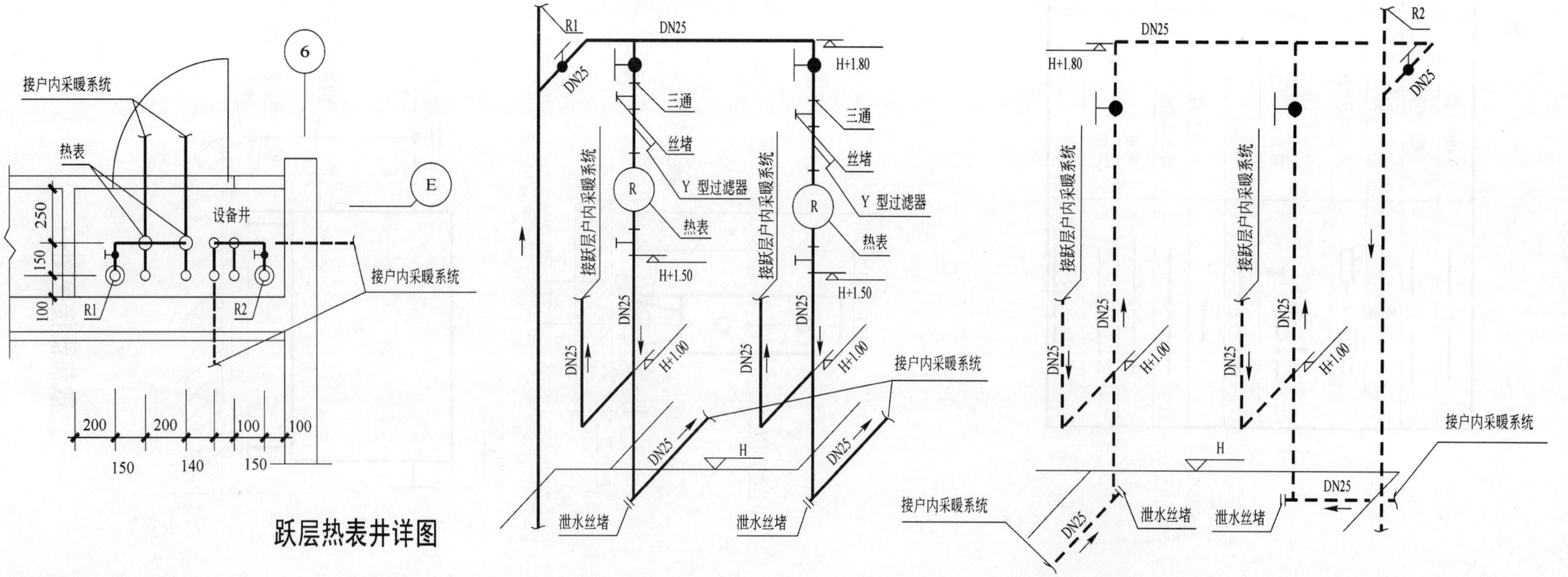


跃层热表井详图

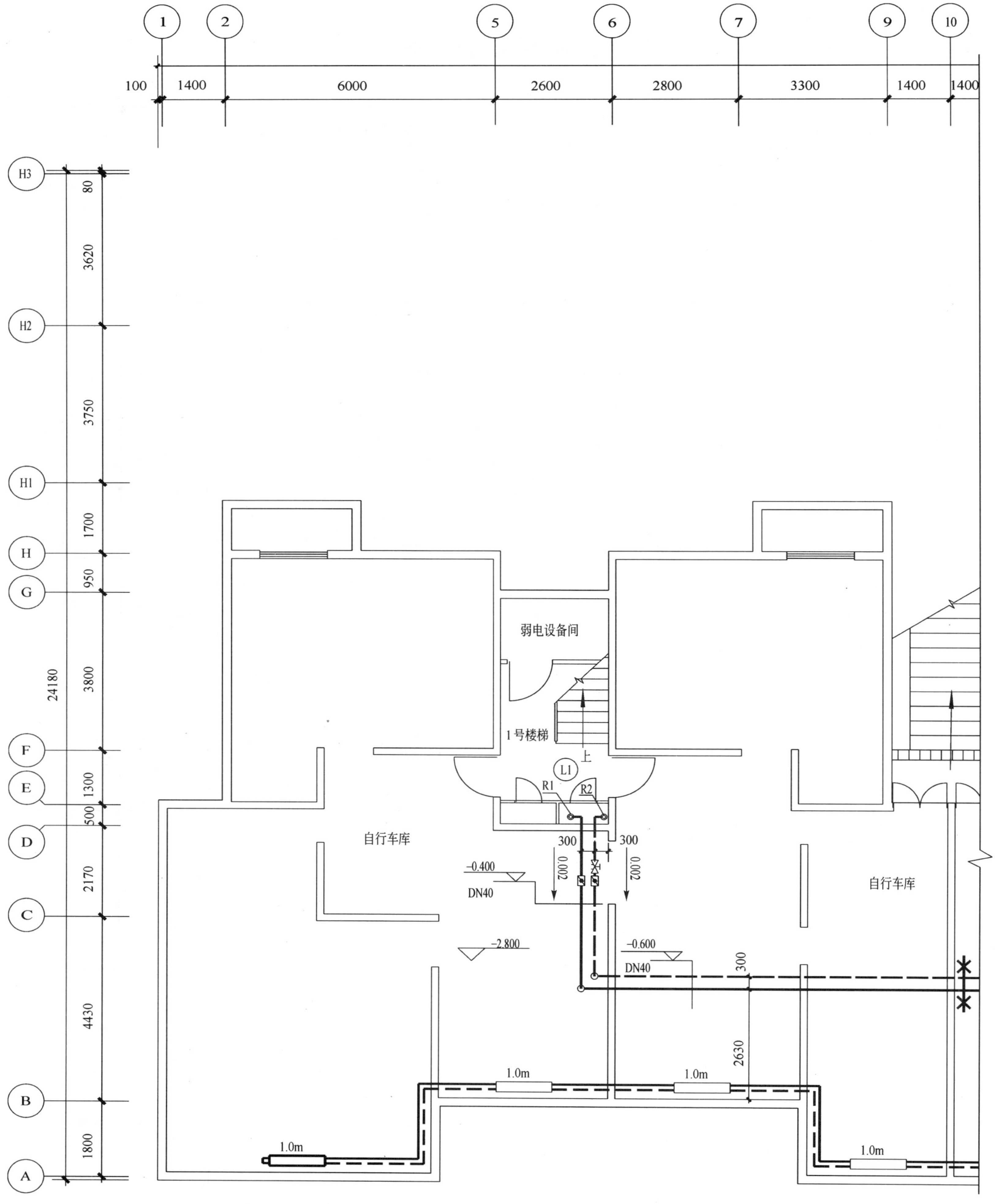
1
2
5
6
7
9
10
100
1400
6000
2600
2800
3300
1400
1400
H3
H2
H1
H
G
F
E
D
C
B
A
80
3620
3750
1700
950
3800
1300
500
2170
4430
1800
24180
弱电设备间
1号楼梯
上
L1
R1
R2
自行车库
自行车库
300
300
0.002
0.002
-0.400
DN40
-2.800
-0.600
DN40
300
2630
1.0m
1.0m
1.0m
1.0m

地下一层采暖平面图（一）

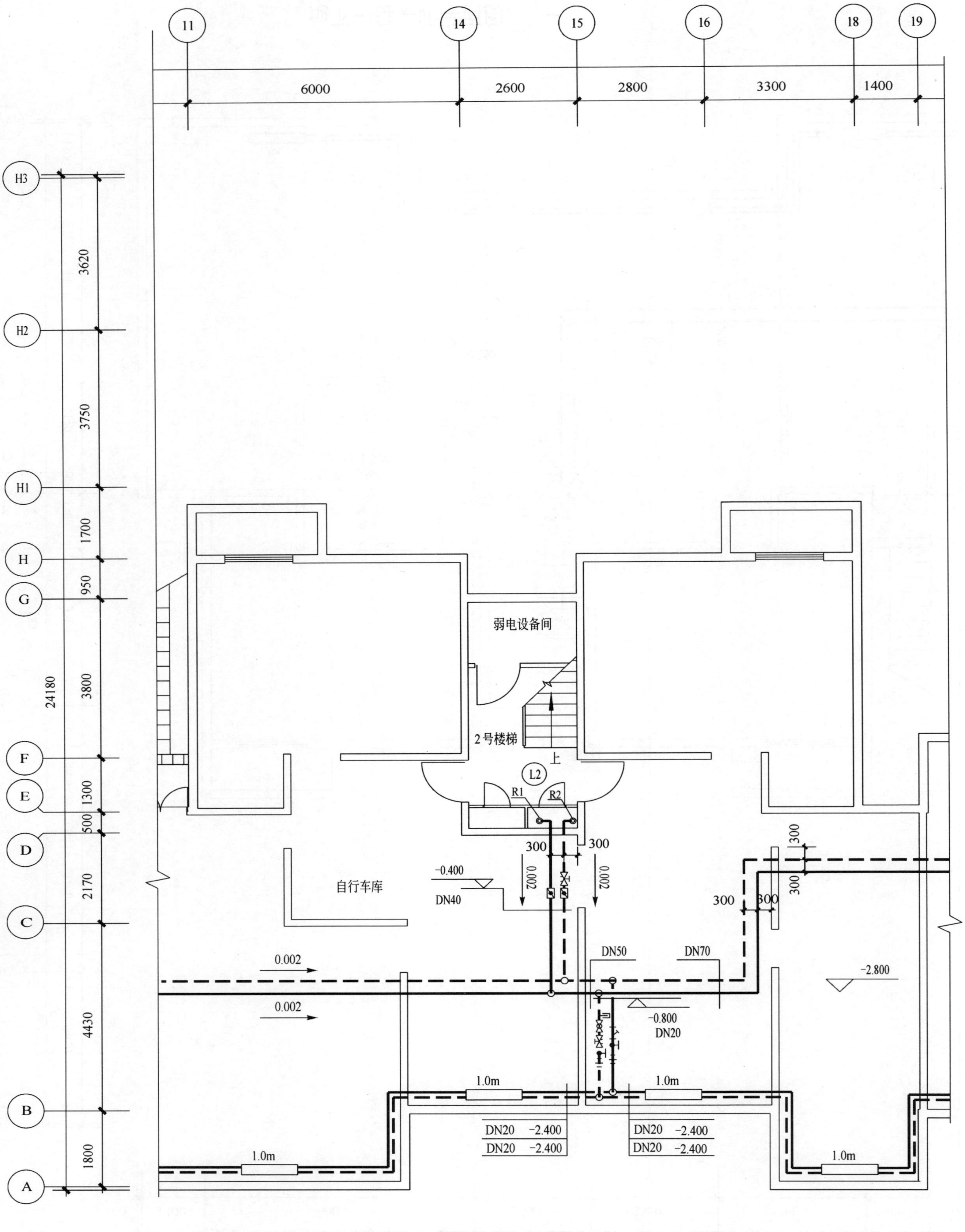
11
14
15
16
18
19
6000
2600
2800
3300
1400
H3
H2
H1
H
G
F
E
D
C
B
A
3620
3750
1700
950
3800
24180
1300
500
2170
4430
1800
弱电设备间
2号楼梯
上
L2
R1
R2
300
300
-0.400
DN40
0.002
0.002
自行车库
300
300
300
300
-2.800
DN50
DN70
0.002
0.002
-0.800
DN20
1.0m
1.0m
1.0m
1.0m
DN20 -2.400
DN20 -2.400
DN20 -2.400
DN20 -2.400

地下一层采暖平面图（二）

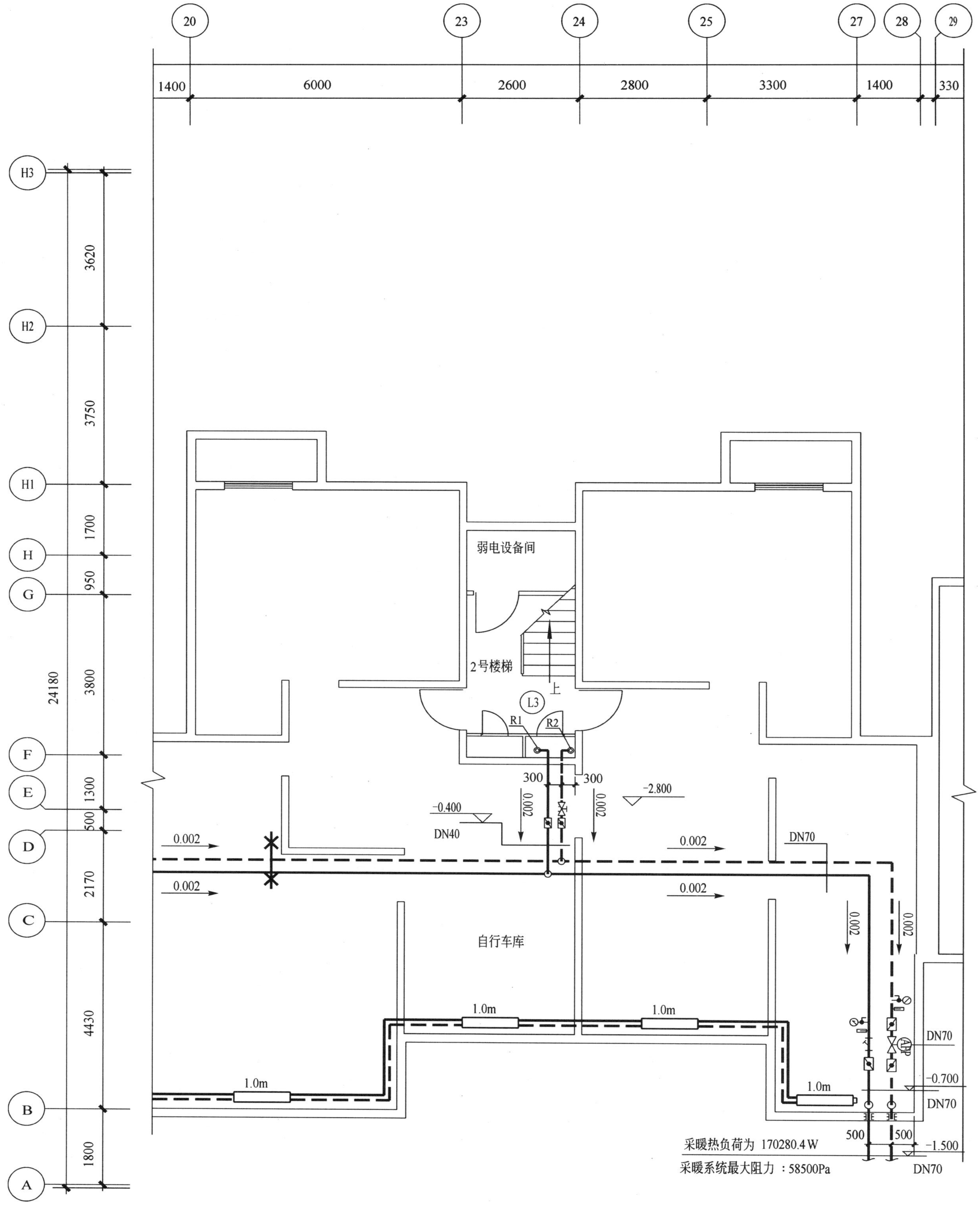
20
23
24
25
27
28
29
1400
6000
2600
2800
3300
1400
330
H3
H2
H1
H
G
F
E
D
C
B
A
3620
3750
1700
950
3800
1300
500
2170
4430
1800
24180
弱电设备间
2号楼梯
上
L3
R1
R2
300
300
-0.400
DN40
0.002
-2.800
DN70
自行车库
1.0m
DN70
-0.700
DN70
500
500
-1.500
DN70
采暖热负荷为 170280.4 W
采暖系统最大阻力：58500Pa

地下一层采暖平面图（三）

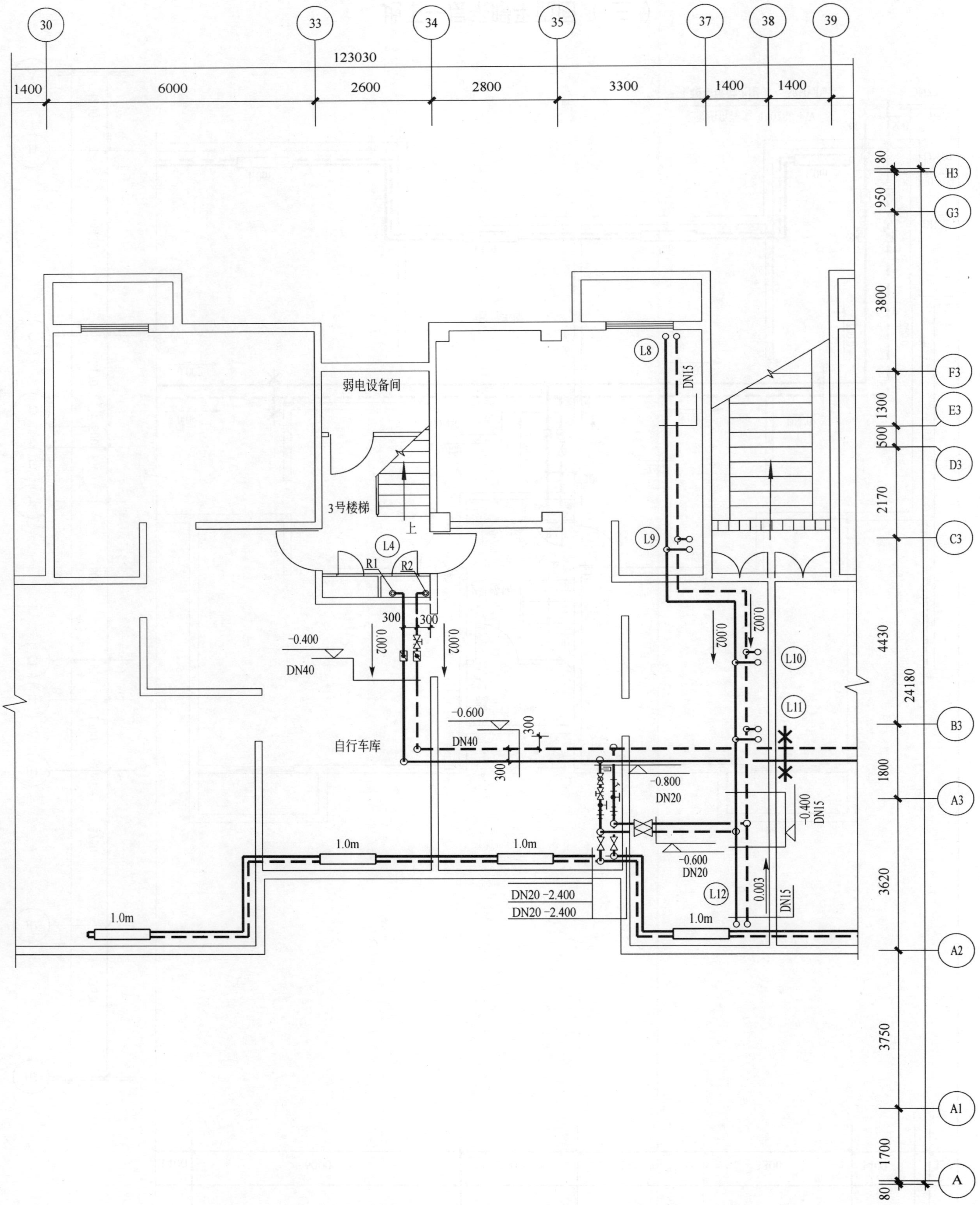
30
33
34
35
37
38
39
123030
1400
6000
2600
2800
3300
1400
1400
H3
G3
F3
E3
D3
C3
B3
A3
A2
A1
A
80
950
3800
1300
500
2170
4430
1800
3620
3750
1700
80
24180
弱电设备间
3号楼梯
上
自行车库
L4
R1
R2
L8
L9
L10
L11
L12
DN15
300
300
0.002
0.002
0.002
0.002
−0.400
DN40
−0.600
DN40
300
300
−0.800
DN20
−0.400
DN15
−0.600
DN20
0.003
DN15
1.0m
1.0m
1.0m
1.0m
DN20 −2.400
DN20 −2.400

地下一层采暖平面图（四）

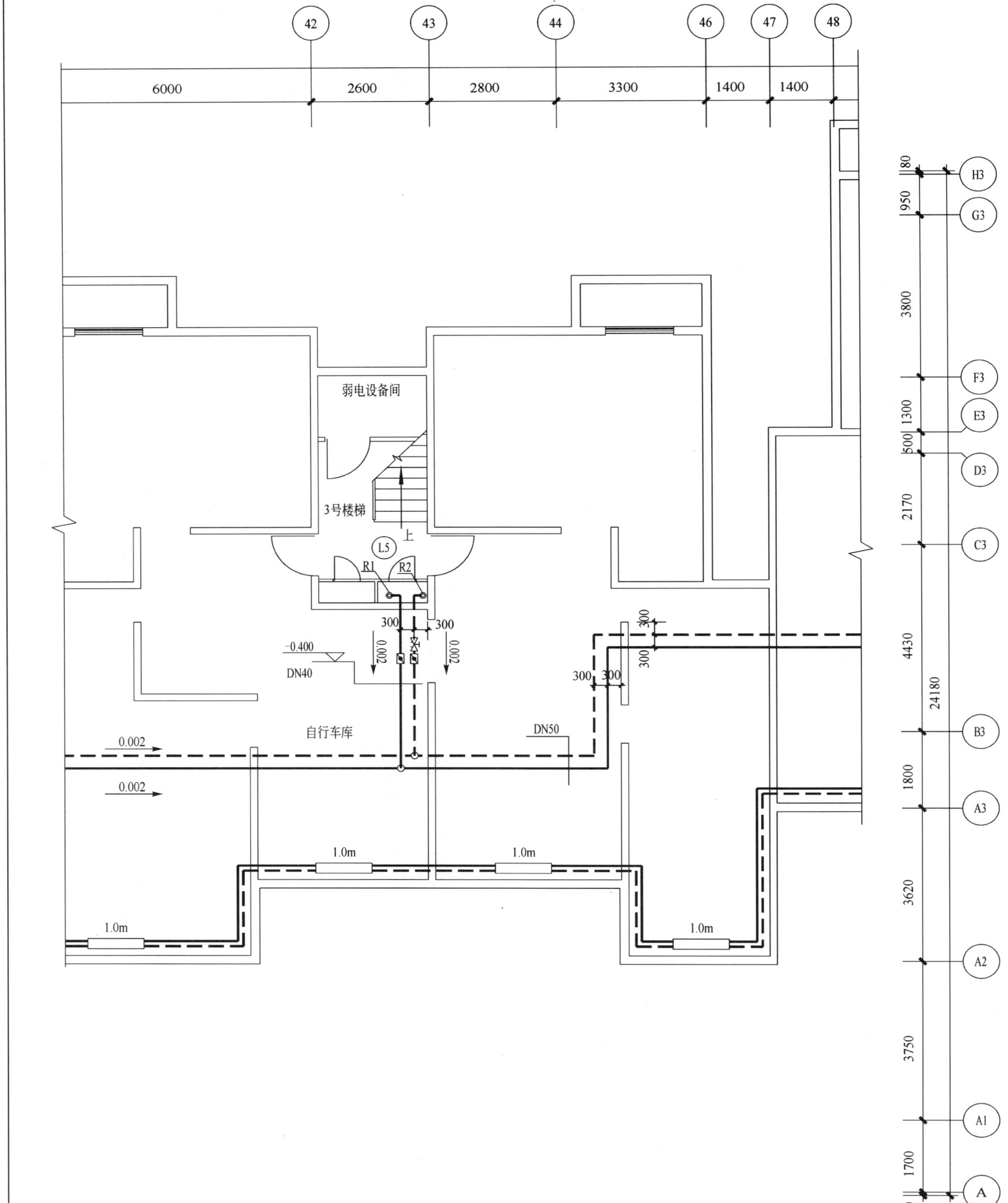

42
43
44
46
47
48
6000
2600
2800
3300
1400
1400
H3
G3
F3
E3
D3
C3
B3
A3
A2
A1
A
80
950
3800
1300
500
2170
4430
1800
3620
3750
1700
80
24180
弱电设备间
3号楼梯
上
L5
R1
R2
300
300
-0.400
DN40
0.002
0.002
自行车库
DN50
0.002
0.002
1.0m
1.0m
1.0m
1.0m


地下一层采暖平面图（五）

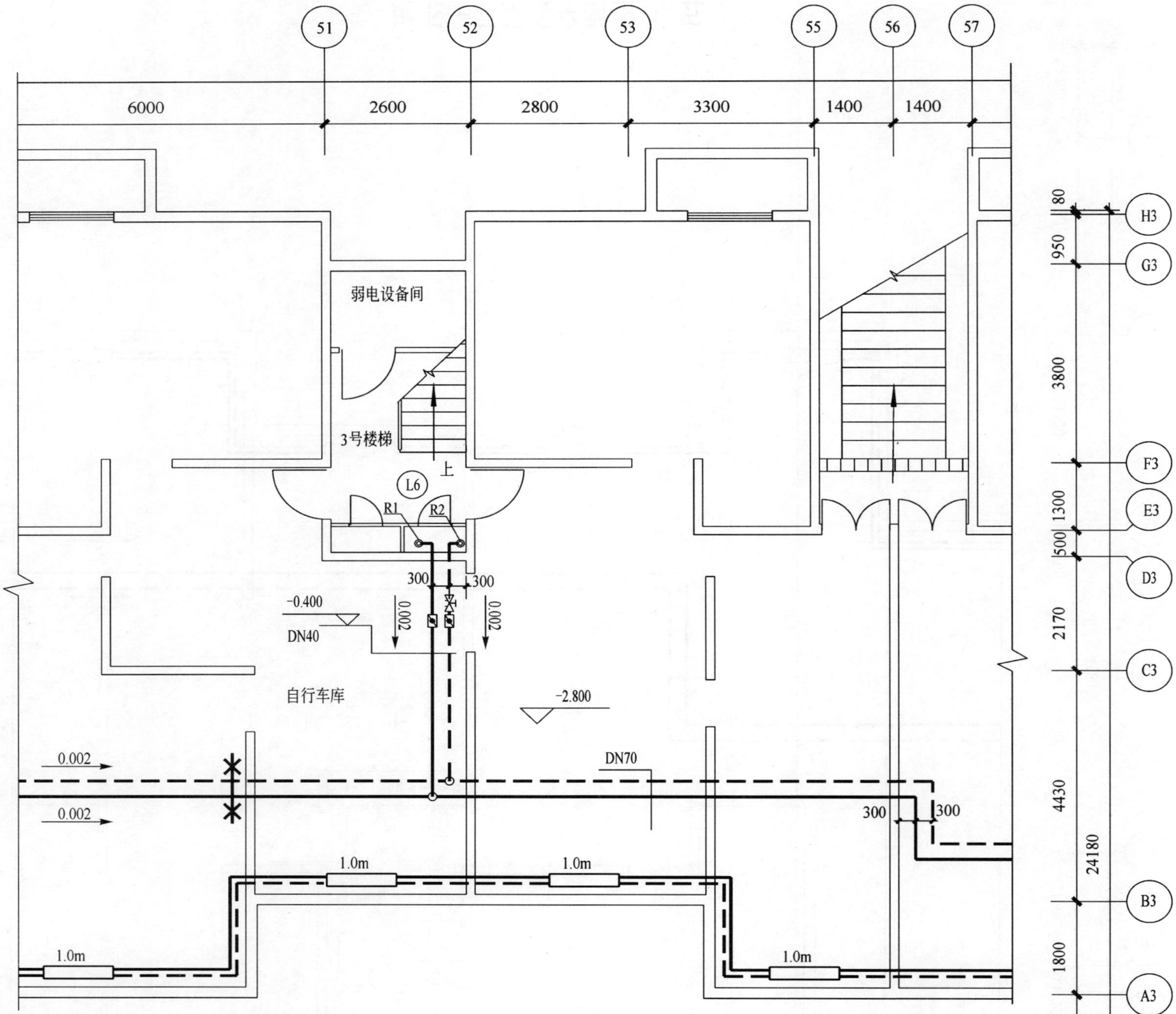
51
52
53
55
56
57
6000
2600
2800
3300
1400
1400
H3
G3
F3
E3
D3
C3
B3
A3
A2
A1
A
80
950
3800
1300
500
2170
4430
1800
3620
3750
1700
80
24180
弱电设备间
3号楼梯
上
L6
R1
R2
300
300
-0.400
DN40
0.002
0.002
自行车库
-2.800
DN70
0.002
0.002
300
300
1.0m
1.0m
1.0m
1.0m

地下一层采暖平面图（六）

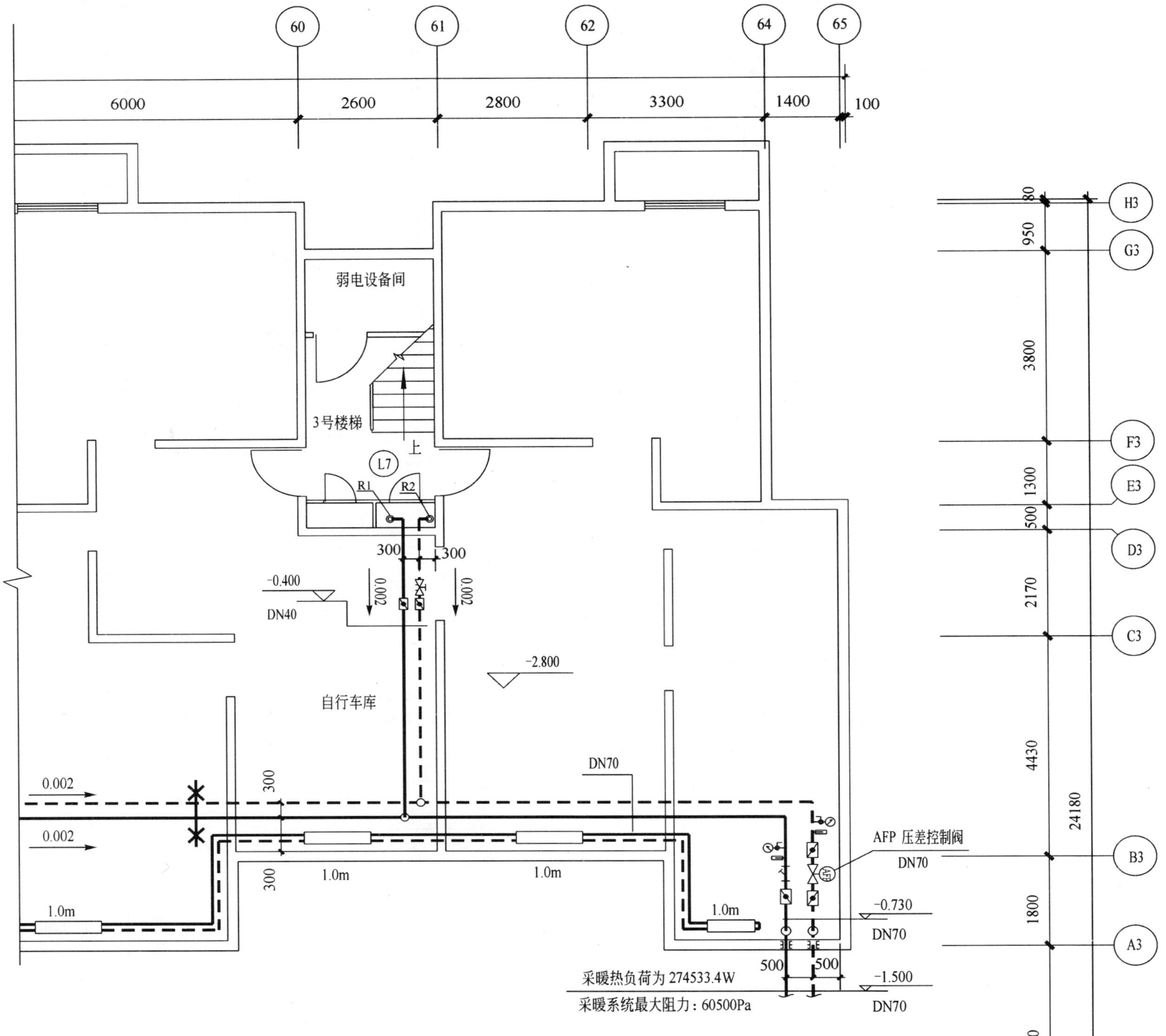
60
61
62
64
65
6000
2600
2800
3300
1400
100
弱电设备间
3号楼梯
上
L7
R1
R2
300
-0.400
DN40
0.002
-2.800
自行车库
DN70
1.0m
AFP 压差控制阀
DN70
-0.730
-1.500
500
采暖热负荷为 274533.4W
采暖系统最大阻力：60500Pa
H3
G3
F3
E3
D3
C3
B3
A3
A2
A1
A
80
950
3800
1300
500
2170
4430
1800
3620
3750
1700
24180

地下一层采暖平面图（七）

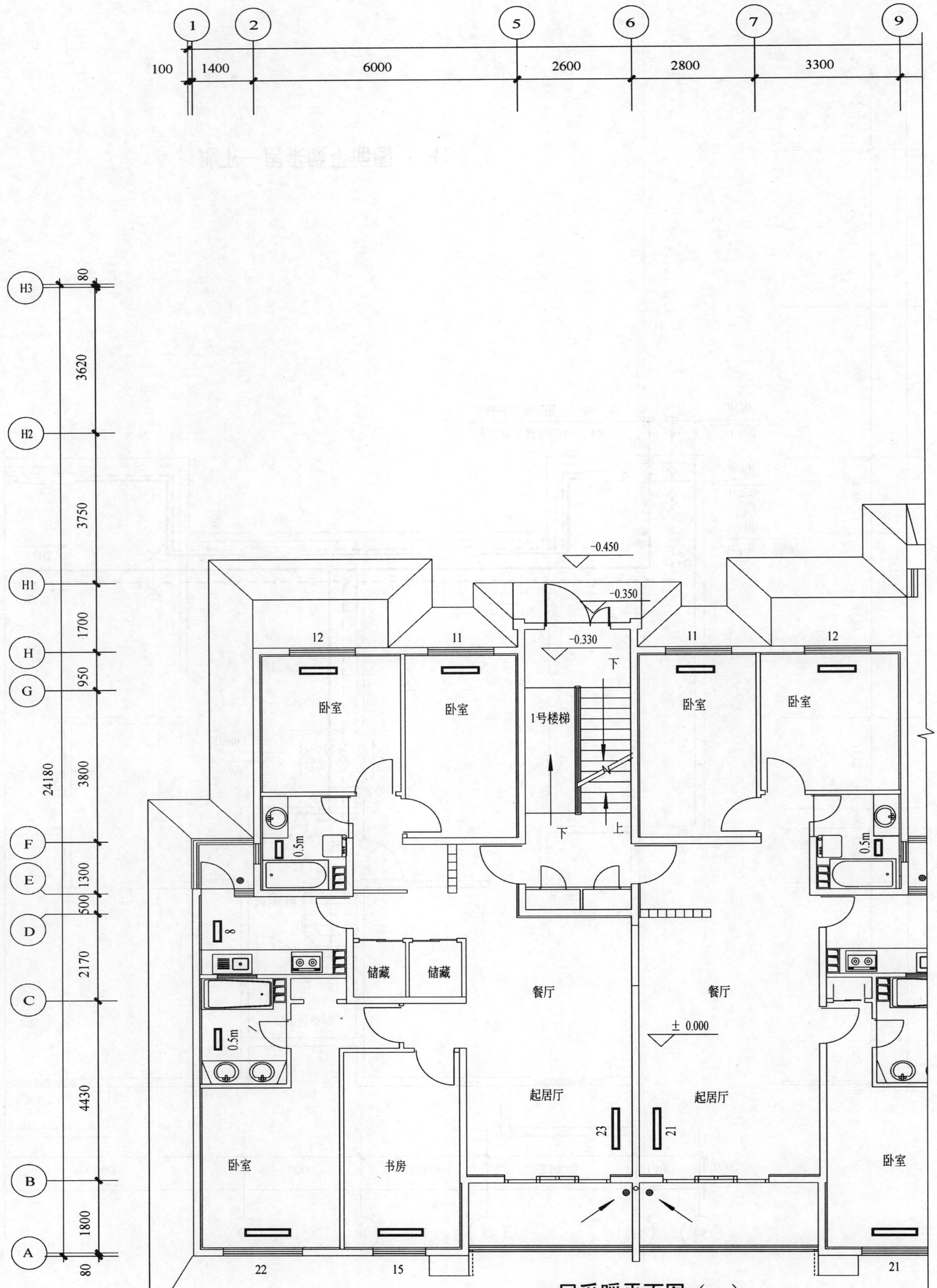
1
2
5
6
7
9
100
1400
6000
2600
2800
3300
H3
H2
H1
H
G
F
E
D
C
B
A
80
3620
3750
1700
950
3800
1300
500
2170
4430
1800
24180
-0.450
-0.350
-0.330
12
11
11
12
卧室
卧室
1号楼梯
下
上
卧室
卧室
0.5m
8
储藏
储藏
餐厅
餐厅
± 0.000
起居厅
起居厅
23
21
书房
卧室
卧室
22
15
21

一层采暖平面图（一）

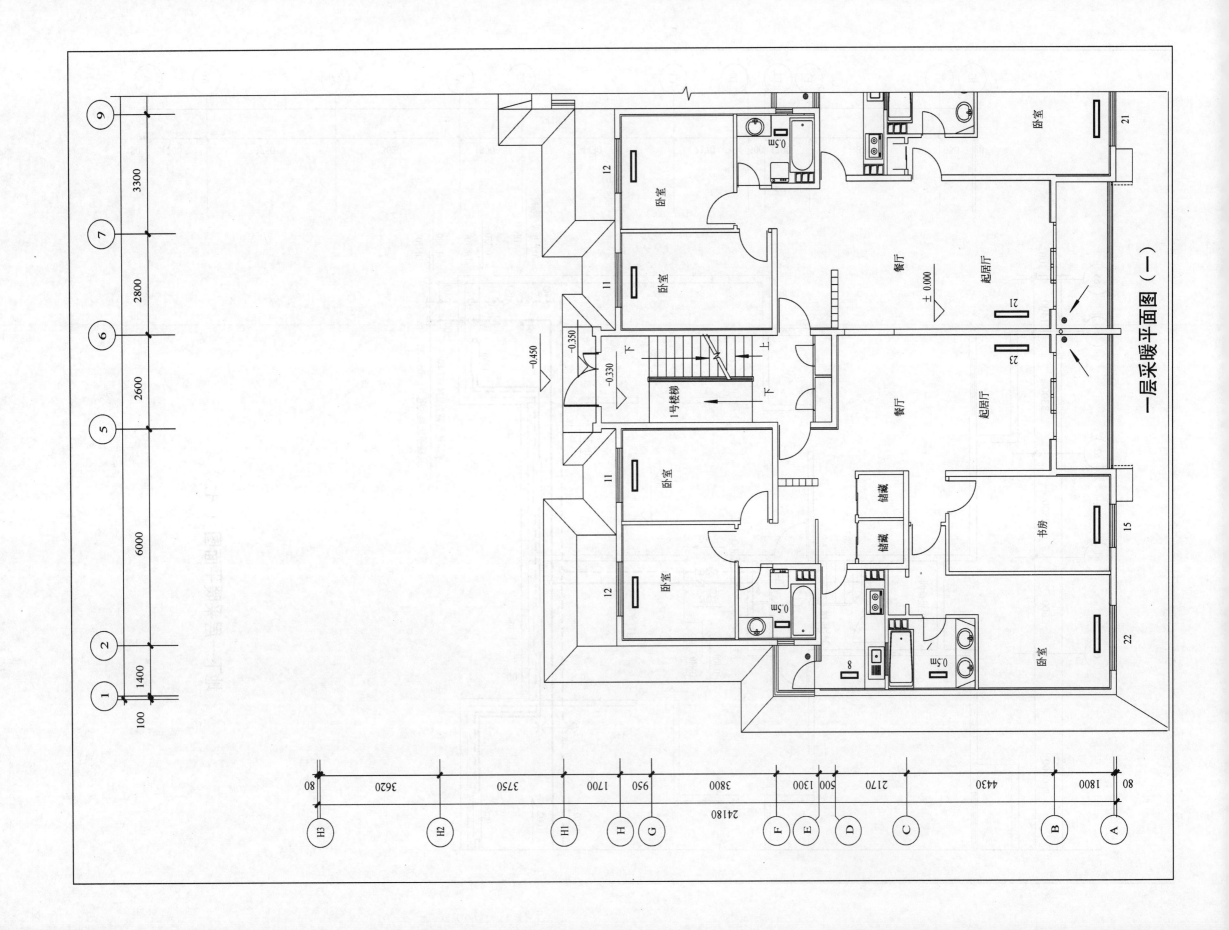

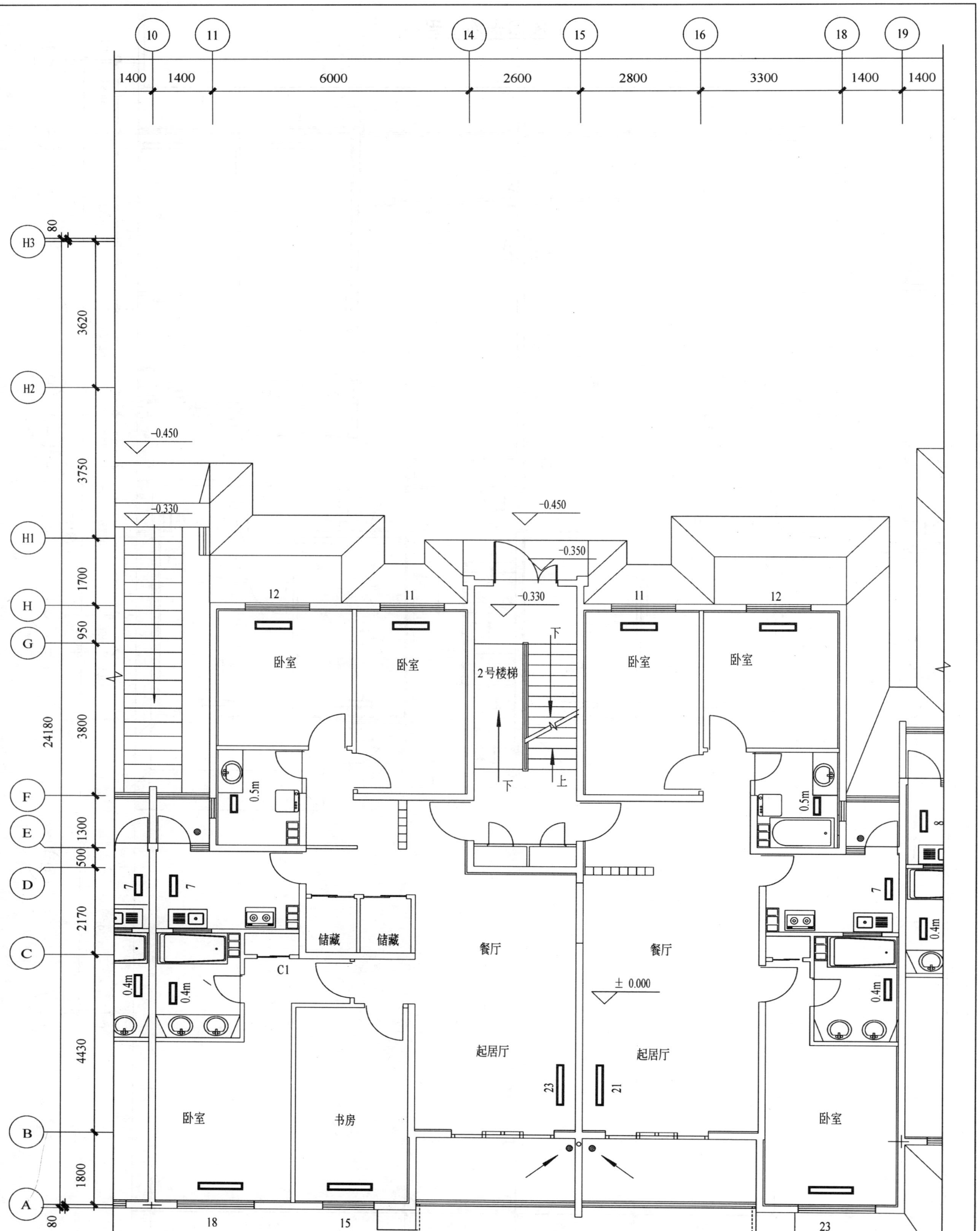
10
11
14
15
16
18
19
1400
1400
6000
2600
2800
3300
1400
1400
H3
H2
H1
H
G
F
E
D
C
B
A
80
3620
3750
1700
950
3800
24180
1300
500
2170
4430
1800
80
-0.450
-0.330
-0.450
-0.350
-0.330
12
11
11
12
卧室
卧室
2号楼梯
卧室
卧室
下
上
0.5m
0.5m
7
7
7
储藏
储藏
餐厅
餐厅
C1
± 0.000
0.4m
0.4m
0.4m
0.4m
8
起居厅
起居厅
23
21
卧室
书房
卧室
18
15
23

一层采暖平面图（二）

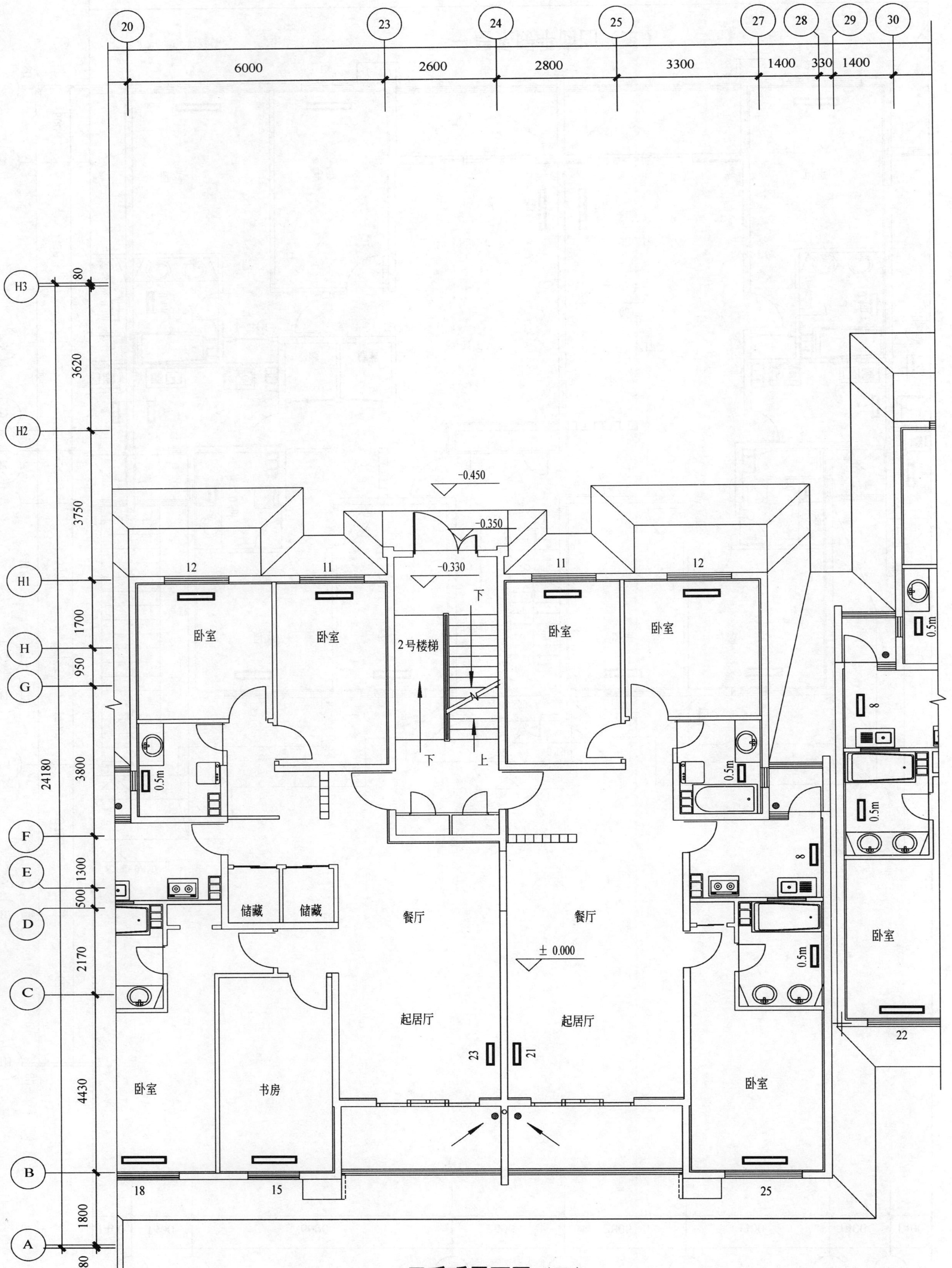

20
23
24
25
27
28
29
30
6000
2600
2800
3300
1400
330
1400
H3
H2
H1
H
G
F
E
D
C
B
A
80
3620
3750
1700
950
3800
1300
500
2170
4430
1800
80
24180
-0.450
-0.350
-0.330
±0.000
卧室
卧室
2号楼梯
卧室
卧室
下
上
下
储藏
储藏
餐厅
餐厅
起居厅
起居厅
卧室
书房
卧室
卧室
0.5m
8
12
11
11
12
23
21
18
15
25
22


一层采暖平面图（三）

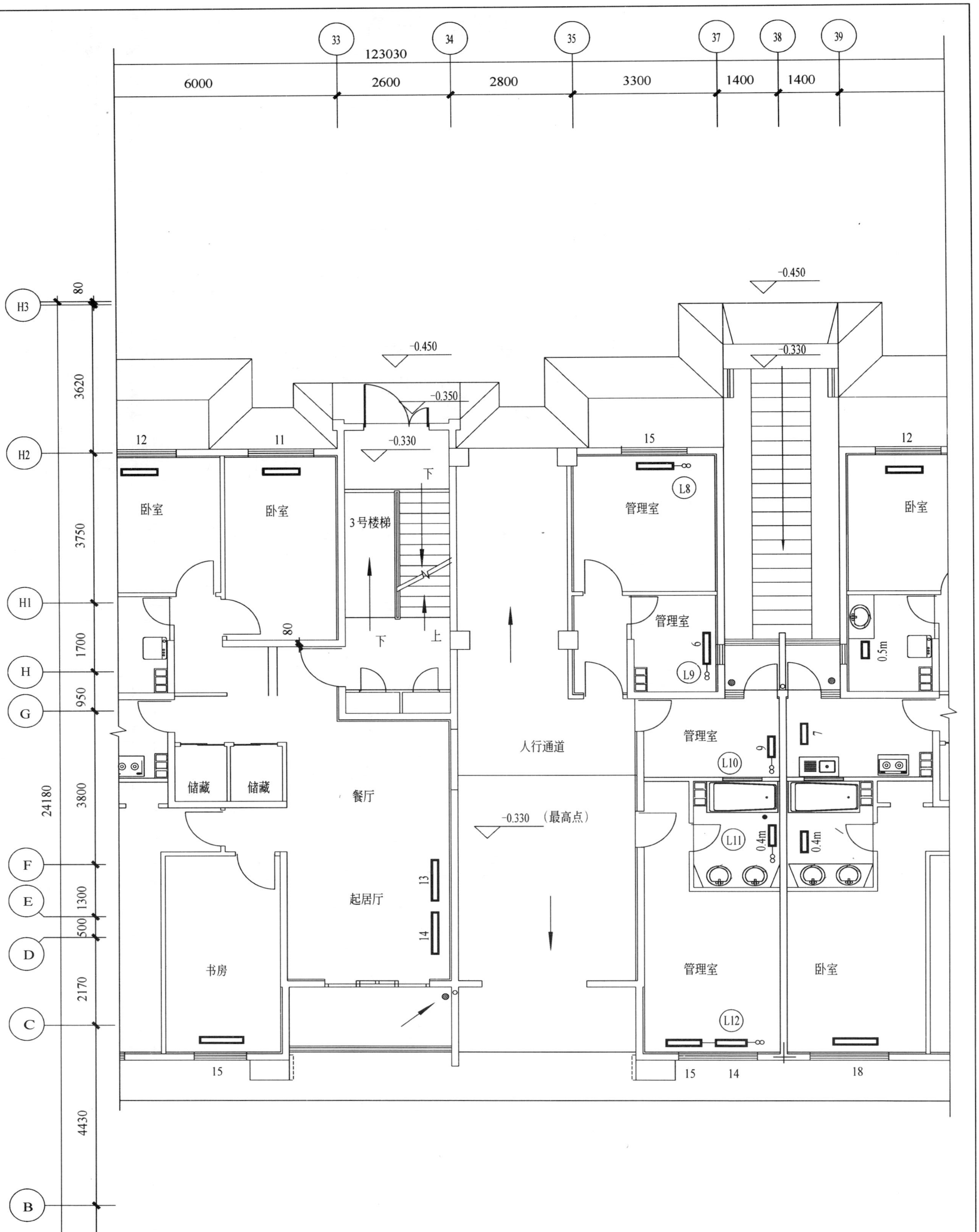

33
34
35
37
38
39
123030
6000
2600
2800
3300
1400
1400
H3
H2
H1
H
G
F
E
D
C
B
A
80
3620
3750
1700
950
3800
1300
500
2170
4430
1800
80
24180
-0.450
-0.350
-0.330
-0.330
-0.450
-0.330
-0.330（最高点）
12
11
15
12
卧室
卧室
3号楼梯
下
下
上
80
管理室
管理室
L8
L9
6
卧室
0.5m
人行通道
管理室
9
L10
7
L11
0.4m
0.4m
储藏
储藏
餐厅
起居厅
13
14
书房
管理室
卧室
L12
15
15
14
18


一层采暖平面图（四）

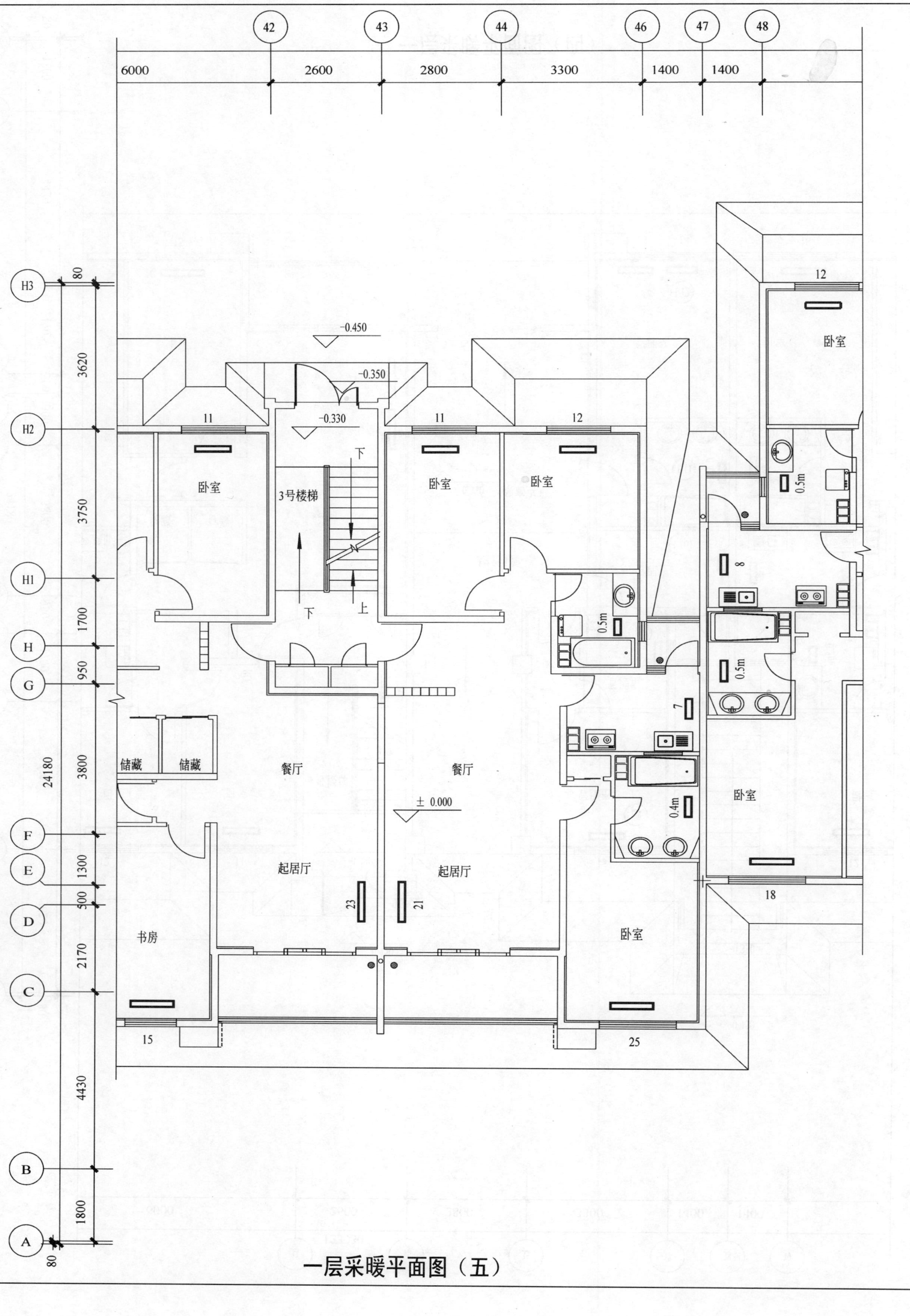

42
43
44
46
47
48
6000
2600
2800
3300
1400
1400
H3
H2
H1
H
G
F
E
D
C
B
A
80
3620
3750
1700
950
3800
1300
500
2170
4430
1800
24180
-0.450
-0.350
-0.330
± 0.000
3号楼梯
下
上
卧室
储藏
餐厅
起居厅
书房
0.5m
0.4m
11
12
8
7
23
21
15
25
18


一层采暖平面图（五）

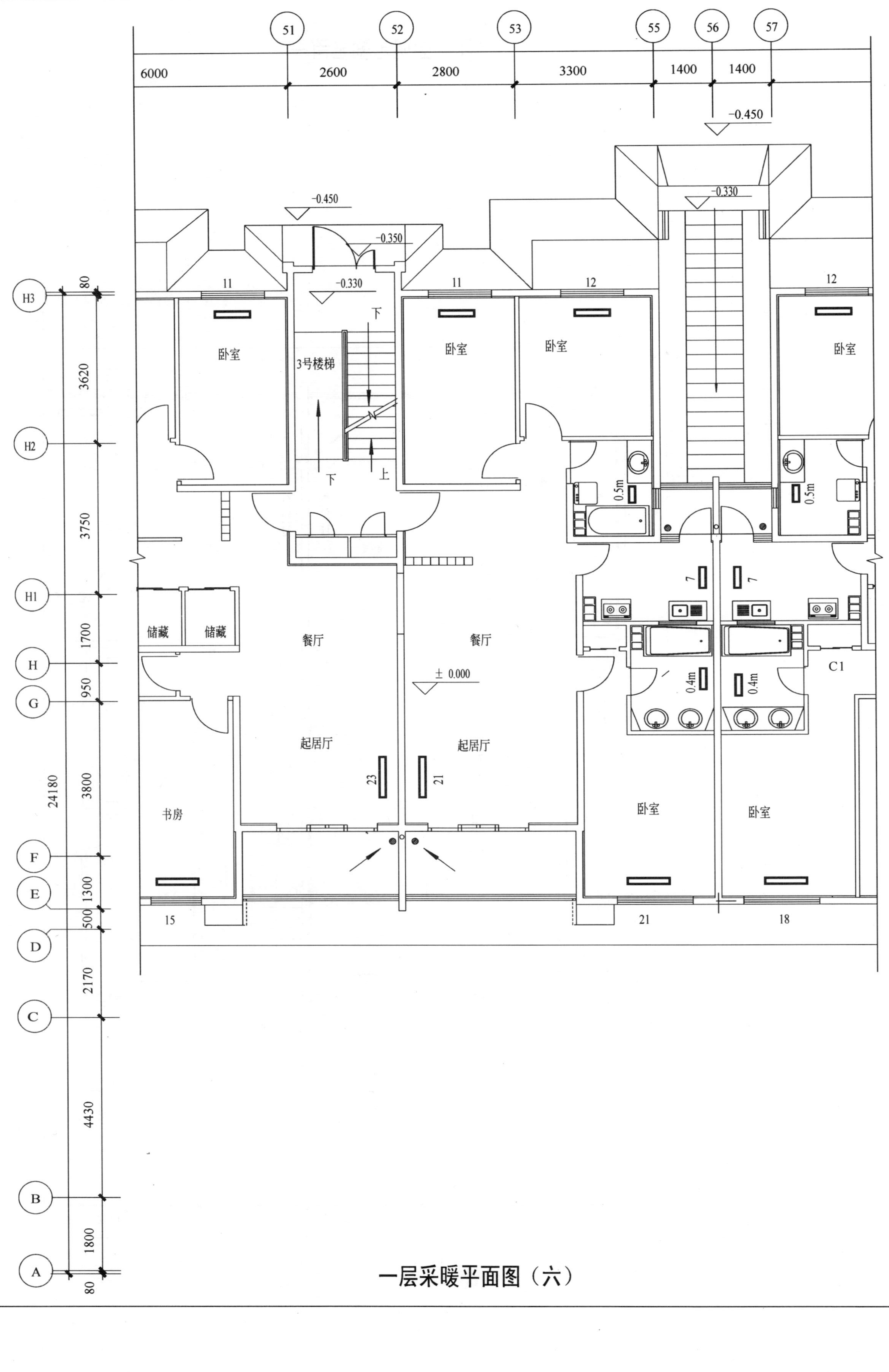
51
52
53
55
56
57
6000
2600
2800
3300
1400
1400
-0.450
-0.330
-0.350
11
12
卧室
3号楼梯
下
上
0.5m
储藏
餐厅
起居厅
书房
± 0.000
23
21
7
0.4m
C1
15
18
H3
H2
H1
H
G
F
E
D
C
B
A
80
3620
3750
1700
950
3800
1300
500
2170
4430
1800
24180

一层采暖平面图（六）

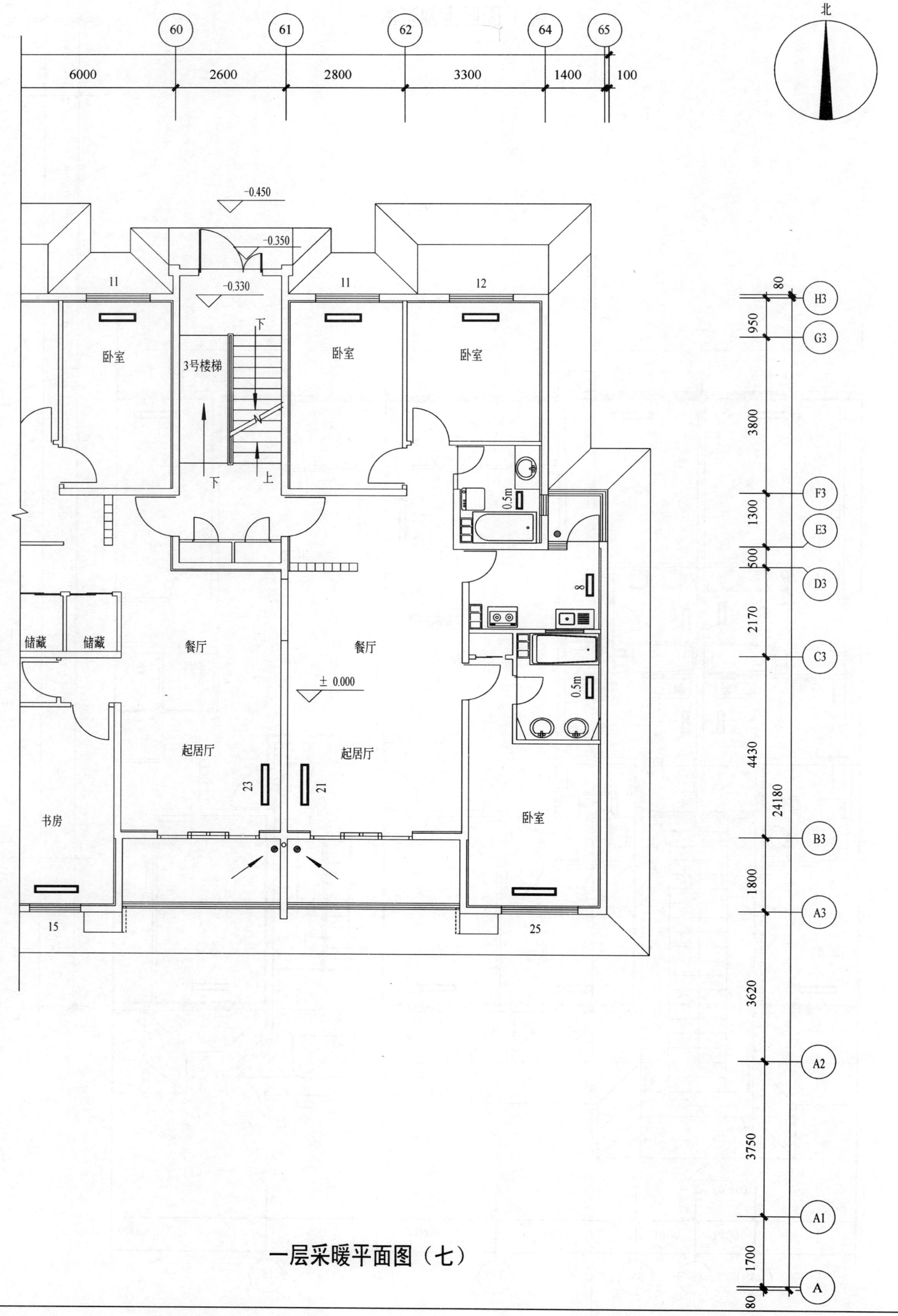
北
60
61
62
64
65
6000
2600
2800
3300
1400
100
-0.450
-0.350
-0.330
11
11
12
卧室
3号楼梯
卧室
卧室
下
下
上
0.5m
8
储藏
储藏
餐厅
餐厅
± 0.000
0.5m
起居厅
起居厅
23
21
书房
卧室
15
25
H3
G3
F3
E3
D3
C3
B3
A3
A2
A1
A
80
950
3800
1300
500
2170
4430
24180
1800
3620
3750
1700
80

一层采暖平面图（七）

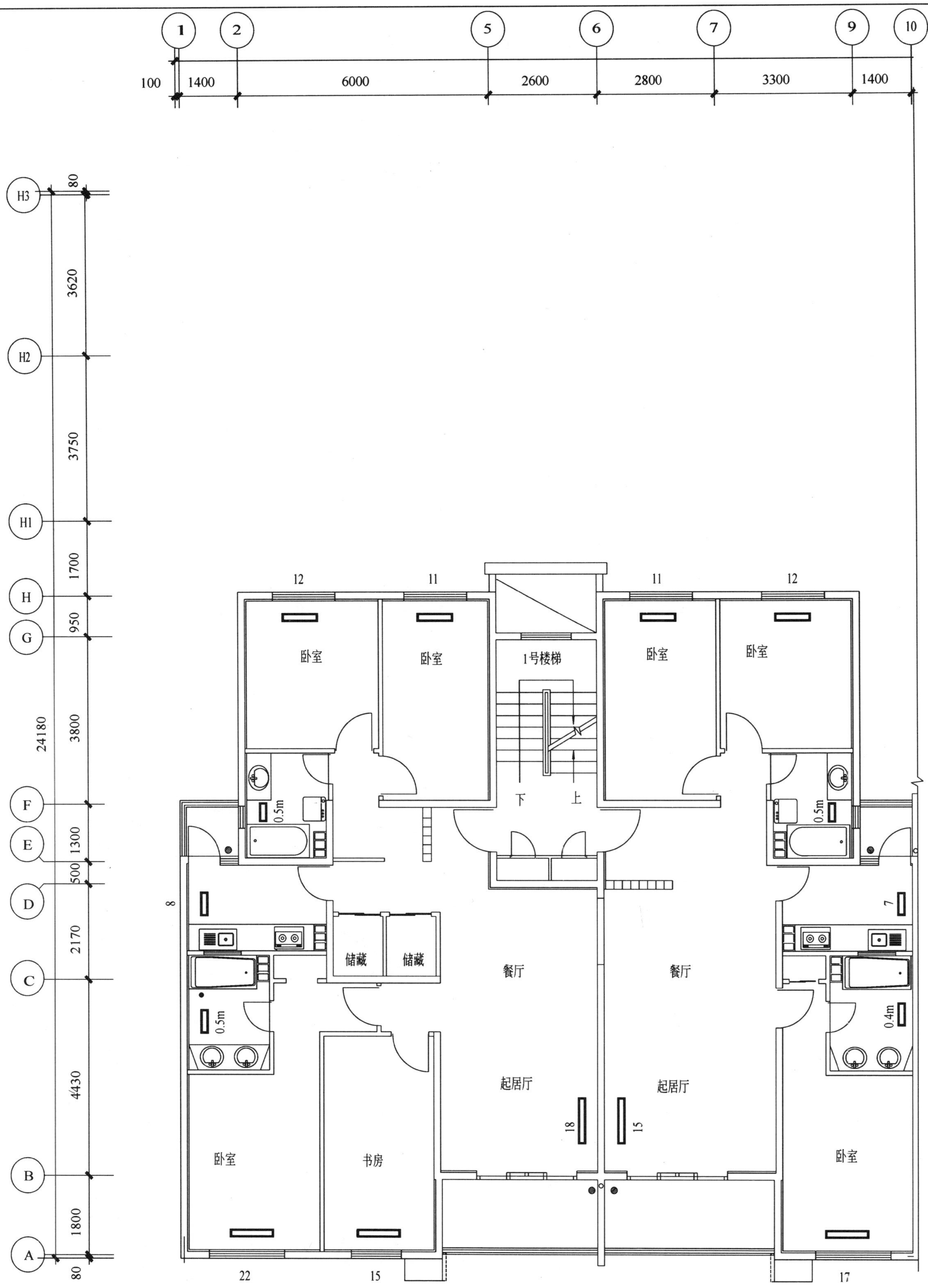
1
2
5
6
7
9
10
100
1400
6000
2600
2800
3300
1400
H3
H2
H1
H
G
F
E
D
C
B
A
80
3620
3750
1700
950
3800
24180
1300
500
2170
4430
1800
80
12
11
11
12
卧室
卧室
1号楼梯
卧室
卧室
下
上
0.5m
0.5m
8
7
储藏
储藏
餐厅
餐厅
0.5m
0.4m
起居厅
起居厅
18
15
卧室
书房
卧室
22
15
17

二、三层采暖平面图（一）

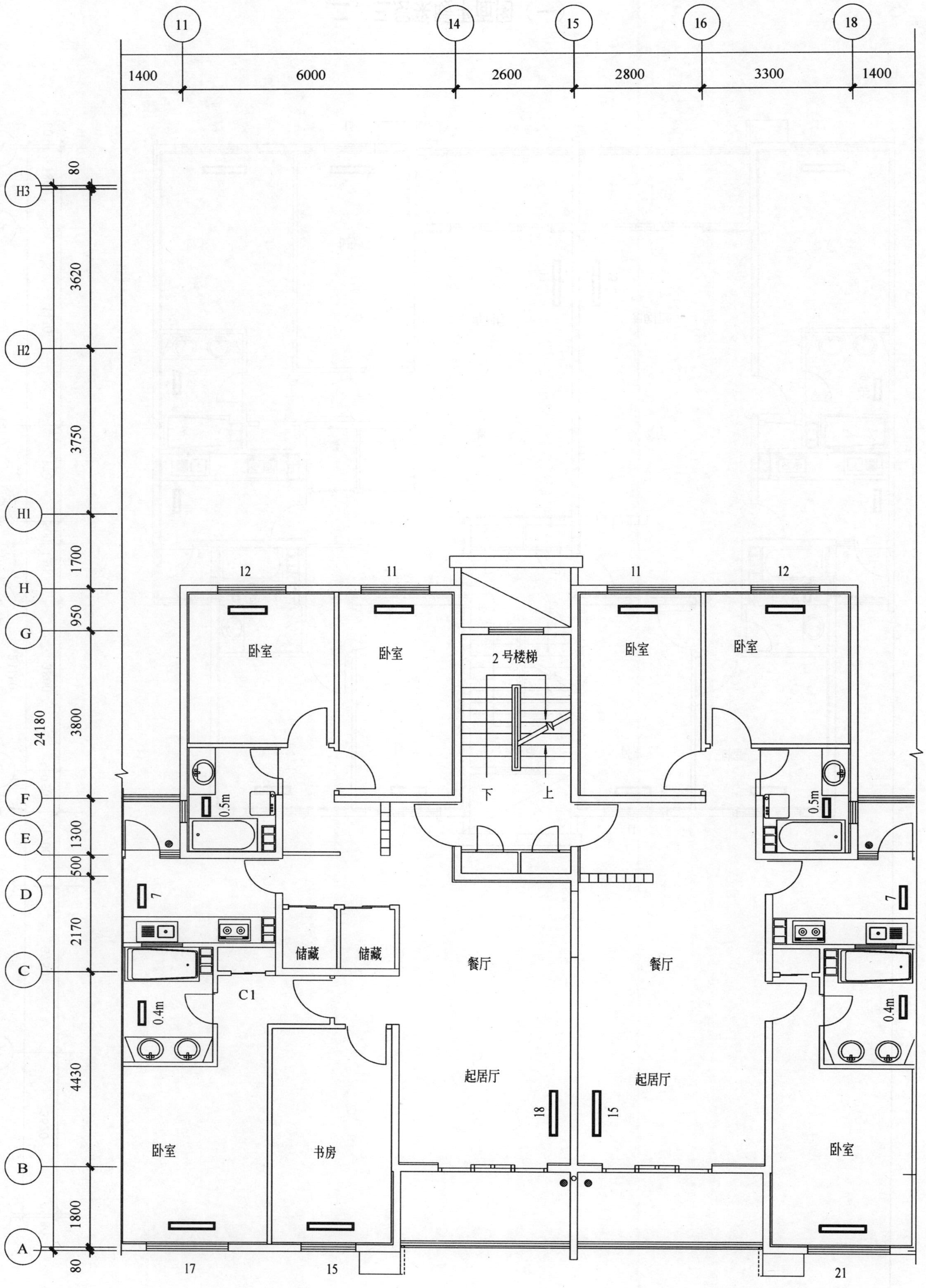
11
14
15
16
18
1400
6000
2600
2800
3300
1400
H3
H2
H1
H
G
F
E
D
C
B
A
80
3620
3750
1700
950
3800
1300
500
2170
4430
1800
80
24180
卧室
卧室
2号楼梯
卧室
卧室
12
11
11
12
0.5m
0.5m
下
上
7
7
储藏
储藏
餐厅
餐厅
C1
0.4m
0.4m
起居厅
起居厅
18
15
卧室
书房
卧室
17
15
21

二、三层采暖平面图（二）

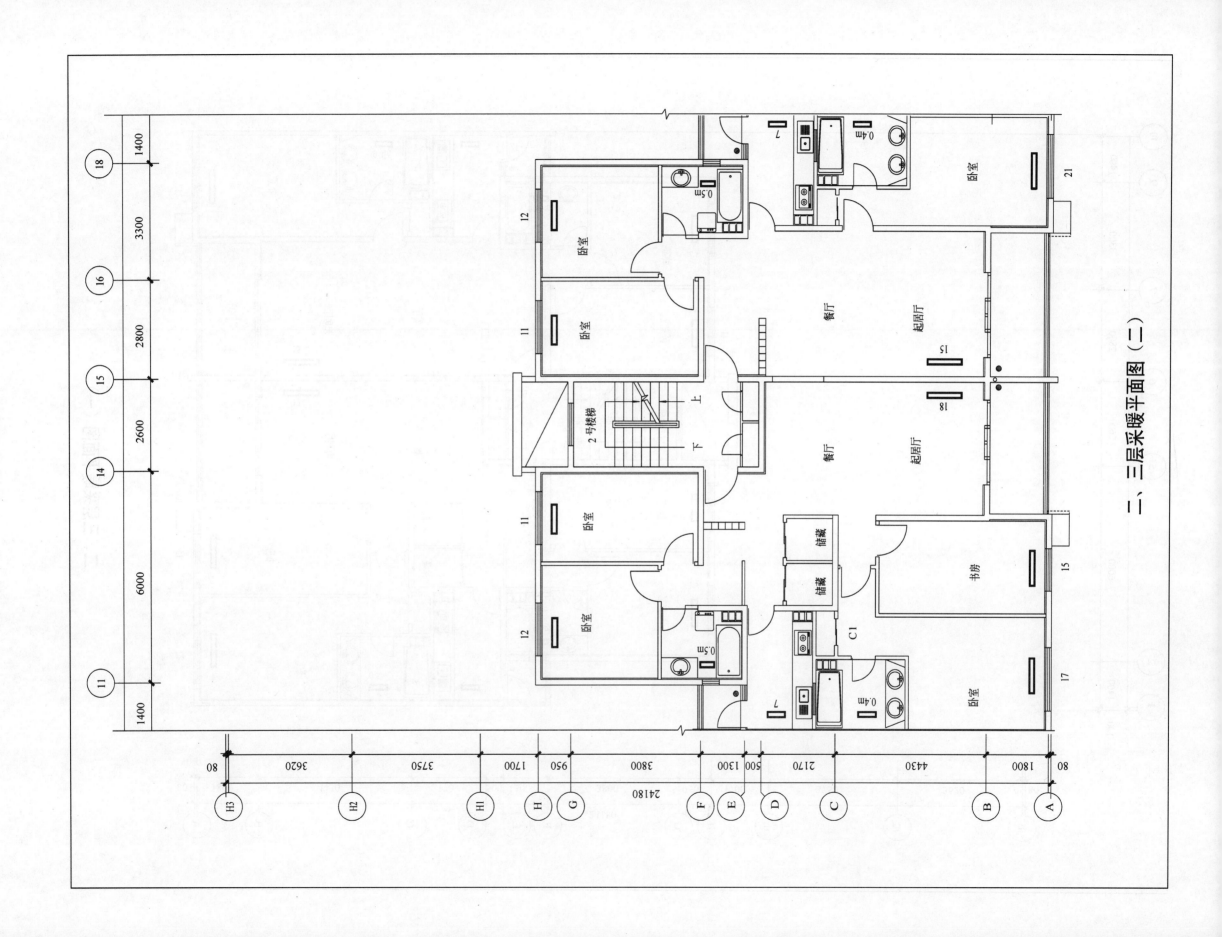

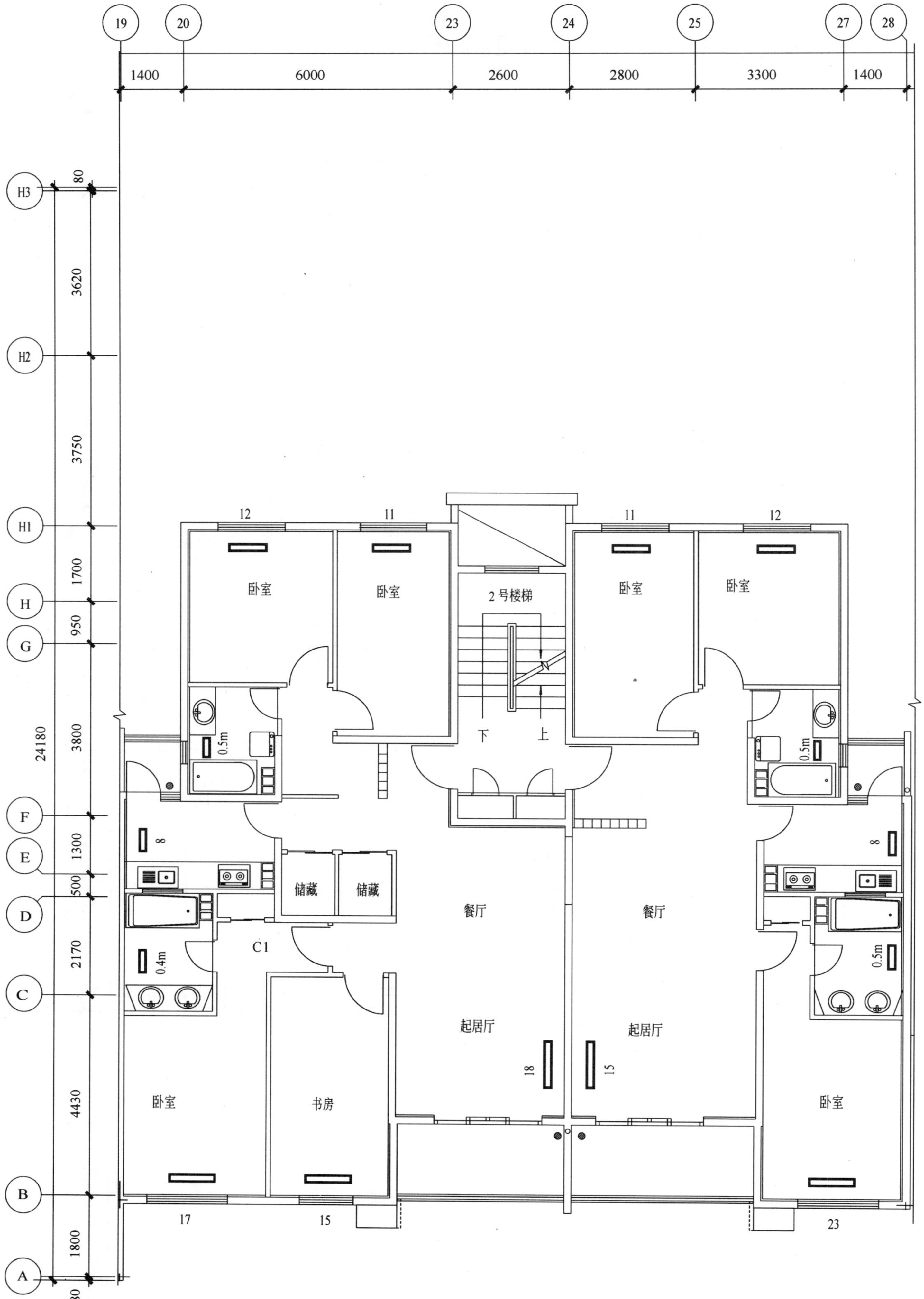
19
20
23
24
25
27
28
1400
6000
2600
2800
3300
1400
H3
H2
H1
H
G
F
E
D
C
B
A
80
3620
3750
1700
950
3800
1300
500
2170
4430
1800
80
24180
卧室
2号楼梯
下
上
0.5m
0.4m
8
储藏
餐厅
起居厅
书房
C1
12
11
17
15
18
23

二、三层采暖平面图（三）

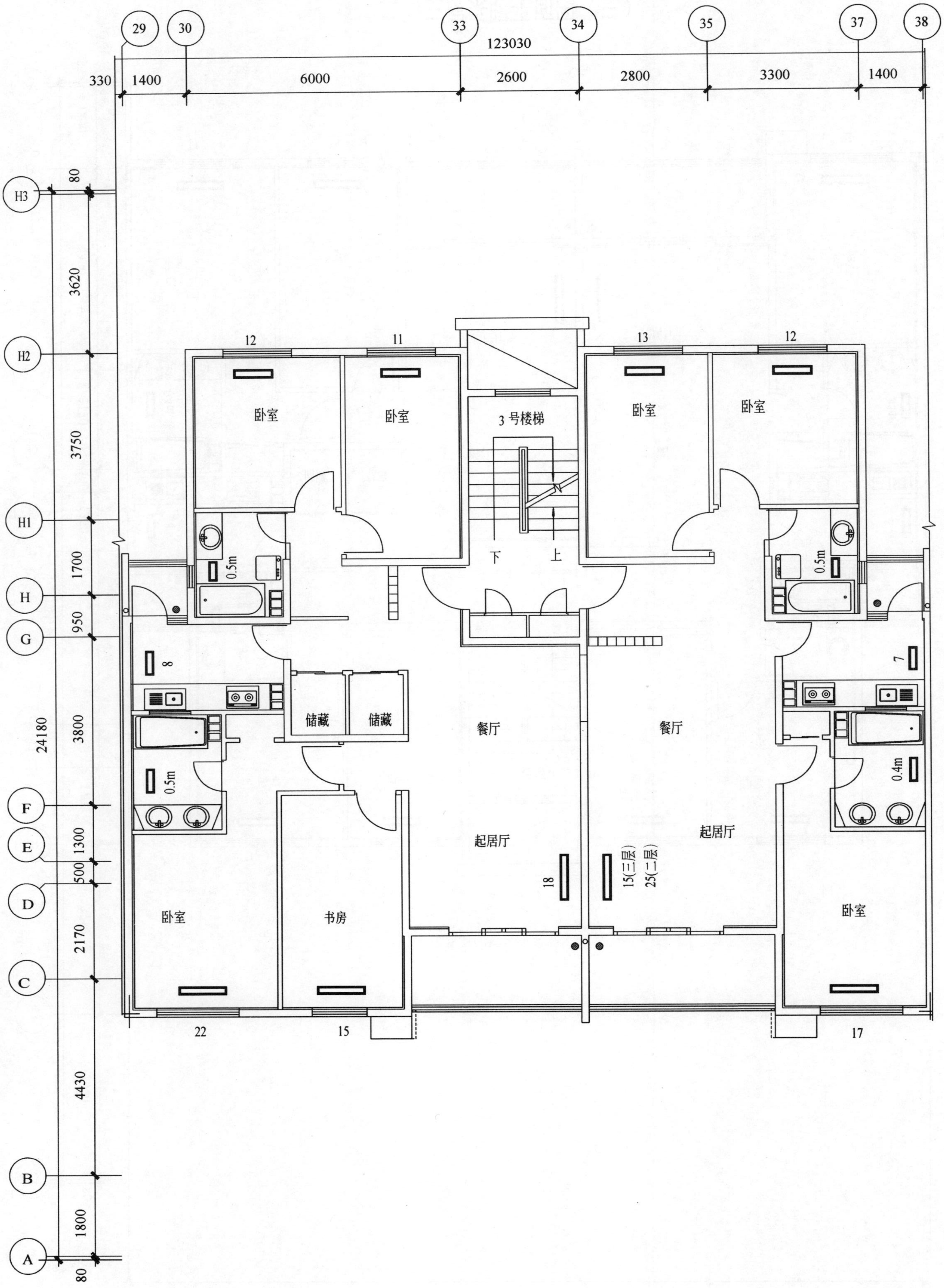
123030
330
1400
6000
2600
2800
3300
1400
29
30
33
34
35
37
38
H3
H2
H1
H
G
F
E
D
C
B
A
80
3620
3750
1700
950
3800
1300
500
2170
4430
1800
24180
卧室
3 号楼梯
下
上
0.5m
0.4m
储藏
餐厅
起居厅
书房
15(三层)
25(二层)
18
22
15
17
12
11
13
8
7

二、三层采暖平面图（四）

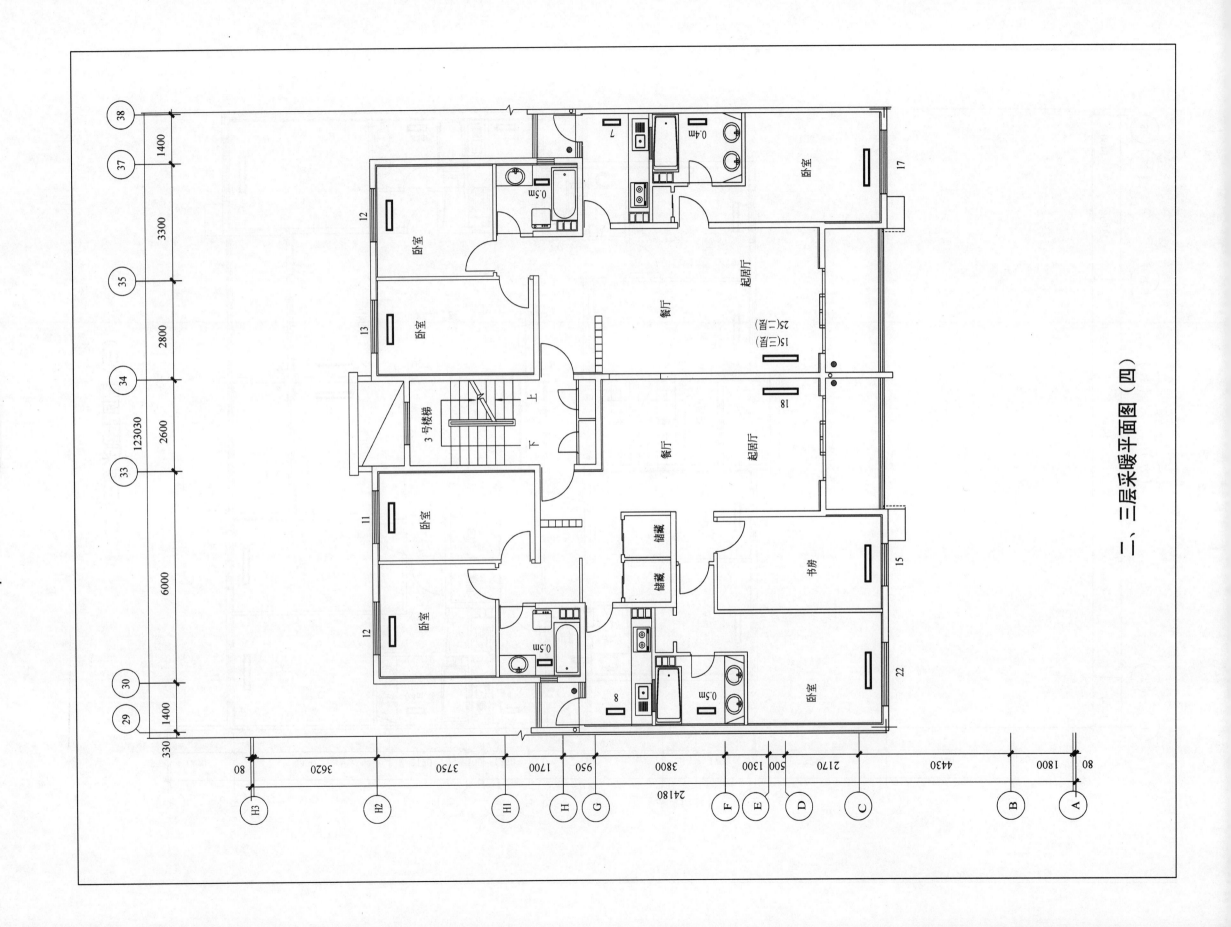

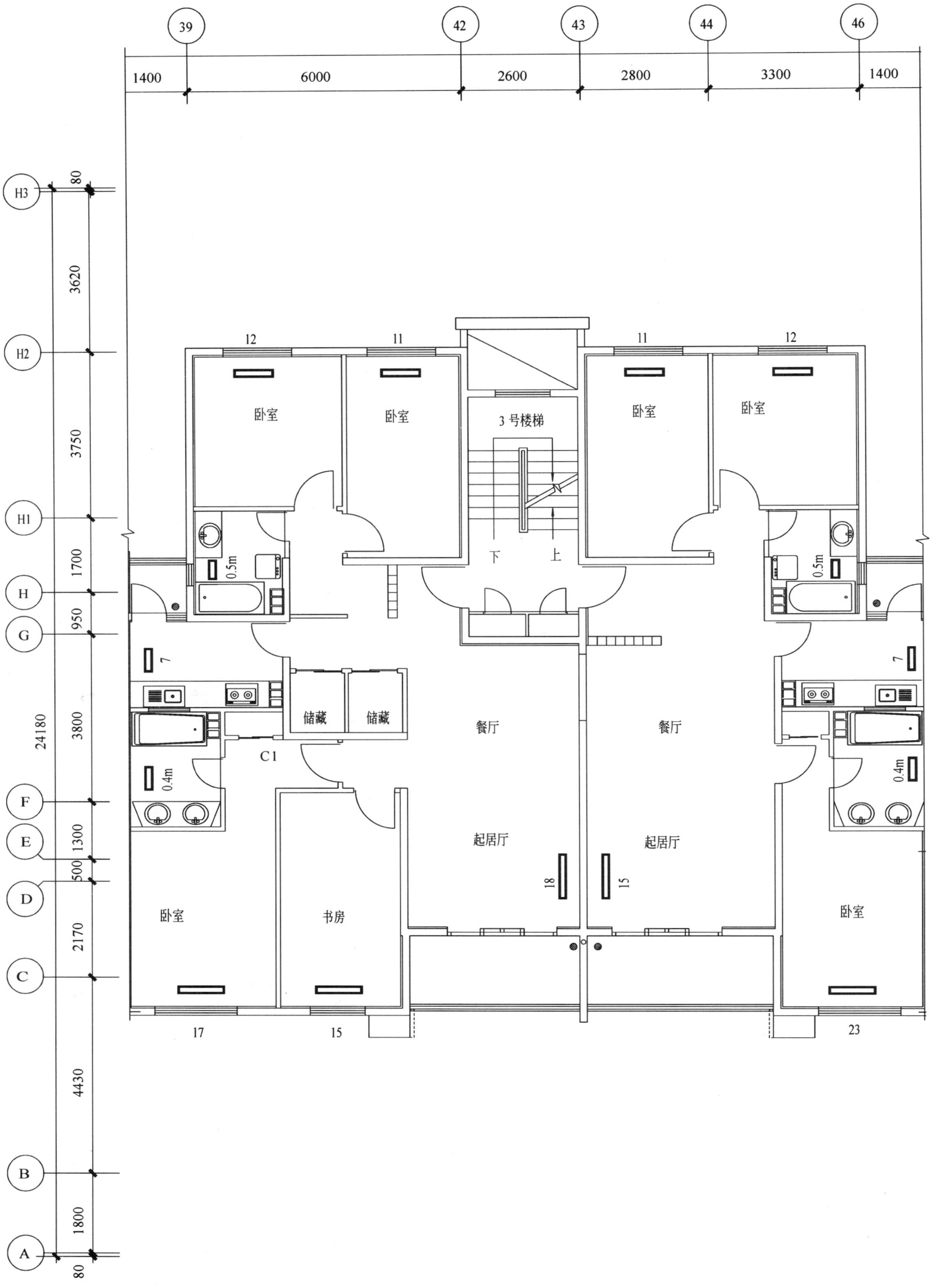

39
42
43
44
46
1400
6000
2600
2800
3300
1400
H3
H2
H1
H
G
F
E
D
C
B
A
80
3620
3750
1700
950
3800
1300
500
2170
4430
1800
80
24180
卧室
卧室
卧室
卧室
卧室
卧室
3号楼梯
下
上
储藏
储藏
餐厅
餐厅
起居厅
起居厅
书房
C1
0.5m
0.5m
0.4m
0.4m
7
7
12
11
11
12
17
15
18
15
23


二、三层采暖平面图（五）

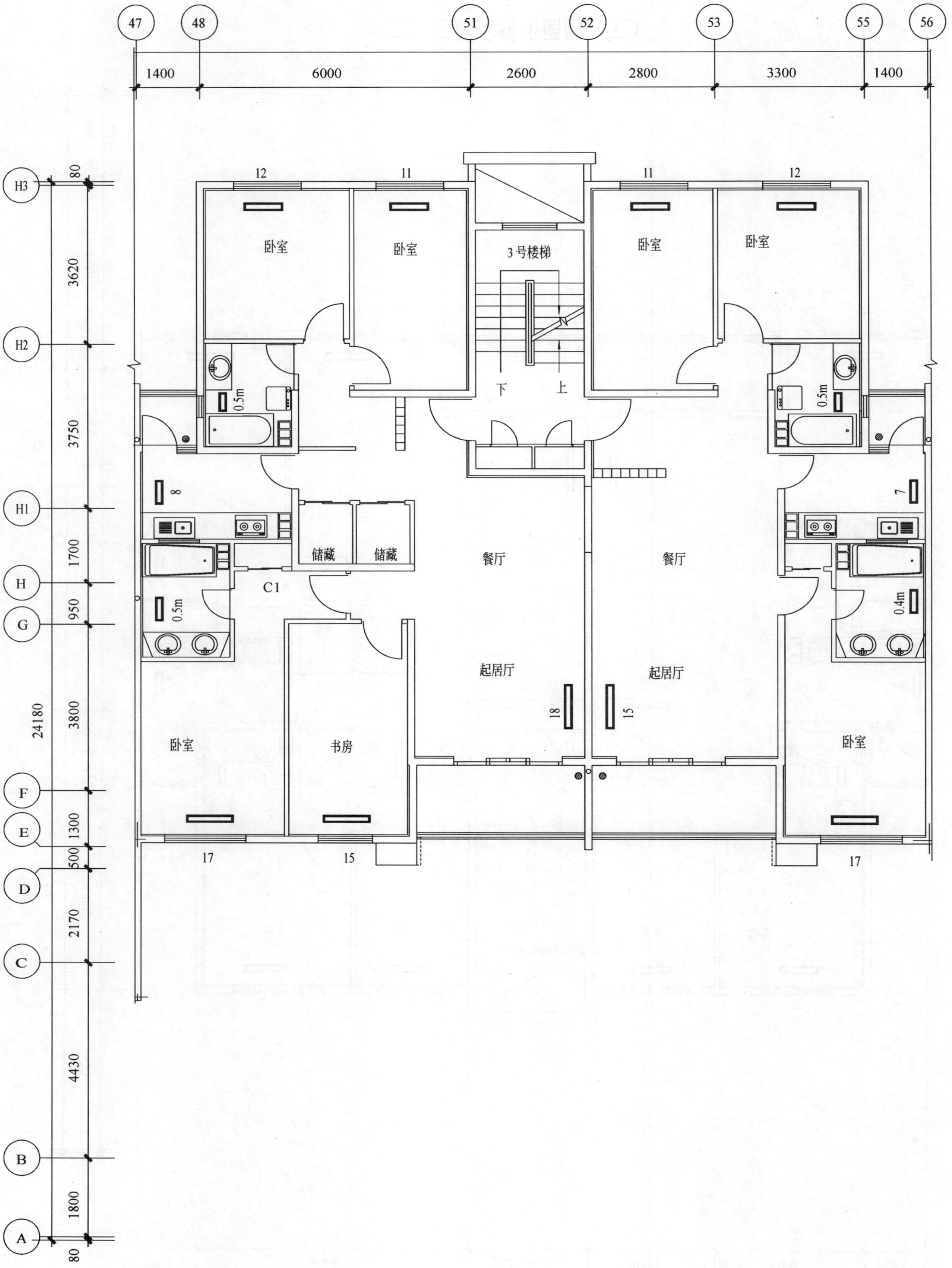
47
48
51
52
53
55
56
1400
6000
2600
2800
3300
1400
H3
H2
H1
H
G
F
E
D
C
B
A
80
3620
3750
1700
950
3800
1300
500
2170
4430
1800
80
24180
卧室
卧室
3号楼梯
卧室
卧室
下
上
储藏
储藏
餐厅
餐厅
C1
起居厅
起居厅
卧室
书房
卧室
12
11
11
12
0.5m
0.5m
8
7
0.5m
0.4m
18
15
17
15
17

二、三层采暖平面图（六）

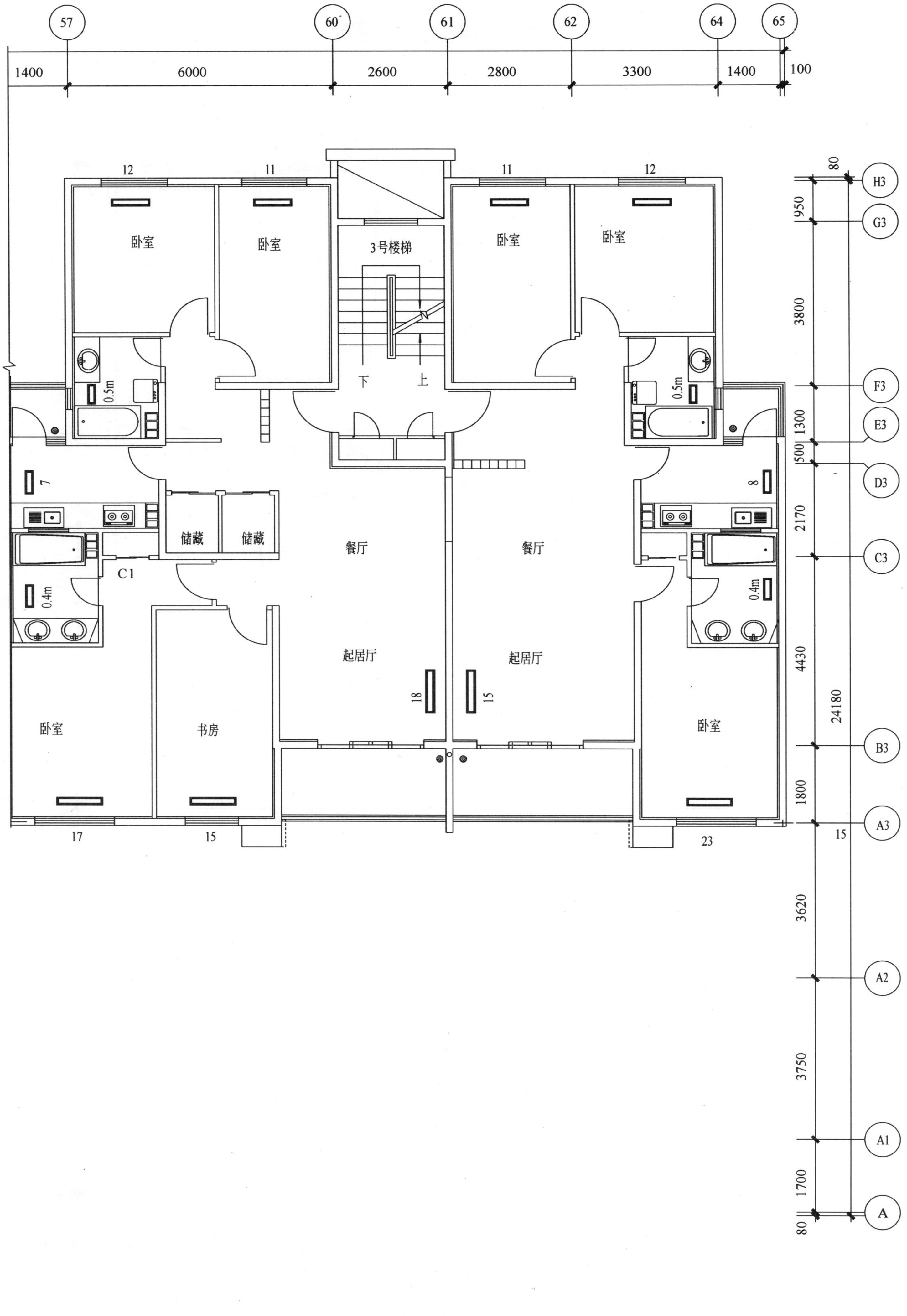
57
60
61
62
64
65
1400
6000
2600
2800
3300
1400
100
12
11
11
12
卧室
卧室
3号楼梯
卧室
卧室
下
上
0.5m
0.5m
7
8
储藏
储藏
餐厅
餐厅
C1
0.4m
0.4m
起居厅
起居厅
18
15
卧室
书房
卧室
17
15
23
80
H3
950
G3
3800
F3
1300
E3
500
D3
2170
C3
4430
24180
B3
1800
A3
15
3620
A2
3750
A1
1700
A
80

二、三层采暖平面图（七）

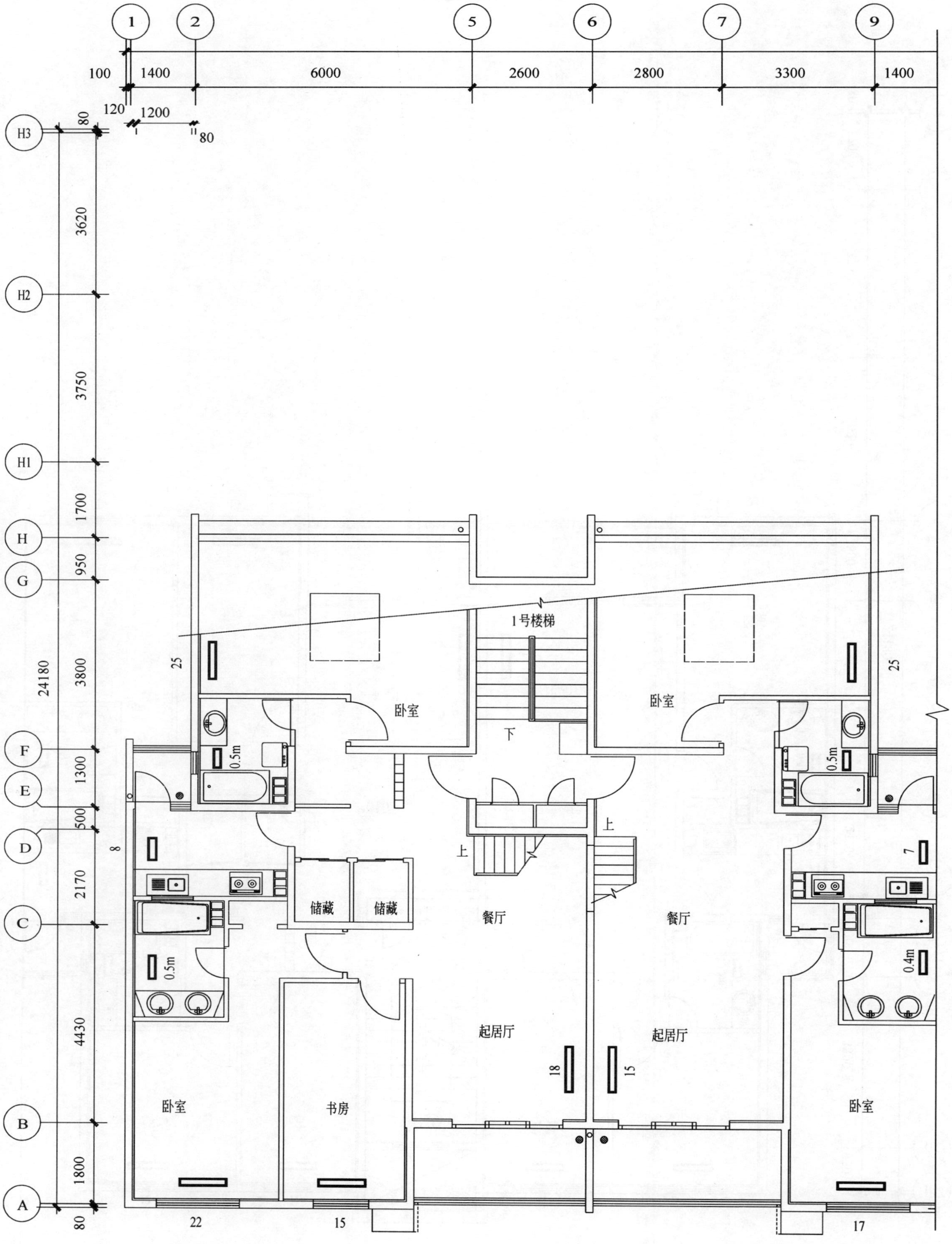
1
2
5
6
7
9
100
1400
6000
2600
2800
3300
1400
120
1200
80
H3
H2
H1
H
G
F
E
D
C
B
A
80
3620
3750
1700
950
24180
3800
1300
500
2170
4430
1800
80
1号楼梯
卧室
卧室
下
上
上
25
25
0.5m
0.5m
8
7
储藏
储藏
餐厅
餐厅
0.5m
0.4m
起居厅
起居厅
18
15
卧室
书房
卧室
22
15
17

四层采暖平面图（一）

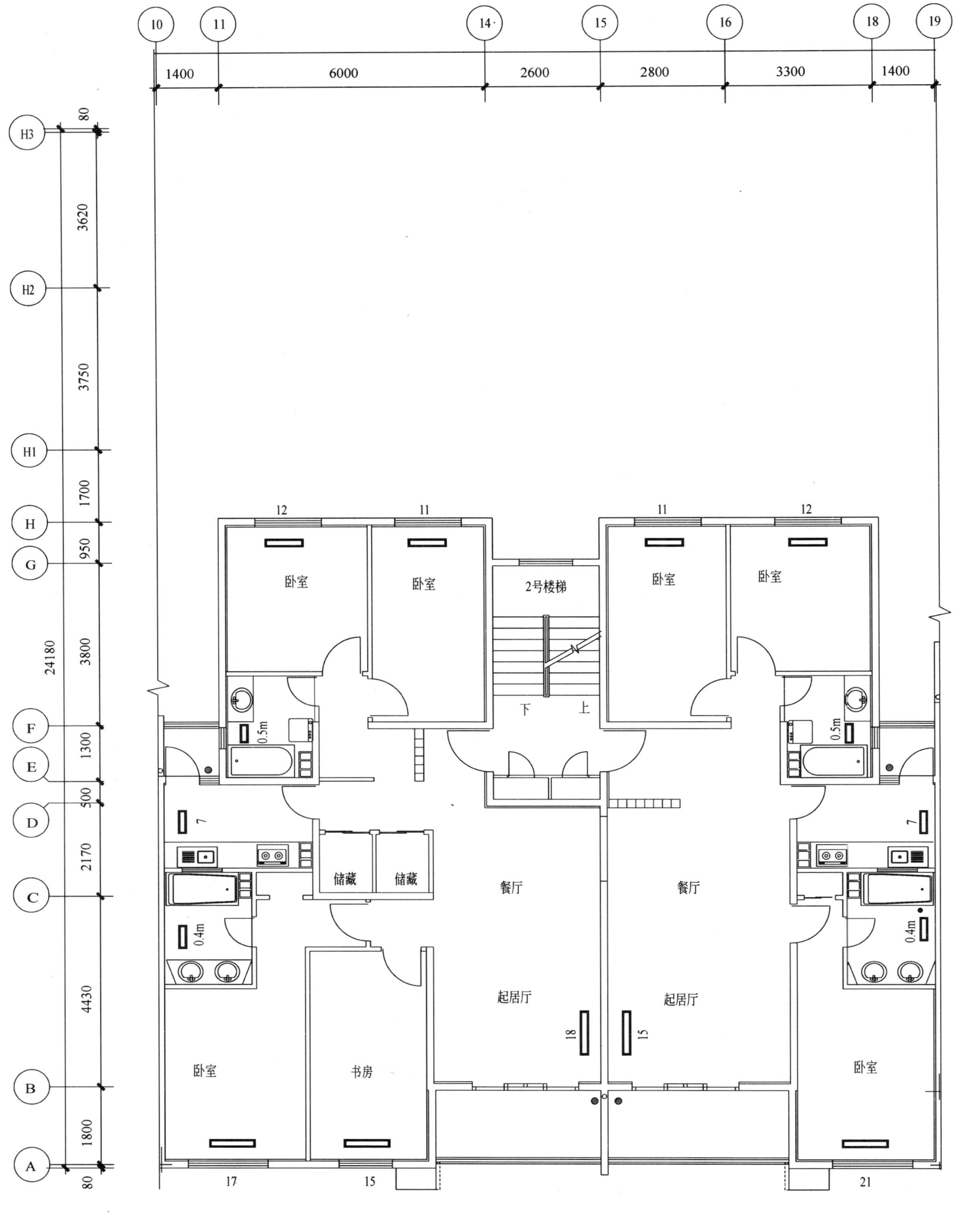

10
11
14
15
16
18
19
1400
6000
2600
2800
3300
1400
H3
H2
H1
H
G
F
E
D
C
B
A
80
3620
3750
1700
950
3800
1300
500
2170
4430
1800
80
24180
12
11
11
12
卧室
卧室
2号楼梯
卧室
卧室
下
上
0.5m
0.5m
7
7
储藏
储藏
餐厅
餐厅
0.4m
0.4m
起居厅
起居厅
18
15
卧室
书房
卧室
17
15
21


四层采暖平面图（二）

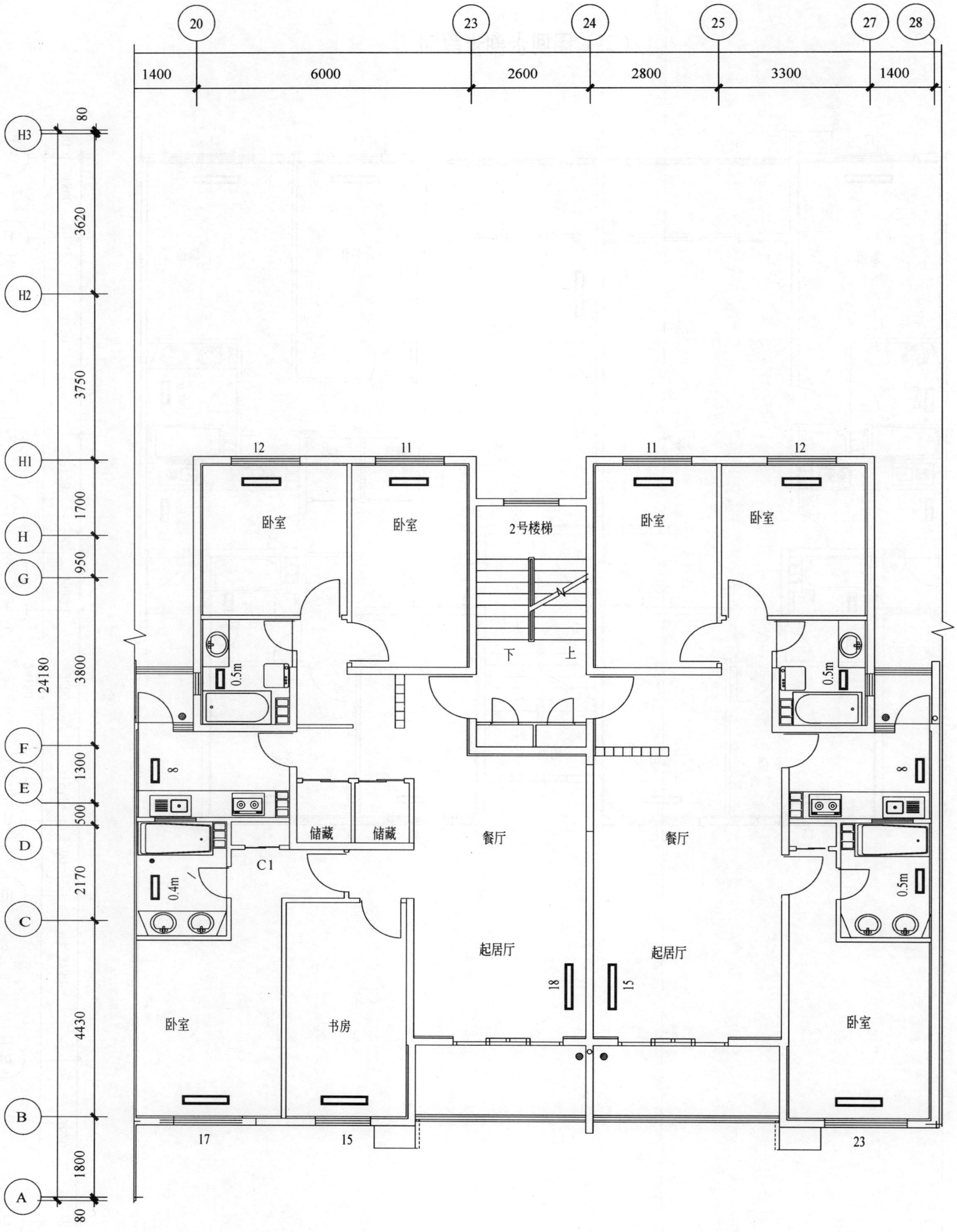
20
23
24
25
27
28
1400
6000
2600
2800
3300
1400
H3
H2
H1
H
G
F
E
D
C
B
A
80
3620
3750
1700
950
3800
24180
1300
500
2170
4430
1800
80
12
11
11
12
卧室
卧室
2号楼梯
卧室
卧室
下
上
0.5m
0.5m
8
8
储藏
储藏
餐厅
餐厅
C1
0.4m
0.5m
起居厅
起居厅
18
15
卧室
书房
卧室
17
15
23

四层采暖平面图（三）

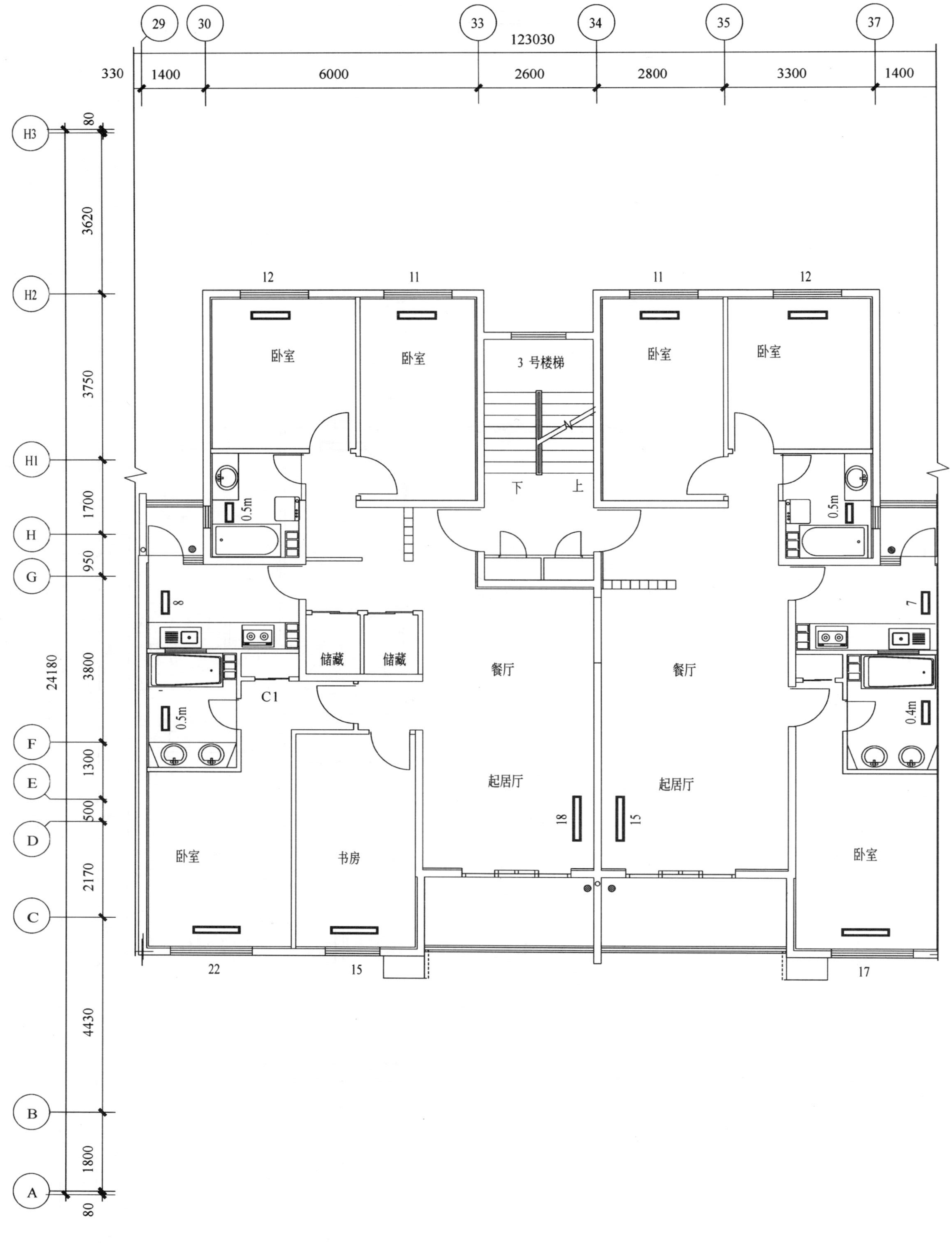
29
30
33
34
35
37
123030
330
1400
6000
2600
2800
3300
1400
H3
H2
H1
H
G
F
E
D
C
B
A
80
3620
3750
1700
950
3800
24180
1300
500
2170
4430
1800
80
12
11
11
12
卧室
卧室
3 号楼梯
卧室
卧室
下
上
0.5m
0.5m
8
7
储藏
储藏
餐厅
餐厅
C1
0.5m
0.4m
起居厅
起居厅
18
15
卧室
书房
卧室
22
15
17

四层采暖平面图（四）

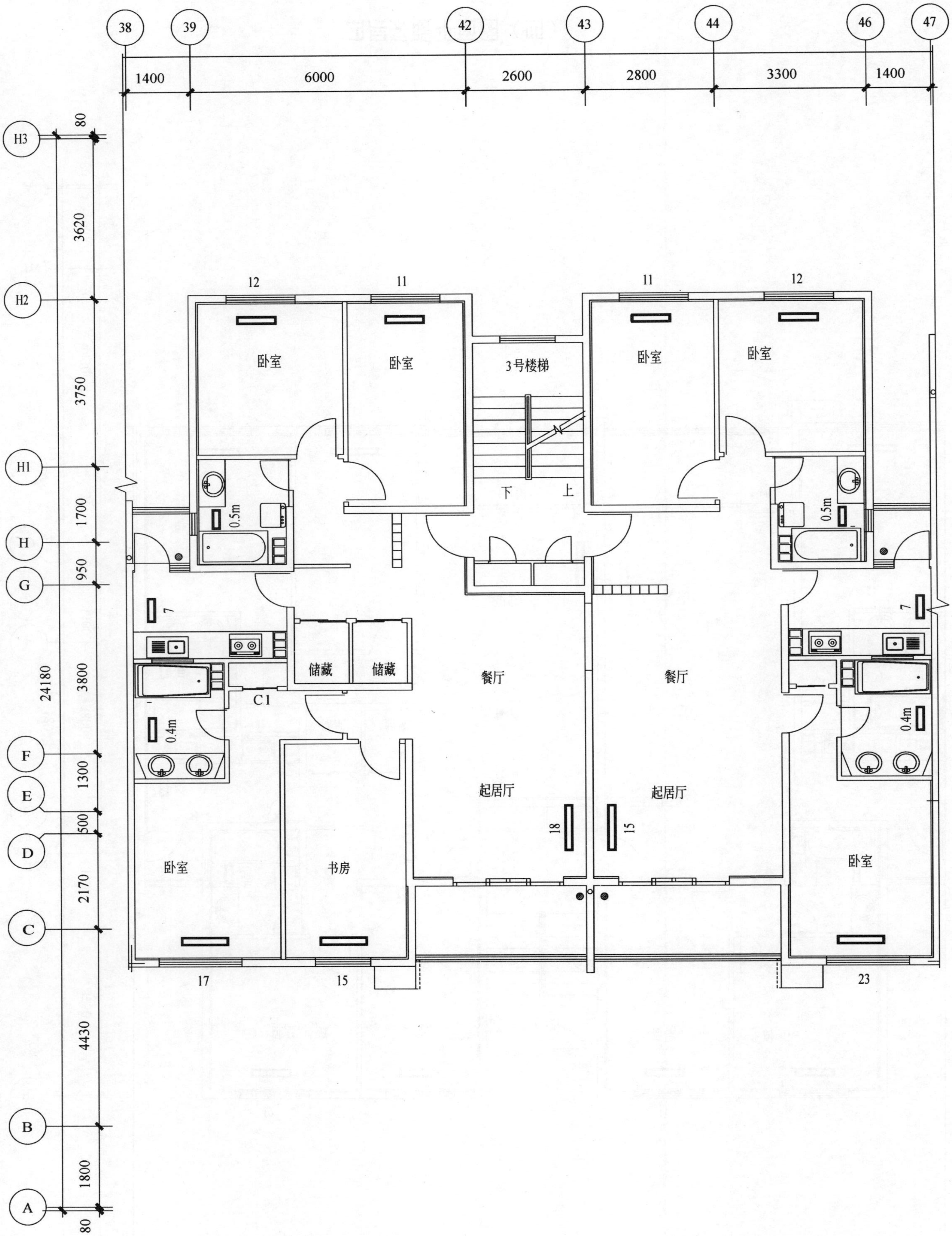

38
39
42
43
44
46
47
1400
6000
2600
2800
3300
1400
H3
H2
H1
H
G
F
E
D
C
B
A
80
3620
3750
1700
950
3800
1300
500
2170
4430
1800
80
24180
12
11
11
12
卧室
卧室
3号楼梯
卧室
卧室
下
上
0.5m
0.5m
7
7
储藏
储藏
餐厅
餐厅
C1
0.4m
0.4m
起居厅
起居厅
18
15
卧室
书房
卧室
17
15
23


四层采暖平面图（五）

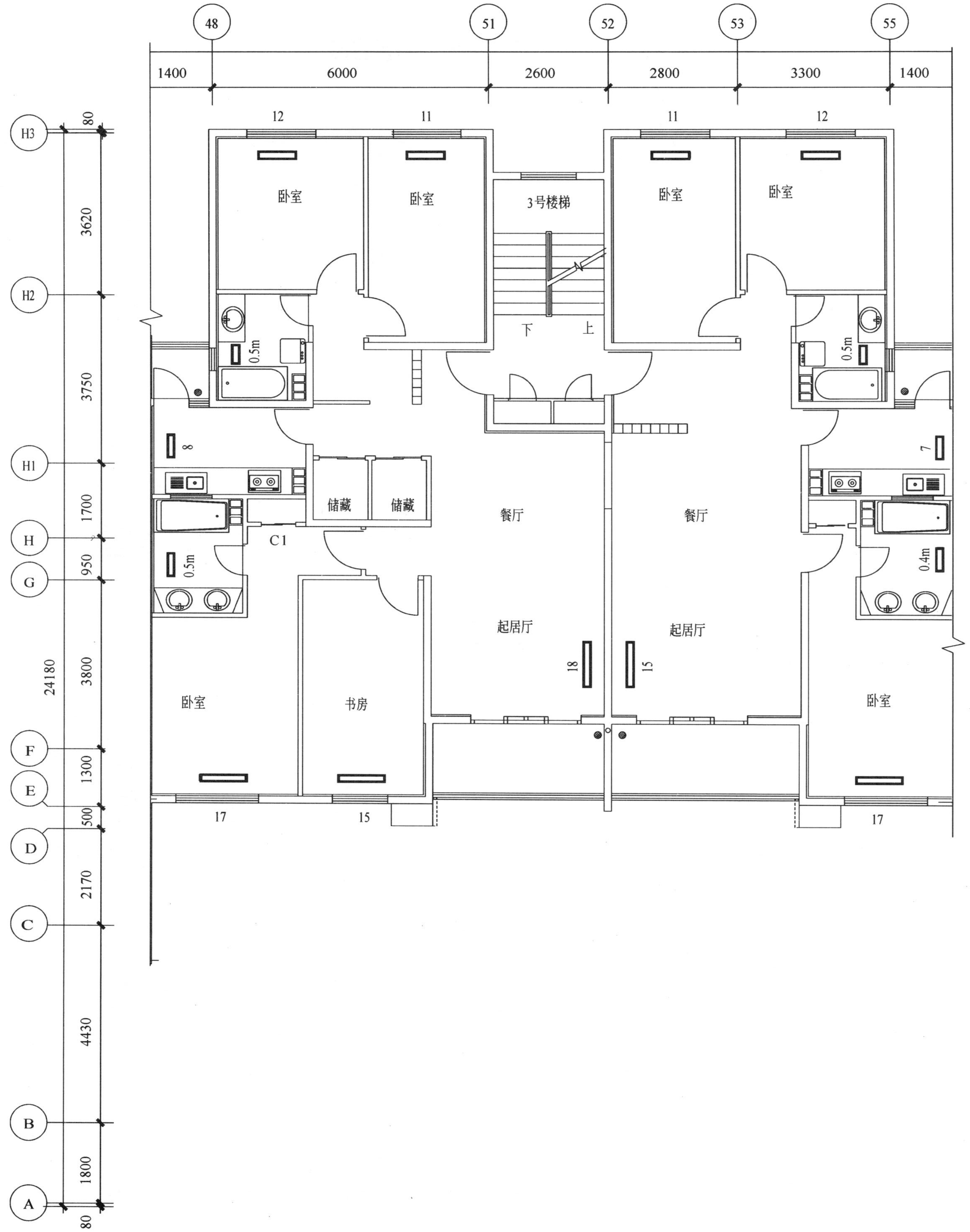

48
51
52
53
55
1400
6000
2600
2800
3300
1400
H3
H2
H1
H
G
F
E
D
C
B
A
80
3620
3750
1700
950
3800
1300
500
2170
4430
1800
80
24180
12
11
11
12
卧室
卧室
3号楼梯
卧室
卧室
下
上
0.5m
0.5m
8
7
储藏
储藏
餐厅
餐厅
C1
0.5m
0.4m
起居厅
起居厅
18
15
卧室
书房
卧室
17
15
17


四层采暖平面图（六）

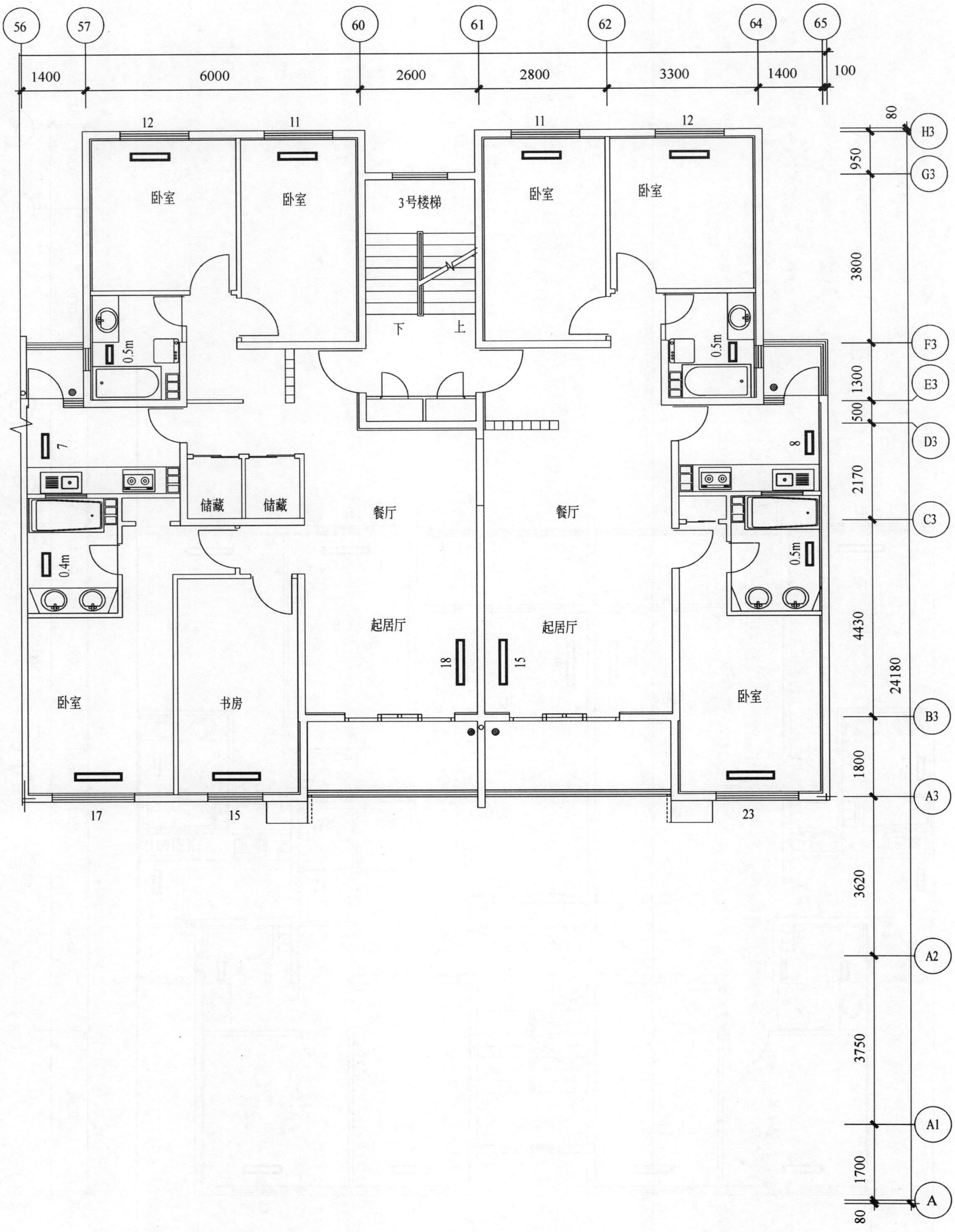
56
57
60
61
62
64
65
1400
6000
2600
2800
3300
1400
100
80
H3
950
G3
3800
F3
1300
E3
500
D3
2170
C3
4430
24180
B3
1800
A3
3620
A2
3750
A1
1700
A
80
12
11
11
12
卧室
卧室
3号楼梯
卧室
卧室
下
上
0.5m
0.5m
7
8
储藏
储藏
餐厅
餐厅
0.4m
0.5m
起居厅
起居厅
18
15
卧室
书房
卧室
17
15
23

四层采暖平面图（七）

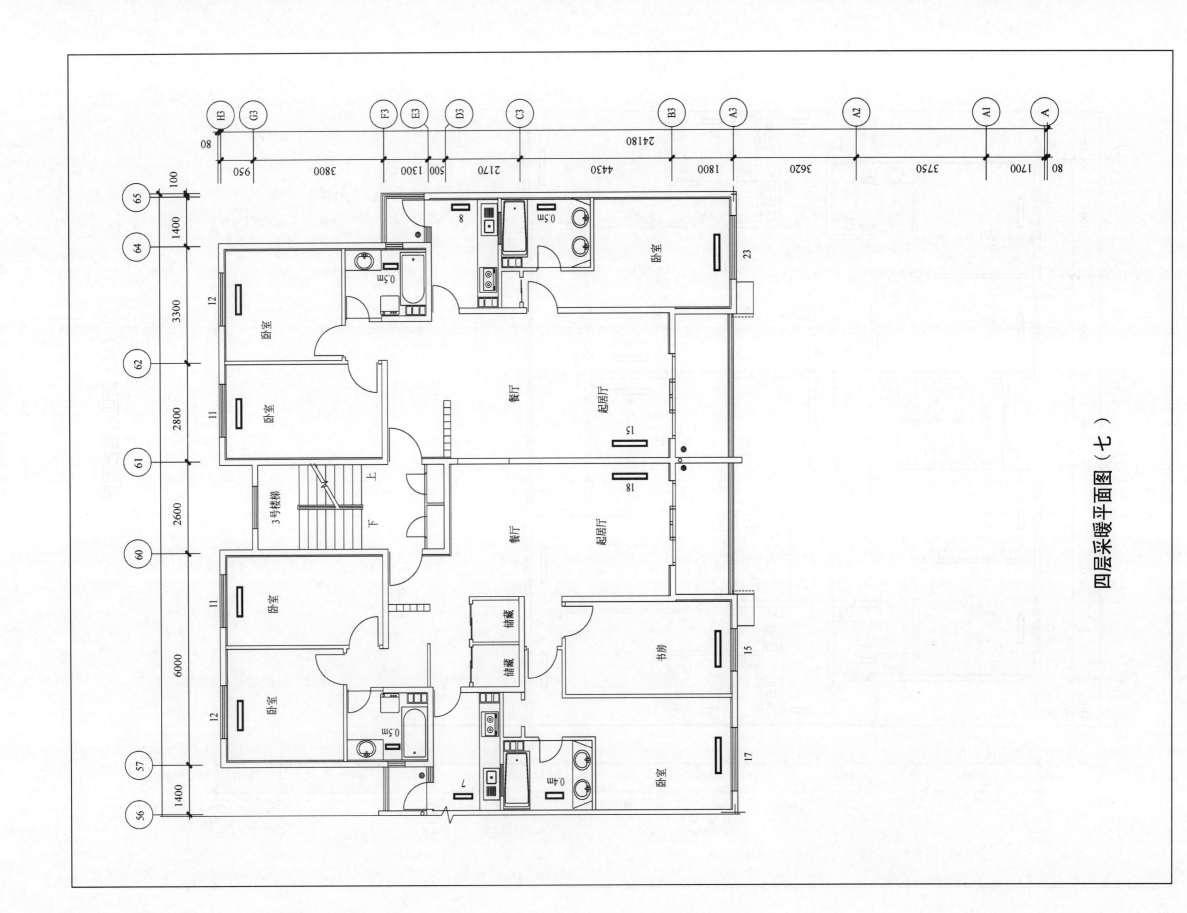

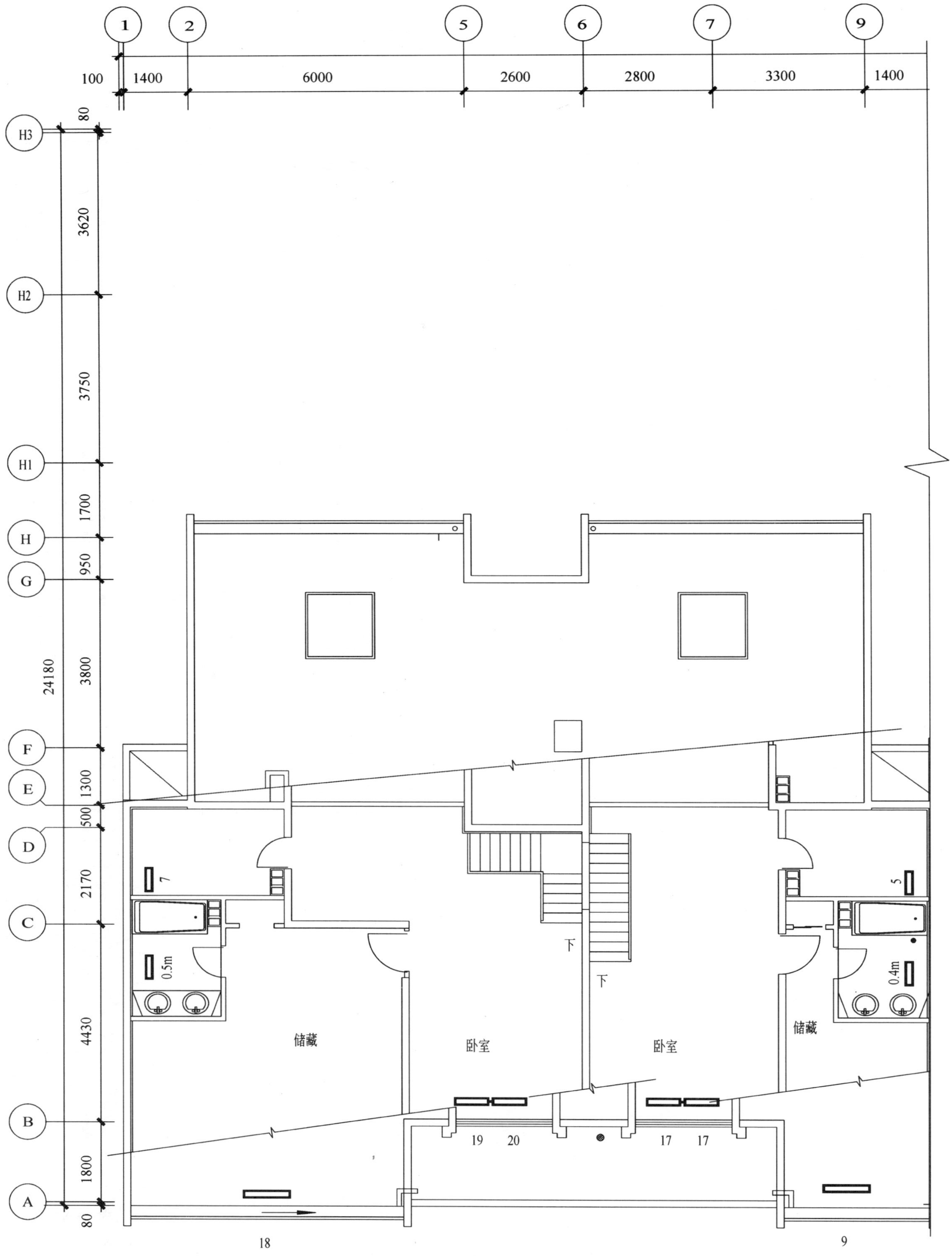
1
2
5
6
7
9
100
1400
6000
2600
2800
3300
1400
H3
H2
H1
H
G
F
E
D
C
B
A
80
3620
3750
1700
950
3800
24180
1300
500
2170
4430
1800
80
7
5
0.5m
0.4m
下
下
储藏
卧室
卧室
储藏
19
20
17
17
18
9

五层采暖平面图（一）

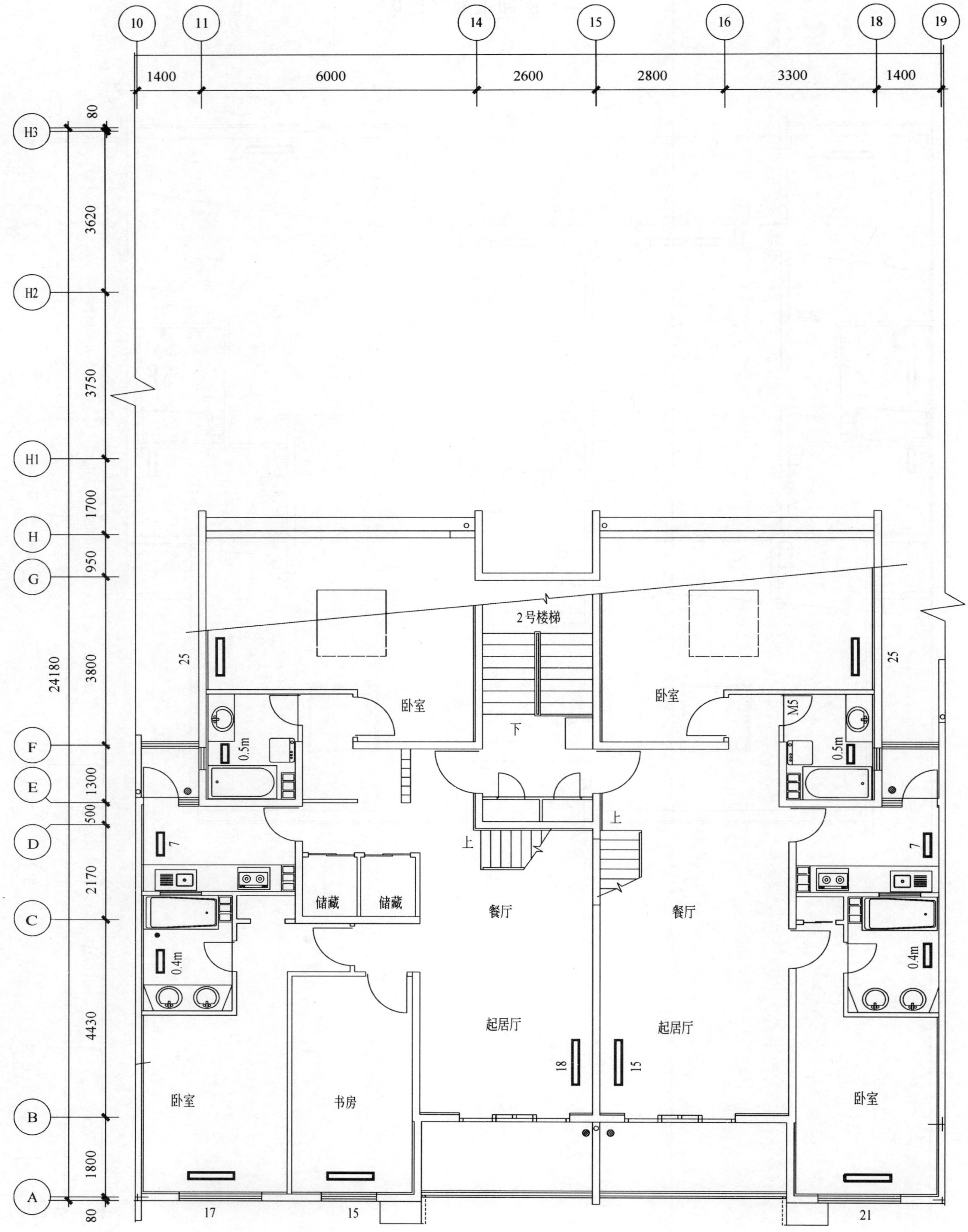
10
11
14
15
16
18
19
1400
6000
2600
2800
3300
1400
H3
H2
H1
H
G
F
E
D
C
B
A
80
3620
3750
1700
950
3800
1300
500
2170
4430
1800
80
24180
2号楼梯
卧室
卧室
下
上
上
0.5m
0.5m
M5
25
25
7
7
0.4m
0.4m
储藏
储藏
餐厅
餐厅
起居厅
起居厅
18
15
卧室
书房
卧室
17
15
21

五层采暖平面图（二）

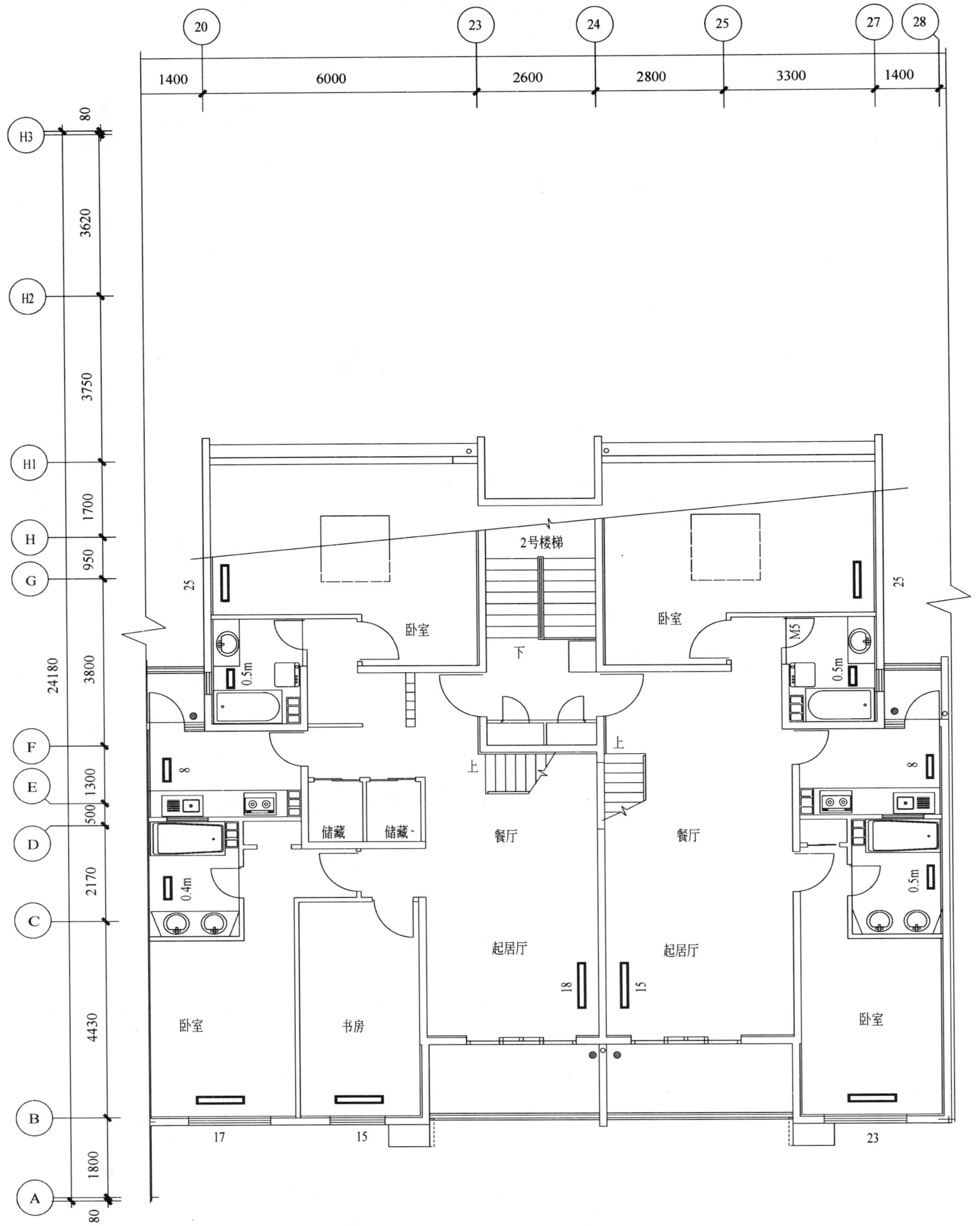

20
23
24
25
27
28
1400
6000
2600
2800
3300
1400
H3
H2
H1
H
G
F
E
D
C
B
A
80
3620
3750
1700
950
3800
1300
500
2170
4430
1800
80
24180
25
2号楼梯
卧室
下
0.5m
M5
上
8
储藏
储藏、
餐厅
0.4m
起居厅
18
15
书房
17
23


五层采暖平面图（三）

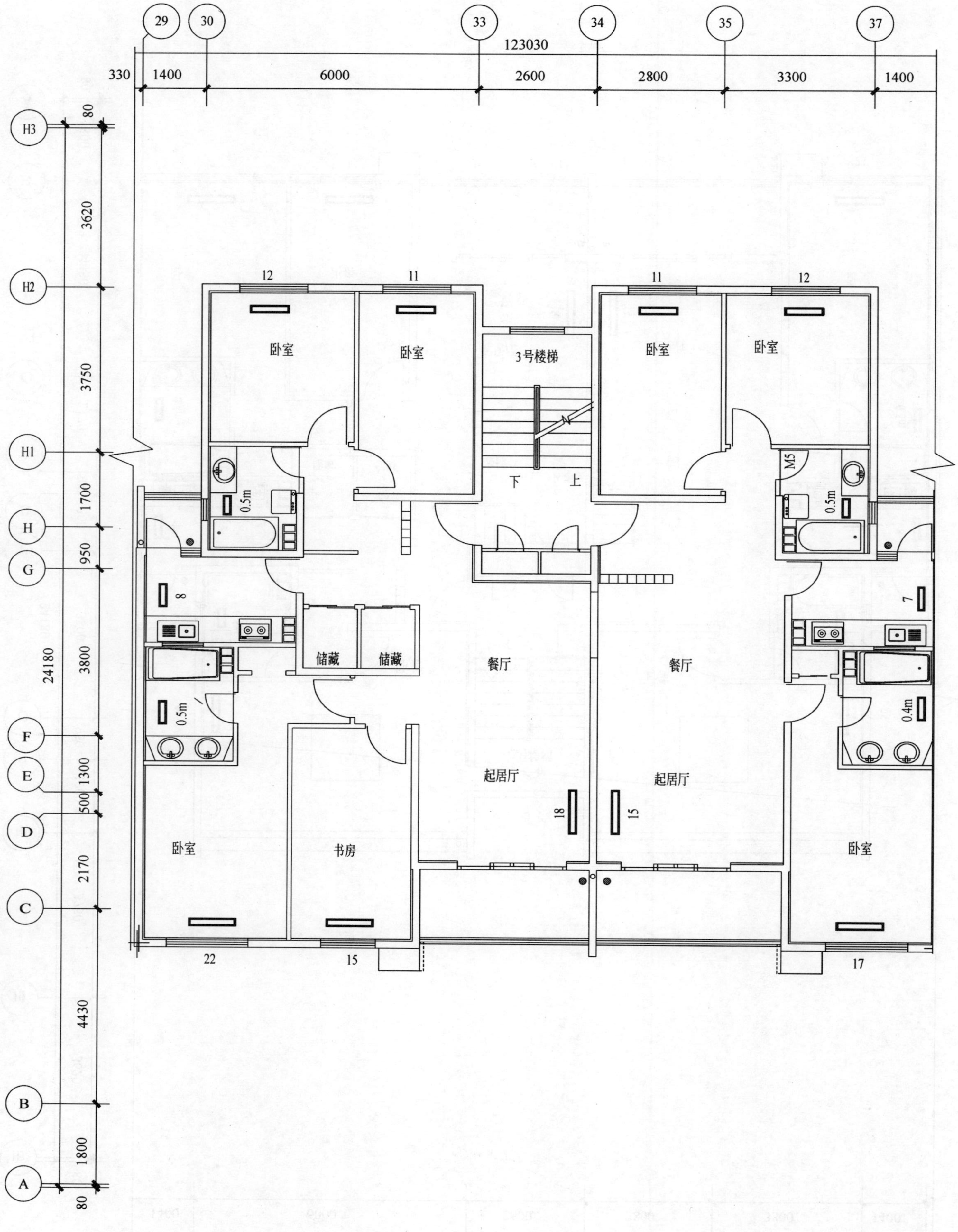
29
30
33
34
35
37
123030
330
1400
6000
2600
2800
3300
1400
H3
H2
H1
H
G
F
E
D
C
B
A
80
3620
3750
1700
950
3800
1300
500
2170
4430
1800
80
24180
12
11
11
12
卧室
卧室
3号楼梯
卧室
卧室
下
上
M5
0.5m
0.5m
8
7
储藏
储藏
餐厅
餐厅
0.5m
0.4m
起居厅
起居厅
18
15
卧室
书房
卧室
22
15
17

五层采暖平面图（四）

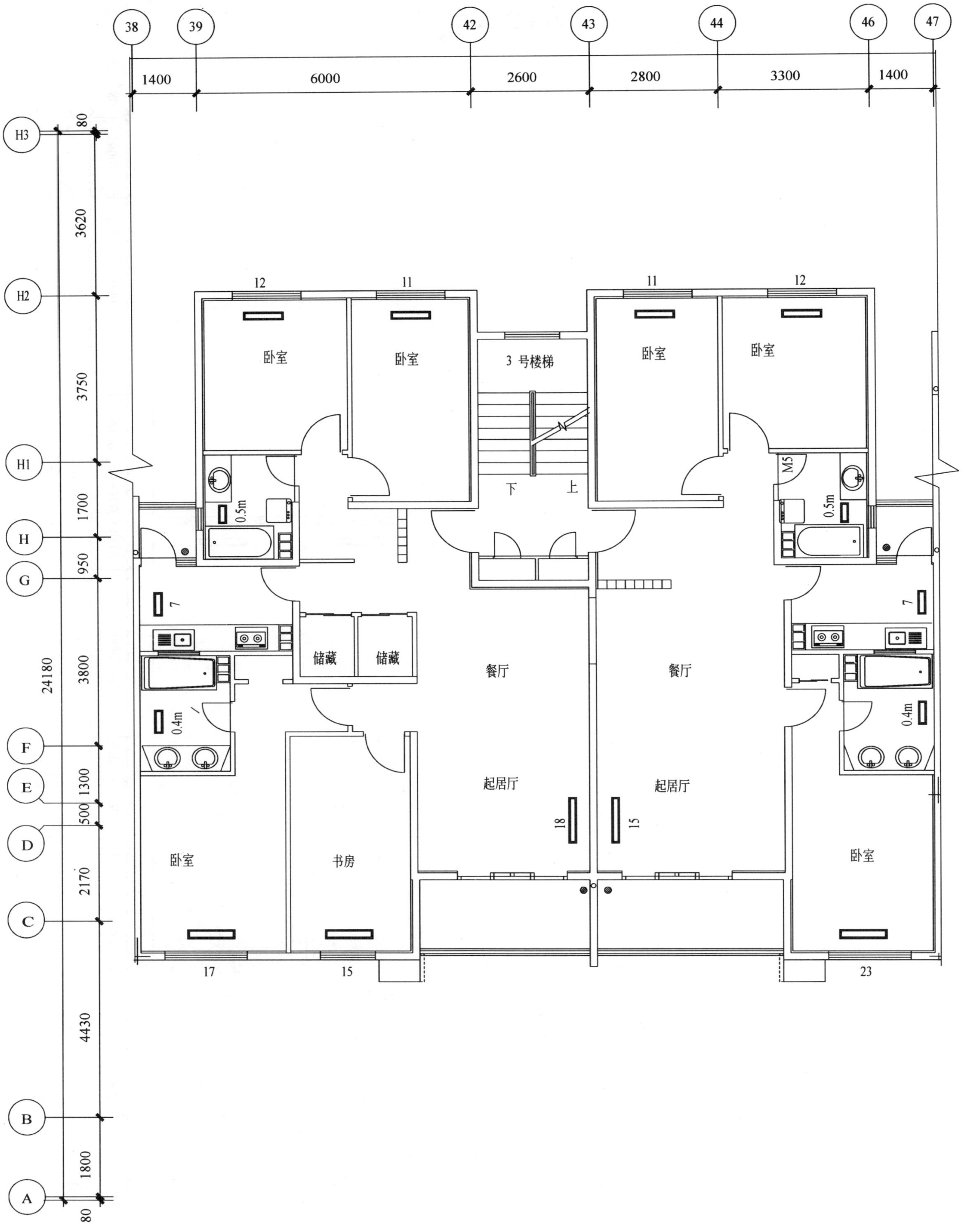
38
39
42
43
44
46
47
1400
6000
2600
2800
3300
1400
H3
H2
H1
H
G
F
E
D
C
B
A
80
3620
3750
1700
950
3800
1300
500
2170
4430
1800
80
24180
12
11
11
12
卧室
卧室
3 号楼梯
卧室
卧室
下
上
M5
0.5m
0.5m
7
7
储藏
储藏
餐厅
餐厅
0.4m
0.4m
起居厅
起居厅
18
15
卧室
书房
卧室
17
15
23

五层采暖平面图（五）

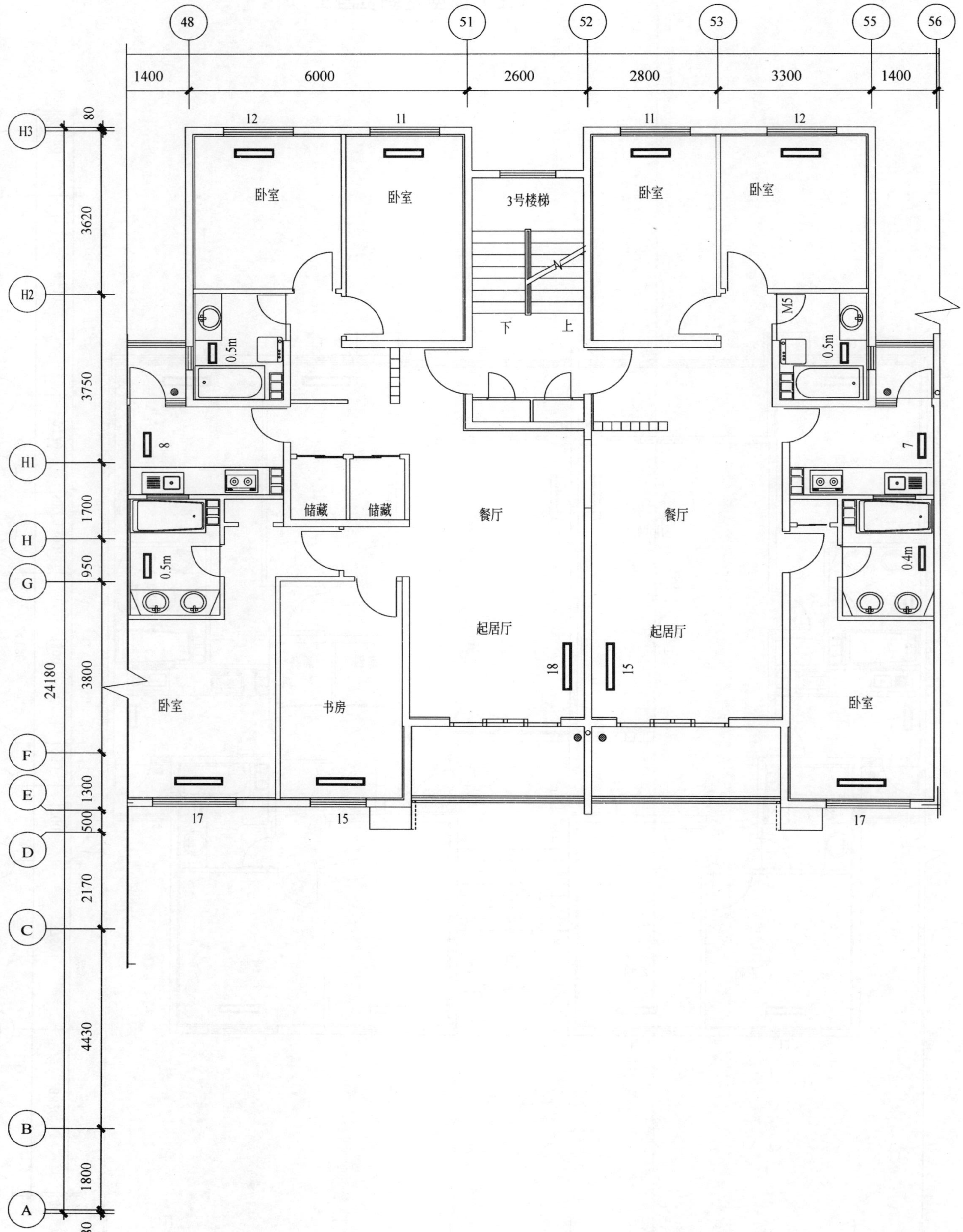
48
51
52
53
55
56
1400
6000
2600
2800
3300
1400
H3
H2
H1
H
G
F
E
D
C
B
A
80
3620
3750
1700
950
3800
24180
1300
500
2170
4430
1800
80
12
11
11
12
卧室
卧室
3号楼梯
卧室
卧室
下
上
M5
0.5m
0.5m
8
7
储藏
储藏
餐厅
餐厅
0.5m
0.4m
起居厅
起居厅
18
15
卧室
书房
卧室
17
15
17

五层采暖平面图（六）

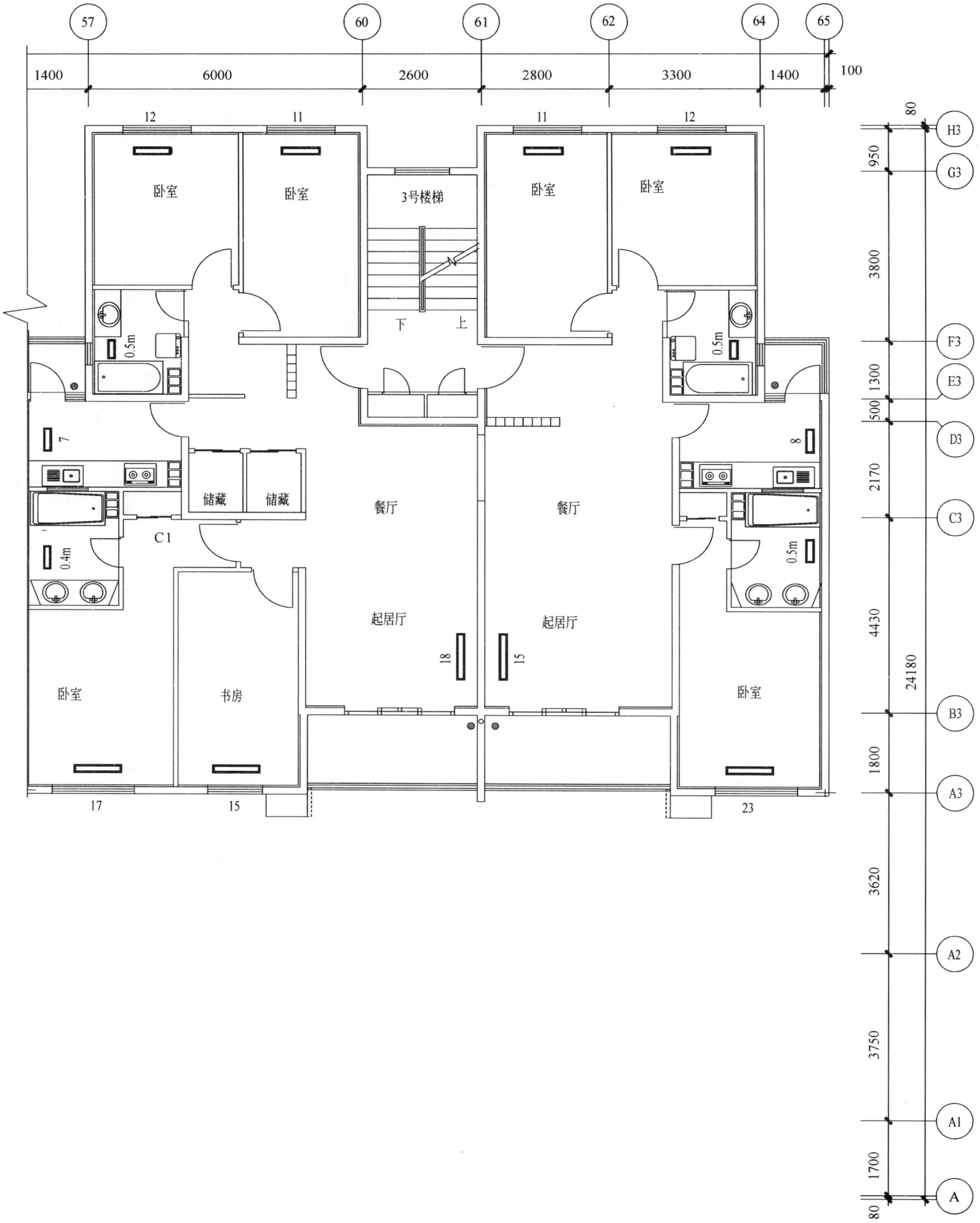
57
60
61
62
64
65
1400
6000
2600
2800
3300
1400
100
80
H3
950
G3
3800
F3
1300
E3
500
D3
2170
C3
4430
24180
B3
1800
A3
3620
A2
3750
A1
1700
A
80
12
11
11
12
卧室
卧室
3号楼梯
卧室
卧室
下
上
0.5m
0.5m
7
8
储藏
储藏
餐厅
餐厅
C1
0.4m
0.5m
起居厅
起居厅
18
15
卧室
书房
卧室
17
15
23

五层采暖平面图（七）

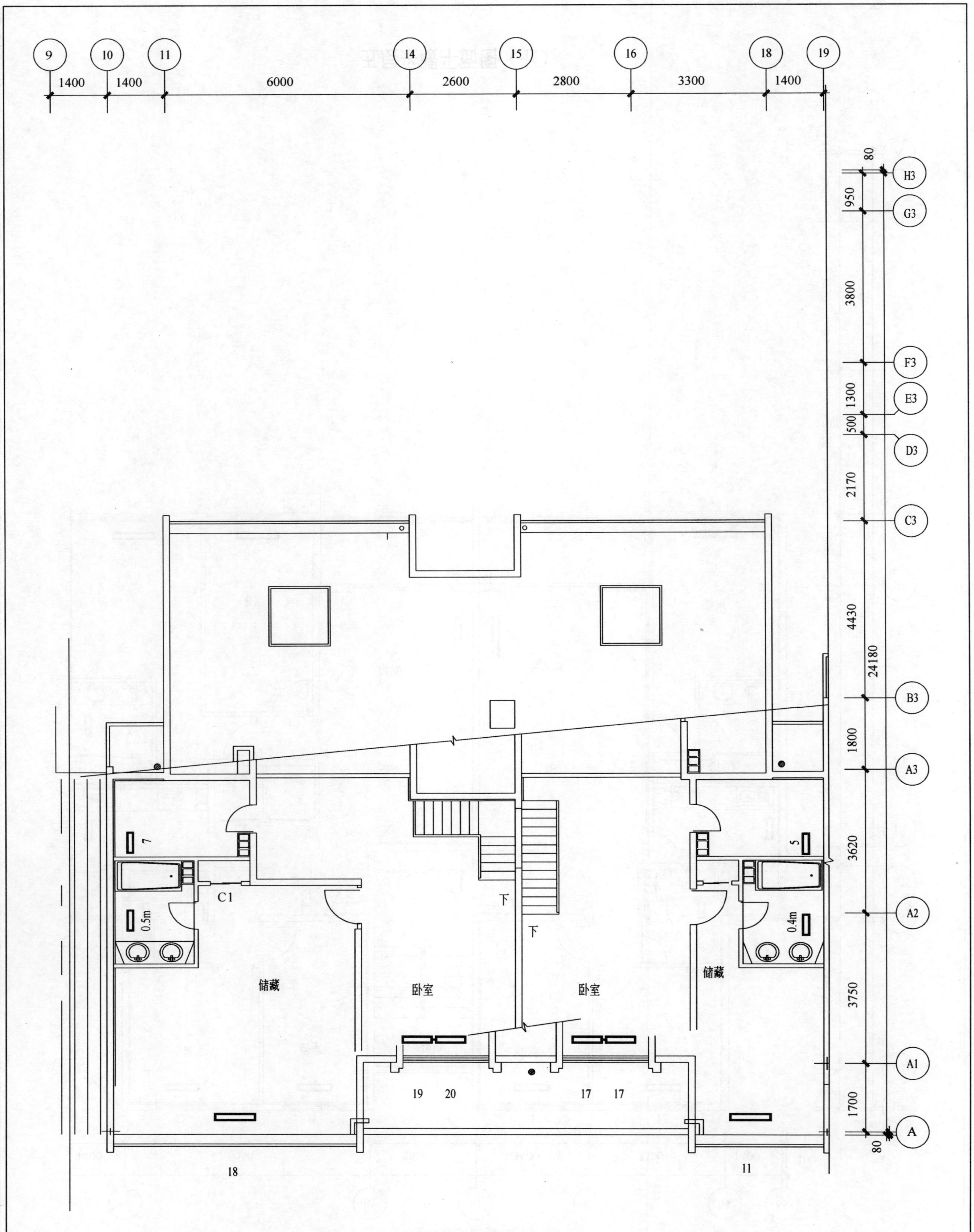
9
10
11
14
15
16
18
19
1400
1400
6000
2600
2800
3300
1400
H3
G3
F3
E3
D3
C3
B3
A3
A2
A1
A
80
950
3800
1300
500
2170
4430
24180
1800
3620
3750
1700
80
7
C1
0.5m
5
0.4m
下
下
储藏
卧室
卧室
储藏
19
20
17
17
18
11

六层采暖平面图（一）

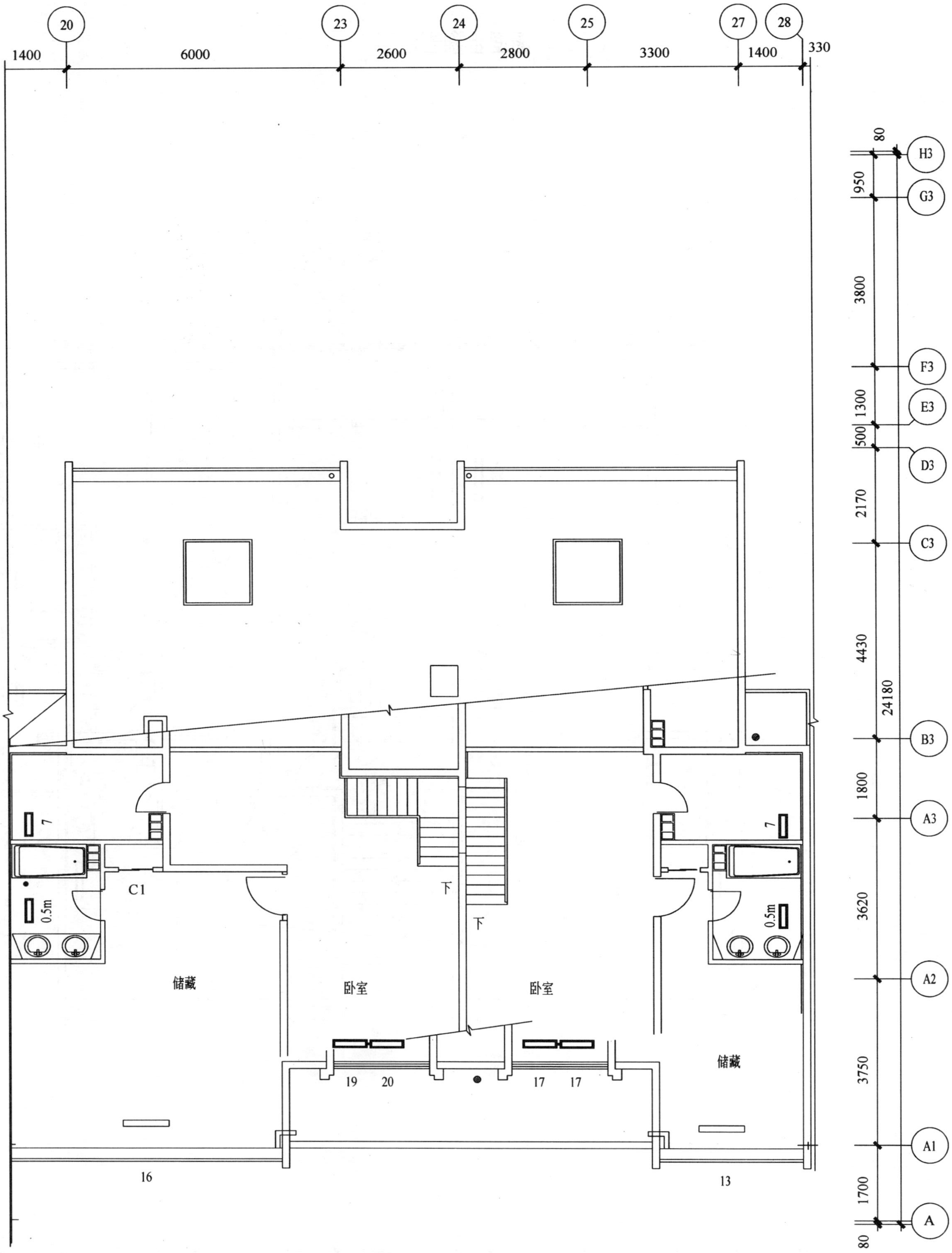
20
23
24
25
27
28
1400
6000
2600
2800
3300
1400
330
H3
G3
F3
E3
D3
C3
B3
A3
A2
A1
A
80
950
3800
1300
500
2170
4430
24180
1800
3620
3750
1700
80
7
C1
0.5m
储藏
卧室
下
19
20
17
17
16
13

六层采暖平面图（二）

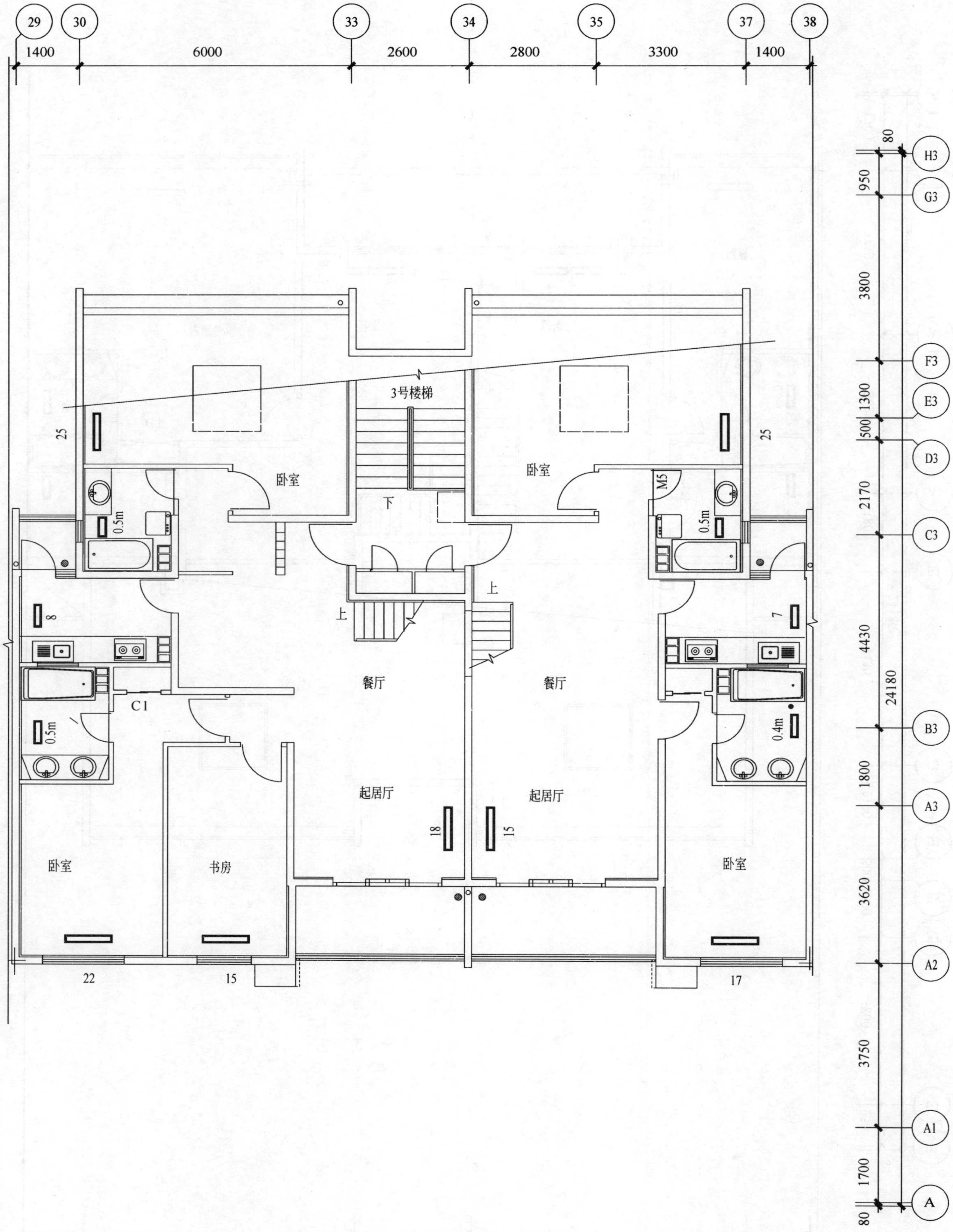
29
30
33
34
35
37
38
1400
6000
2600
2800
3300
1400
H3
G3
F3
E3
D3
C3
B3
A3
A2
A1
A
80
950
3800
1300
500
2170
4430
24180
1800
3620
3750
1700
3号楼梯
卧室
餐厅
起居厅
书房
上
下
M5
C1
0.5m
0.4m
25
8
7
18
15
22
17

六层采暖平面图（三）

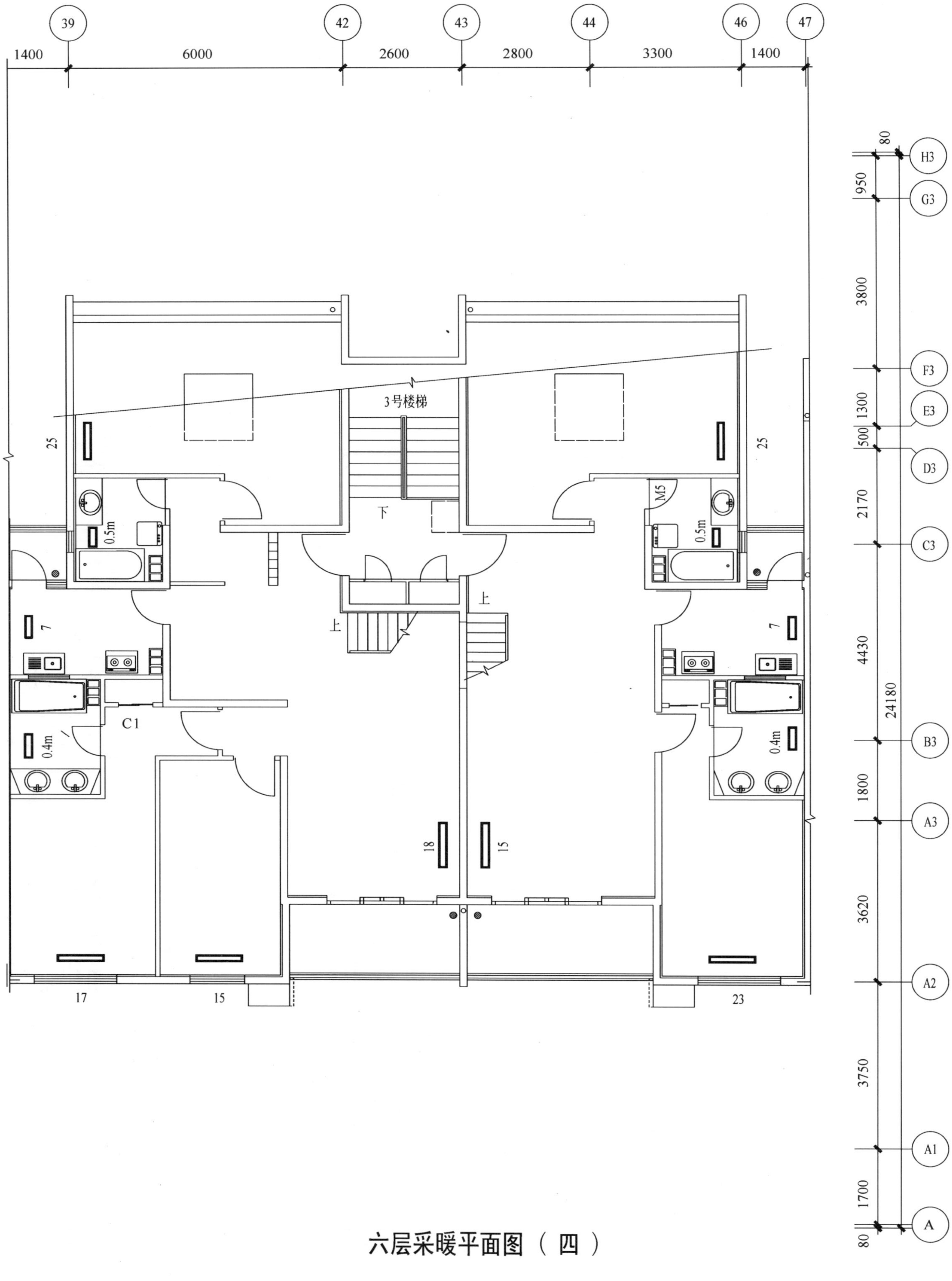
39
42
43
44
46
47
1400
6000
2600
2800
3300
1400
H3
G3
F3
E3
D3
C3
B3
A3
A2
A1
A
80
950
3800
1300
500
2170
4430
1800
3620
3750
1700
80
24180
3号楼梯
下
上
上
25
25
M5
0.5m
0.5m
7
7
C1
0.4m
0.4m
18
15
17
15
23

六层采暖平面图（四）

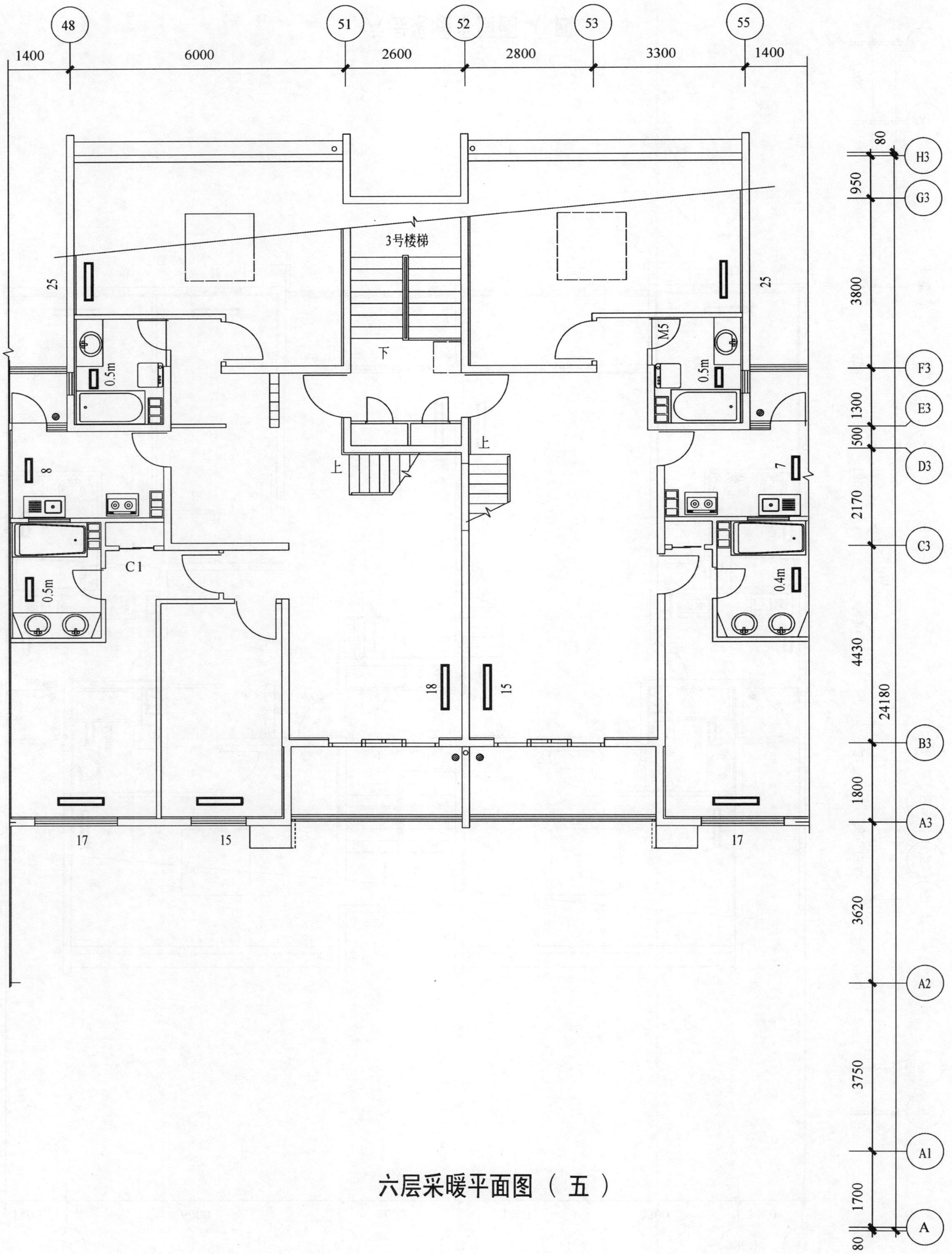
48
51
52
53
55
1400
6000
2600
2800
3300
1400
H3
G3
F3
E3
D3
C3
B3
A3
A2
A1
A
80
950
3800
1300
500
2170
4430
24180
1800
3620
3750
1700
80
3号楼梯
下
上
上
M5
C1
25
25
8
7
0.5m
0.5m
0.5m
0.4m
18
15
17
15
17

六层采暖平面图（五）

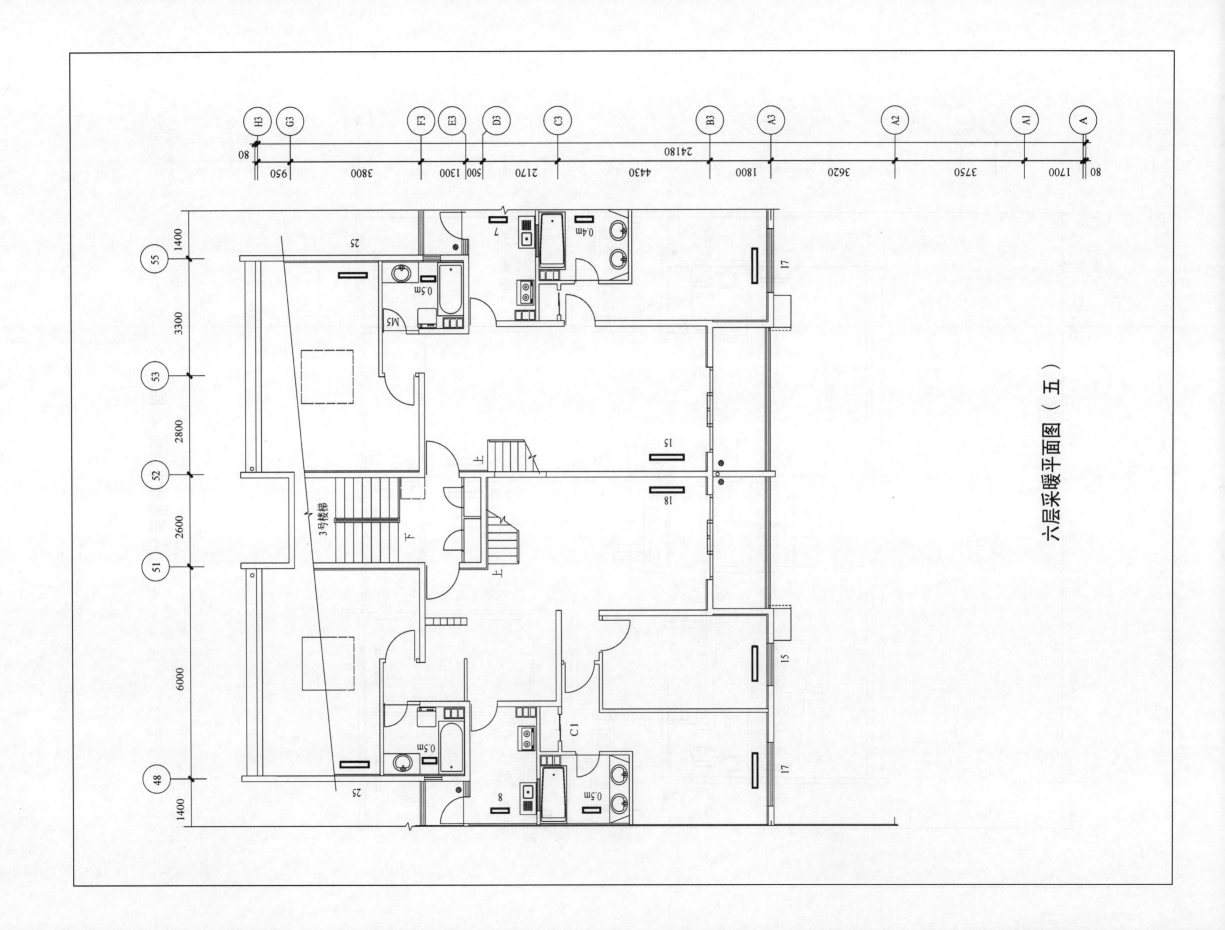

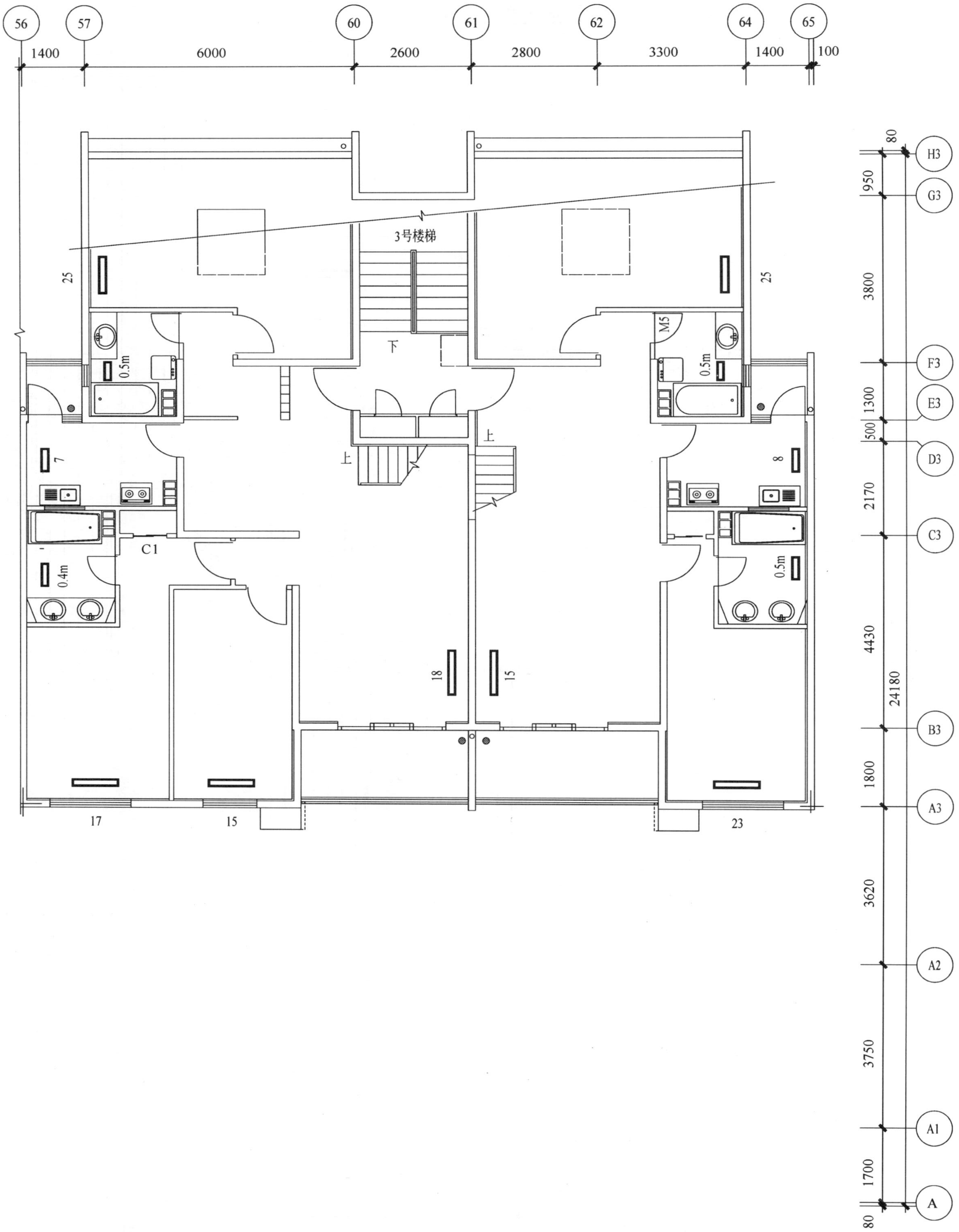
56
57
60
61
62
64
65
1400
6000
2600
2800
3300
1400
100
H3
G3
F3
E3
D3
C3
B3
A3
A2
A1
A
80
950
3800
1300
500
2170
4430
24180
1800
3620
3750
1700
80
3号楼梯
下
上
上
25
25
M5
0.5m
0.5m
0.5m
0.4m
7
8
C1
18
15
17
15
23

六层采暖平面图（六）

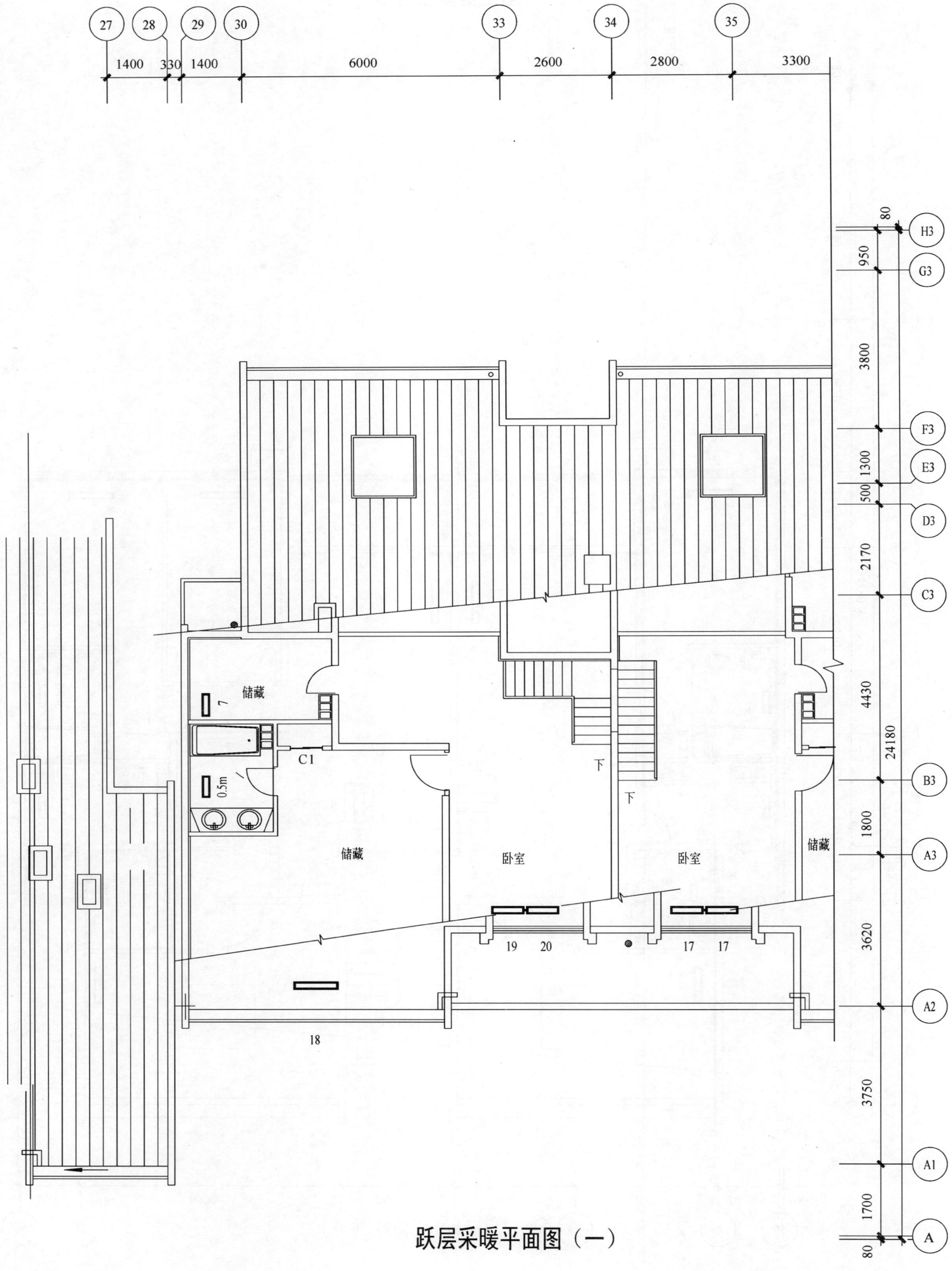
27
28
29
30
33
34
35
1400
330
1400
6000
2600
2800
3300
H3
G3
F3
E3
D3
C3
B3
A3
A2
A1
A
80
950
3800
1300
500
2170
4430
24180
1800
3620
3750
1700
80
储藏
储藏
储藏
卧室
卧室
C1
0.5m
7
下
下
19
20
17
17
18

跃层采暖平面图（一）

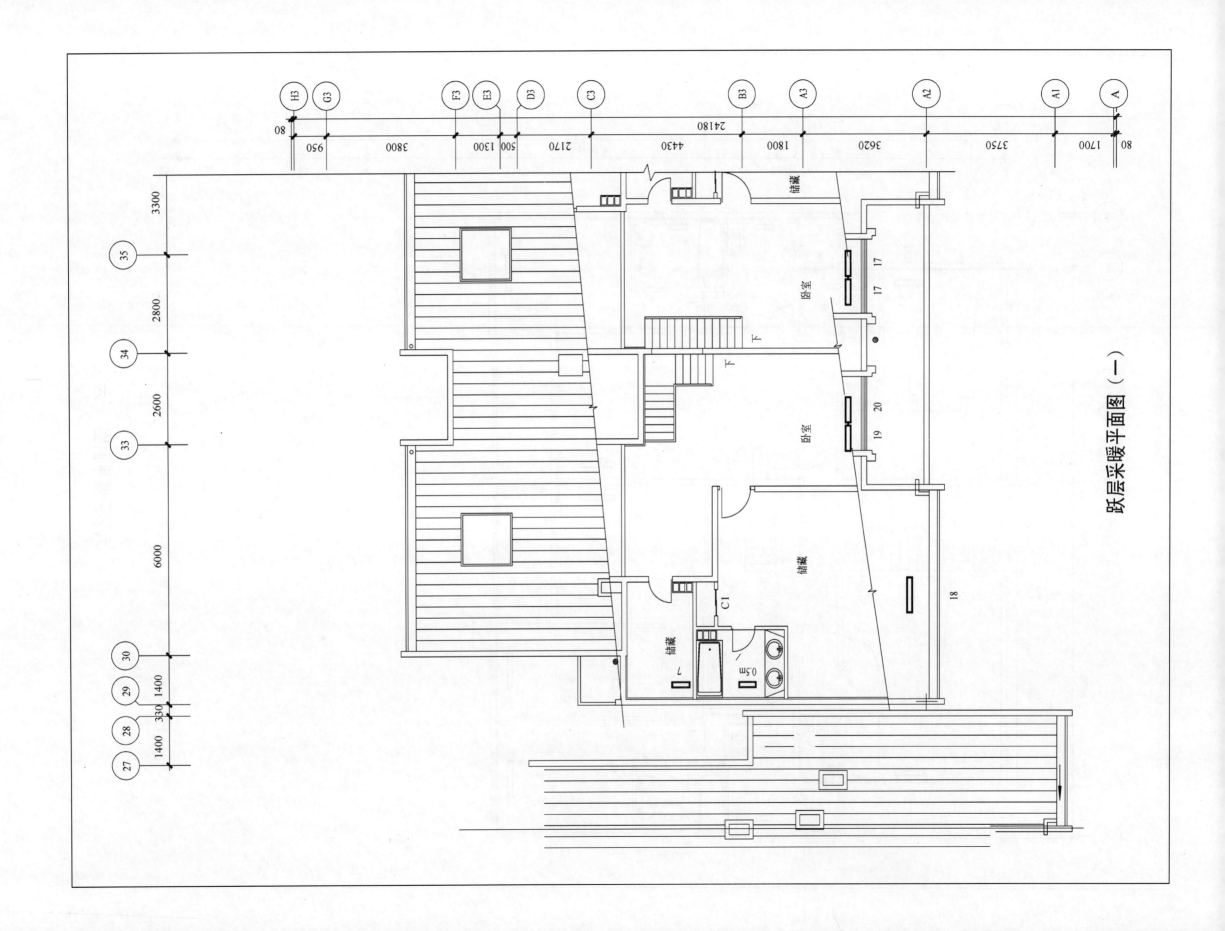

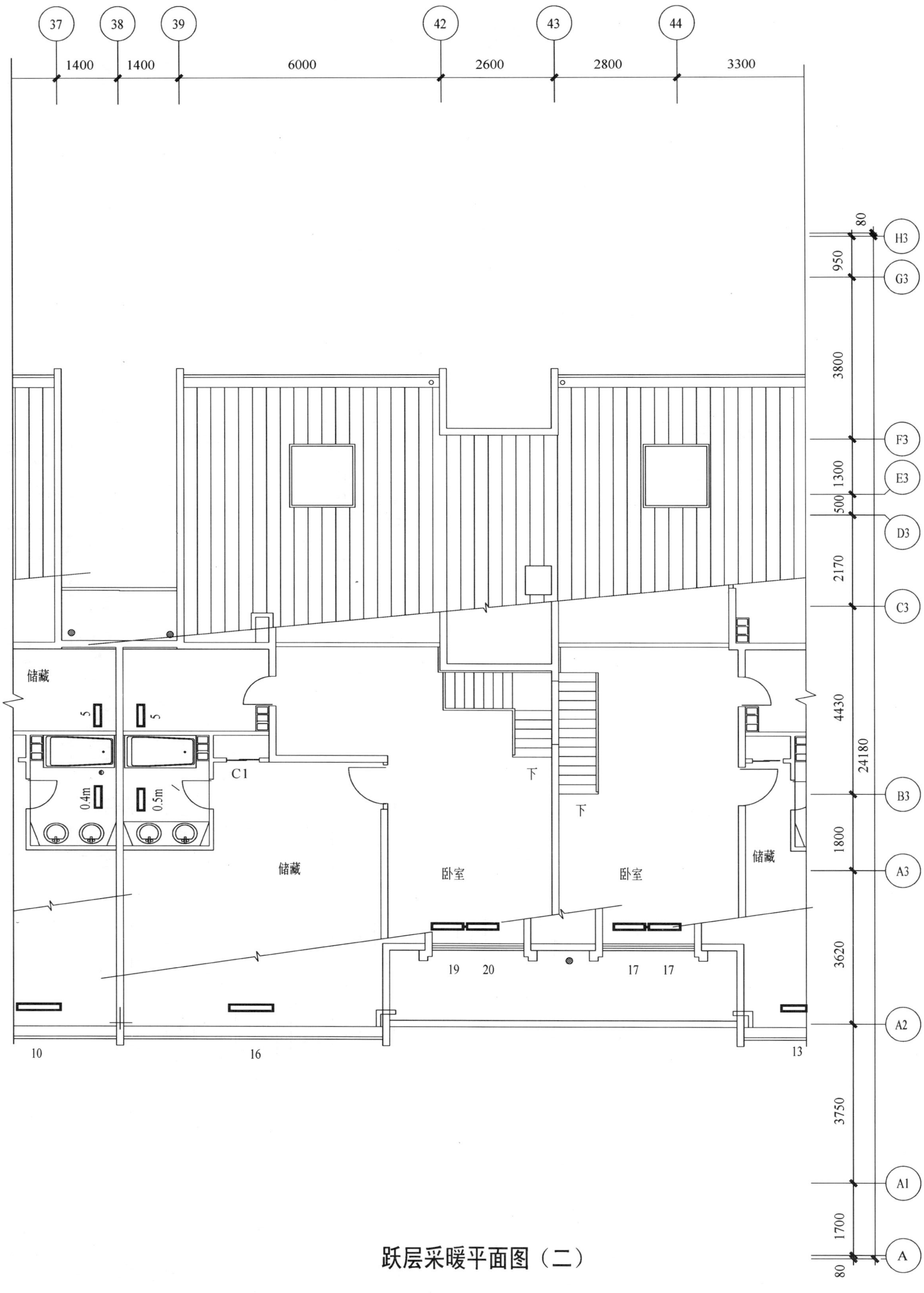
37
38
39
42
43
44
1400
1400
6000
2600
2800
3300
H3
G3
F3
E3
D3
C3
B3
A3
A2
A1
A
80
950
3800
1300
500
2170
4430
1800
3620
3750
1700
24180
储藏
卧室
卧室
储藏
储藏
下
下
C1
0.4m
0.5m
5
5
19
20
17
17
10
16
13

跃层采暖平面图（二）

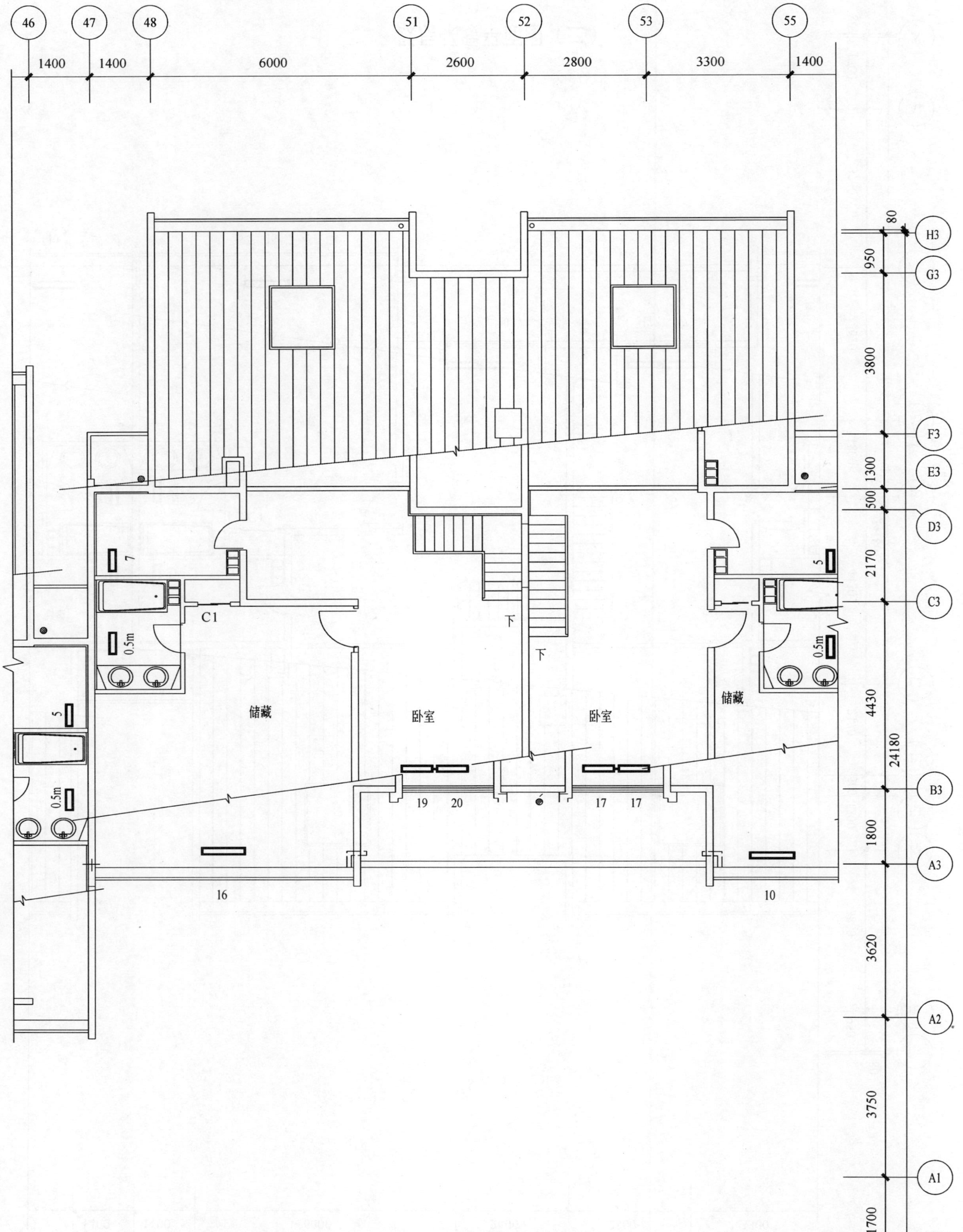
46
47
48
51
52
53
55
1400
1400
6000
2600
2800
3300
1400
H3
G3
F3
E3
D3
C3
B3
A3
A2
A1
A
80
950
3800
1300
500
2170
4430
24180
1800
3620
3750
1700
80
储藏
卧室
卧室
储藏
下
下
C1
7
5
5
0.5m
0.5m
0.5m
19
20
17
17
16
10

跃层采暖平面图（三）

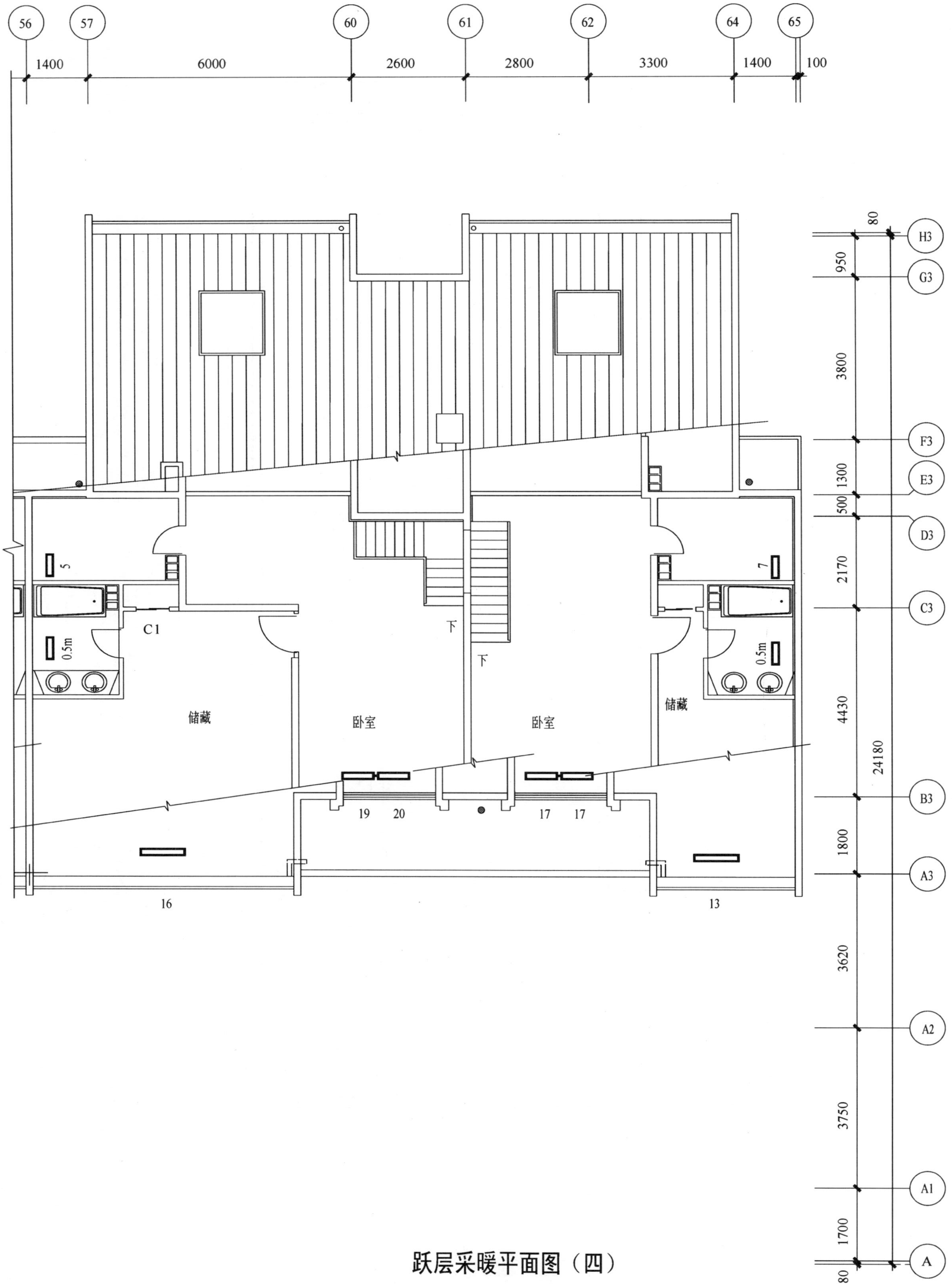
56
57
60
61
62
64
65
1400
6000
2600
2800
3300
1400
100
H3
G3
F3
E3
D3
C3
B3
A3
A2
A1
A
80
950
3800
1300
500
2170
4430
1800
3620
3750
1700
80
24180
储藏
卧室
卧室
储藏
C1
下
下
0.5m
0.5m
5
7
19
20
17
17
16
13

跃层采暖平面图（四）

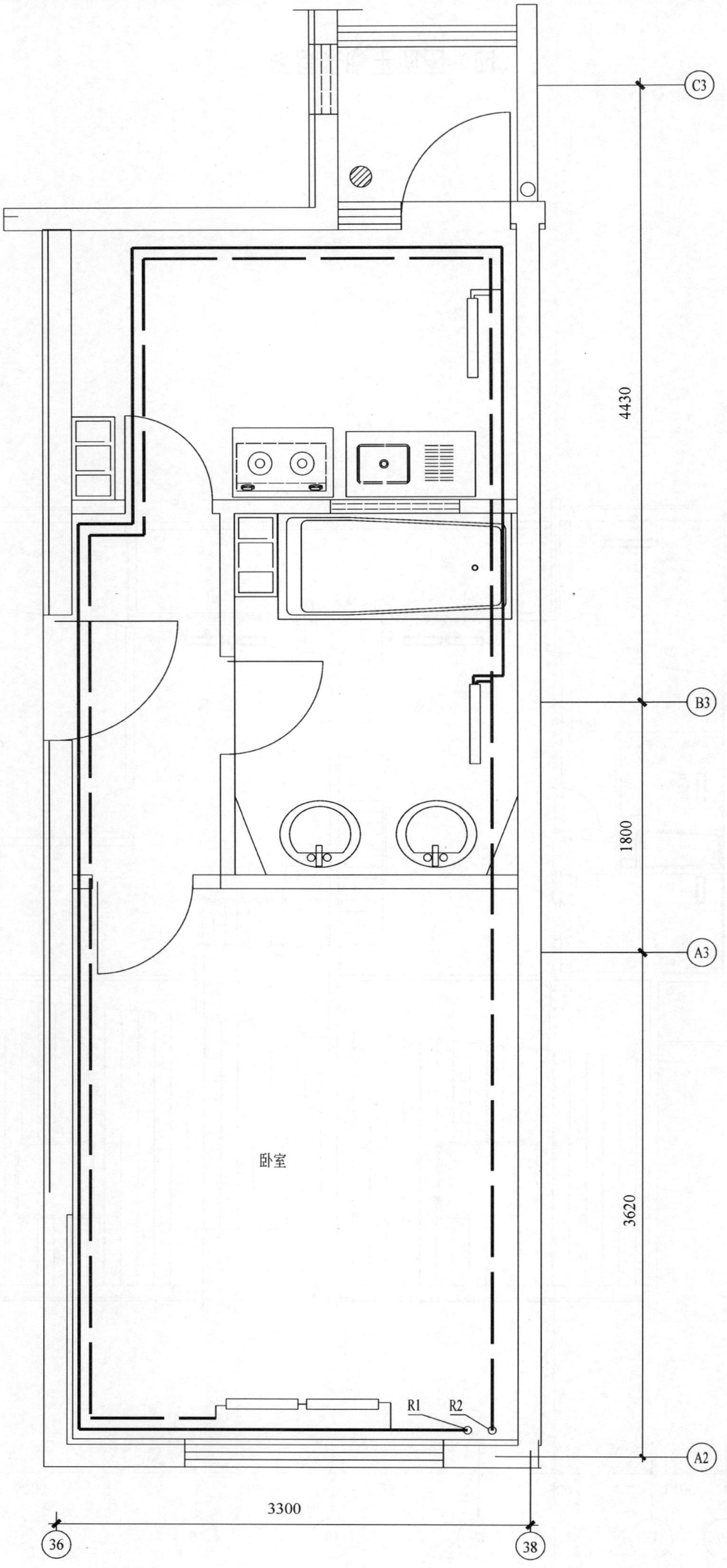


单元平面放大图一

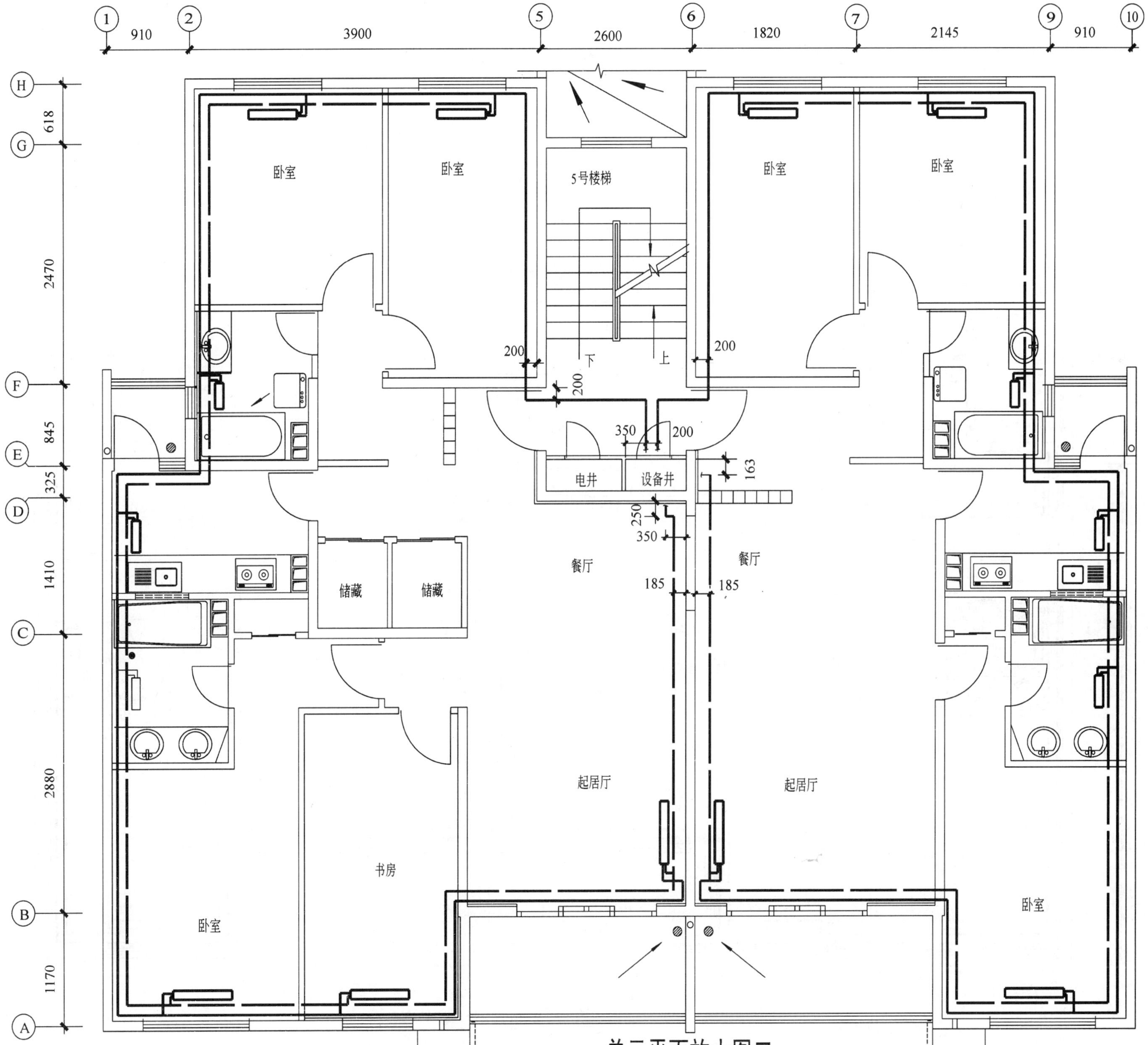
1
2
5
6
7
9
10
910
3900
2600
1820
2145
910
H
G
F
E
D
C
B
A
618
2470
845
325
1410
2880
1170
卧室
卧室
5号楼梯
卧室
卧室
下
上
200
200
200
350
200
163
电井
设备井
250
350
185
185
餐厅
餐厅
储藏
储藏
起居厅
起居厅
书房
卧室
卧室

单元平面放大图二

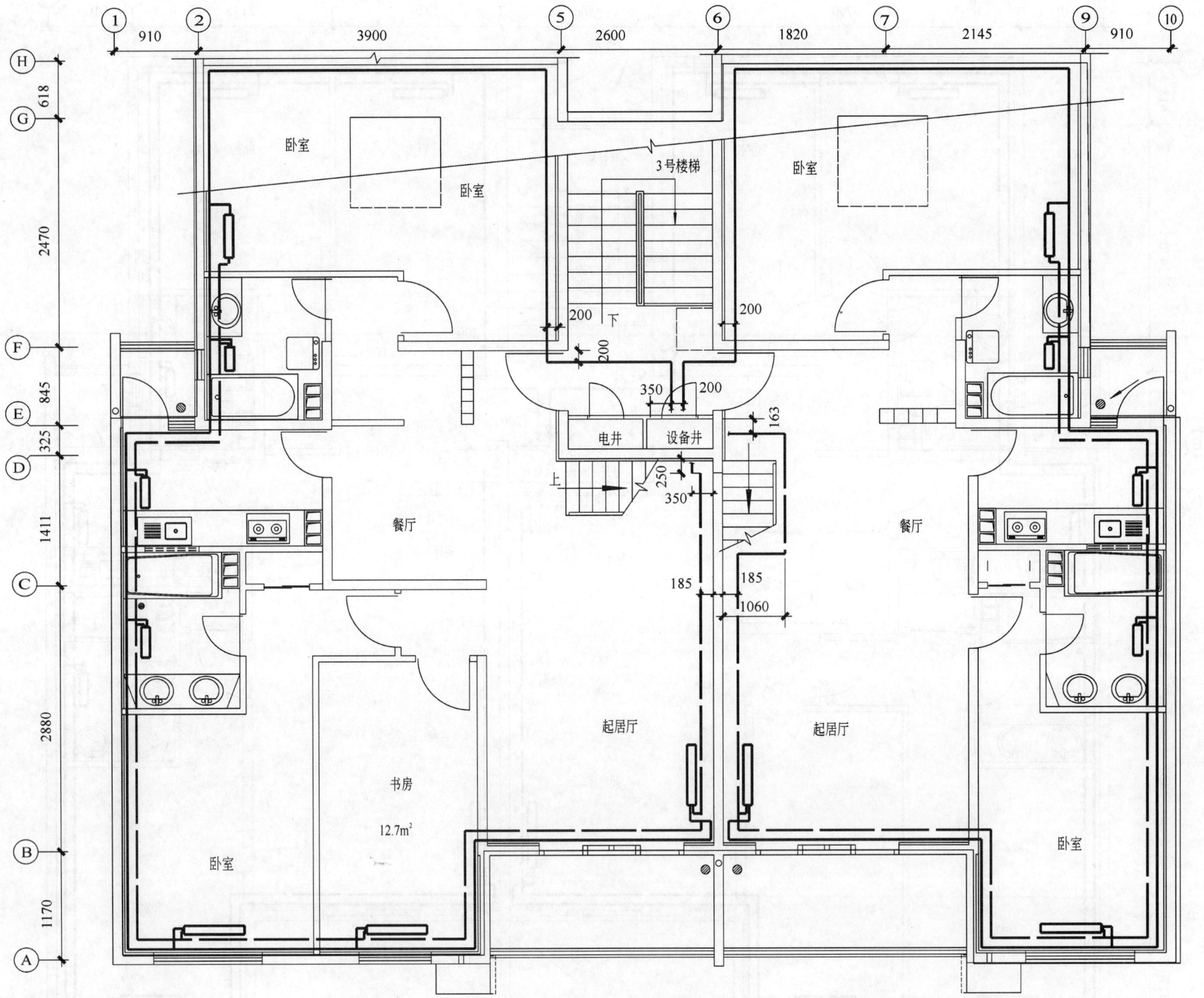
910
3900
2600
1820
2145
910
618
2470
845
325
1411
2880
1170
卧室
卧室
3号楼梯
卧室
200
200
下
200
350
200
电井
设备井
163
上
250
350
餐厅
餐厅
185
185
1060
起居厅
起居厅
书房
12.7m²
卧室
卧室

单元平面放大图三

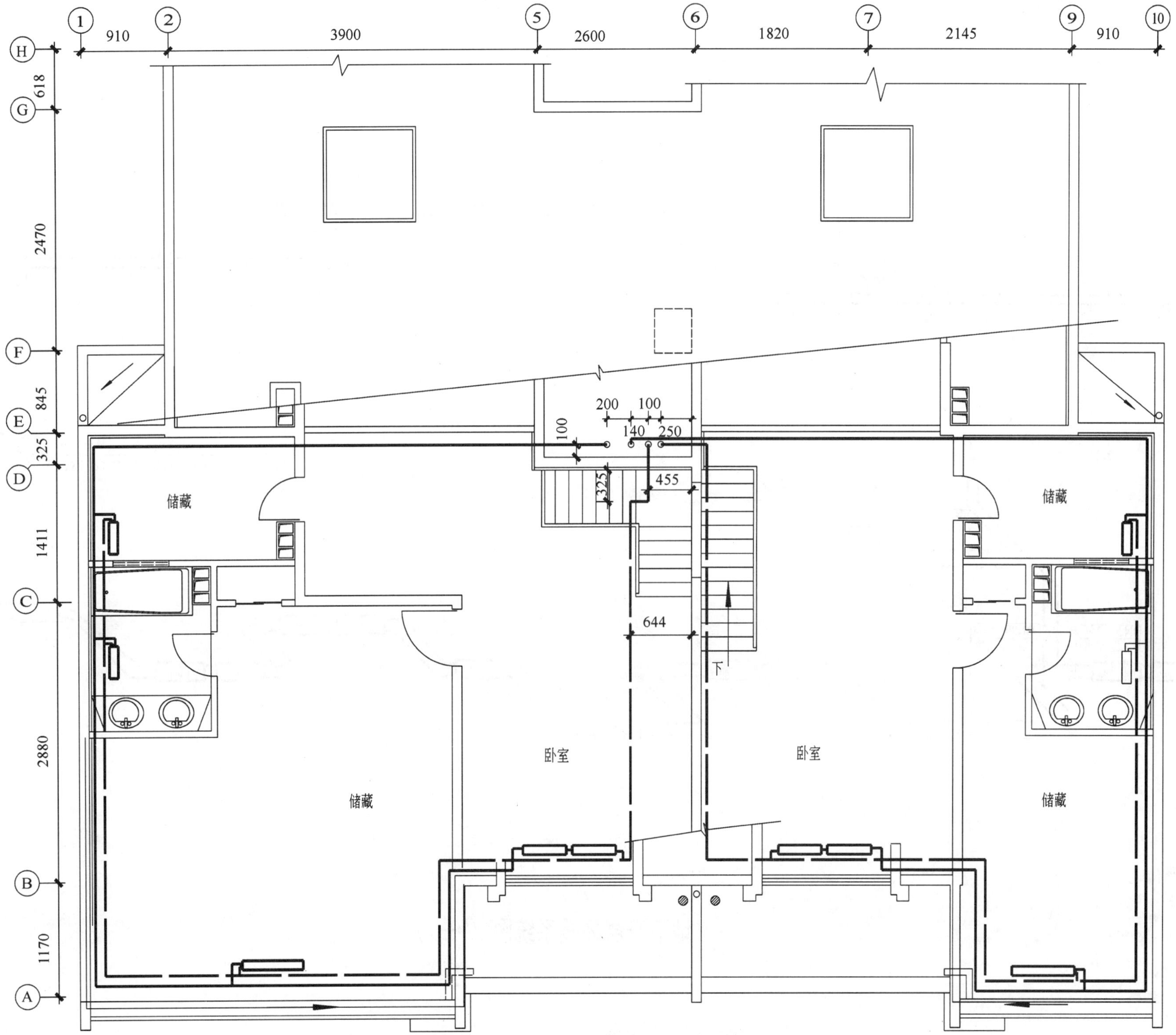
1
2
5
6
7
9
10
910
3900
2600
1820
2145
910
H
G
F
E
D
C
B
A
618
2470
845
325
1411
2880
1170
200
100
140
250
100
325
455
644
储藏
储藏
储藏
储藏
卧室
卧室
下

单元平面放大图四

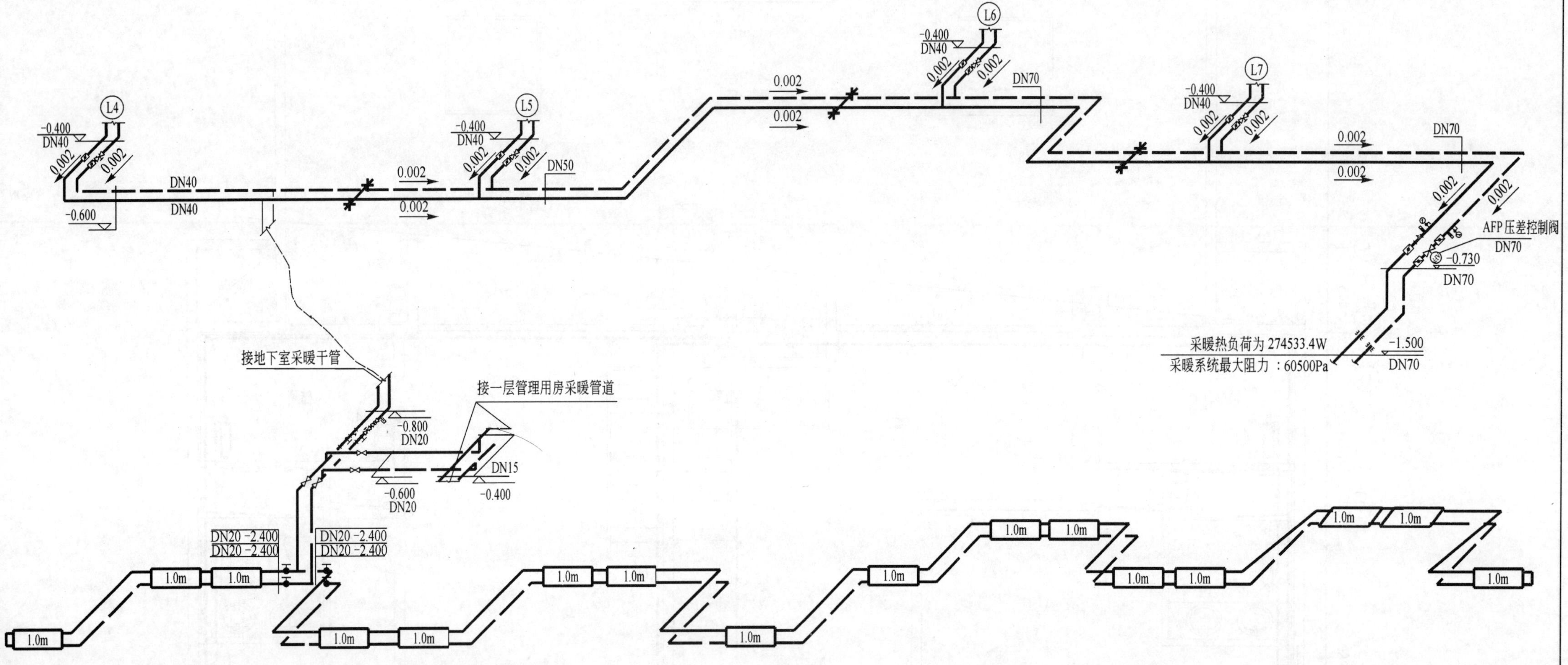
L4
L5
L6
L7
-0.400
DN40
0.002
-0.600
DN50
DN70
接地下室采暖干管
接一层管理用房采暖管道
-0.800
DN20
DN15
-0.400
-0.600
DN20 -2.400
1.0m
AFP压差控制阀
-0.730
-1.500
采暖热负荷为274533.4W
采暖系统最大阻力：60500Pa

地下一层采暖系统图（一）

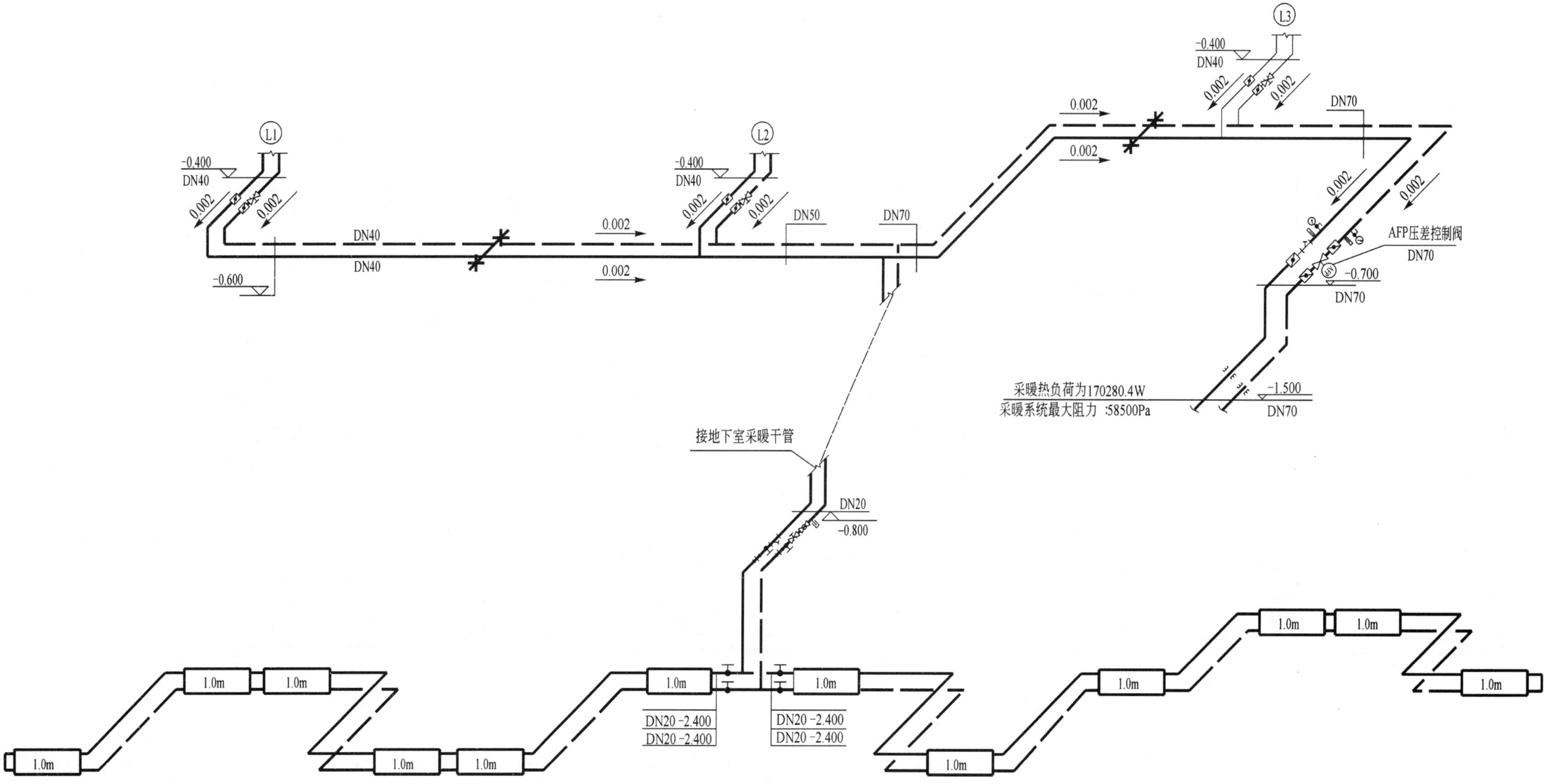
L1
L2
L3
-0.400
DN40
0.002
DN40
DN40
-0.600
DN50
DN70
0.002
AFP压差控制阀
DN70
-0.700
DN70
采暖热负荷为170280.4W
采暖系统最大阻力 :58500Pa
-1.500
DN70
接地下室采暖干管
DN20
-0.800
1.0m
DN20 -2.400
DN20 -2.400
DN20 -2.400
DN20 -2.400

地下一层采暖系统图（二）

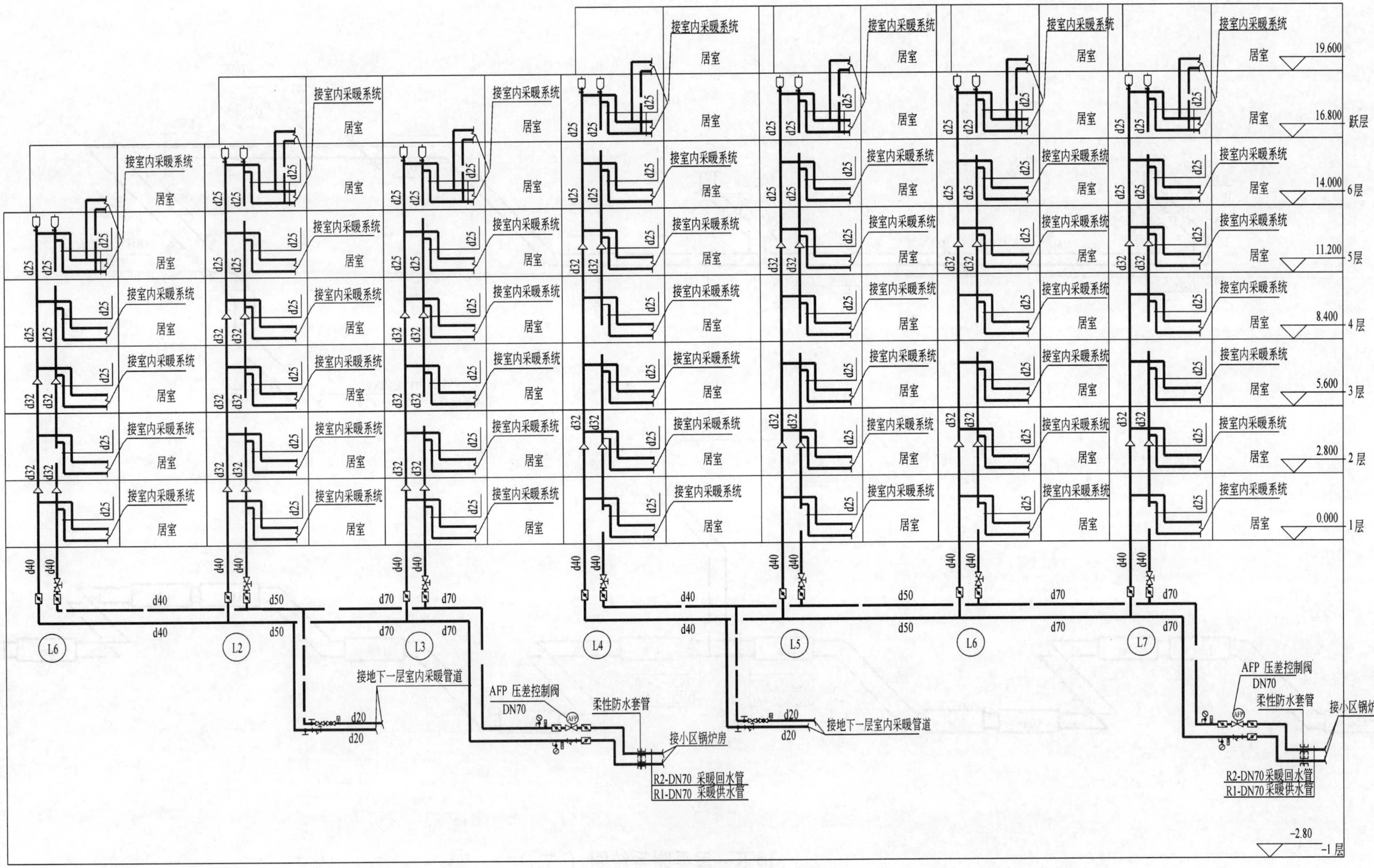
接室内采暖系统
居室
19.600
16.800 跃层
14.000 6层
11.200 5层
8.400 4层
5.600 3层
2.800 2层
0.000 1层
-2.80 -1层
d25
d32
d40
d50
d70
d20
L6
L2
L3
L4
L5
L7
接地下一层室内采暖管道
AFP 压差控制阀
DN70
柔性防水套管
接小区锅炉房
R2-DN70 采暖回水管
R1-DN70 采暖供水管

采暖系统原理图

# 第二章　别墅设计

## 第一节　四层别墅

### 设 计 说 明

**一、概述**

1. 设计依据

本设计为公寓楼采暖施工图设计。

设计依据有甲方提供的设计任务书、建筑作业图、《采暖通风与空气调节设计规范》GBJ 19－87 等。

2. 设计范围

本工程公寓楼冬季采暖设计。

3. 工程概况

建筑总面积 1580.4m²，共四层。

**二、采暖设计参数**

1.室外设计参数

采暖室外计算温度　－9℃

室外计算风速　2.8m/s

2. 室内设计参数

室内计算温度　18℃

3. 设计指标

建筑面积　1580.4m²

采暖热负荷　57.43kW

采暖热指标　36.4W/m²

采暖系统最大阻力 9970Pa。

**三、采暖设计**

1. 采暖热媒

采暖热媒为 95/70℃热水。

2. 采暖系统

本设计为下供下回双管同程式系统。每个散热器给水支管上均设 TJQ21X-10T 型温控阀。采暖系统供水管，回水管均敷设在地下采暖半通行地沟内。

3. 散热器选型

散热器采用稀土铸铁四柱 760 型，落地安装。

4. 管材选择

管材均采用焊接钢管，管道连接除与设备连接为螺纹或法兰外，其余 DN ≤ 32 为螺纹连接，DN > 32 者为焊接。

5. 管道保温

敷设在地下采暖半通行地沟内，以及室外露明的采暖管道均作保温。保温材料为超细玻璃棉管壳，保温层厚度 DN50 及以上为 40mm，以下为 30mm，保温做法如下：管道除锈后，刷红丹两道，然后作保温层，外缠玻璃丝布后刷油漆两遍。明装管道，清除表面污物后，刷两道红丹防锈漆，再刷两道银粉。

6.地下采暖半通行地沟内采暖管道安装见 91SB1－暖 3 型。

7.采暖管道穿墙及穿楼板处均做钢套管，管道穿剪力墙及楼板处，外墙埋管处应与土建密切配合。

8.所有管道均应保证高点放气，低点泄水。非采暖季节满管保护。

**四、系统试压**

采暖系统安装完毕后作整体试压，试验压力按 91SB1 暖气工程统一施工说明第 7 页有关内容进行。

**五、其他注意事项**

图中及设计说明中未详事宜，按建筑设备施工安装图集中的规定执行并应符合施工验收规范的规定。

图　例

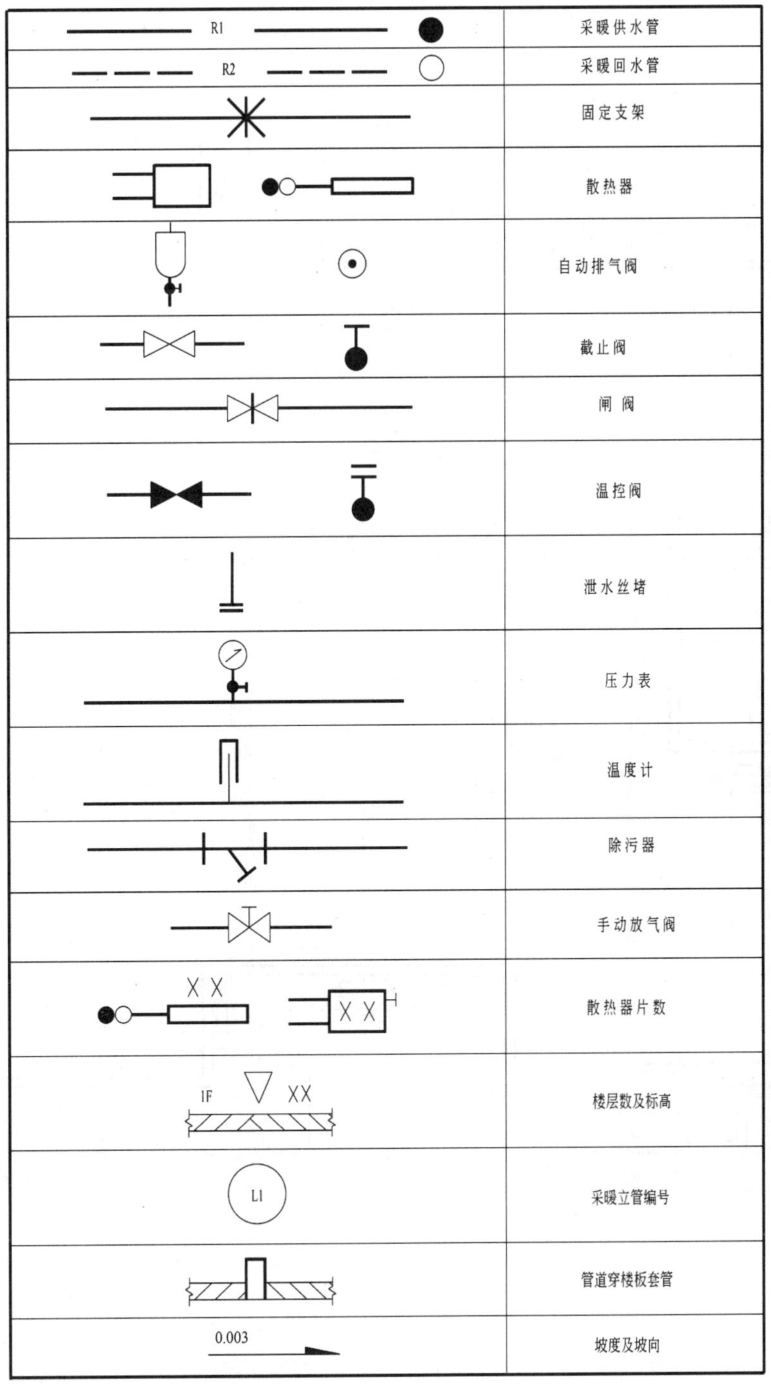

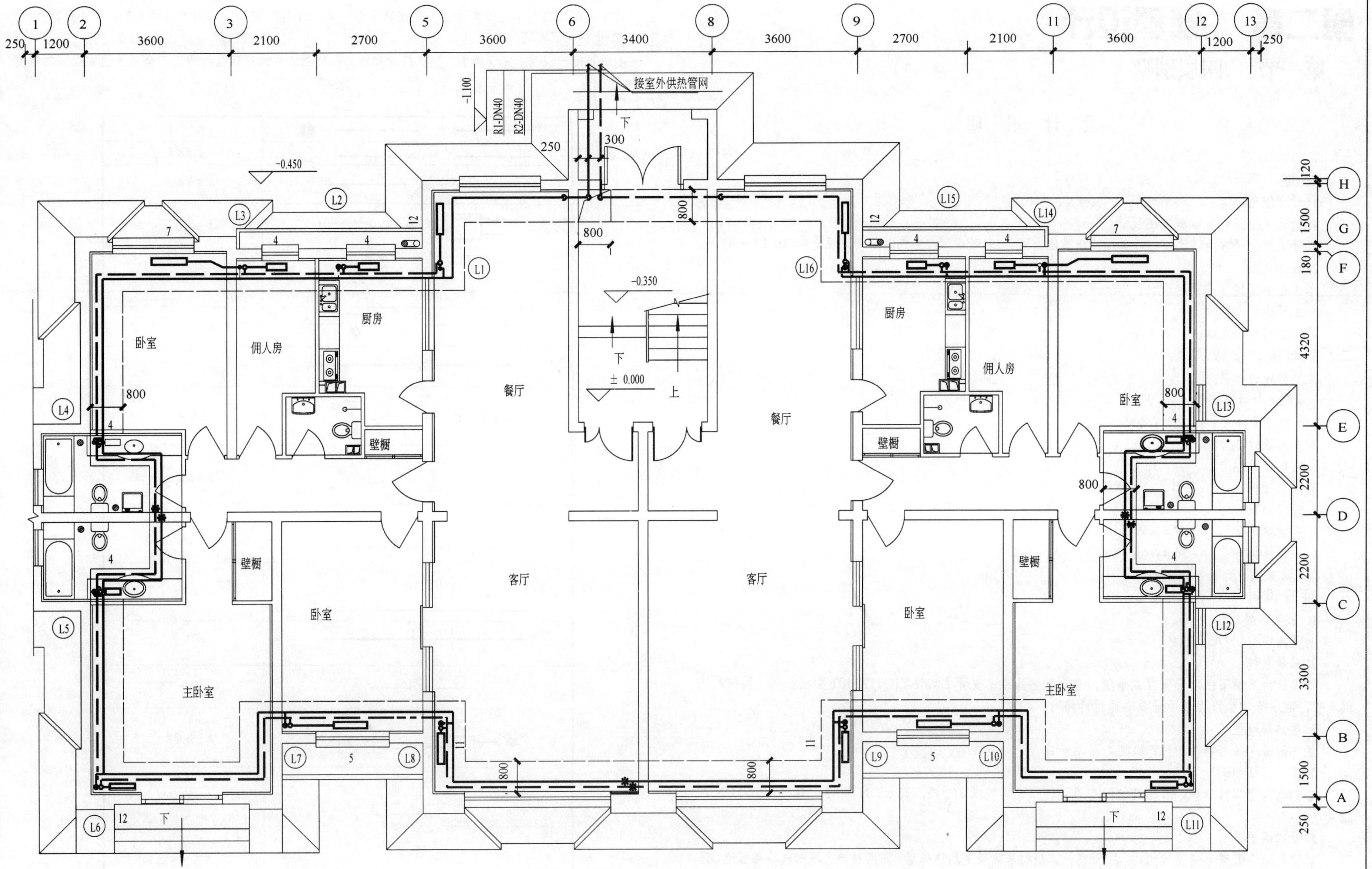


注：采暖地沟内管道均沿外墙侧敷设，具体详见91SB1-暖3 型。

一层采暖平面图

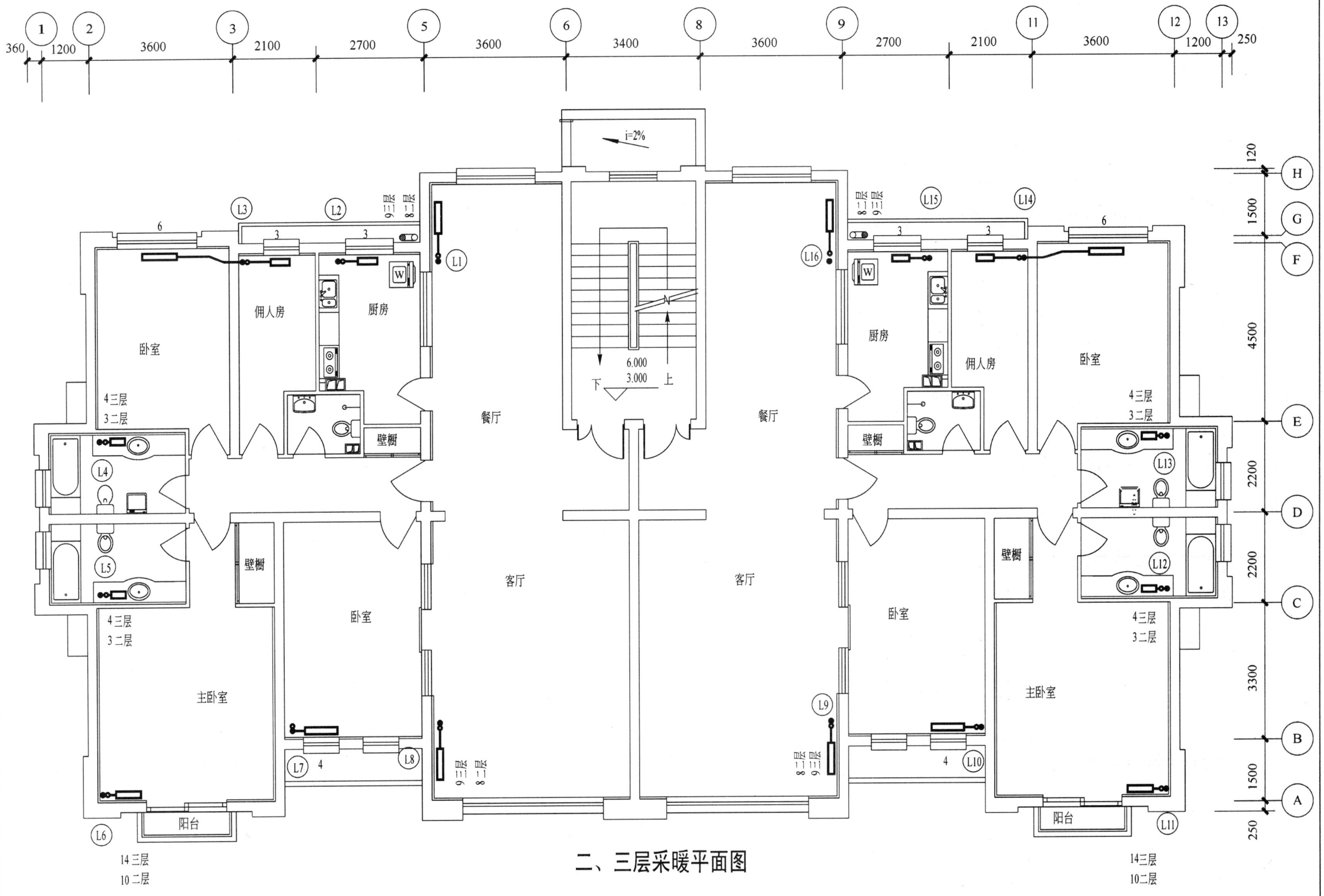

360
1200
3600
2100
2700
3600
3400
3600
2700
2100
3600
1200
250
i=2%
卧室
佣人房
厨房
餐厅
客厅
卧室
主卧室
阳台
壁橱
4三层
3二层
14三层
10二层
6.000
3.000
下
上
120
1500
4500
2200
2200
3300
1500
250


二、三层采暖平面图

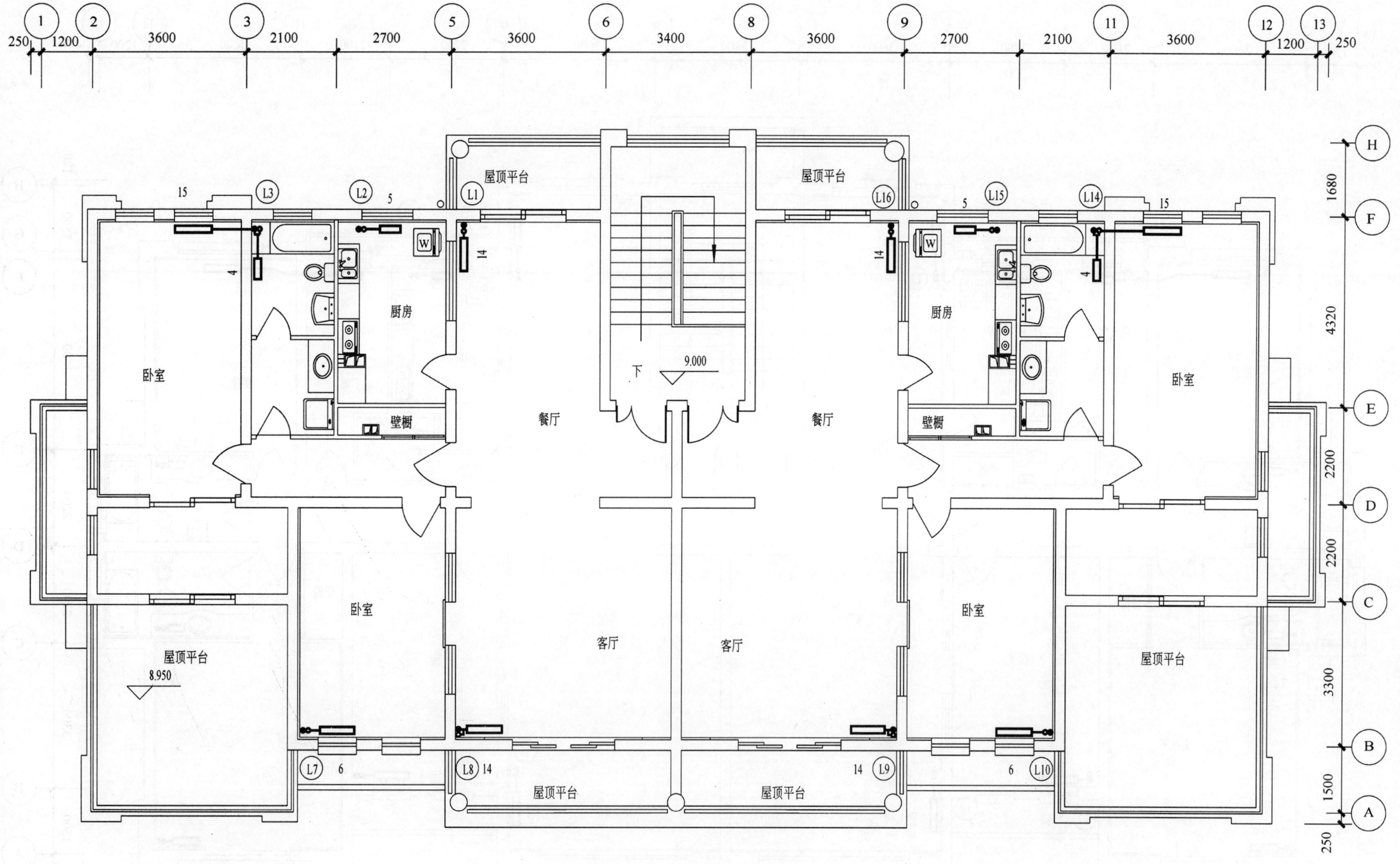
1
2
3
5
6
8
9
11
12
13
250
1200
3600
2100
2700
3600
3400
3600
2700
2100
3600
1200
250
H
F
E
D
C
B
A
1680
4320
2200
2200
3300
1500
250
屋顶平台
屋顶平台
L3
L2
L1
L16
L15
L14
15
5
5
15
4
14
14
4
厨房
厨房
卧室
卧室
壁橱
壁橱
餐厅
餐厅
下
9.000
卧室
卧室
客厅
客厅
屋顶平台
屋顶平台
8.950
L7
6
L8
14
14
L9
6
L10
屋顶平台
屋顶平台

四层采暖平面图

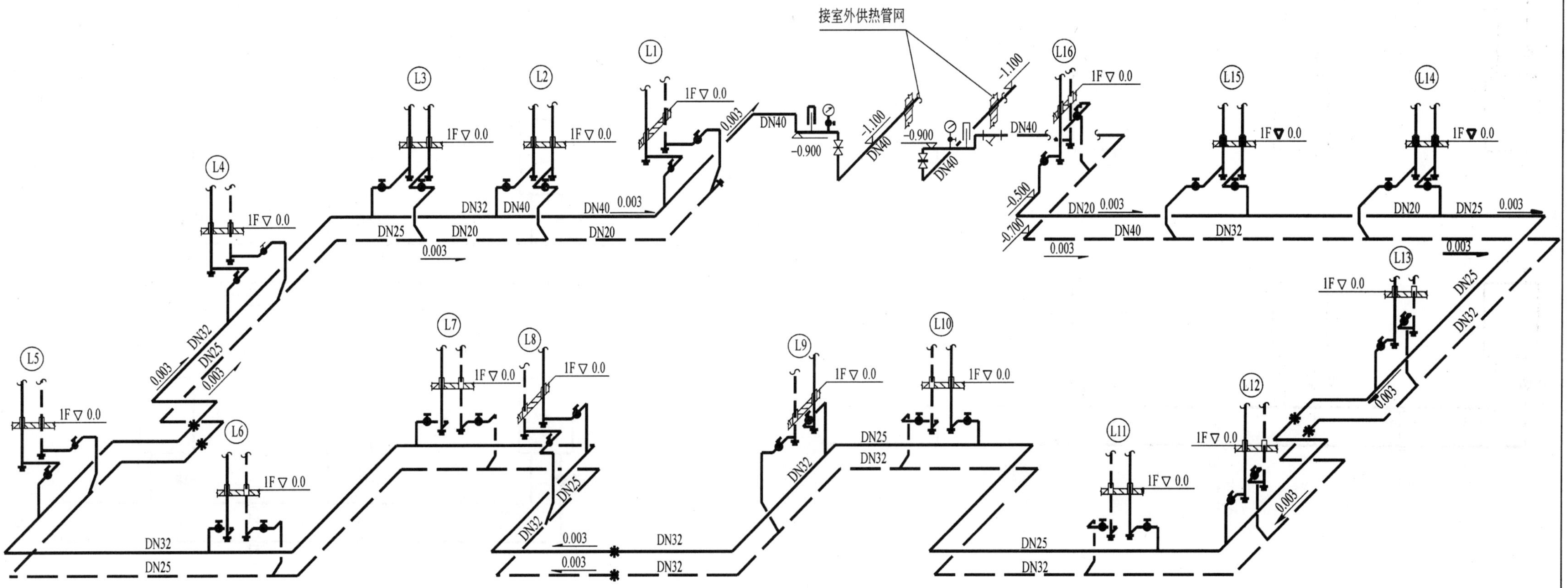
接室外供热管网
L1
L2
L3
L4
L5
L6
L7
L8
L9
L10
L11
L12
L13
L14
L15
L16
1F ▽ 0.0
DN40
DN32
DN25
DN20
0.003
-0.900
-1.100
-0.500
-0.700

采暖系统图

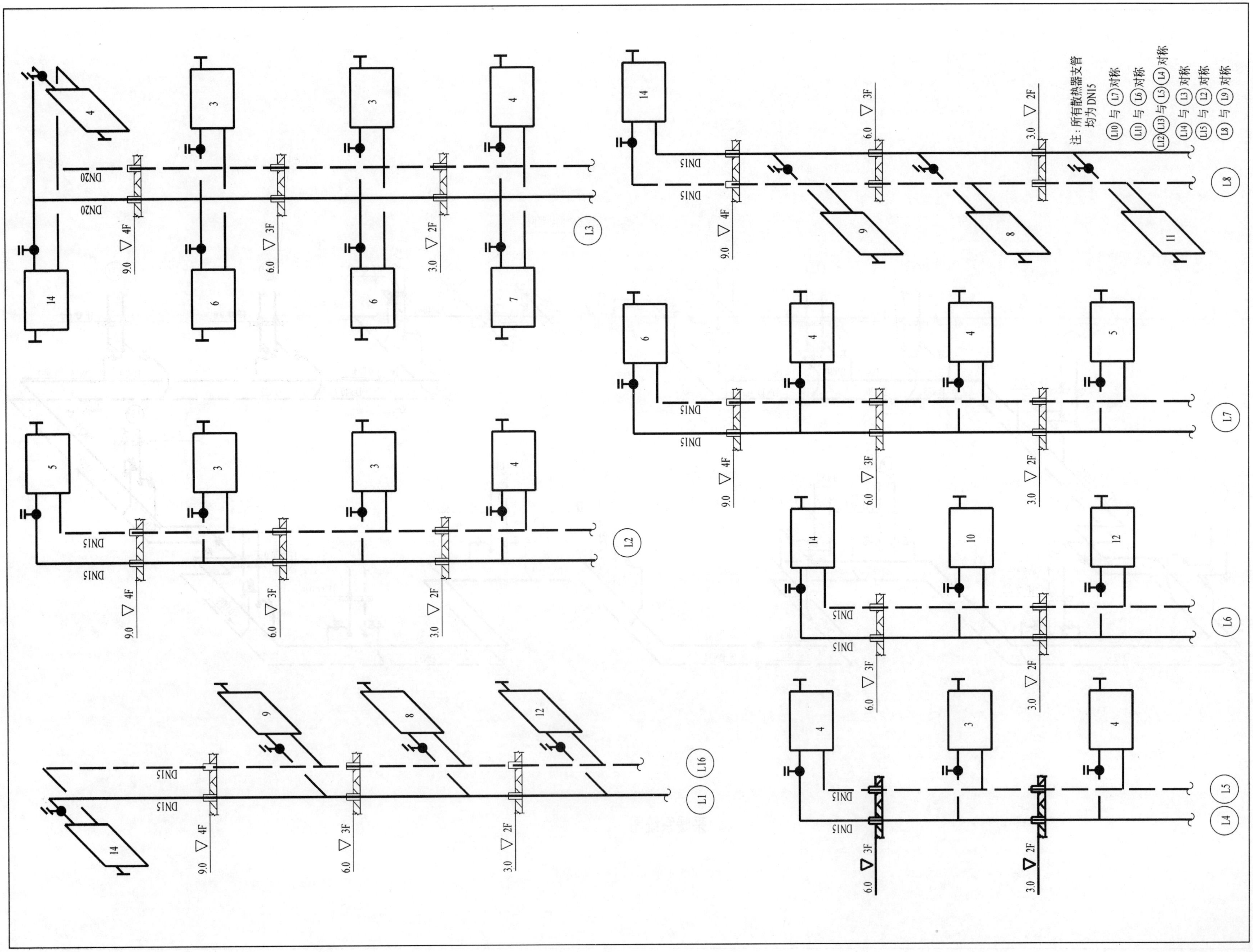
L1
L16
L2
L3
L4
L5
L6
L7
L8
DN15
DN20
9.0 ▽ 4F
6.0 ▽ 3F
3.0 ▽ 2F
注：所有散热器支管均为DN15
L10 与 L7 对称
L11 与 L6 对称
L12 L13 与 L5 L4 对称
L14 与 L3 对称
L15 与 L2 对称
L8 与 L9 对称

# 第二节　三层别墅

## 设 计 说 明

### 一、概述

1. 设计依据

本设计为公寓楼采暖施工图设计。

设计依据有甲方提供的设计任务书、建筑作业图、《采暖通风与空气调节设计规范》GBJ 19—87等。

2. 设计范围

本工程公寓楼冬季采暖设计。

3. 工程概况

建筑总面积1328.4m²，共三层。

### 二、采暖设计参数

1. 室外设计参数

采暖室外计算温度　-9℃

室外计算风速　2.8m/s

2.室内设计参数

室内计算温度　18℃

3.设计指标

建筑面积　1328.4m²

采暖热负荷　55.66kW

采暖热指标　41.9W/m²

采暖系统最大阻力　11500Pa

### 三、采暖设计

1. 采暖热媒

采暖热媒为95/70℃热水。

2. 采暖系统

本设计为下供下回双管同程式系统。每个散热器给水支管上均设TJQ21X-10T型温控阀。

采暖系统供水管，回水管均敷设在地下采暖半通行地沟内。

3. 散热器选型

散热器采用稀土铸铁四柱760型，落地安装。

4. 管材选择

管材均采用焊接钢管，管道连接除与设备连接为螺纹或法兰外，其余DN ≤ 32为螺纹连接，DN > 32者为焊接。

5. 管道保温

敷设在地下采暖半通行地沟内，以及室外露明的采暖管道均作保温。保温材料为超细玻璃棉管壳，保温层厚度DN50及以上为40mm，以下为30mm，保温做法如下：管道除锈后，刷红丹两道，然后作保温层，外缠玻璃丝布后刷油漆两遍。明装管道，清除表面污物后，刷两道红丹防锈漆，再刷两道银粉。

6. 地下采暖半通行地沟内采暖管道安装见91SB1-暖3型。

7. 采暖管道穿墙及穿楼板处均做钢套管，管道穿剪力墙及楼板处，外墙埋管处应与土建密切配合。

8. 所有管道均应保证高点放气，低点泄水。非采暖季节满管保护。

### 四、系统试压

采暖系统安装完毕后作整体试压，试验压力按91SB1暖气工程统一施工说明第7页有关内容进行。

### 五、其他注意事项

图中及设计说明中未详事宜，按建筑设备施工安装图集中的规定执行并应符合施工验收规范的规定。

图　例

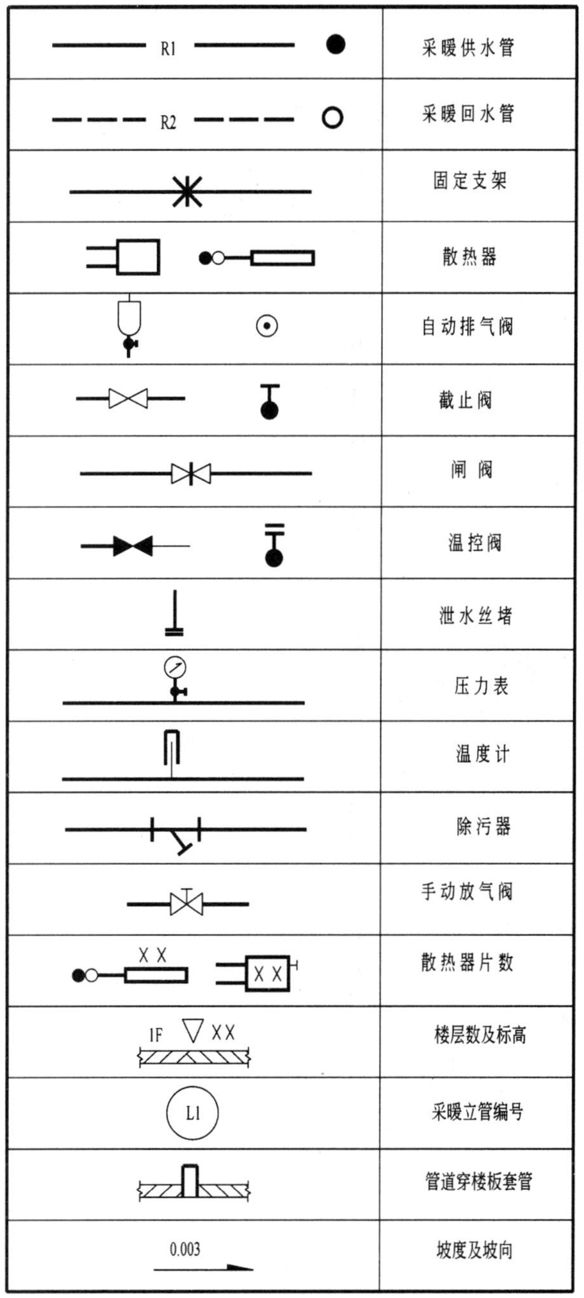
R1
采暖供水管
R2
采暖回水管
固定支架
散热器
自动排气阀
截止阀
闸 阀
温控阀
泄水丝堵
压力表
温度计
除污器
手动放气阀
XX
XX
散热器片数
IF
XX
楼层数及标高
L1
采暖立管编号
管道穿楼板套管
0.003
坡度及坡向

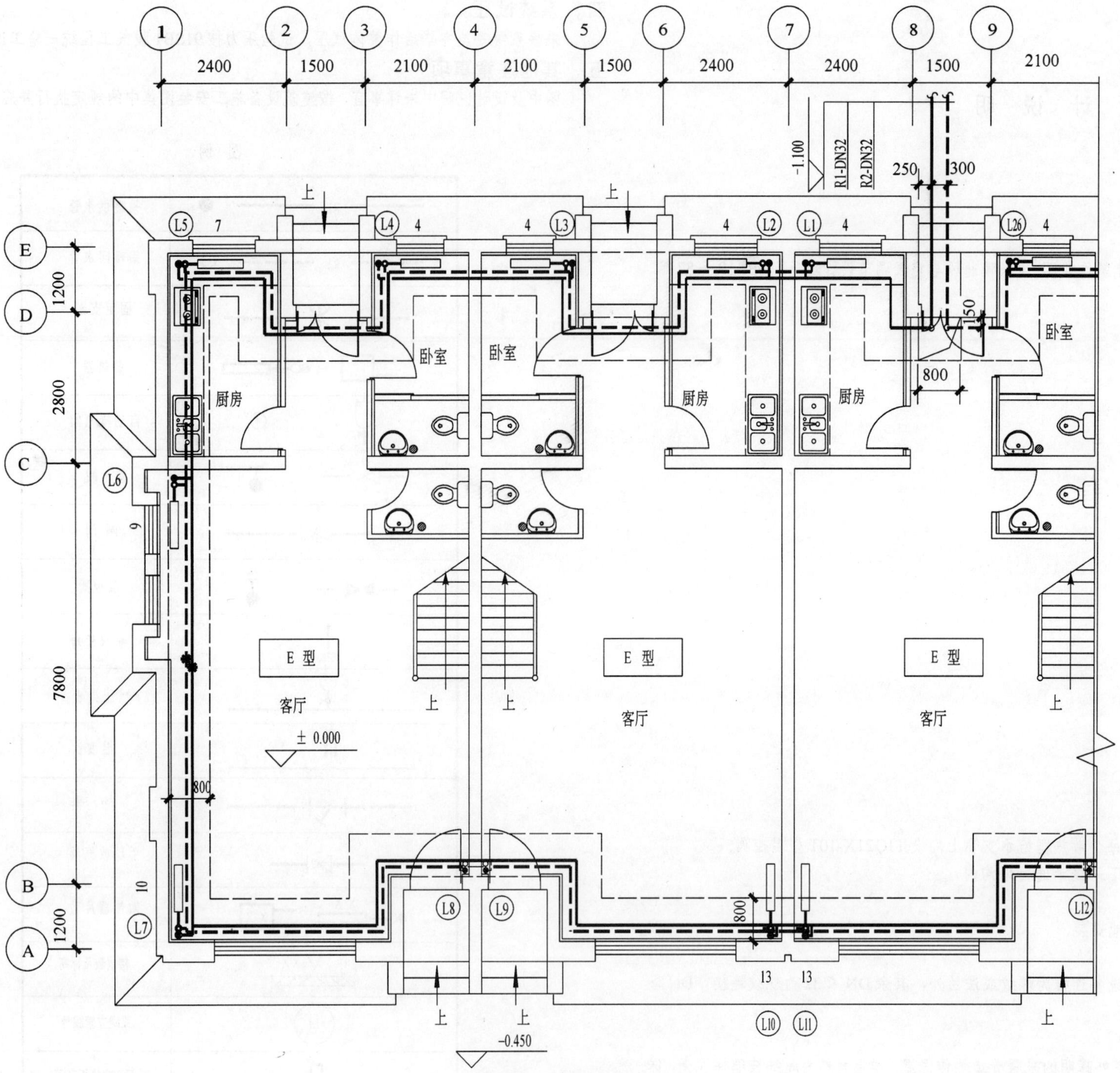


具体详见91SB1-暖3型。

一层采暖平面图（一）

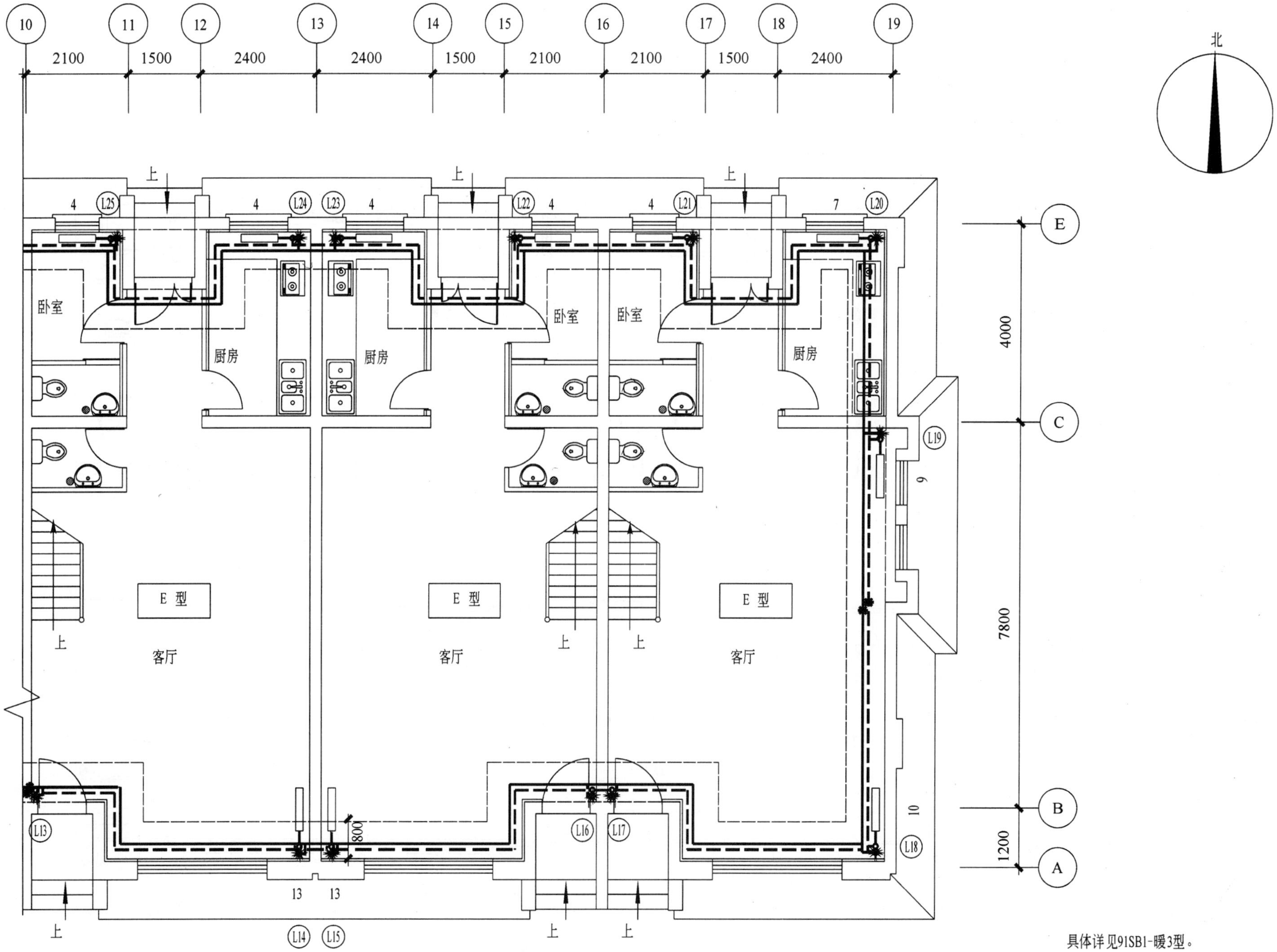


具体详见91SB1-暖3型。

一层采暖平面图（二）

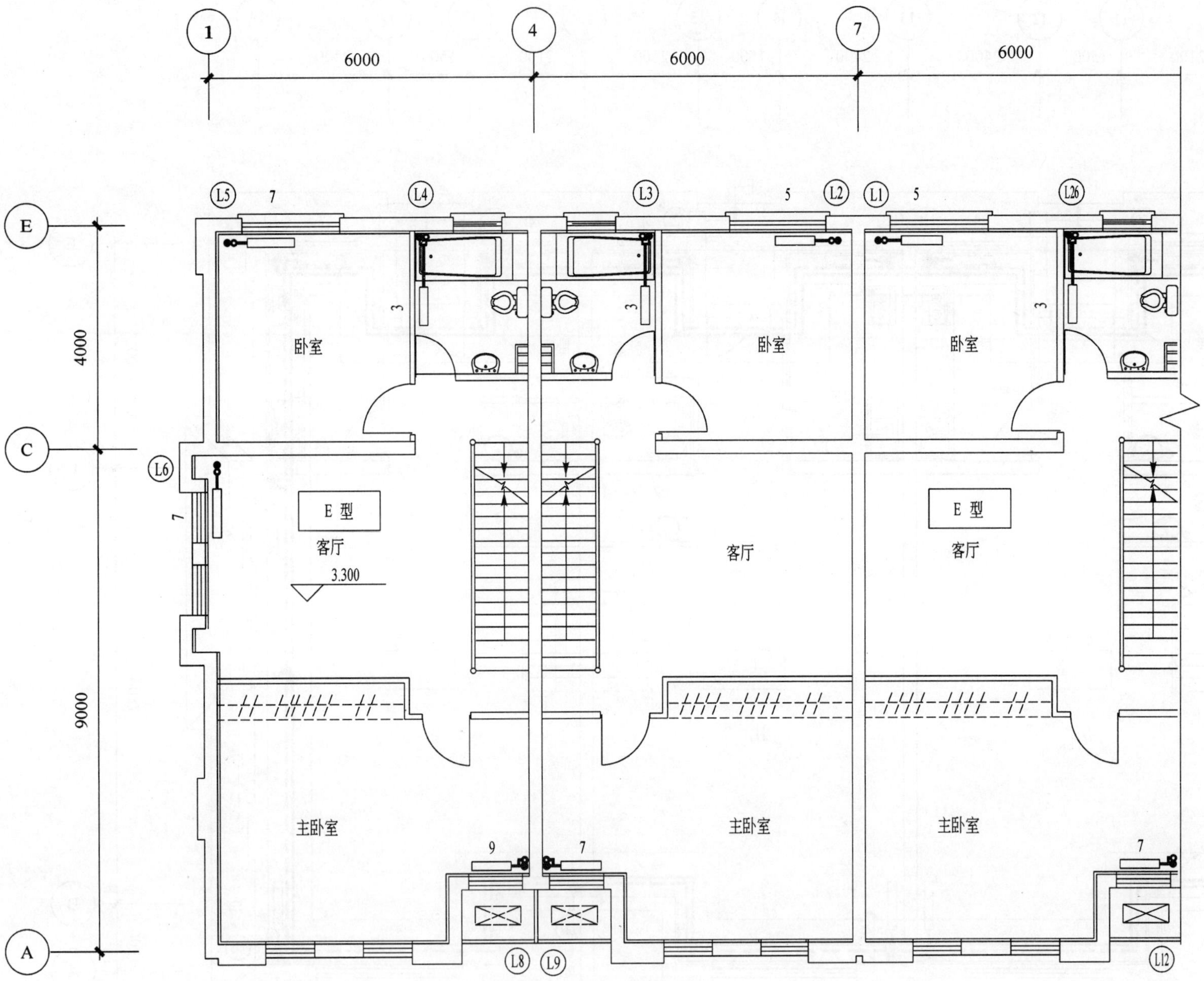
1
4
7
6000
6000
6000
E
C
A
4000
9000
L5
7
L4
L3
5
L2
L1
5
L26
L6
7
3
3
3
卧室
卧室
卧室
E 型
客厅
3.300
客厅
E 型
客厅
主卧室
主卧室
主卧室
9
7
7
L8
L9
L12

二层采暖平面图（一）

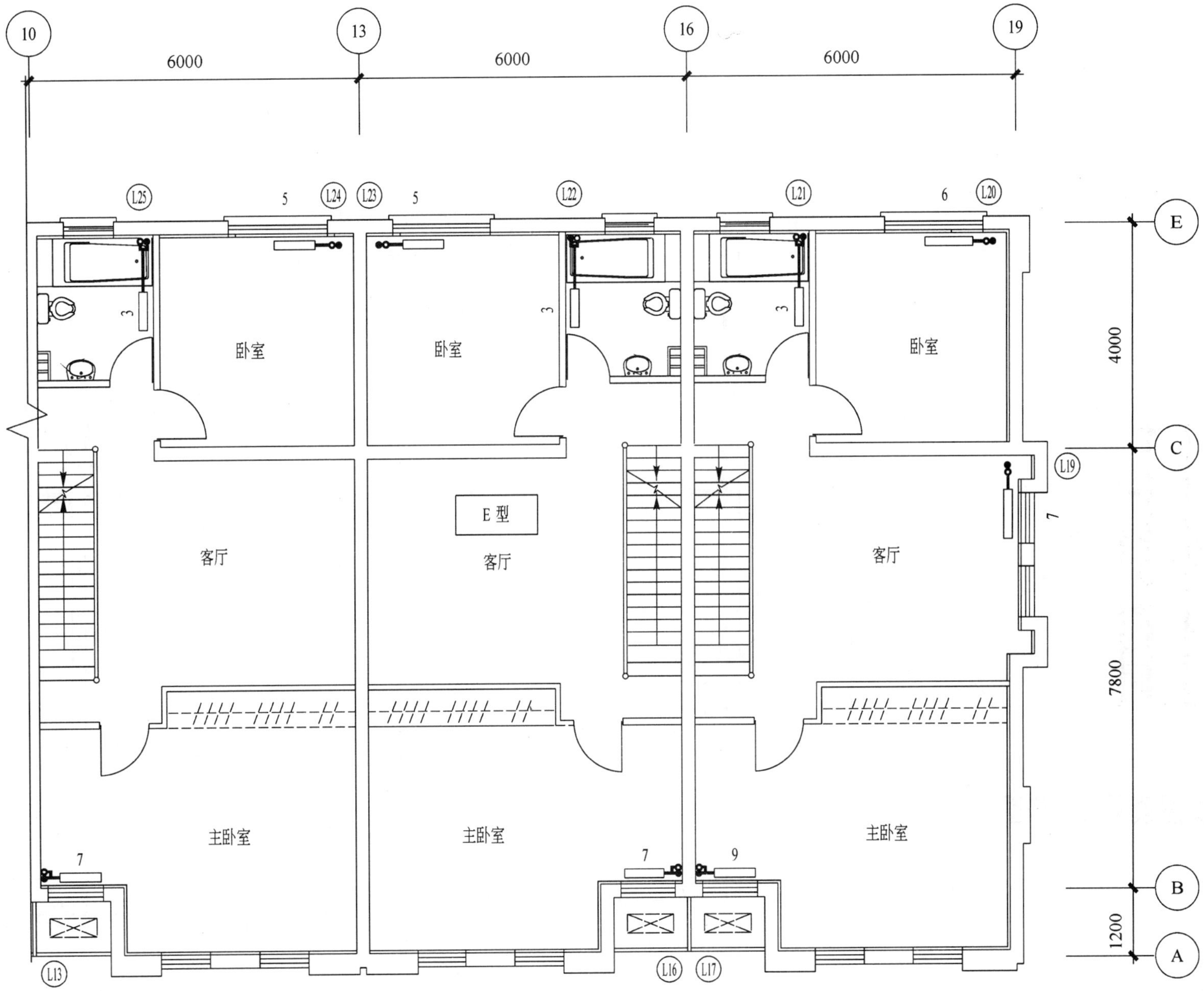
10
13
16
19
6000
6000
6000
L25
L24
L23
L22
L21
L20
5
5
6
E
C
B
A
4000
7800
1200
L19
7
3
3
3
卧室
卧室
卧室
E 型
客厅
客厅
客厅
主卧室
主卧室
主卧室
7
7
9
L13
L16
L17

二层采暖平面图（二）

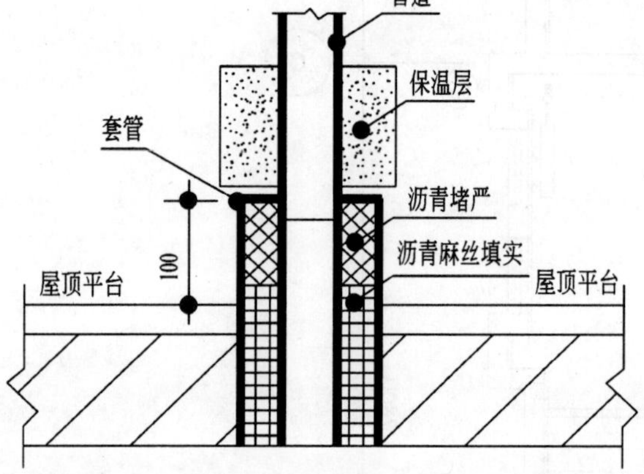


采暖管道垂直穿屋顶平台大样图

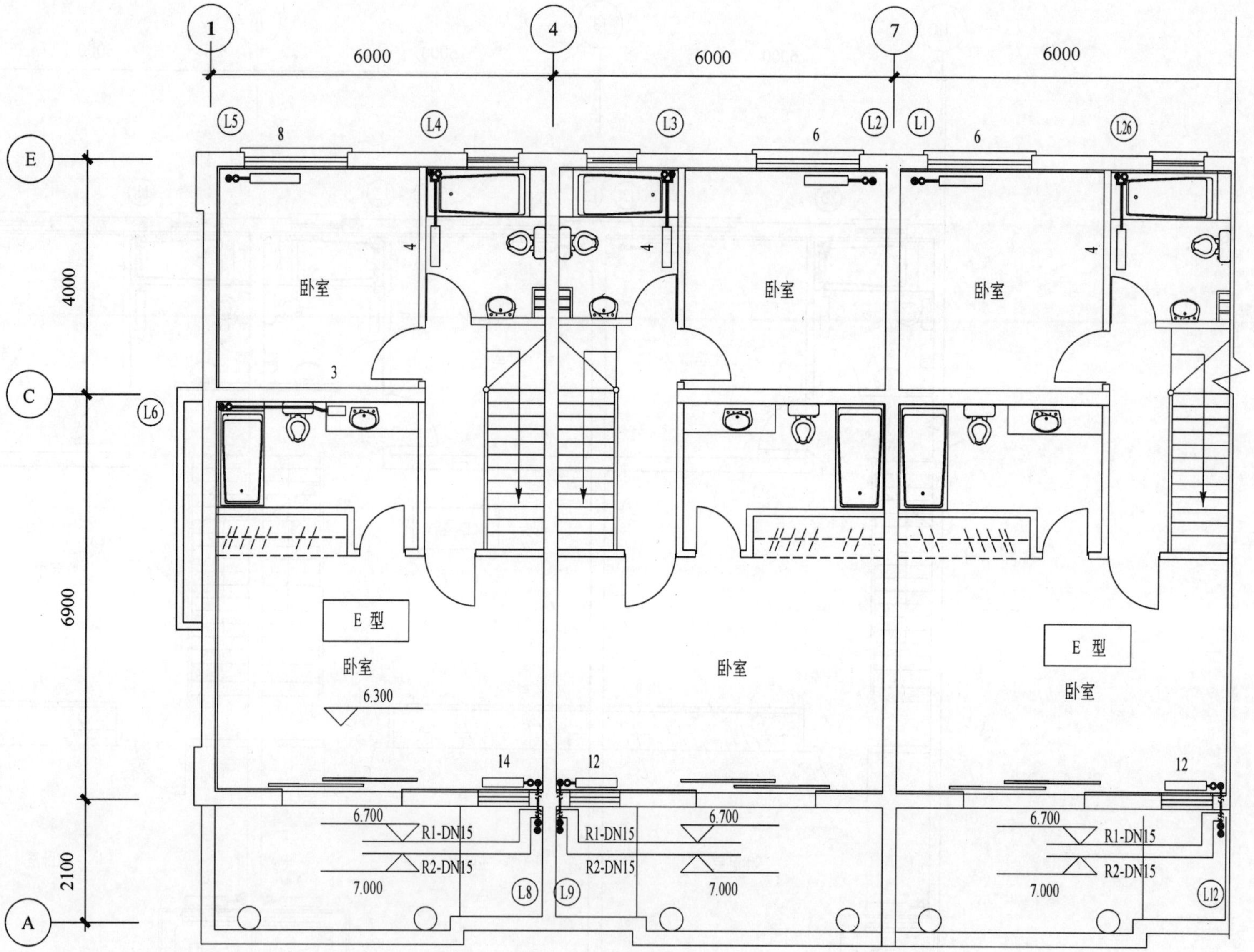


三层采暖平面图（一）

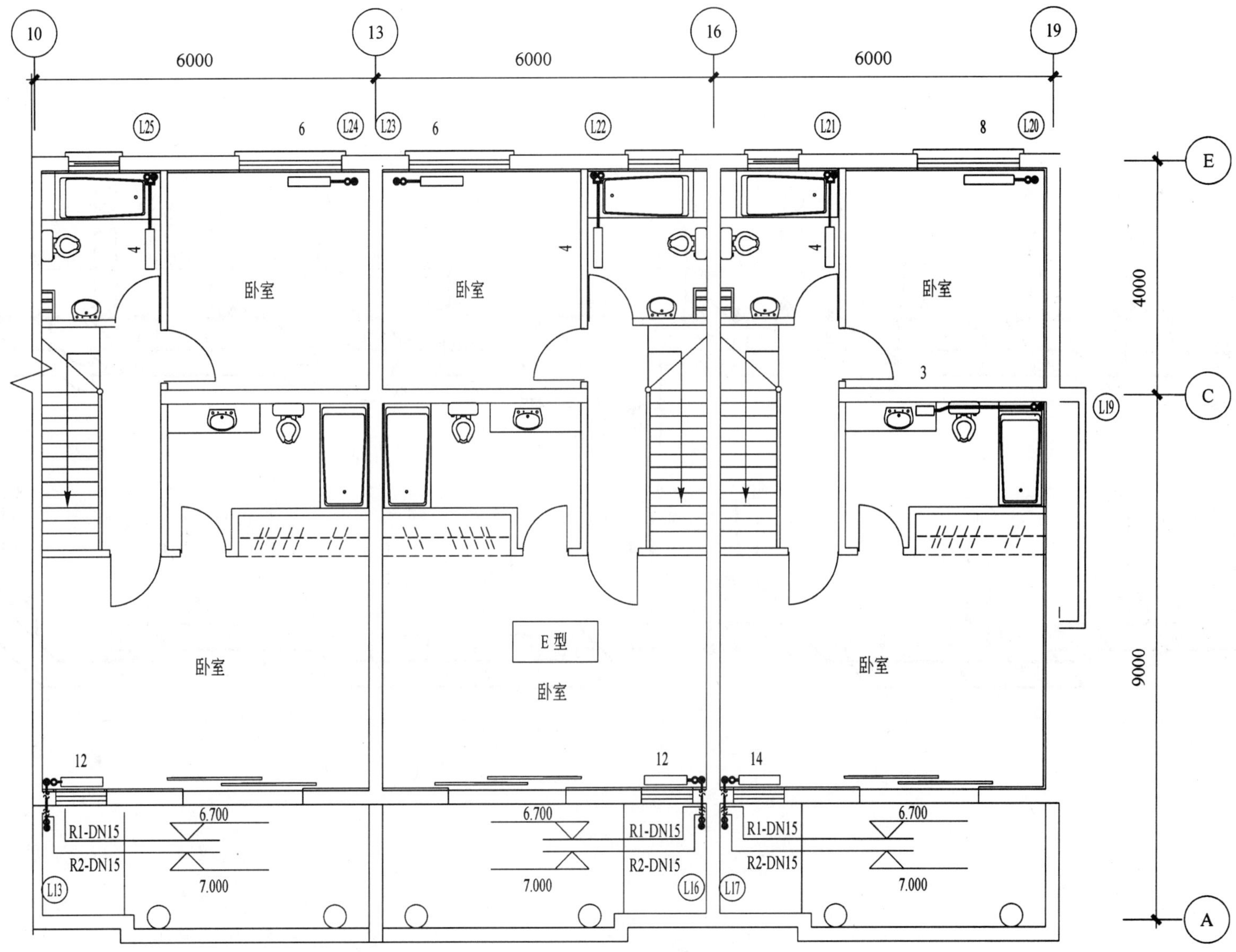
10
13
16
19
6000
6000
6000
L25
6
L24
L23
6
L22
L21
8
L20
E
C
A
L19
4000
9000
4
4
4
3
卧室
卧室
卧室
卧室
卧室
卧室
E 型
12
12
14
R1-DN15
R2-DN15
6.700
7.000
L13
L16
L17

三层采暖平面图（二）

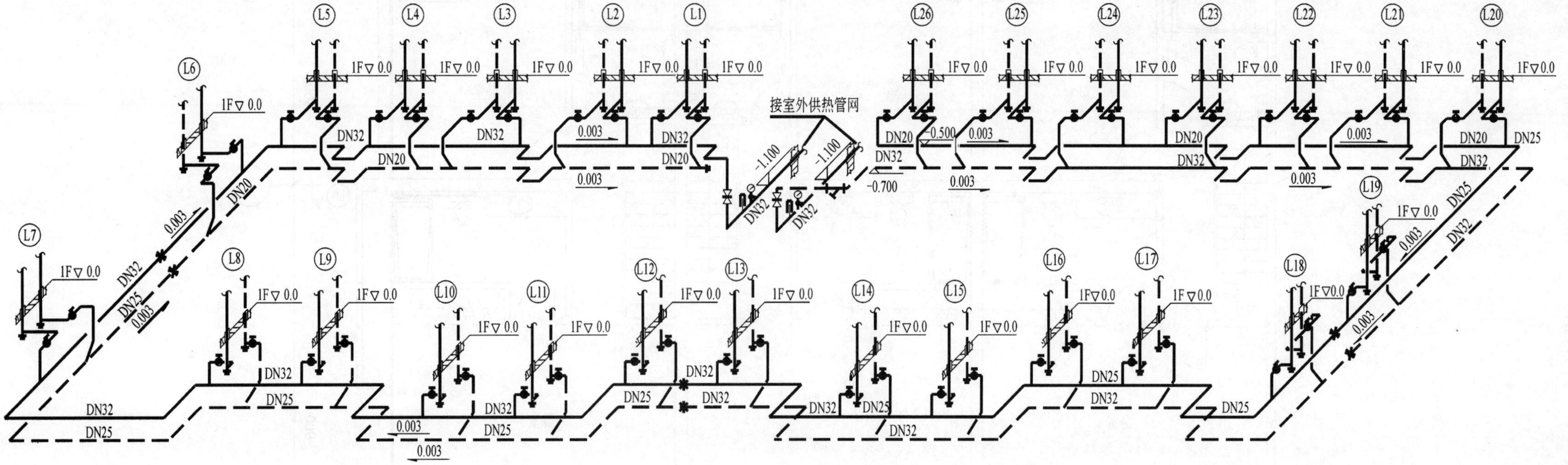


注：L20与L5对称
所有散热器支管均为DN15

采暖系统图

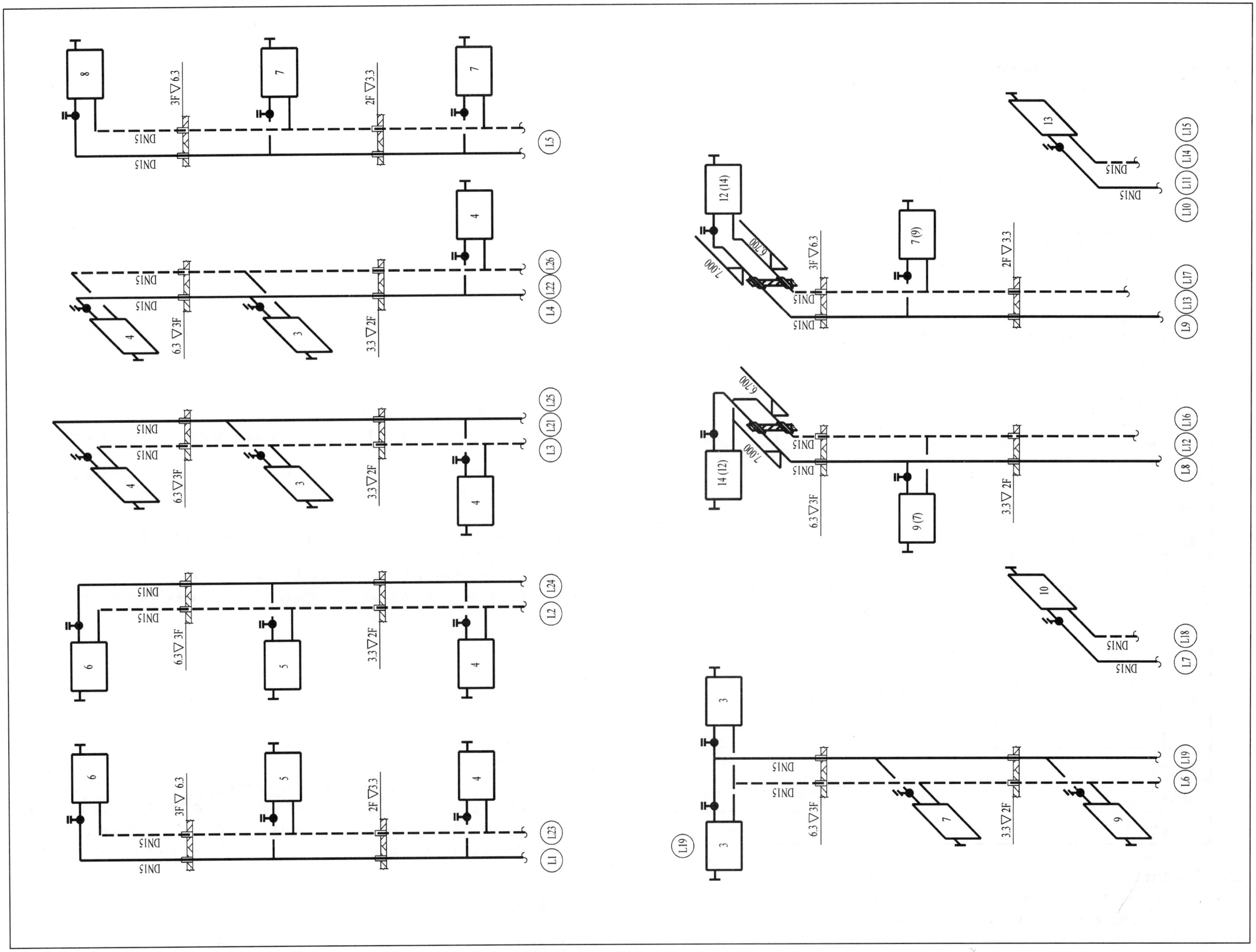

# 第三章 学校建筑

## 设 计 说 明

### 一、 概述

1. 本工程建筑面积 26756.98m²，由 1 号～5 号教学楼组成。
2. 设计内容包括采暖、通风、空调、防排烟。
3. 室内外设计参数：

（1）室外设计参数：

（a）夏季空调室外设计干球温度 33.2℃

（b）夏季空调室外设计湿球温度 26.4℃

（c）夏季通风室外计算温度 30℃

（d）冬季空调室外计算温度 -12℃

（e）冬季供暖计算温度 -9℃

（f）夏季室外平均风速 1.9m/s

（g）冬季室外平均风速 2.8m/s

（2）室内设计参数：

| 参数 / 房间名称 | 夏季 | | 冬季 | | 新风量 |
|---|---|---|---|---|---|
| | 温度 | 湿度 | 温度 | 湿度 | |
| 普通教室 | 24~26 ℃ | ≤65% | 18 ℃ | ≥35% | 15m³/h·人 |
| 表演教室 | 20~24 ℃ | ≤65% | 22 ℃ | ≥35% | 20m³/h·人 |
| 舞蹈教室 | 20~24 ℃ | ≤65% | 22 ℃ | ≥35% | 20m³/h·人 |
| 模特教室 | 26~28 ℃ | ≤65% | 35 ℃ | ≥35% | 15m³/h·人 |
| 绘画教室 | 24~26 ℃ | ≤65% | 20 ℃ | ≥35% | 15m³/h·人 |
| 美容教室 | 24~26 ℃ | ≤65% | 20 ℃ | ≥35% | 15m³/h·人 |
| 化妆教室 | 24~26 ℃ | ≤65% | 20 ℃ | ≥35% | 15m³/h·人 |
| 电脑教室 | 24~26 ℃ | ≤65% | 20 ℃ | ≥35% | 15m³/h·人 |
| 影视观摩室 | 24~26 ℃ | ≤65% | 20 ℃ | ≥35% | 15m³/h·人 |
| 设计教室 | 24~26 ℃ | ≤65% | 20 ℃ | ≥35% | 15m³/h·人 |
| 教师休息室 | 24~26 ℃ | ≤65% | 20 ℃ | ≥35% | 15m³/h·人 |

### 二、 采暖设计

1. 本工程 1～5 号教学楼卫生间做采暖，采暖负荷按 80W/m² 估算，散热器选用四柱 760。
2. 采暖热源为校区热网，水温为 65～40℃。由制冷机房采暖总进水管引出，经地沟引至各卫生间。

### 三、通风、防排烟

1. 2 号教学楼地下室暗房间及走廊设计了机械排风兼排烟系统，平时作为库房排风用，着火时切入消防系统，做排烟风机用，排烟量为 60m³/m²，补风依靠楼梯间自然进风。
2. 所有公共卫生间均安装排气扇，风量为 800m³/h。
3. 所有排烟风机入口处装设 280℃防火阀，熔断时自动切断风机。

### 四、空调设计

1. 概述

本工程为集中空调系统，由制冷机房提供 7～12℃冷冻水，校区锅炉房提供 65～50℃空调用热水。

空调总冷负荷：4675kW 空调总热负荷：3616kW

2. 空调系统划分

1～5 号教学楼每栋楼自成一系统，采用风机盘管加新风的空调方式。其中 1 号及 4 号教学楼风机盘管安装在房间内，采用高静压风机盘管用风道将风下送至室内，2 号及 3 号教学楼风机盘管安装在走廊吊顶内，采用标准型风机盘管侧送至室内，新风采用直接送至室内的方式。5 号教学楼为学术报告厅，风机盘管全部暗装在吊顶内，均采用高静压风机盘管用风道将风下送至室内。2 号教学楼旁边的配电室采用自带冷源的分体式空调器。值班室冬季靠电暖器采暖。

3. 冷热源：本工程 2 号教学楼地下室设有制冷机房，内设四台螺杆式冷水机组，采用 R134a 制冷剂，冷冻水温度为 7～12℃。

热源为校区锅炉房提供，水温为 65～50℃。

4. 每台制冷机组分别配有冷冻水泵、冷却水泵、冷却塔。启动顺序为

冷冻水泵→冷却塔→冷却水泵→制冷机组。

5. 冷冻水软化采用加药方式，运行初期，向系统加入 10.0kgK-700 药水，以后根据系统的水量损失每吨水加入 0.5kgK-700 药水。

6. 冷冻水系统采用闭式循环双管制同程系统，系统膨胀及定压均由机房内的定压罐来完成。当定压罐上的压力表值低于 250kPa 时，启动补水泵向系统补水。当定压罐上的压力表值高于 300kPa 时，停止补水泵向系统补水。

7. 每台制冷机冷却水进口处均装有静电水处理器，可有效地防止冷却水管结垢。定期向冷却塔集水槽内加入缓蚀剂，用量向供应商咨询。

8. 系统最高点均设集气罐，最低点设 DN25 泄水管，并安装同口径闸阀。

9. 冷冻水系统为变流量系统，在每层支路上均装有动态平衡阀，当其他支路流量变化时，本支路流量不受影响。

10. 每个新风支管上均装手动多叶调节阀，用以调节风量。

### 五、自动控制

1. 空调冷冻水系统在总供回水干管上设有压差式调节阀，用于平衡系统压力。
2. 每台冷水机组配一台冷却水泵、一台冷冻水泵、一台冷却塔，连锁控制，顺序开启。
3. 所有新风机组均选用机电一体化机组。
4. 为防止冻坏空调器中的盘管，在机组新风入口处均设有电动风阀，其开启与风机启停连锁。

### 六、消声、减振

1. 空调通风系统风道上设有消声器，所有水泵风机均设有减振装置。
2. 水泵用减振垫，安装于混凝土基础上的风机减振参见 91SB6-15。吊装风机及空调箱采用弹簧吊架。
3. 制冷机组、水泵、空调箱进出水管处均加橡胶软接头，空调箱进出风口处加帆布软管，机房内空调风管及水管吊架均采用 XTG 型弹性吊架，作法详见 91SB6-220，其余风管及水管吊架作法详见 91SB6-211～218。
4. 制冷机采用减振器，选型及安装由厂家配合。

### 七、管材及连接方式

1. 所有空调风管均采用铝箔复合隔热夹芯板。

2. 所有排烟管均采用 2.0mm 厚钢板制作，法兰连接。

3. 穿防火墙风道至防火阀处应采用 2mm 厚钢板，并至少做过防火墙 2m。穿防火墙的风管安装完后应采用岩棉封堵。

4. 采暖及空调管道 < 100mm 采用焊接钢管。管径 ≤ 32mm 为螺纹连接。管径 > 40mm 为焊接连接。

5. 管径 ≥ 100mm。采暖及空调管道采用无缝钢管，焊接连接。

6. 所有制冷机、空调设备及相关附件、管道承压均不得低于 1.2MPa。

## 八、 保温

1. 空调风管采用自带保温性能的板材制做。

2. 空调冷冻水水管及采暖管道保温采用超细玻璃棉，保温厚度为 30mm。

3. 所有水箱均为组合式玻璃钢水箱，采用橡塑海绵保温板进行保温，板厚 50mm，外用 0.5mm 厚镀锌钢板做保护壳。

## 九、留洞与预埋件

1. 风道穿墙及楼板应预留孔洞，下预埋件。

2. 穿地下室外墙的管道均需预埋钢性防水套管，做法详见 91SB3-36。穿内墙、楼板的管道均预埋套管，套管直径比管径大两号，做法详见 91SB1-6 和 91SB6-9。施工时请与土建密切配合。

3. 施工时应有专业人员配合土建进度，负责留洞，下预埋件，所安装管道应注意牢固、安全。

十、管道吊托架作法详见 91SB1-75 ~ 108。注意安装牢固。管道吊支架用膨胀螺栓固定。

十一、试压：所有管道系统试压压力均为 0.8MPa。

十二、冷媒系统的管件，包括阀门，过滤器等安装前应除锈，检验合格后试压。

十三、各种管道的制作、安装、防腐、试压、冲洗等应严格按 91SB 图集及有关规定执行。

十四、其他

1. 图中标高风管以 mm 计，水管以 m 计。方管标高指管底（BL），圆管标高指管心（CL）。

2. 凡未说明部分应按有关规范及规定施工安装。

3. 所有设备基础待设备到货后再浇注，并请厂家复核。

4. 制冷机订货时，注意外形尺寸。

5. 图中未注明的管道坡度，冷热水管均不小于 0.003，冷凝水管不小于 0.01。

6. 本工程所选用主要设备材料表中已列出，若有所变更，请及时与设计协商，以免影响使用功能。

7. 施工单位接到图纸后，请仔细审图，将不明白之处提出，与设计协商。

8. 图中风机盘管均为 FP10　制冷量：5600W
制热量：8000W
电量：80W
风量：$1000m^3/h$

**图　例**

| 名　称 | 图　例 | 名　称 | 图　例 |
|---|---|---|---|
| 冷却水供回水管 | S1 S2 | 蝶阀 | |
| 空调冷热水供回水管 | LN1 LN2 | 压差式调节阀 | |
| 凝结水管 | n | 除污器 | |
| 采暖供回水管 | | 自动排气阀 | |
| 消声器 | | 闸阀 | |
| 风管软接头 | | 止回阀 | |
| 防火阀(70℃) | 70°常开 | 电动二通阀 | |
| 防火阀(280℃) | 280°常开 | 温度计 | |
| 方形散流器 | | 压力表 | P |
| 回风口 | | 静电水处理器 | |
| 动态平衡阀 | | 安全阀 | |
| 静态平衡阀 | | 风机盘管 | |
| 电动蝶阀 | M | 散热器 | |

## 主要设备材料表

| 序号 | 系统编号 | 设备名称 | 设备型号 | 规格 | 单位 | 数量 | 安装位置及用途 | 备注 |
|---|---|---|---|---|---|---|---|---|
| 1 | | 螺杆式冷水机组 | 30HXC350A | 制冷量=1170 kW，冷冻水流量=200 $m^3/h$，功率=252 kW，冷却水流量=250 $m^3/h$ | 台 | 4 | 2号教学楼 制冷机房 | |
| 2 | B1 | 冷冻水水泵 | NP100/315-18.5/4 | 流量=220 $m^3/h$，扬程=30 m，功率=30 kW，转速=1450 r/min | 台 | 4 | 2号教学楼 制冷机房 | |
| 3 | B2 | 冷却水水泵 | NP100/315V-18.5/4 | 流量=275 $m^3/h$，扬程=28 m，功率=30 kW，转速=1450 r/min | 台 | 4 | 2号教学楼 制冷机房 | |
| 4 | B3 | 冷冻水补水泵 | 40GDL6-12×4 | 流量=6 $m^3/h$，扬程=48 m，功率=2.2 kW，转速=2900 r/min | 台 | 2 | 2号教学楼 制冷机房 | |
| 5 | | 一体化新风机组 | YX-I-10 | 风量=10000 $m^3/h$，余压=300 Pa，冷量=100 kW，功率=3.7 kW，热量=150 kW， | 台 | 2 | 5号教学楼 新风机房 | |
| 6 | | 一体化新风机组 | YX-I-06 | 风量=10000 $m^3/h$，余压=300 Pa，冷量=100 kW，功率=3.7 kW，热量=150 kW， | 台 | 16 | 1号~4号 教学楼 新风机房 | |
| 7 | | 自动补水稳压装置 | DZB-5.6-4.0 | 罐体尺寸 φ1600×3200 补水量 4.0 $m^3/h$ | 套 | 1 | 2号教学楼 制冷机房 | |
| 8 | | 补水箱 | | 2500×2000×1500 | 个 | 1 | 2号教学楼 制冷机房 | |
| 9 | | 冷却塔 | SC-250L | 冷却水流量=250 $m^3/h$，功率=7.5 kW，冷却水温度 32~37 ℃，室外湿球温度 27 ℃ | 台 | 4 | 2号教学楼屋顶 | 横流塔 |
| 10 | | 风机盘管 | FP16 | 制冷量：8700W，风量：1600 $m^3/h$，功率：190W | 个 | 12 | 高静压 30Pa | |
| 11 | | 风机盘管 | FP12.5 | 制冷量：6700W，风量：1250 $m^3/h$，功率：140W | 个 | 6 | 高静压 30Pa | |
| 12 | | 风机盘管 | FP10 | 制冷量：5500W，风量：1000 $m^3/h$，功率：80W | 个 | 337 | 高静压 30Pa | |
| 13 | | 风机盘管 | FP10 | 制冷量：5500W，风量：1000 $m^3/h$，功率：80W | 个 | 142 | | |
| 14 | | 风机盘管 | FP5 | 制冷量：3100W，风量：500 $m^3/h$，功率：30W | 个 | 5 | | |
| 15 | | 风机盘管 | FP3.5 | 制冷量：2300W，风量：350 $m^3/h$，功率：28W | 个 | 3 | | |
| 16 | | 四柱散热器 | 760 | | 片 | 640 | | |

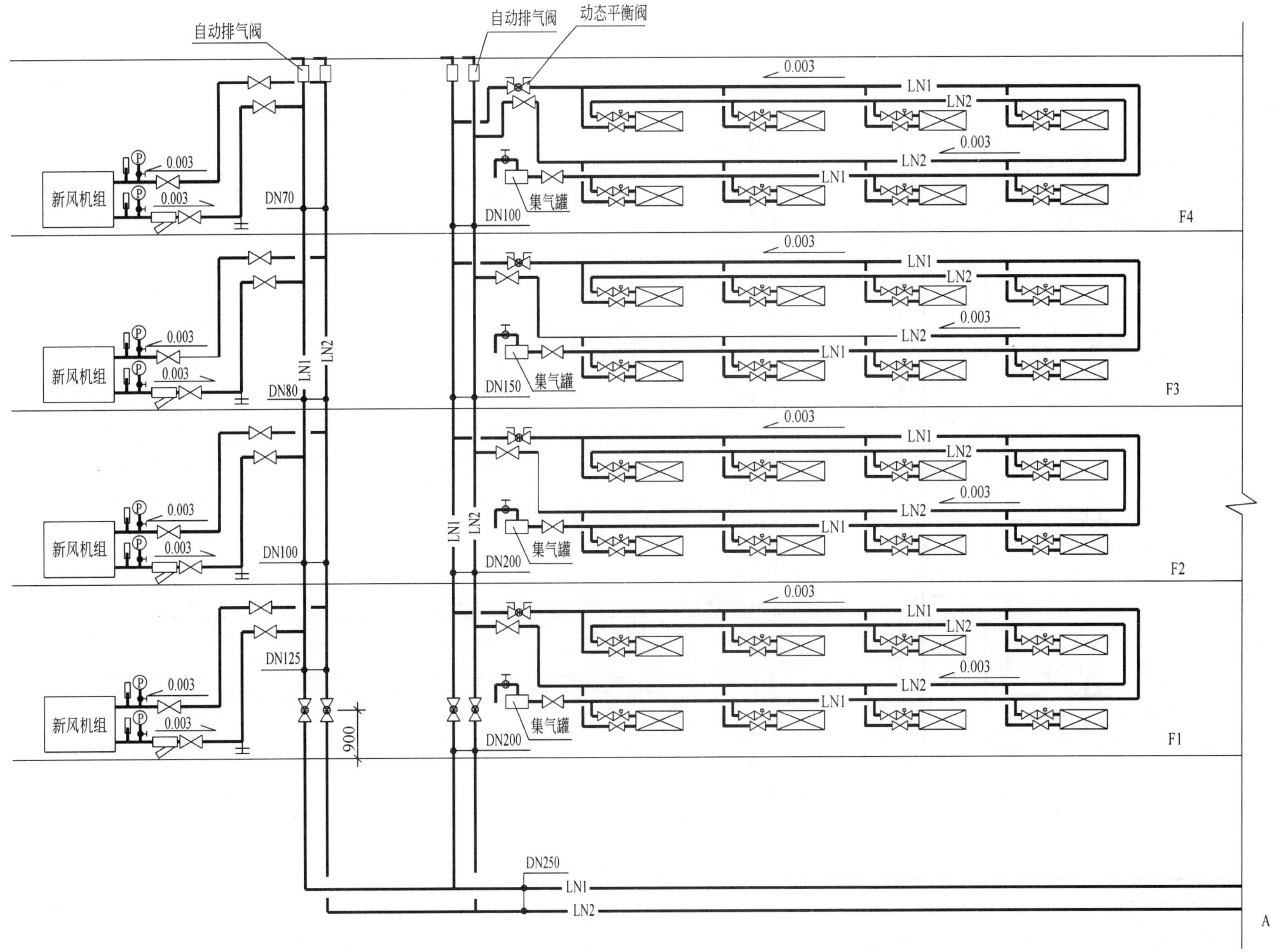


1号教学楼空调水系统图

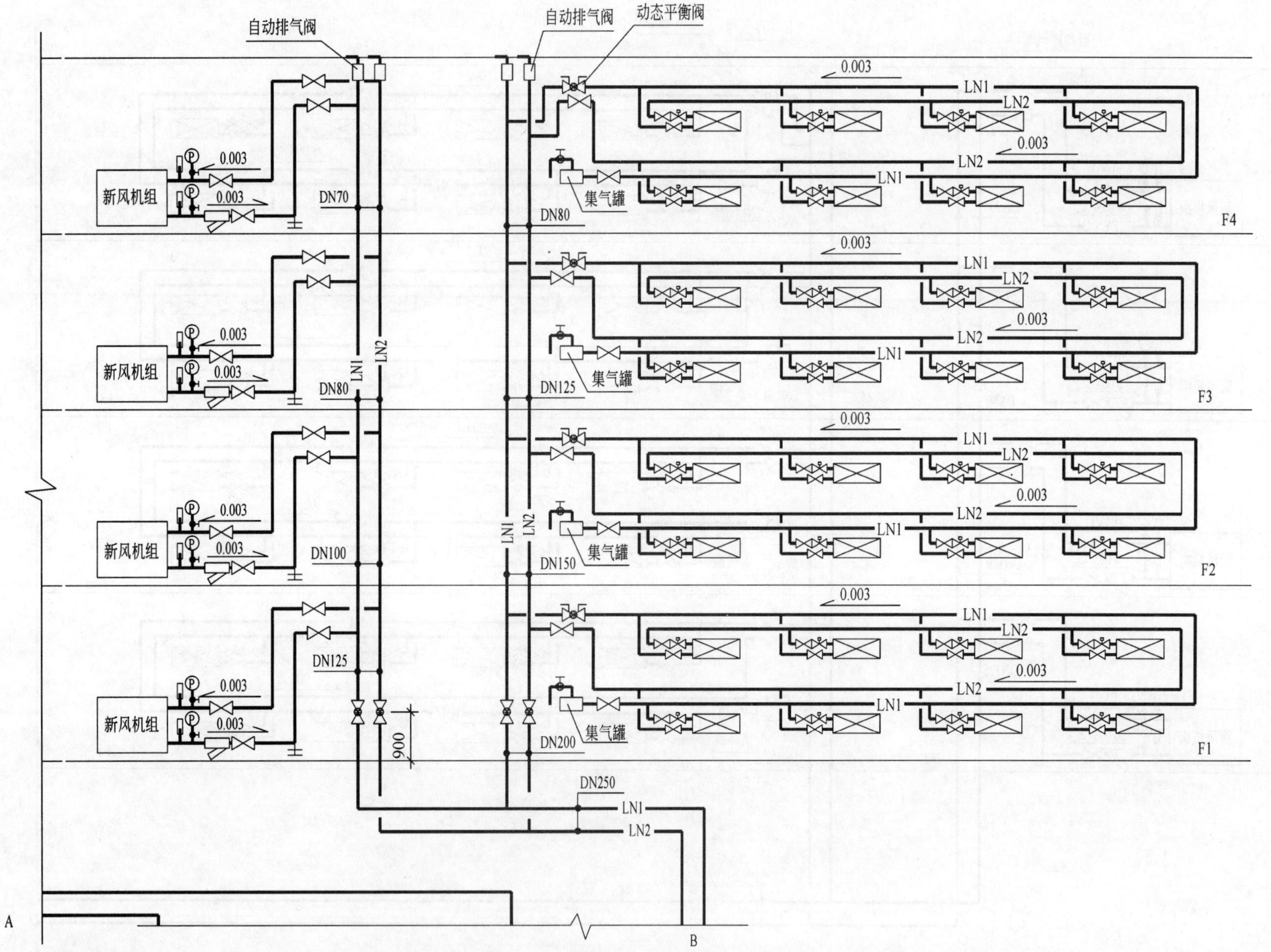


2号教学楼空调水系统图

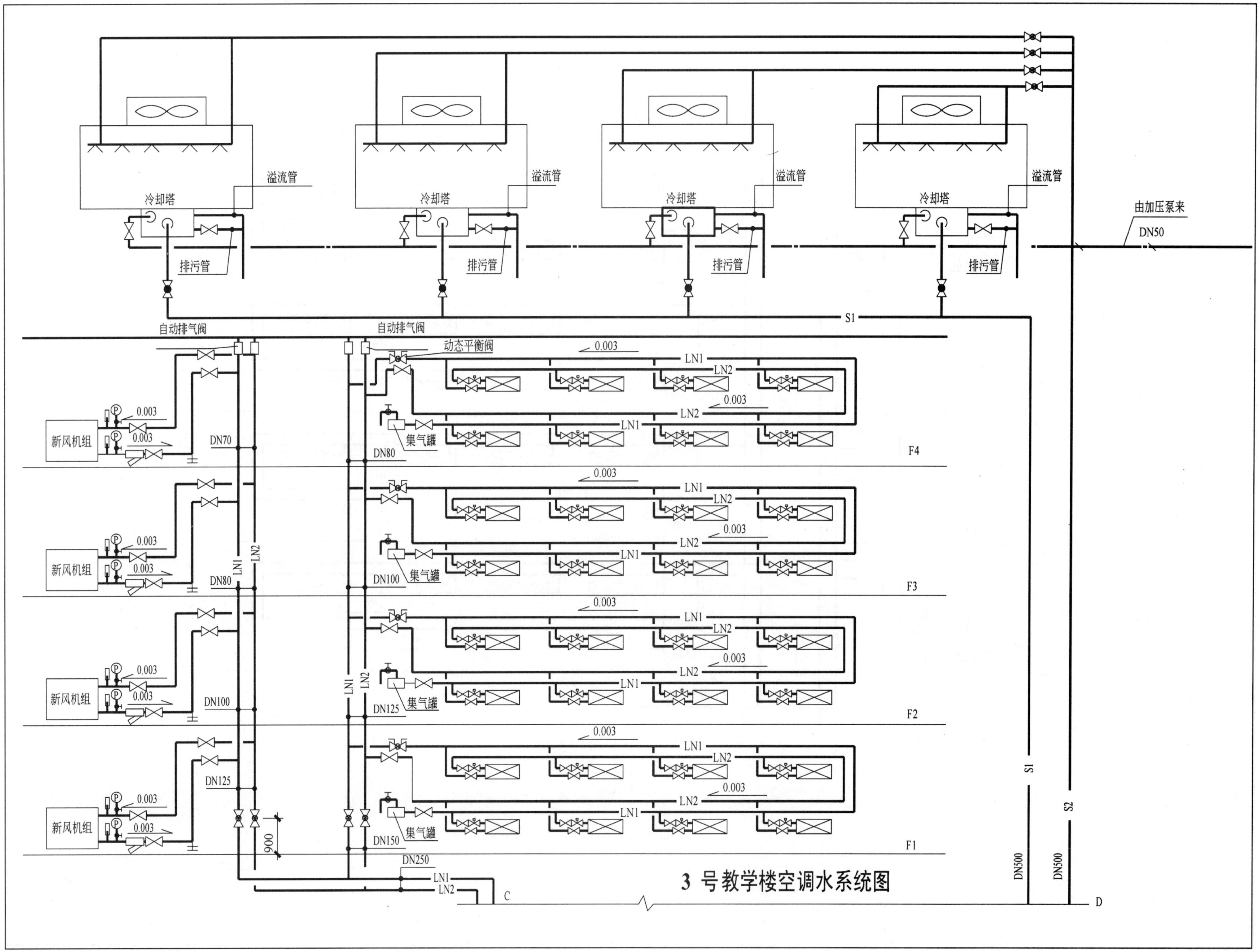


# 3 号教学楼空调水系统图

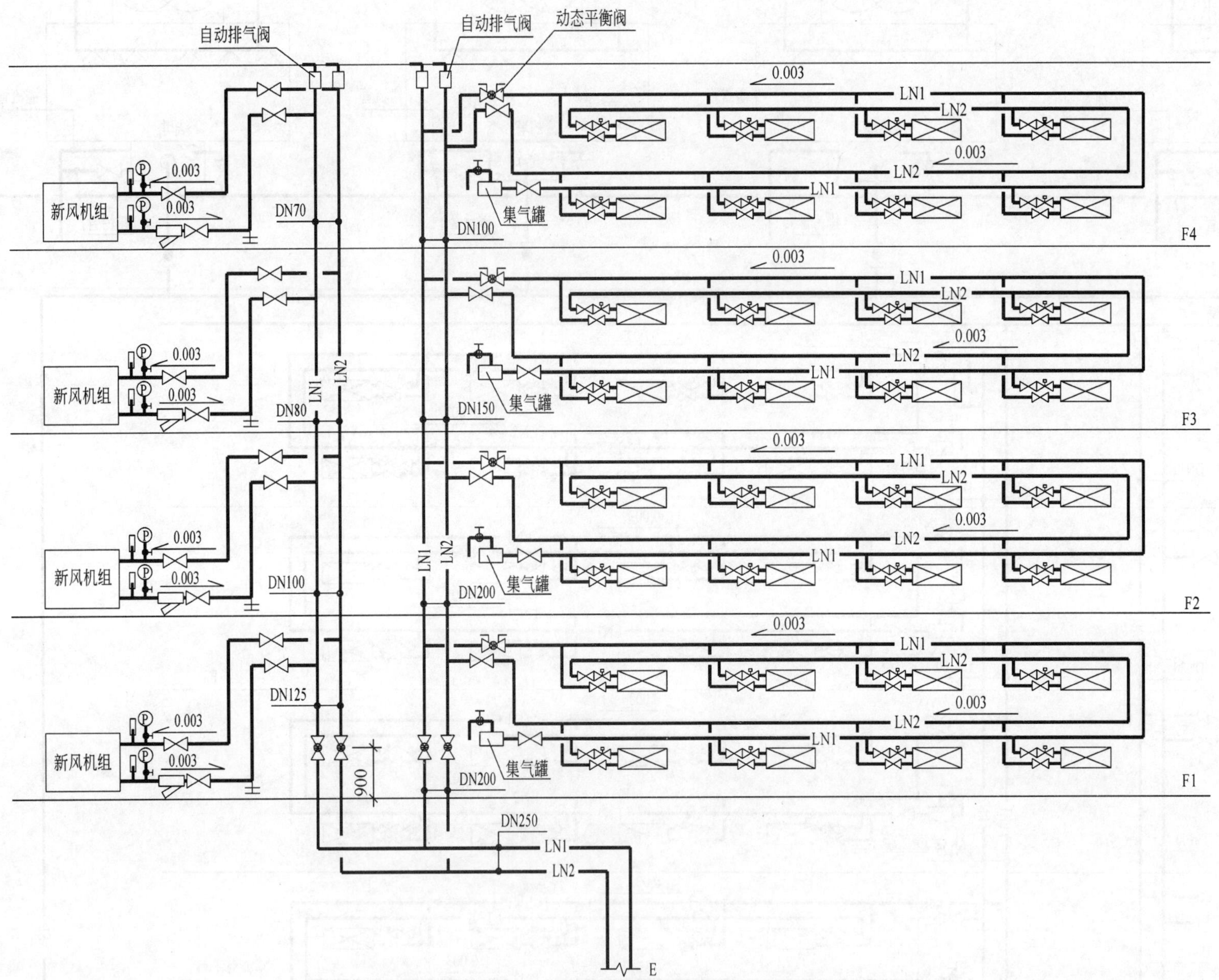


2号教学楼空调水系统图

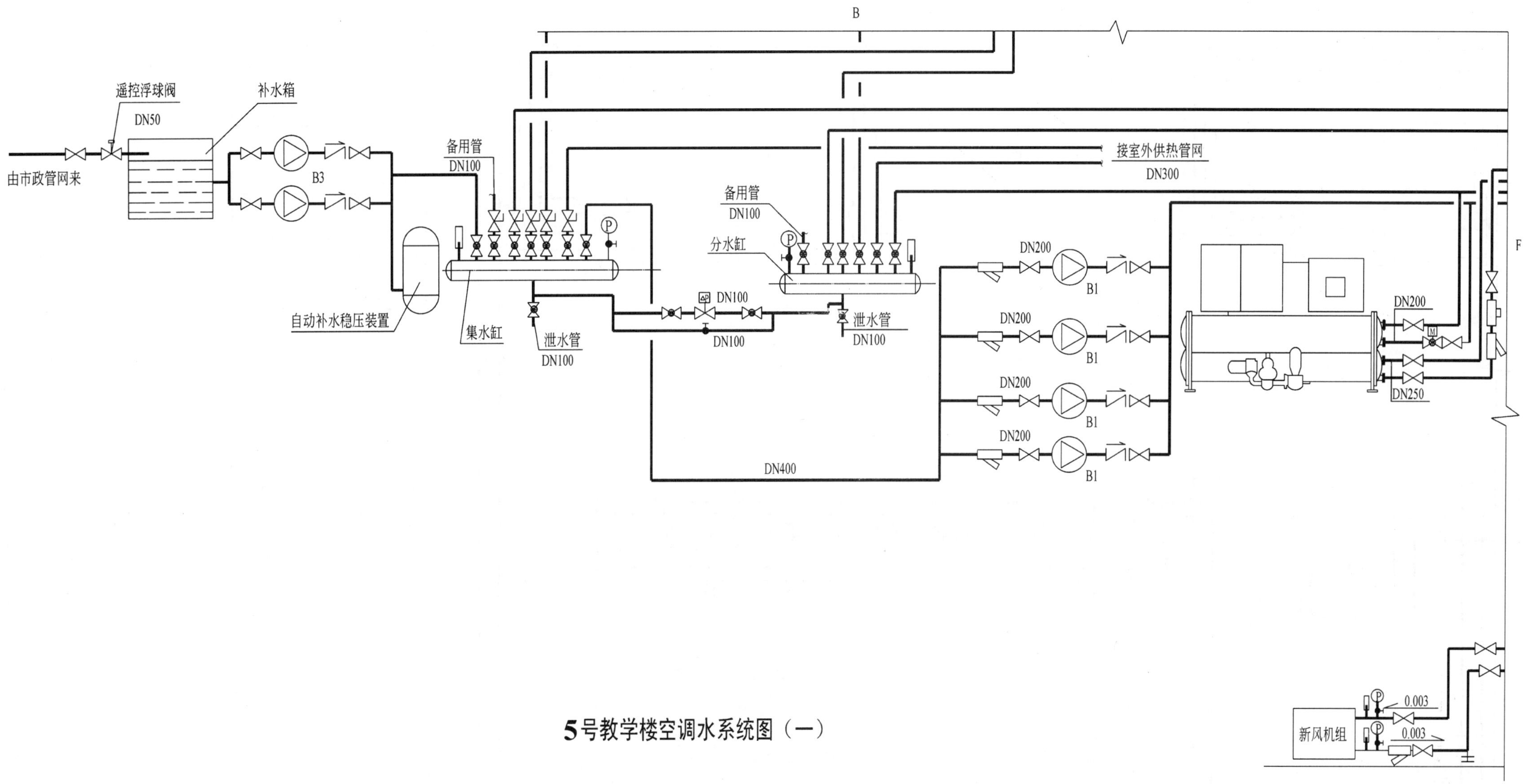


**5号教学楼空调水系统图（一）**

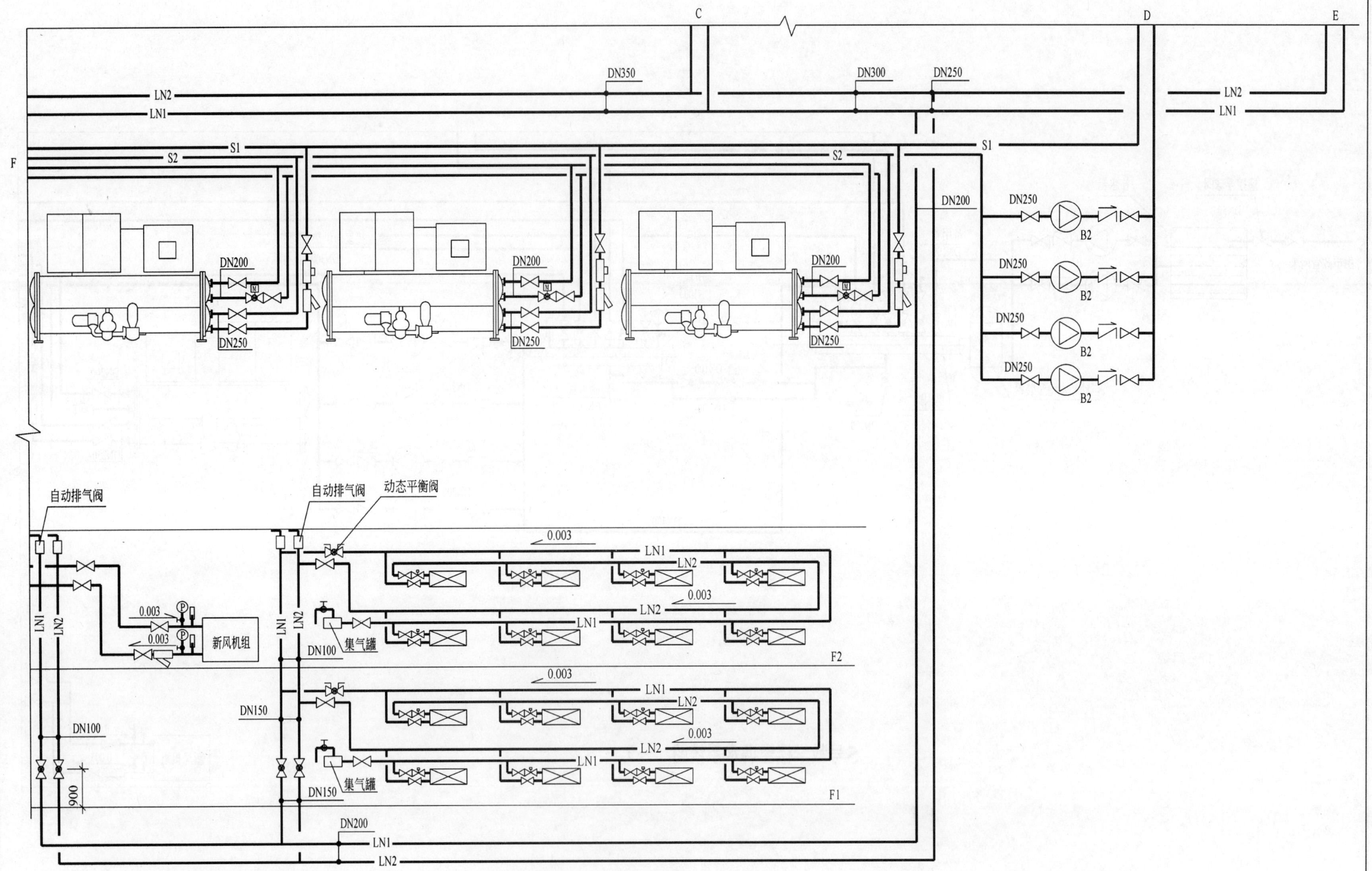


5号教学楼空调水系统图（二）

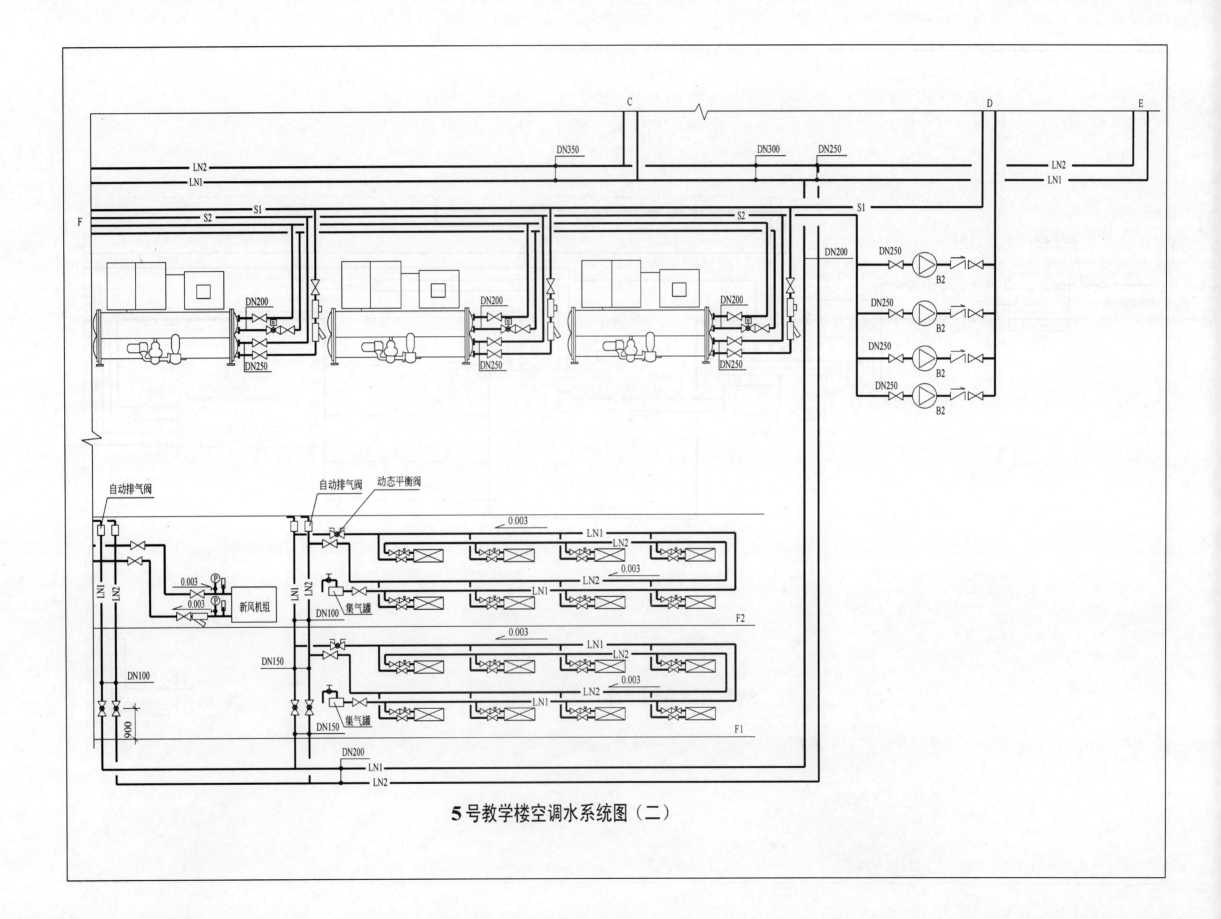

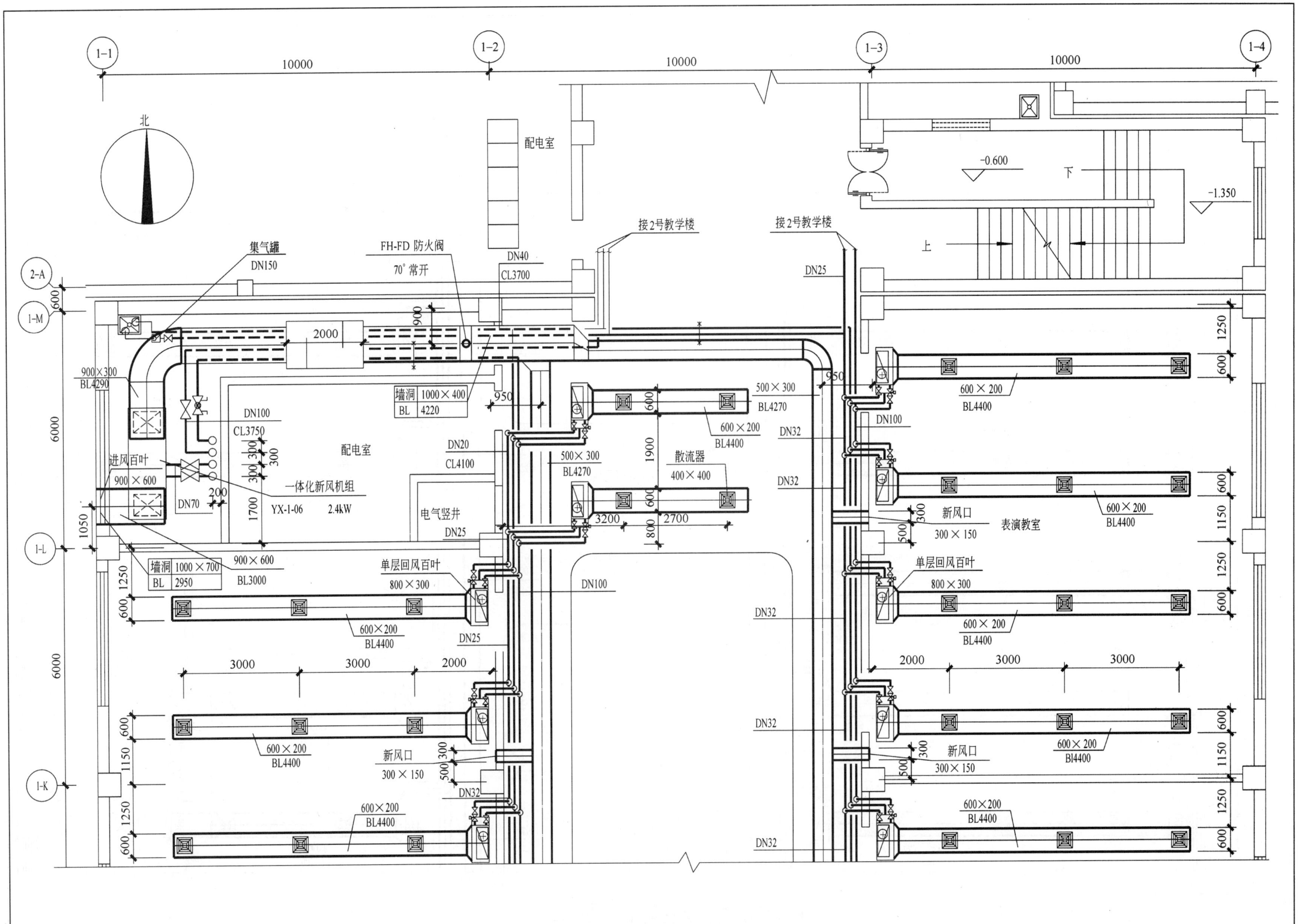


**1号教学楼一层空调平面图（一）**

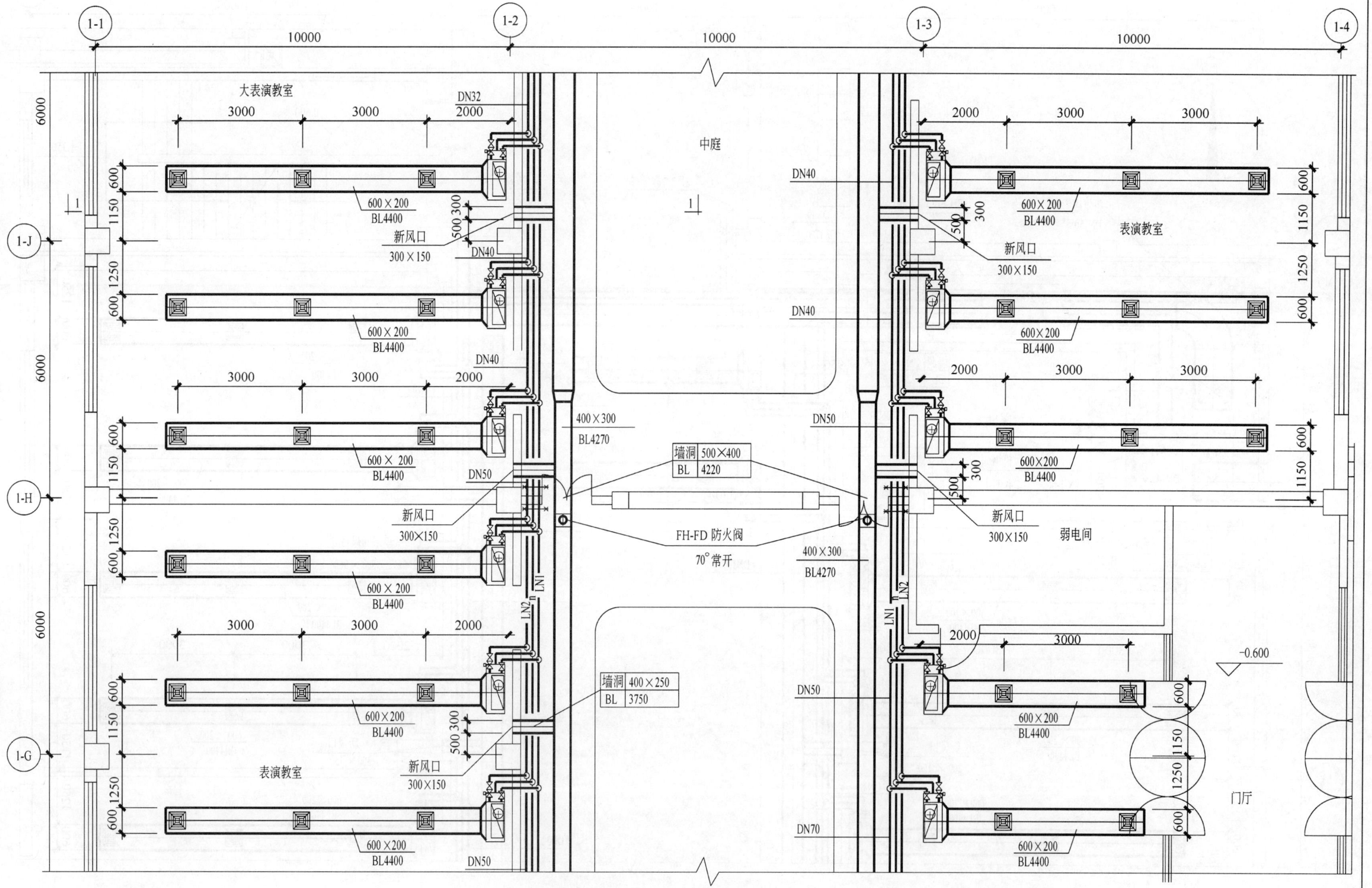


1号教学楼一层空调平面图（二）

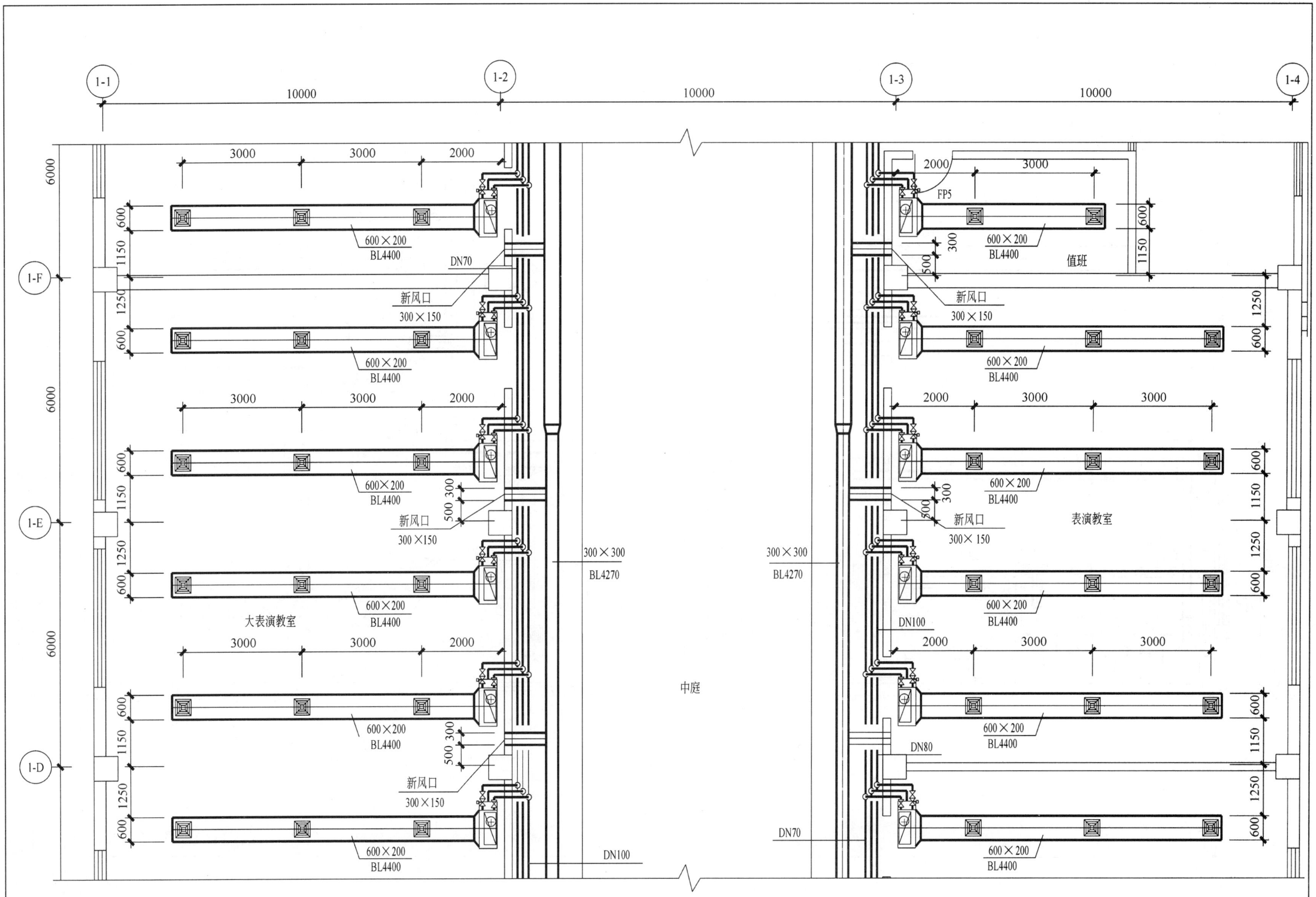


1号教学楼一层空调平面图（三）

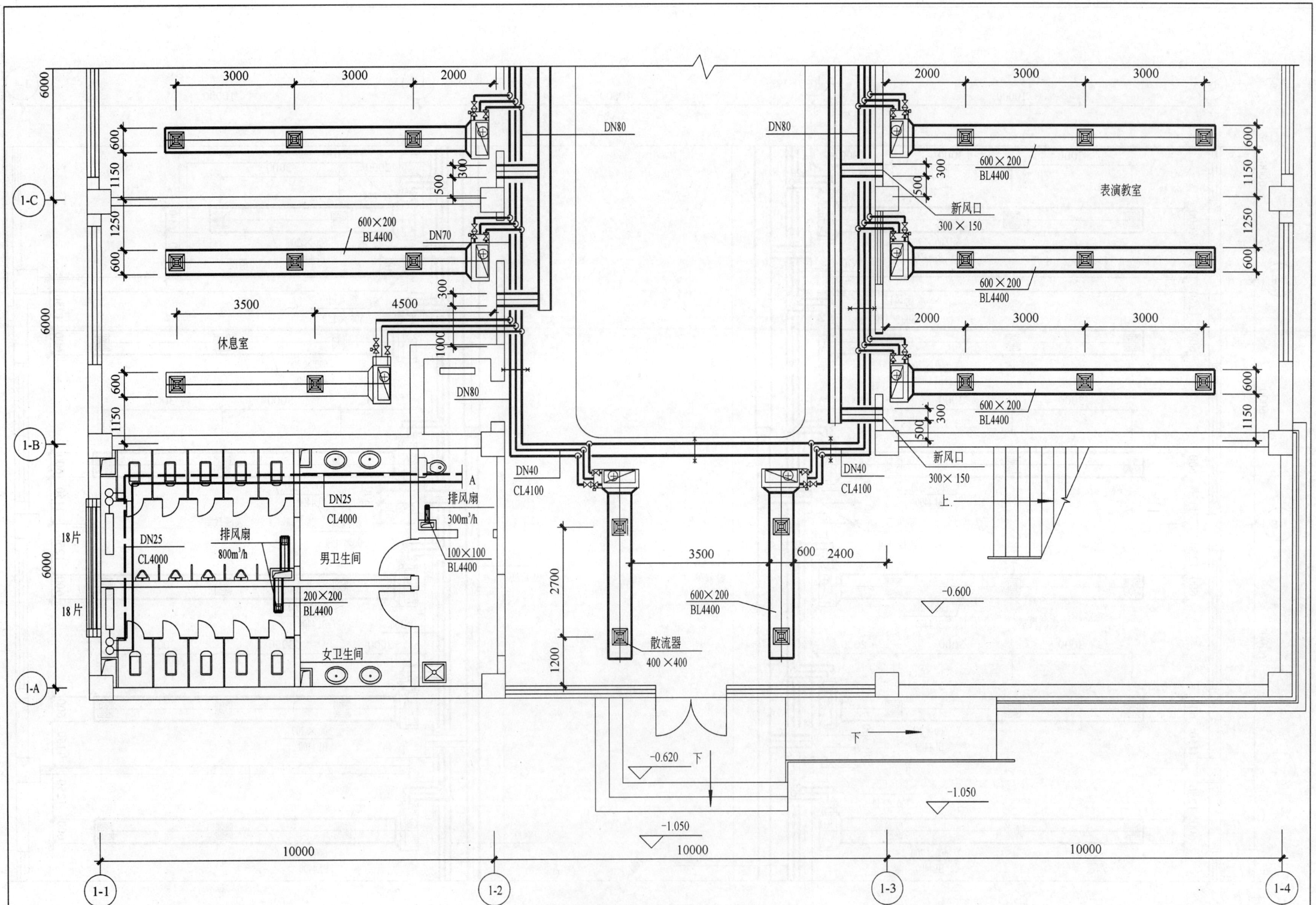


1号教学楼一层空调平面图（四）

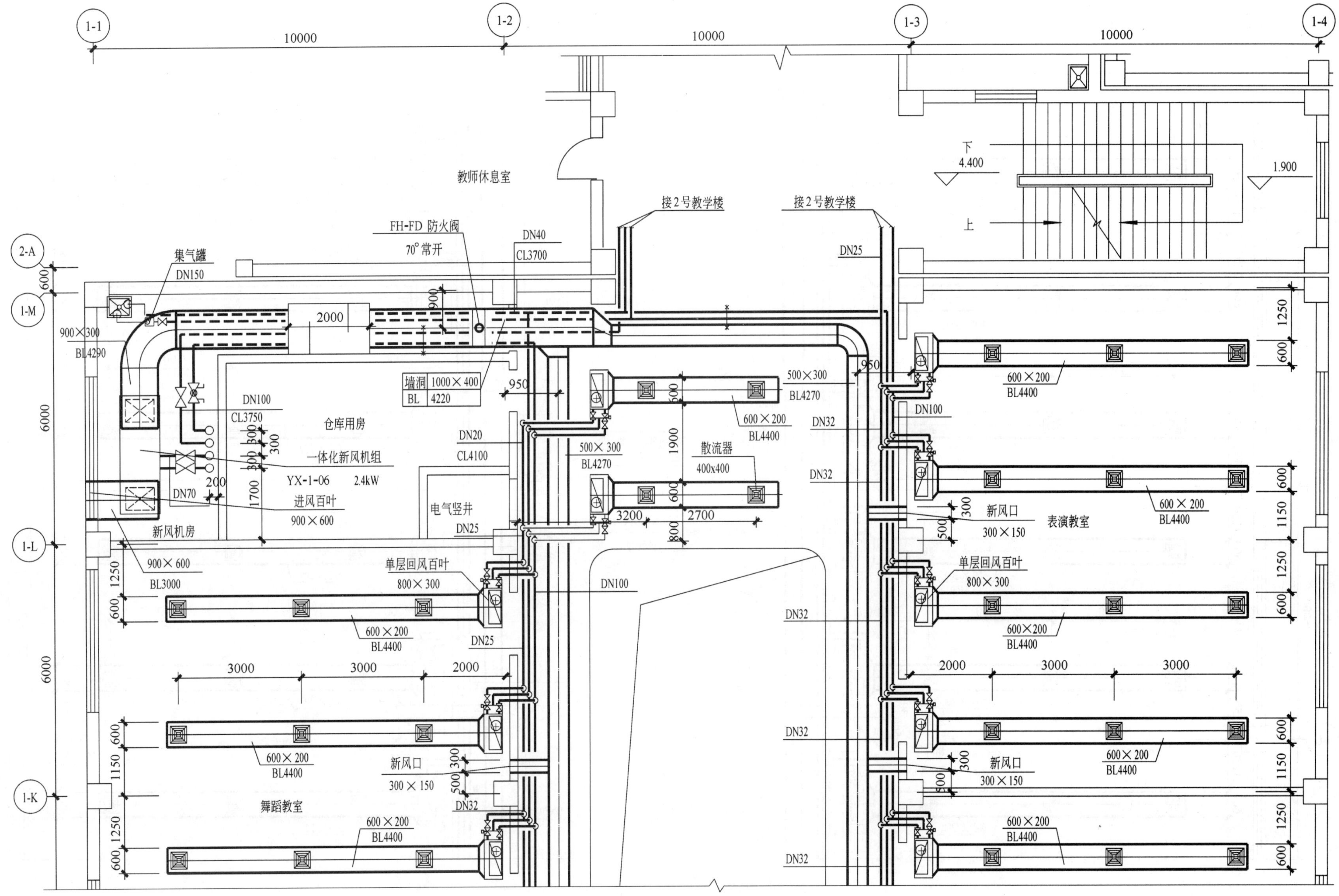


1号教学楼二层空调平面图（一）

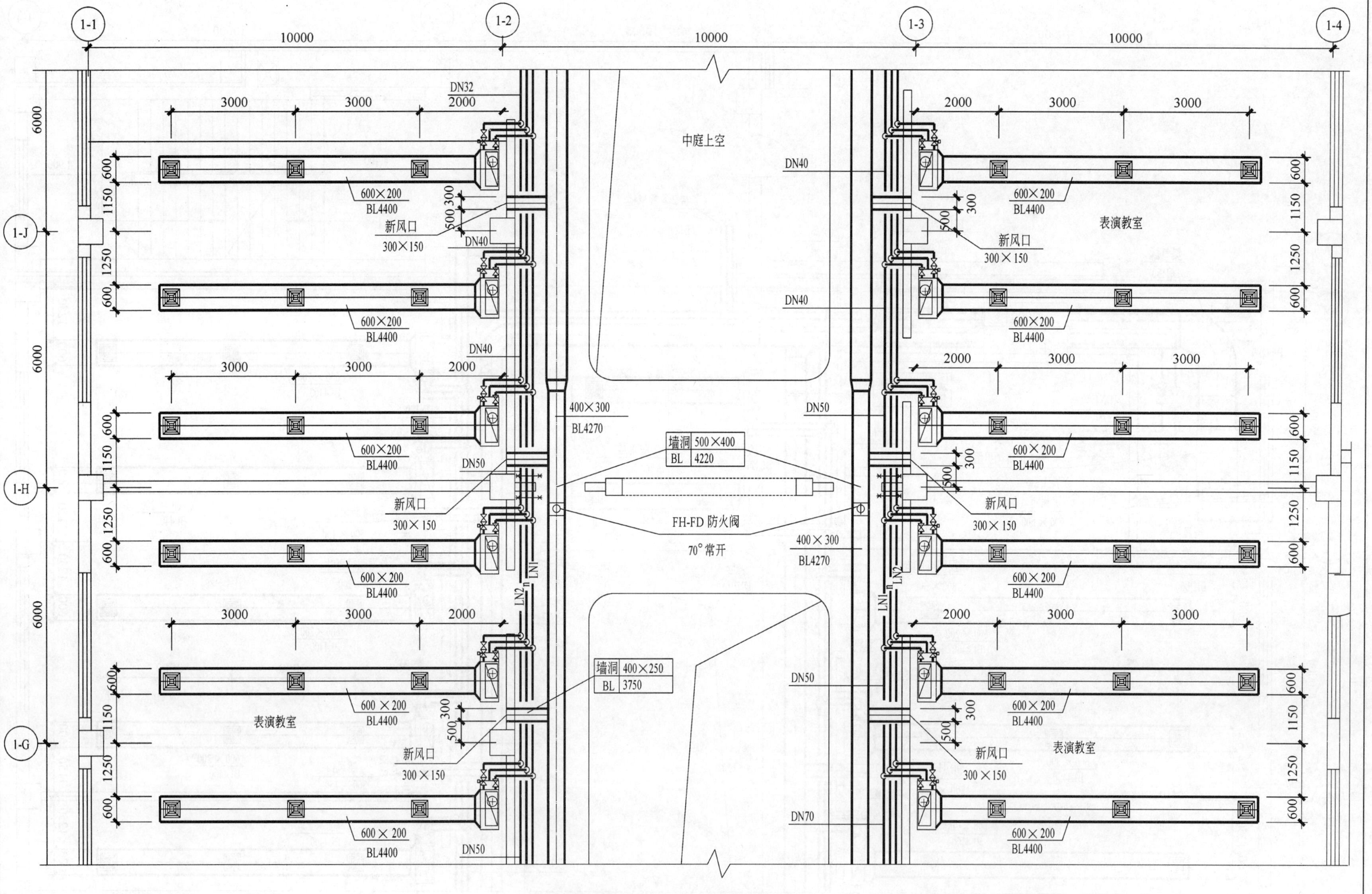


1号教学楼二层空调平面图（二）

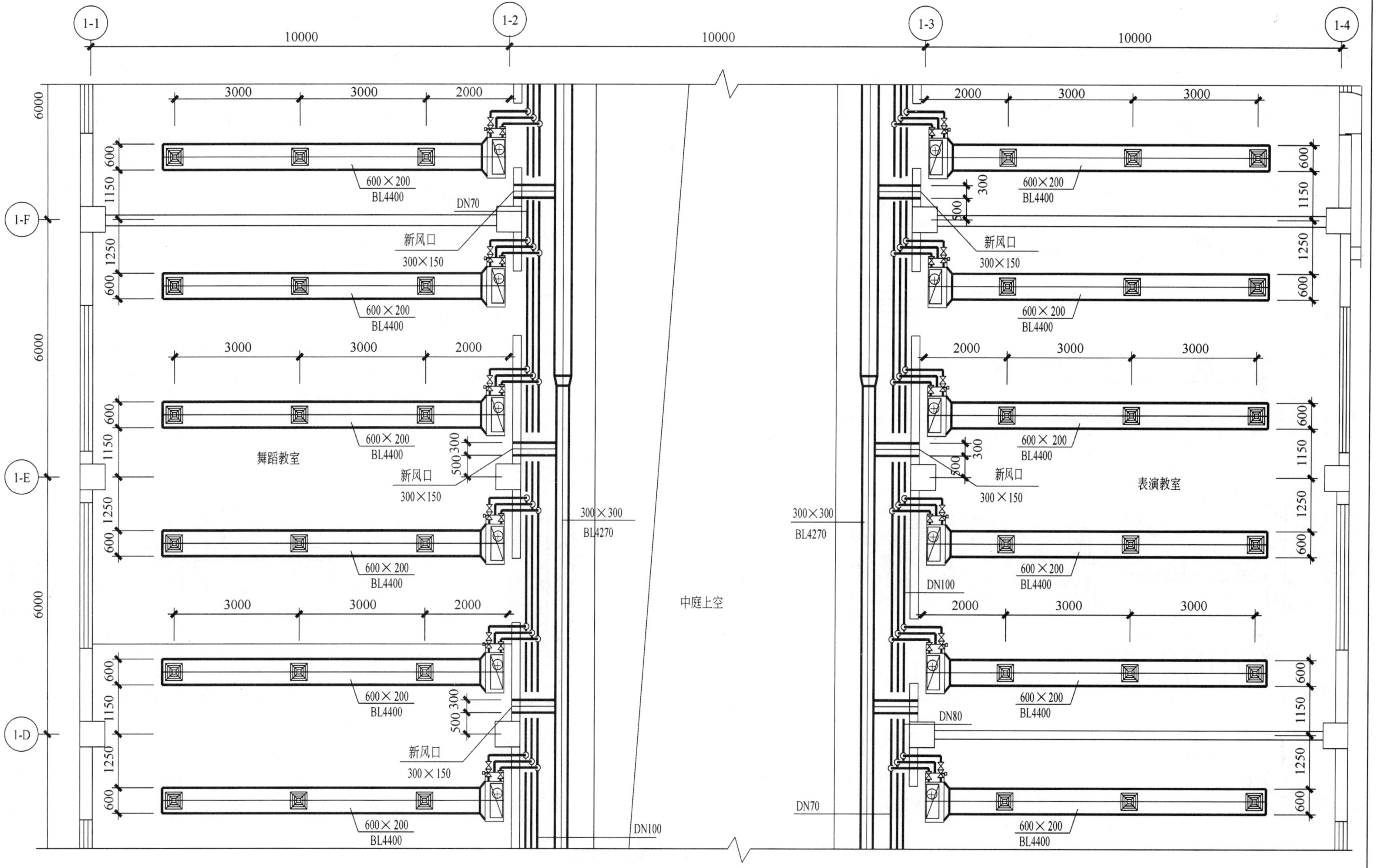


# 1号教学楼二层空调平面图（三）

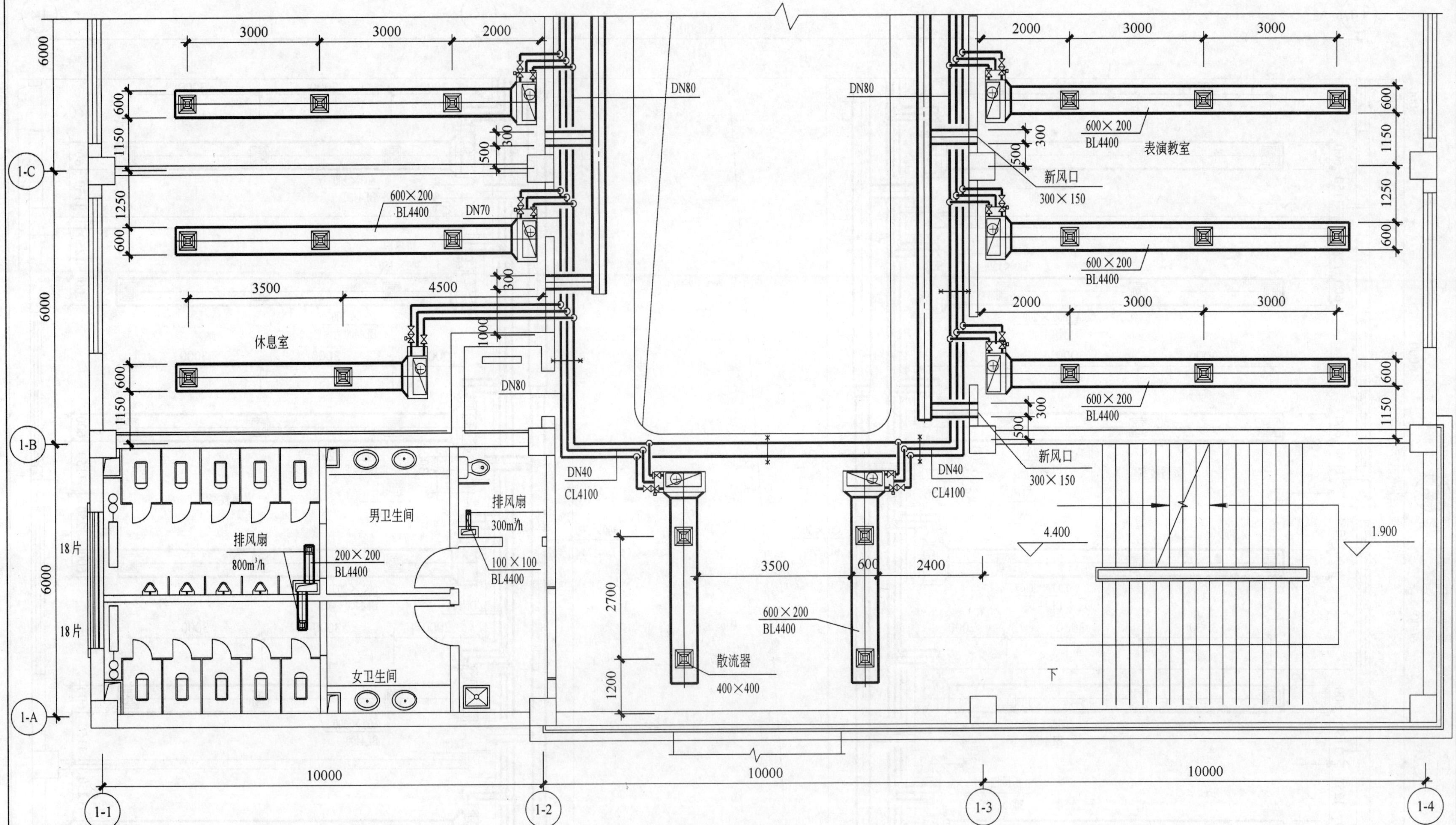


1号教学楼二层空调平面图（四）

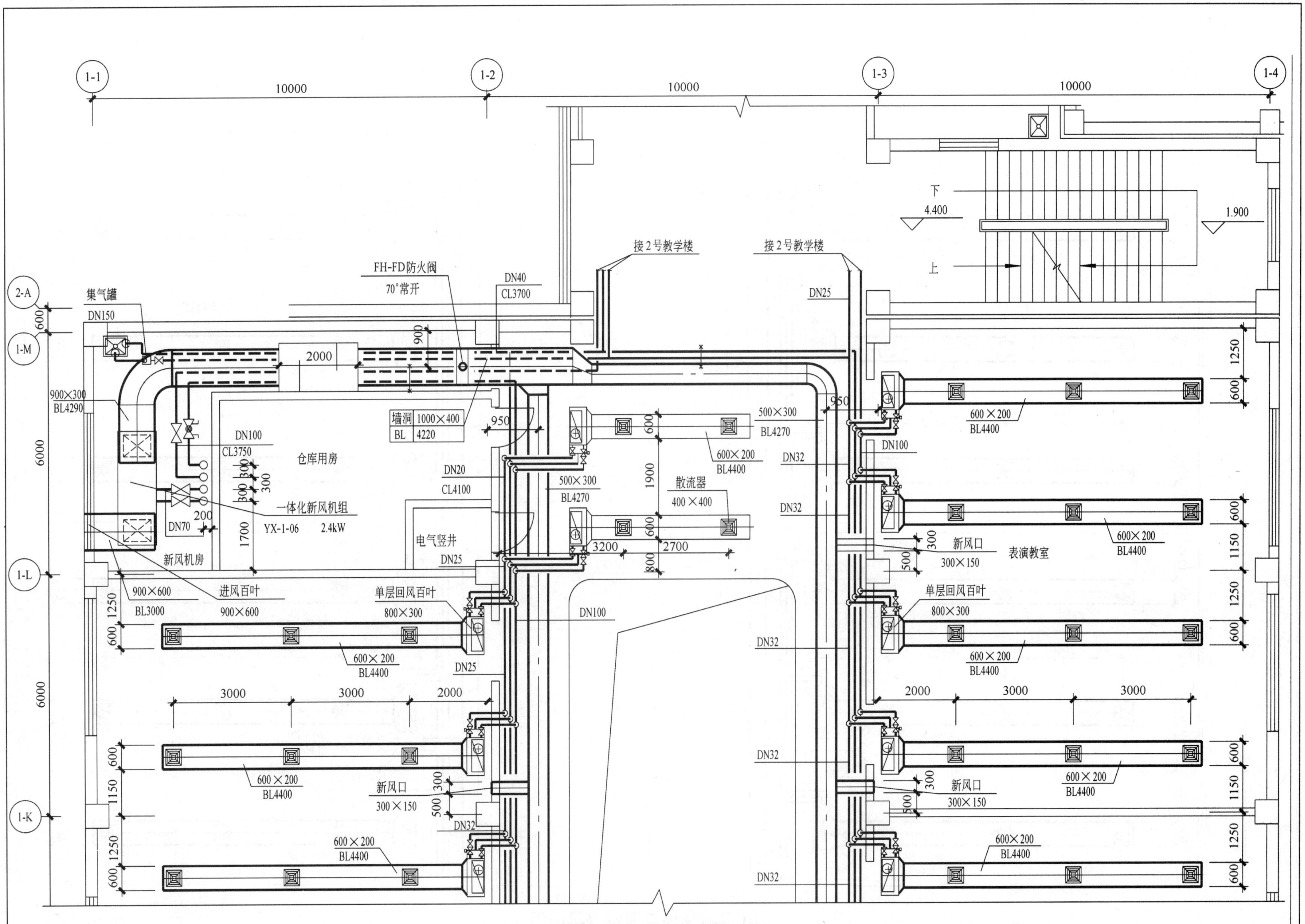


1号教学楼三层空调平面图（一）

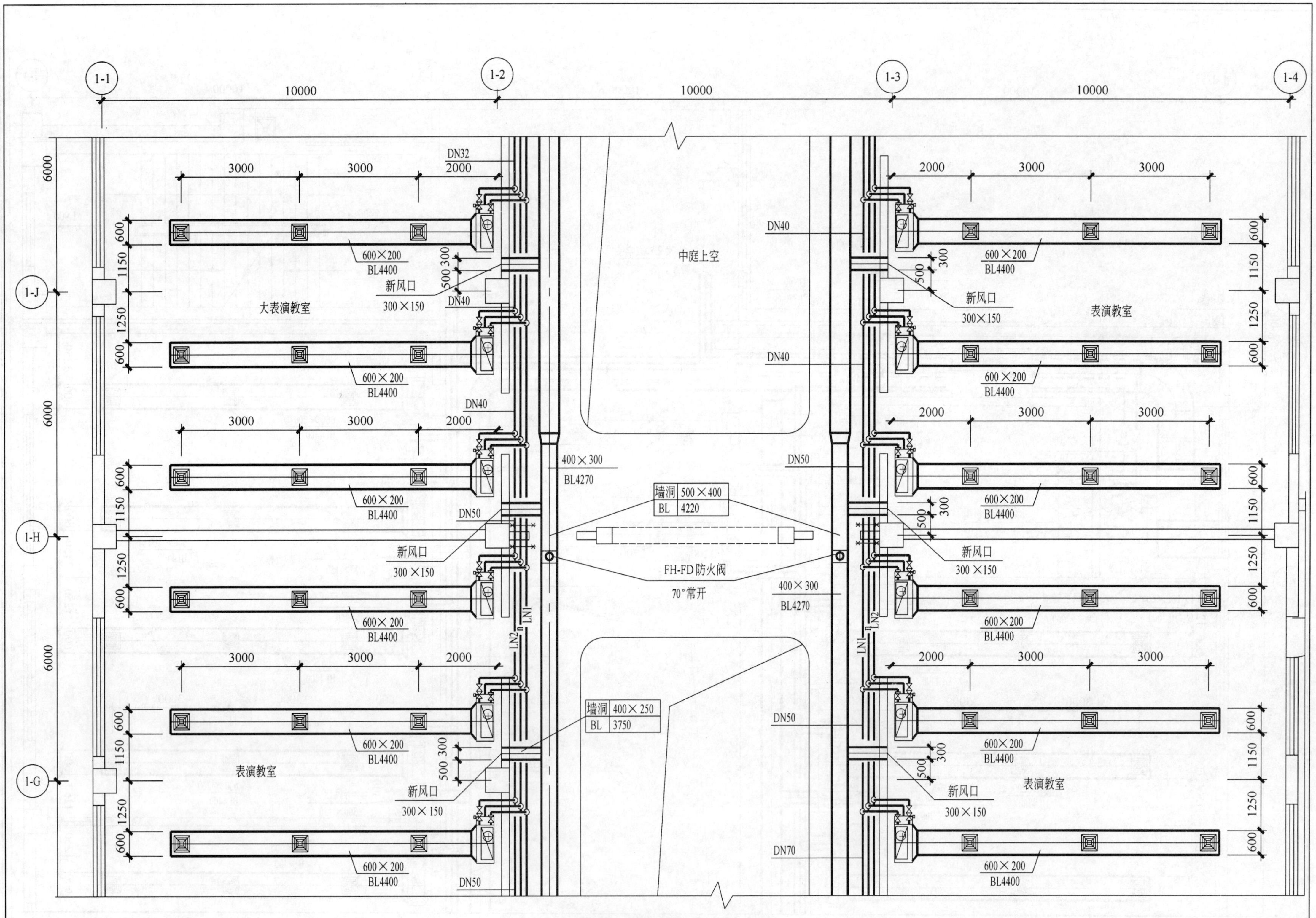


1号教学楼三层空调平面图（二）

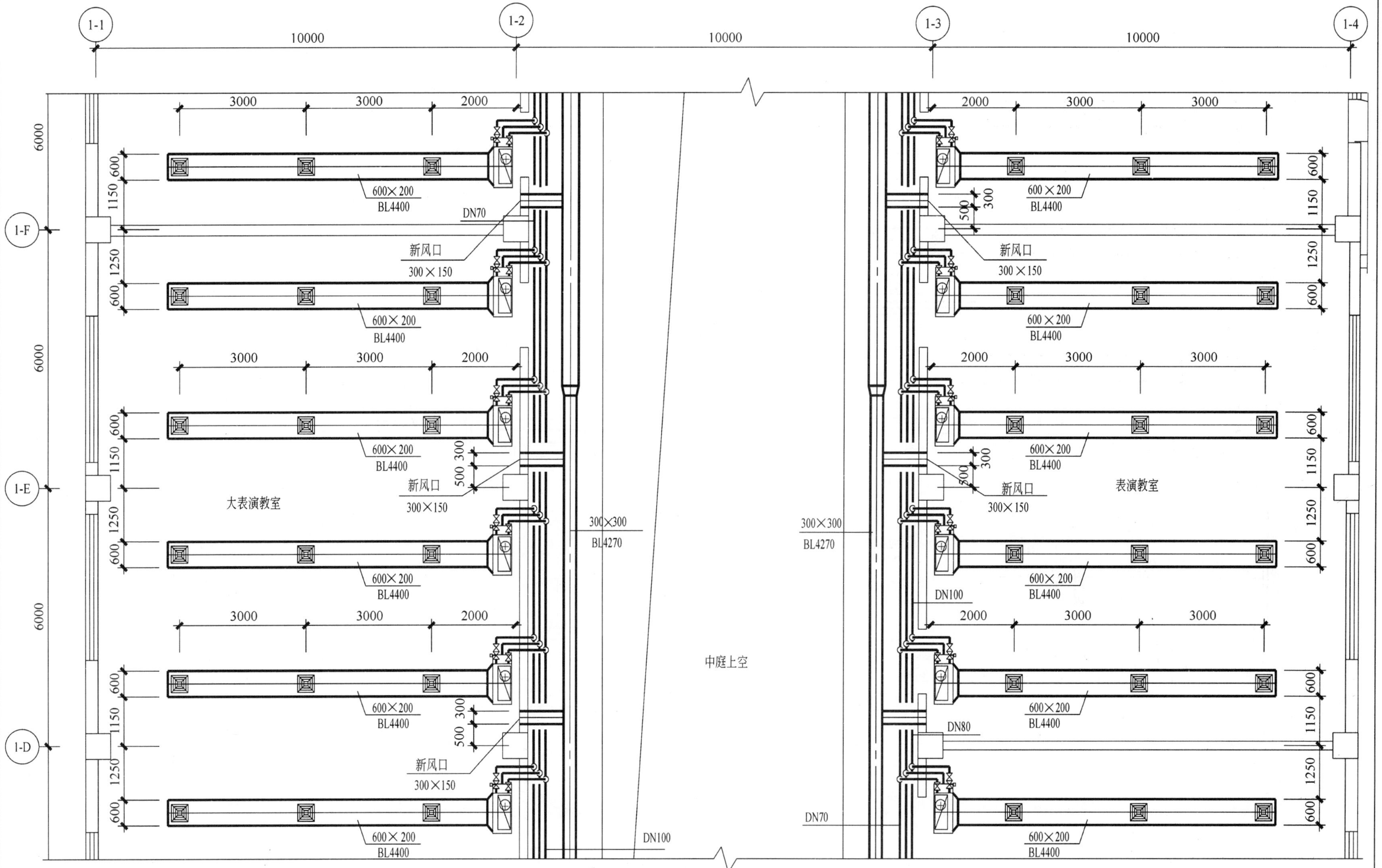


1号教学楼三层空调平面图（三）

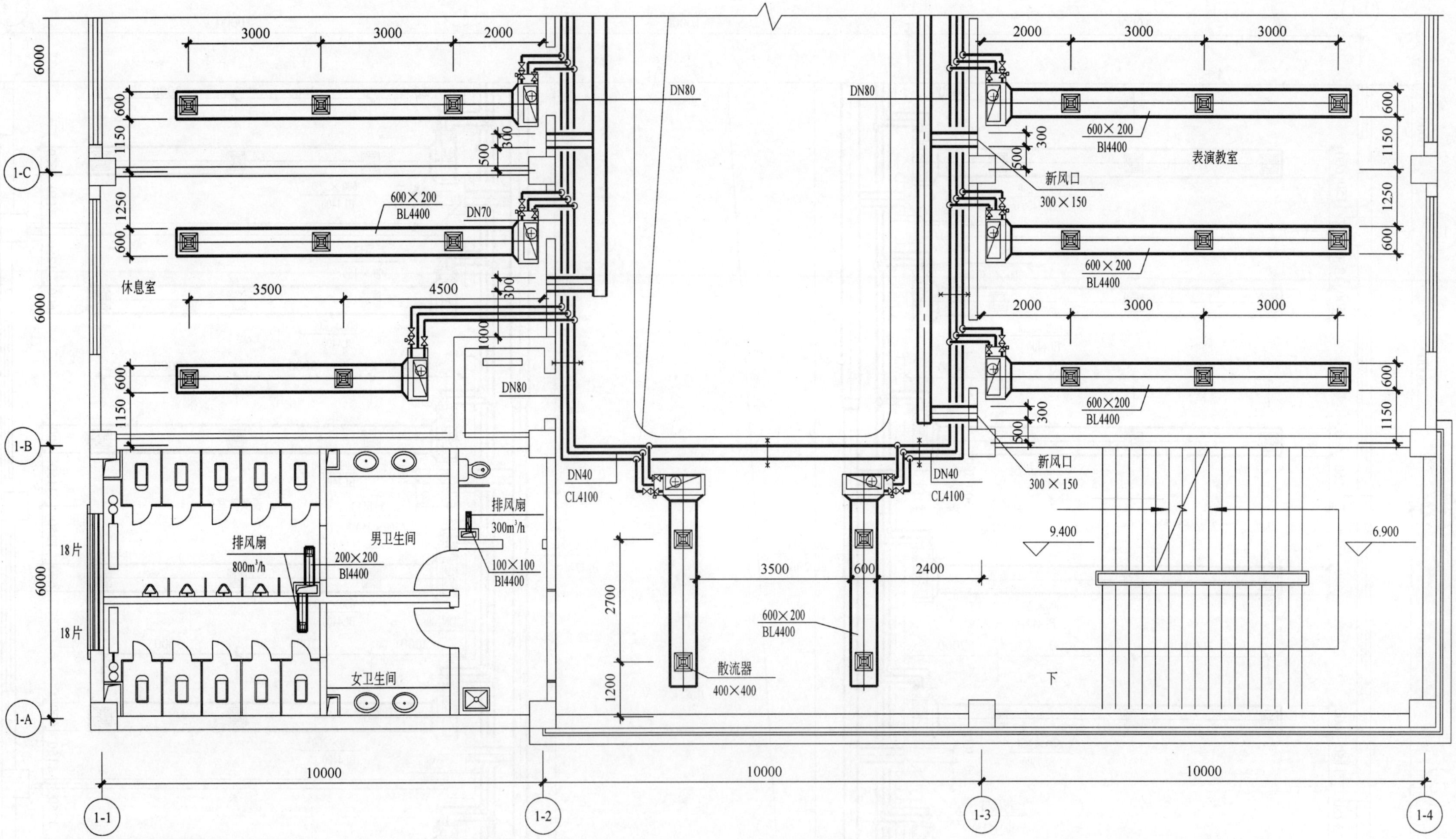


1号教学楼三层空调平面图（四）

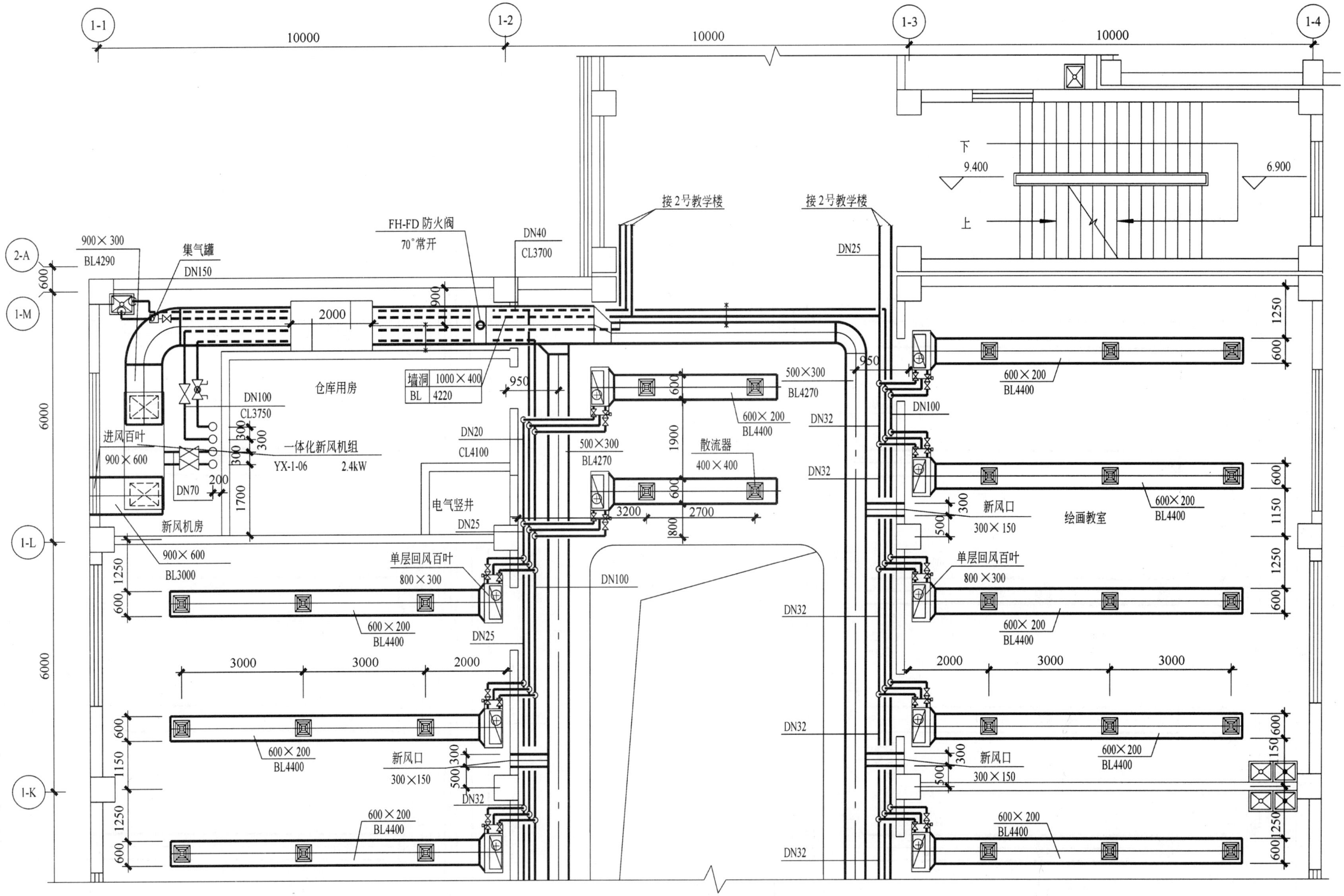


## 1号教学楼四层空调平面图（一）

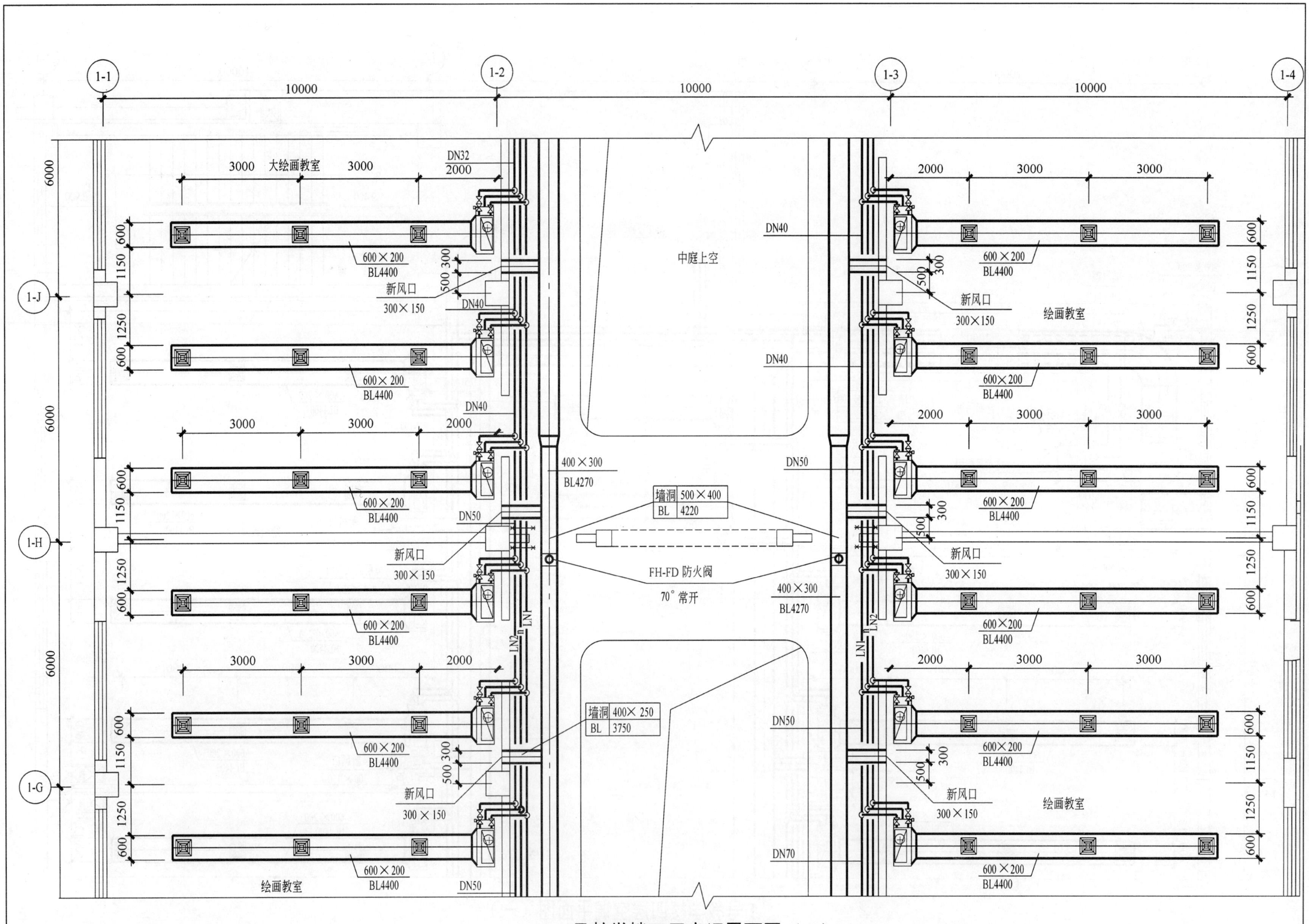


1号教学楼四层空调平面图（二）

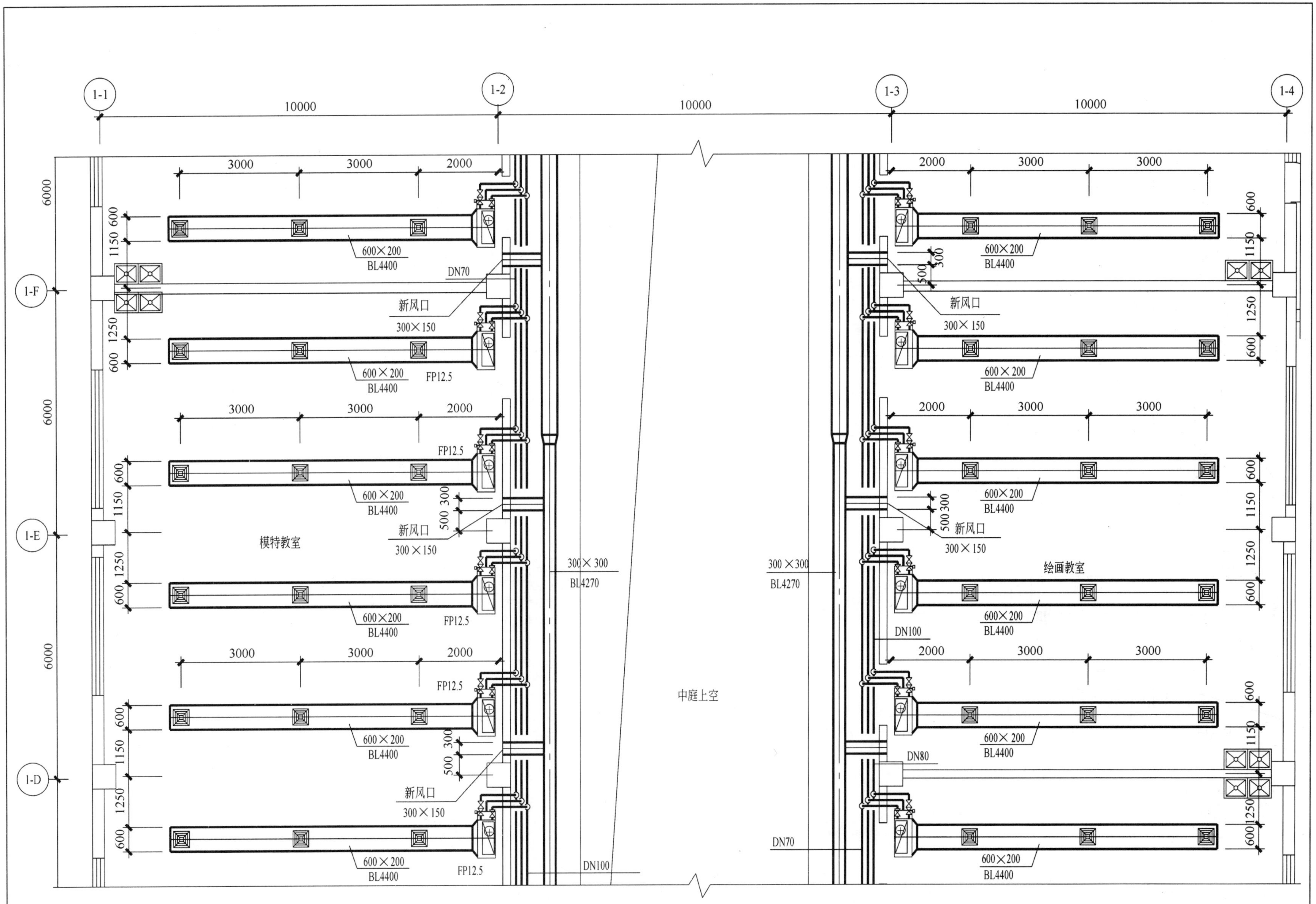


# 1号教学楼四层空调平面图（三）

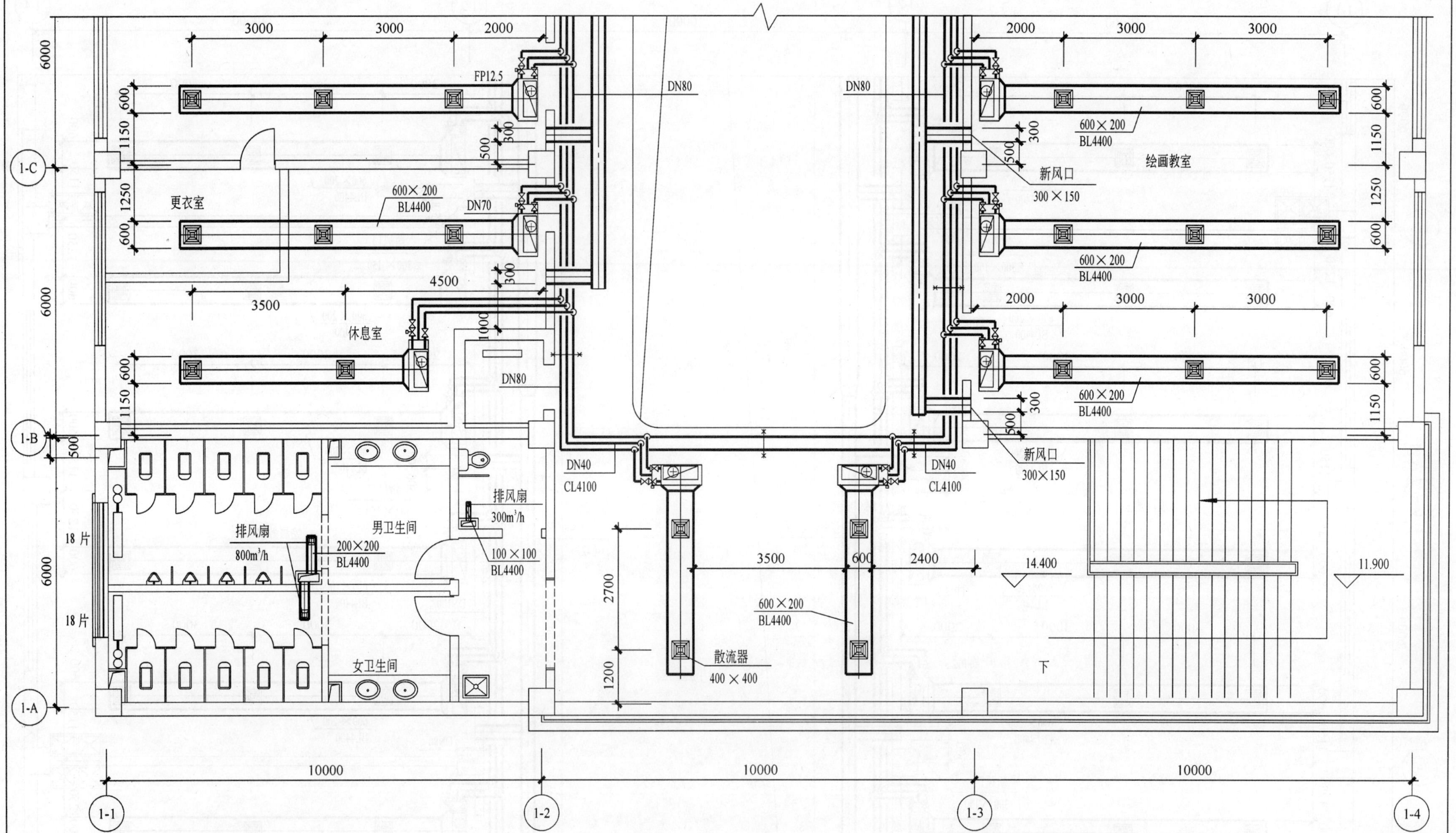


1号教学楼四层空调平面图（四）

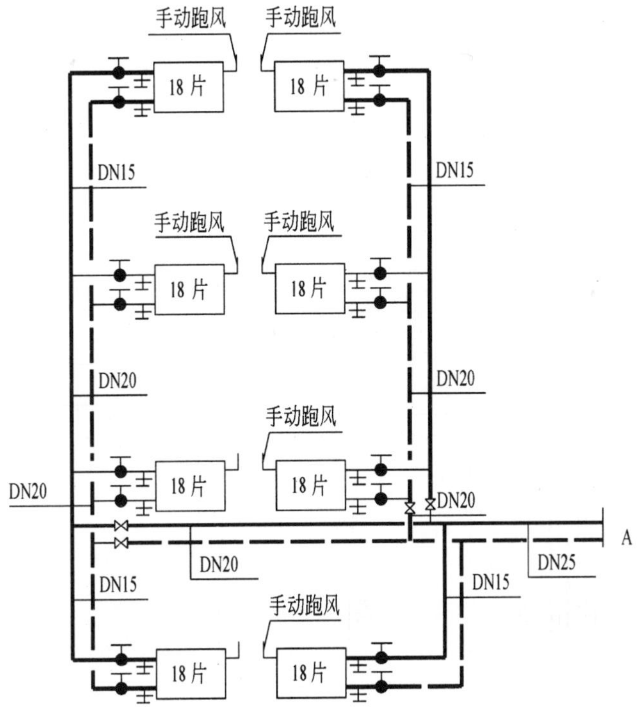


卫生间采暖系统图

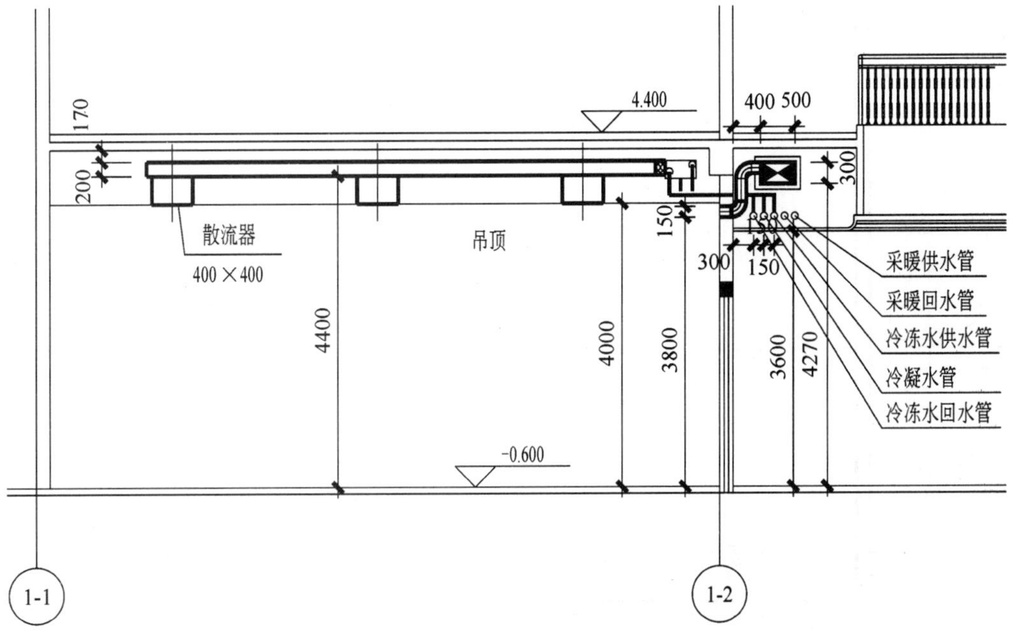


1—1剖面图

图中风机盘管除标注外，其余
风机盘管均为：FP10
制冷量：5600W
制热量：8000W
电量：80W
风量：1000m³/h

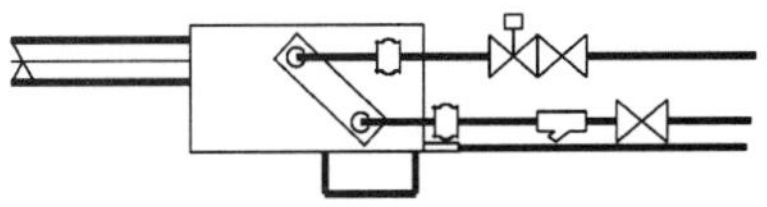

风机盘管接管详图

# 1号教学楼

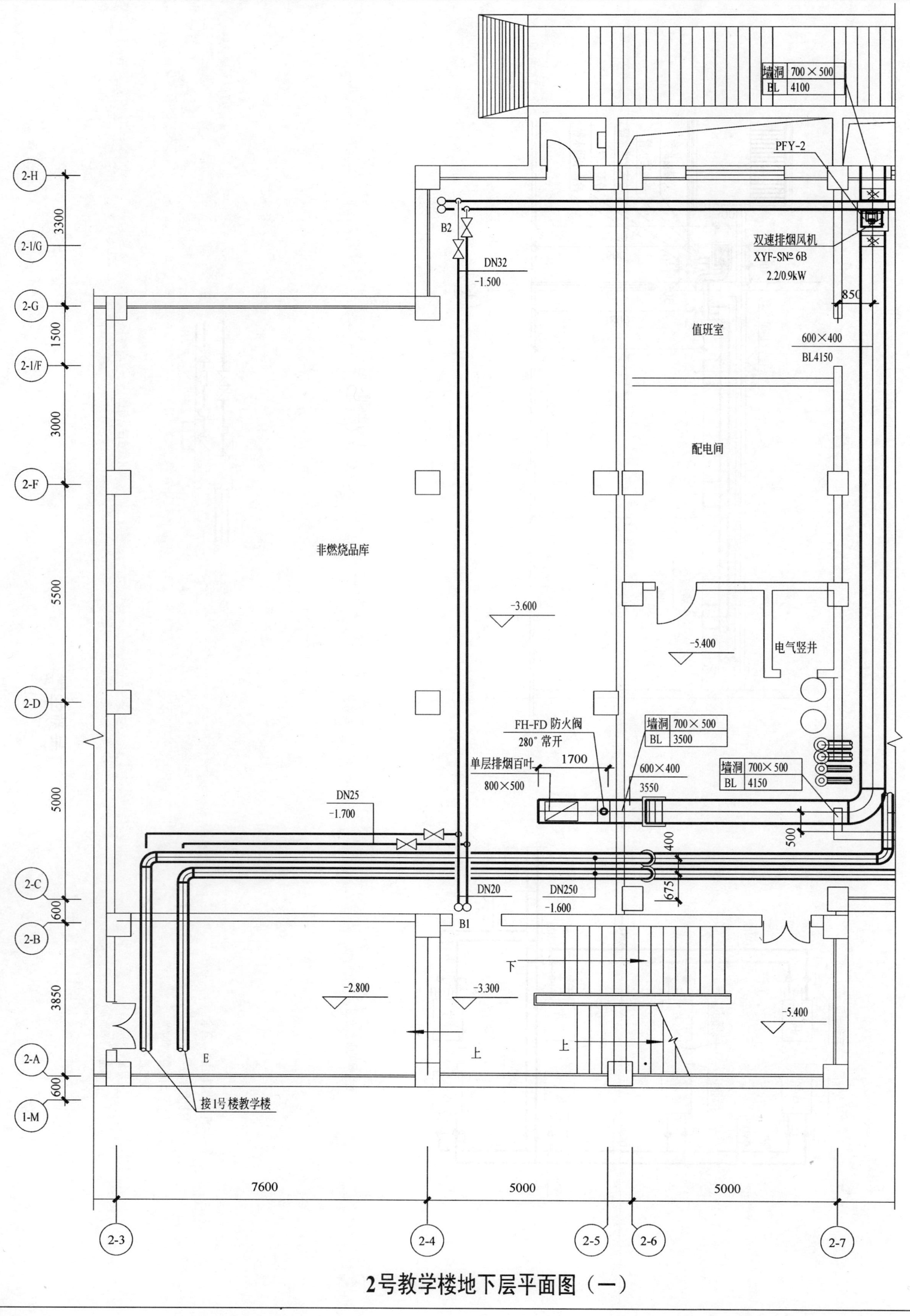


2号教学楼地下层平面图（一）

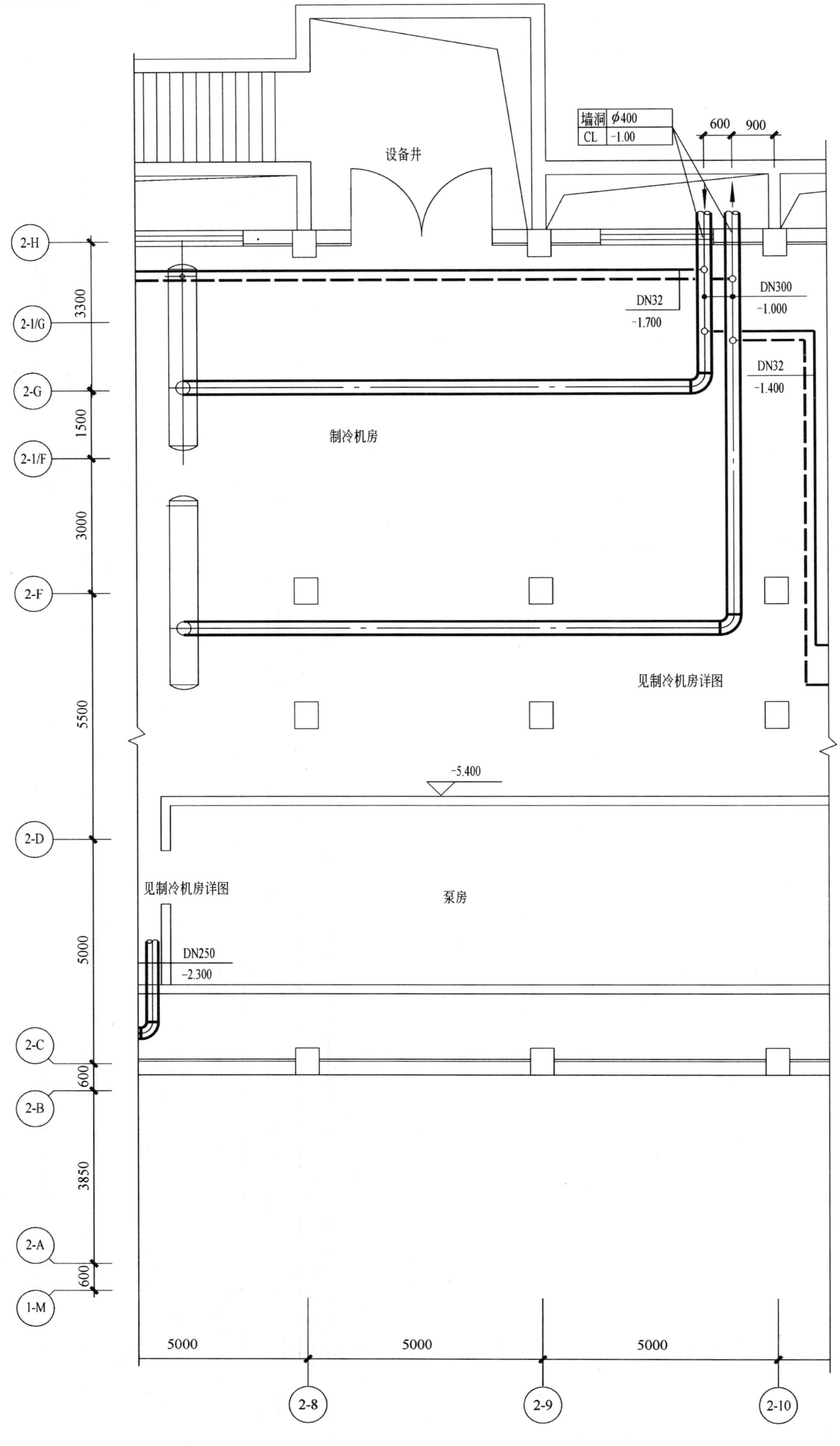


2号教学楼地下层平面图（二）

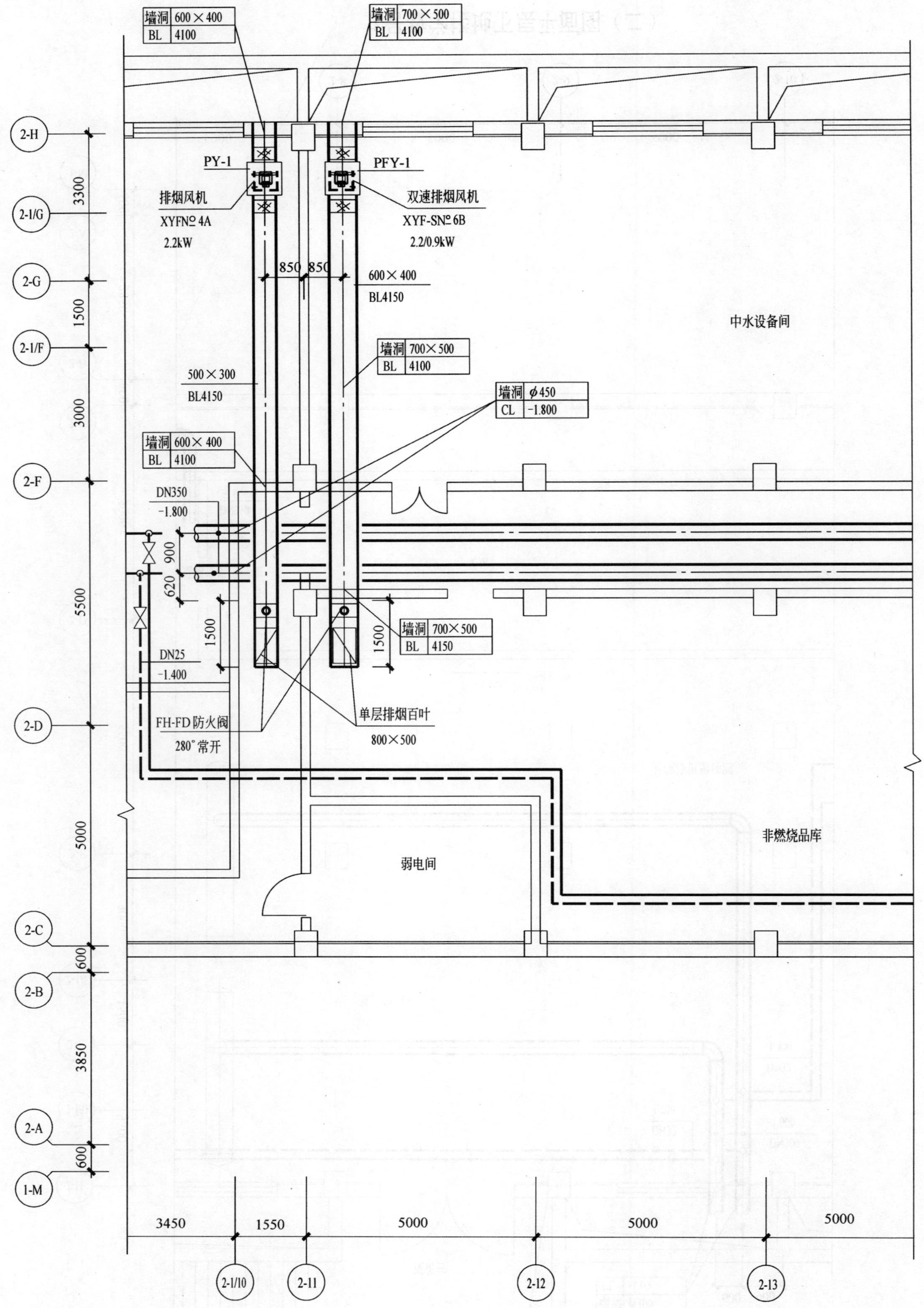


## 2号教学楼地下层平面图（三）

2号教学楼地下层平面图（四）

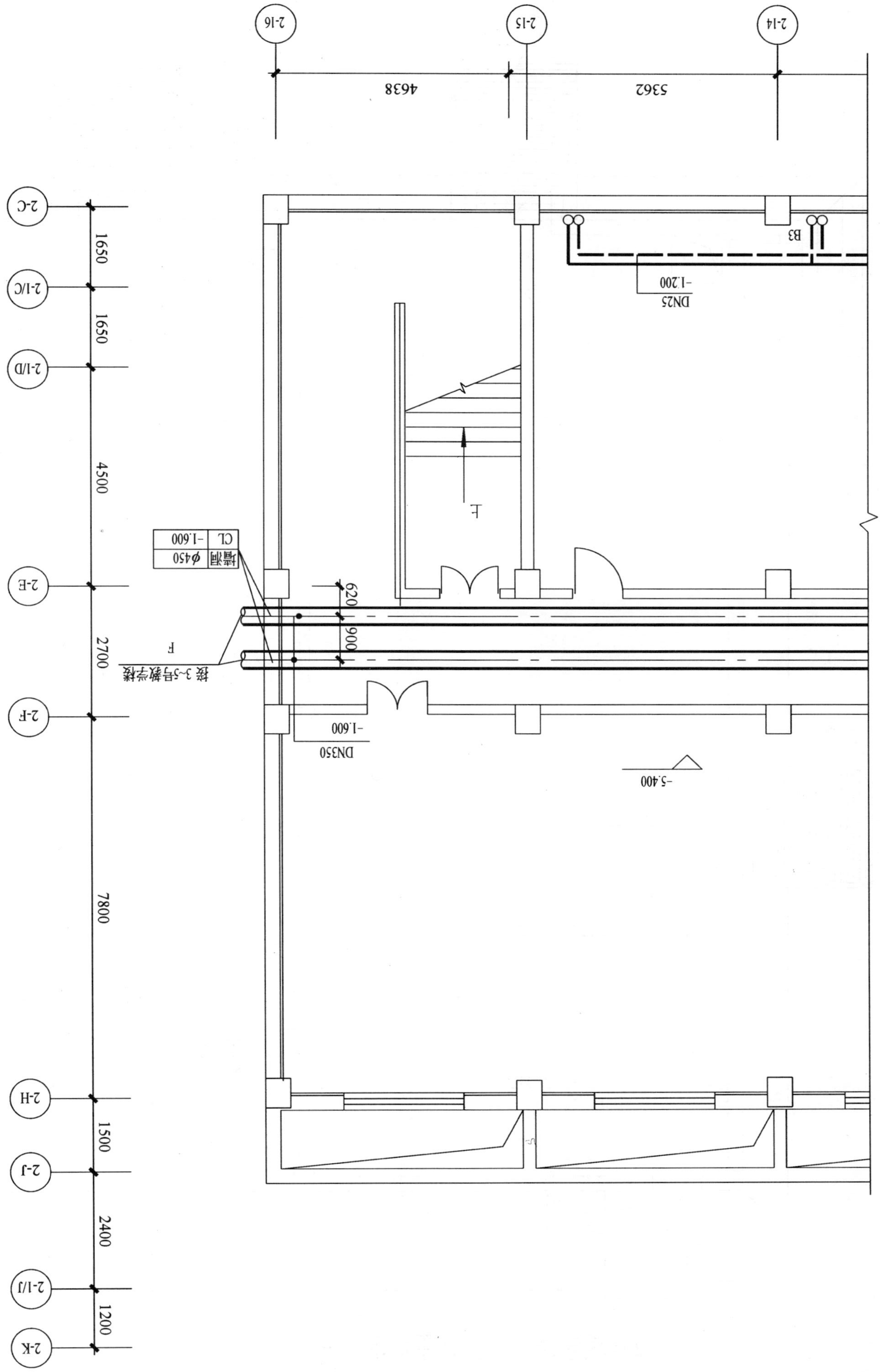

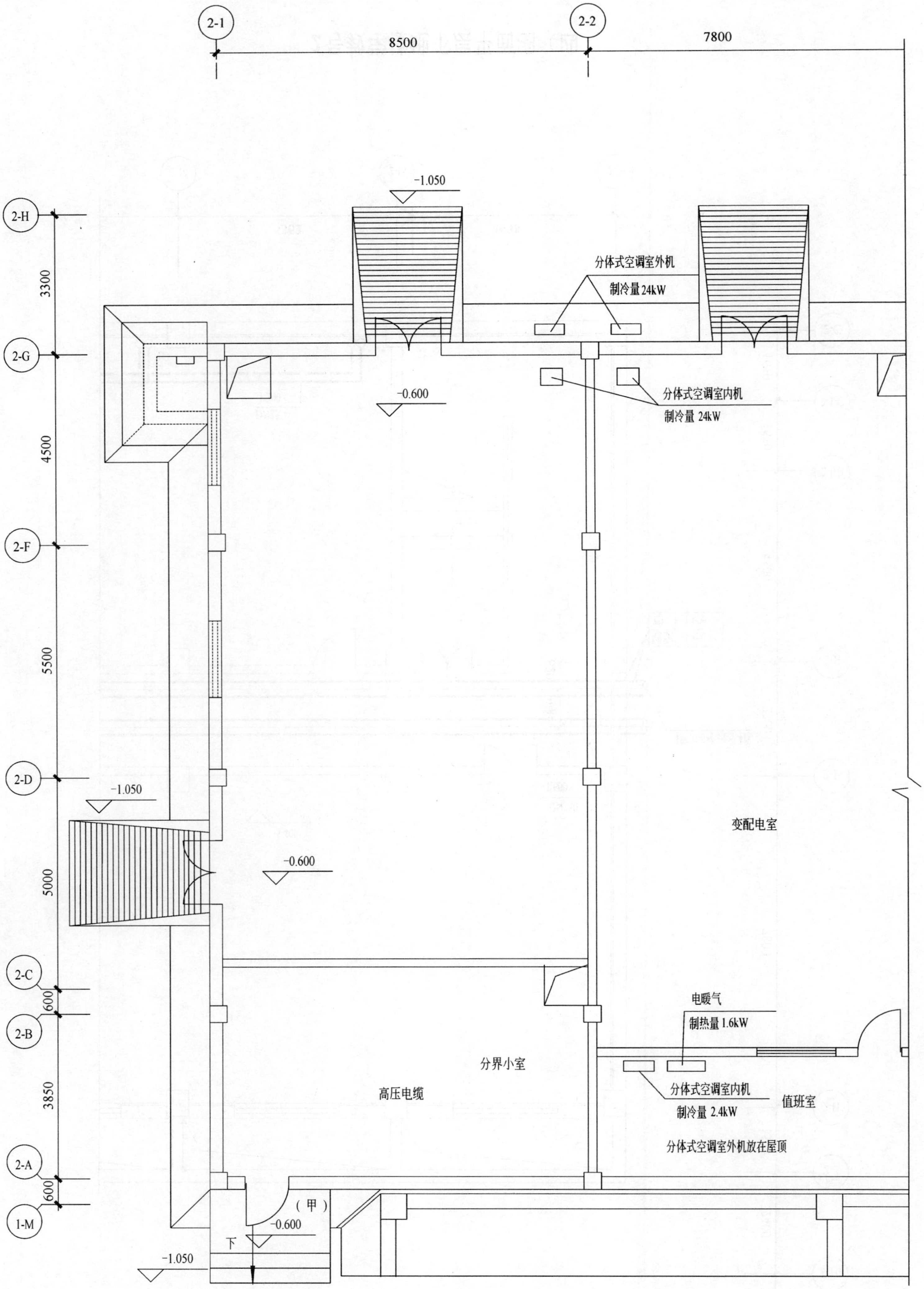


2号教学楼一层空调平面图（一）

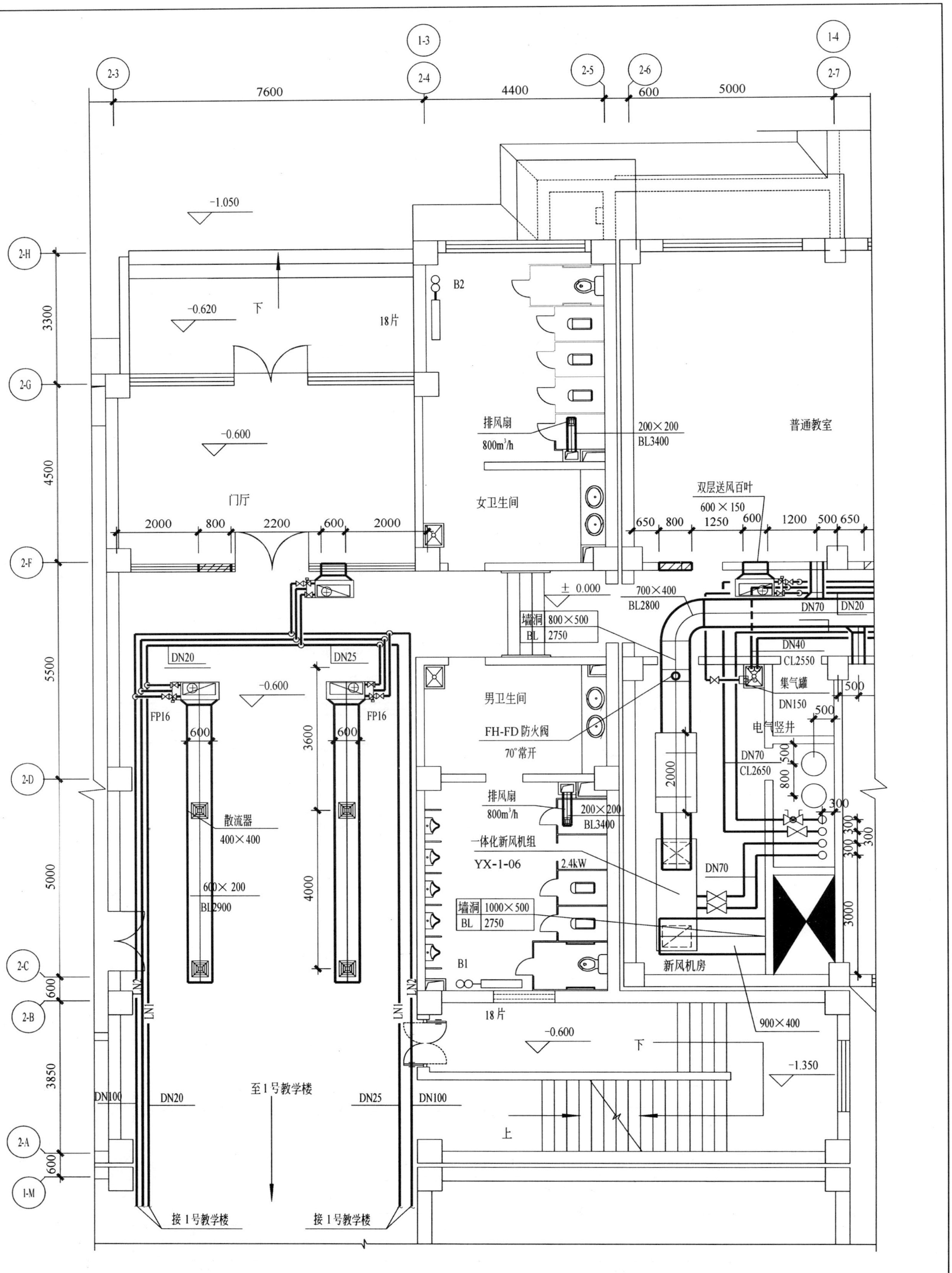


2号教学楼一层空调平面图（二）

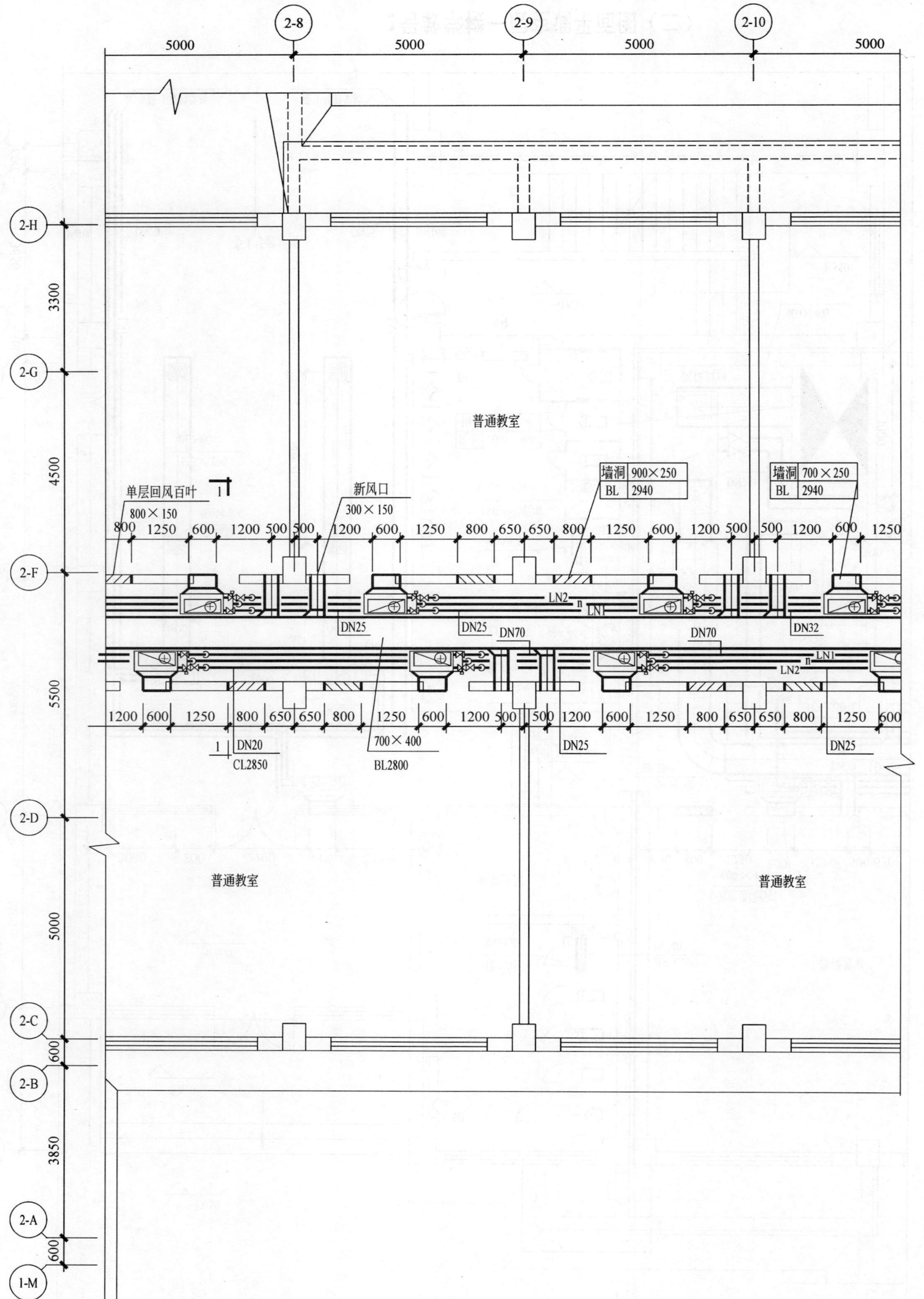


2号教学楼一层空调平面图（三）

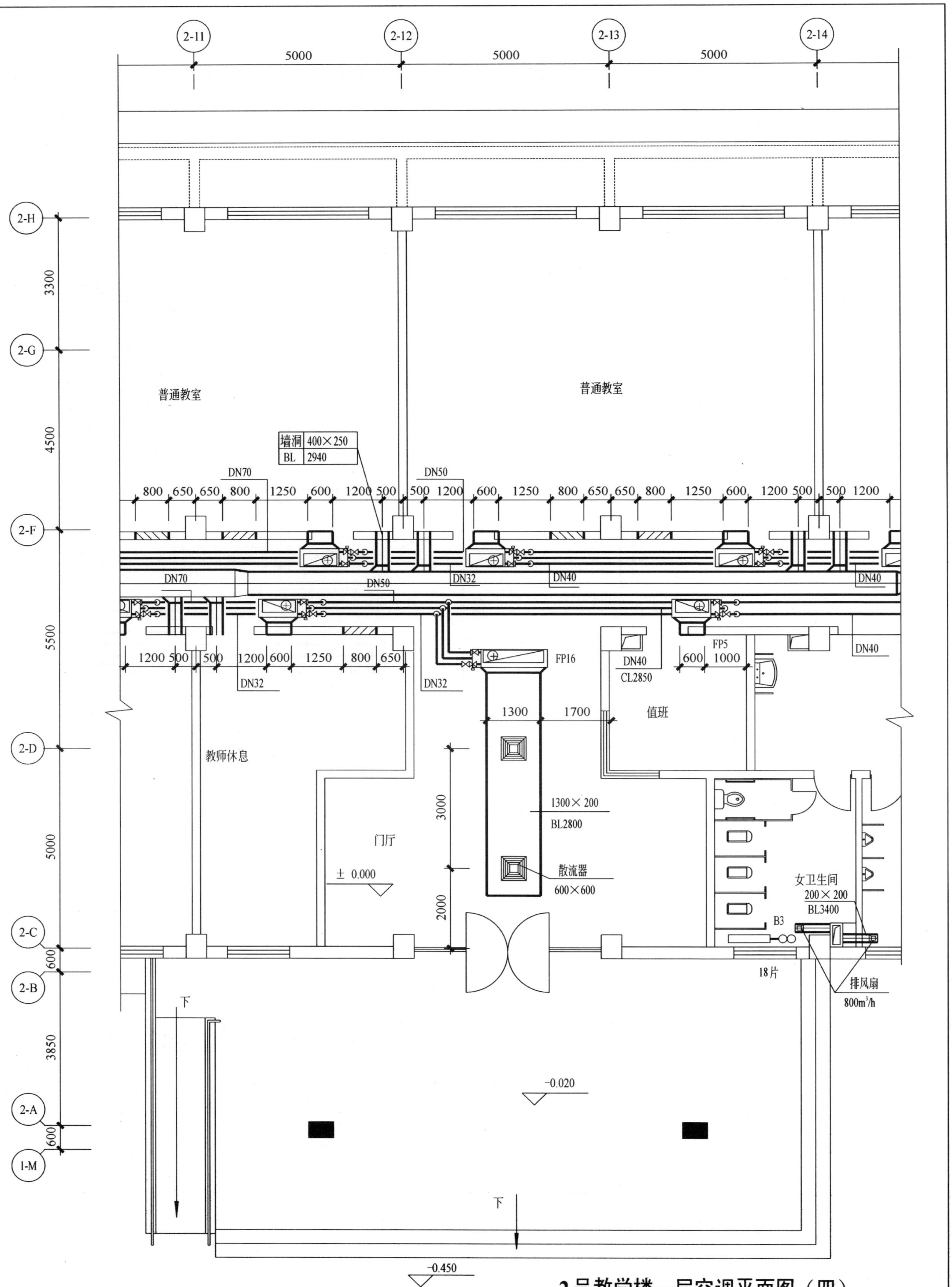


2号教学楼一层空调平面图（四）

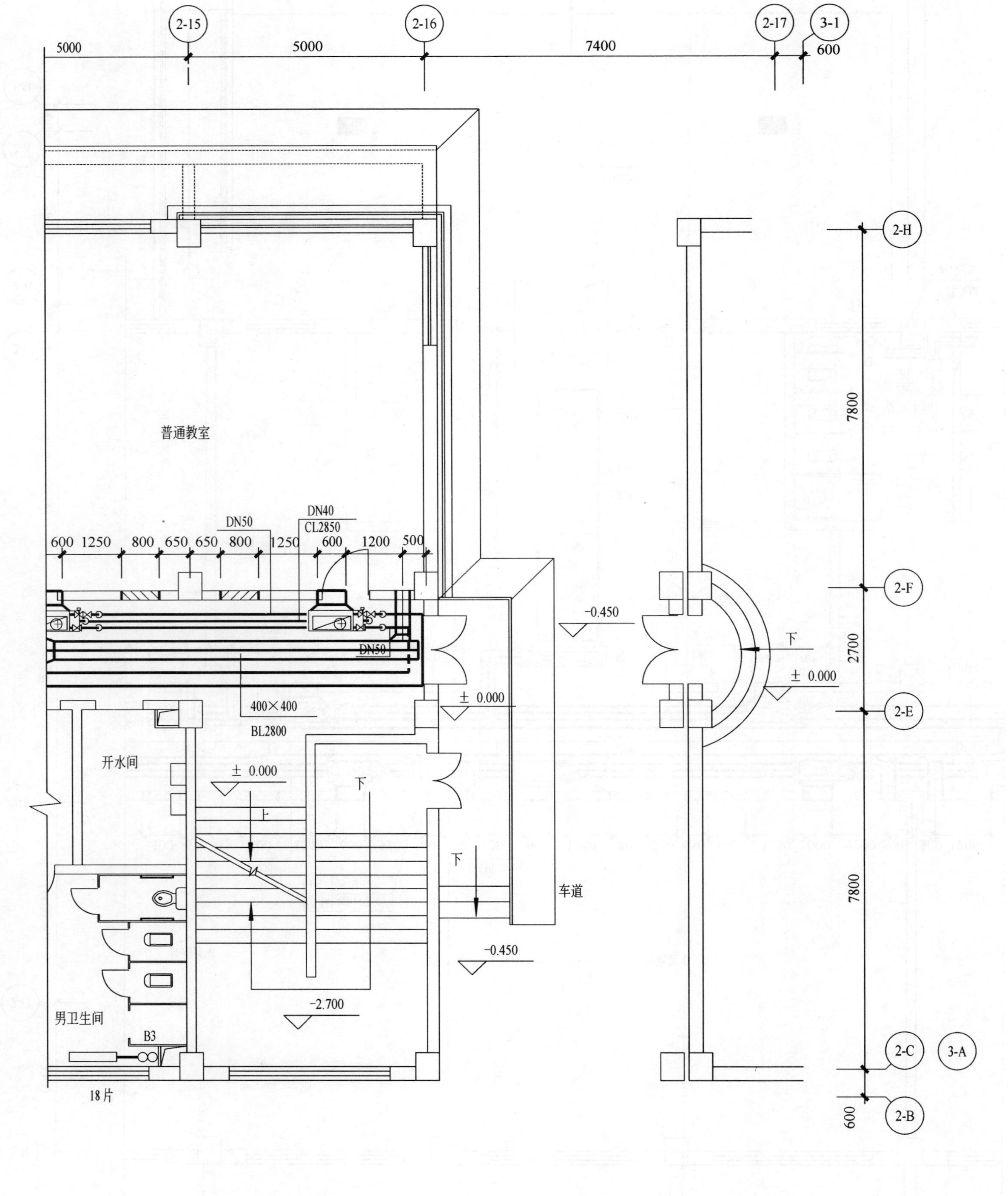


2号教学楼一层空调平面图（五）

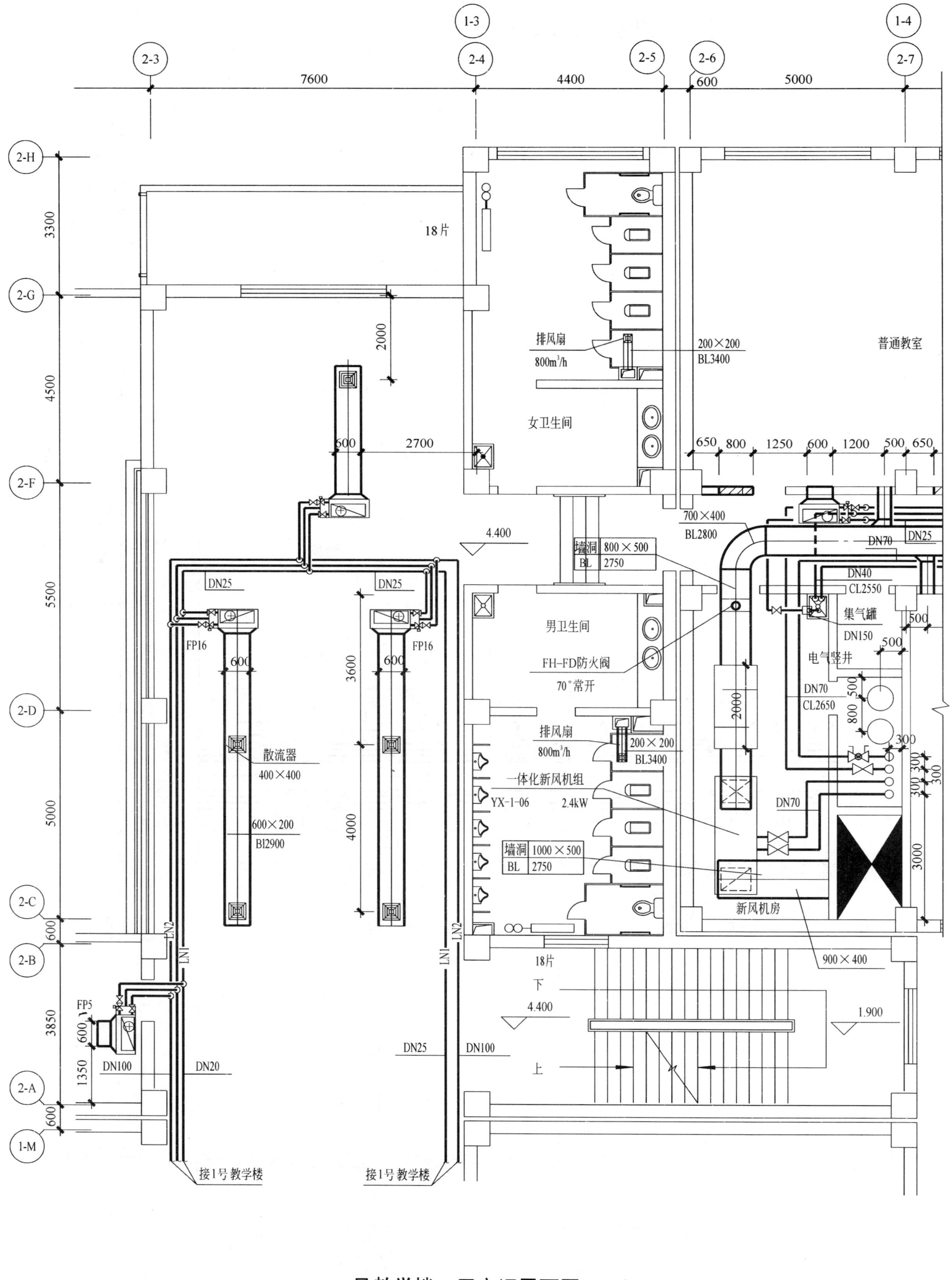


2号教学楼二层空调平面图（一）

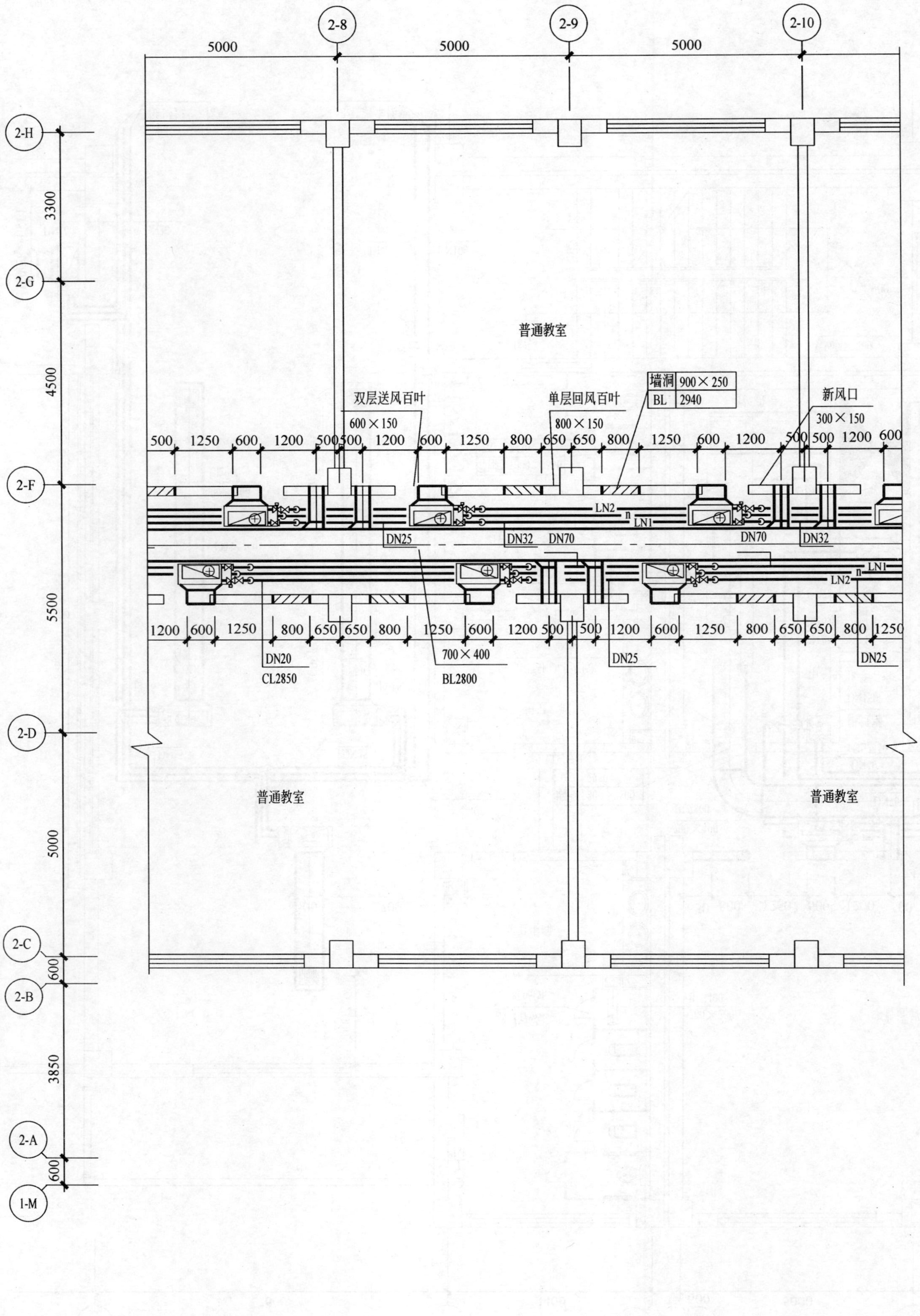


2号教学楼二层空调平面图（二）

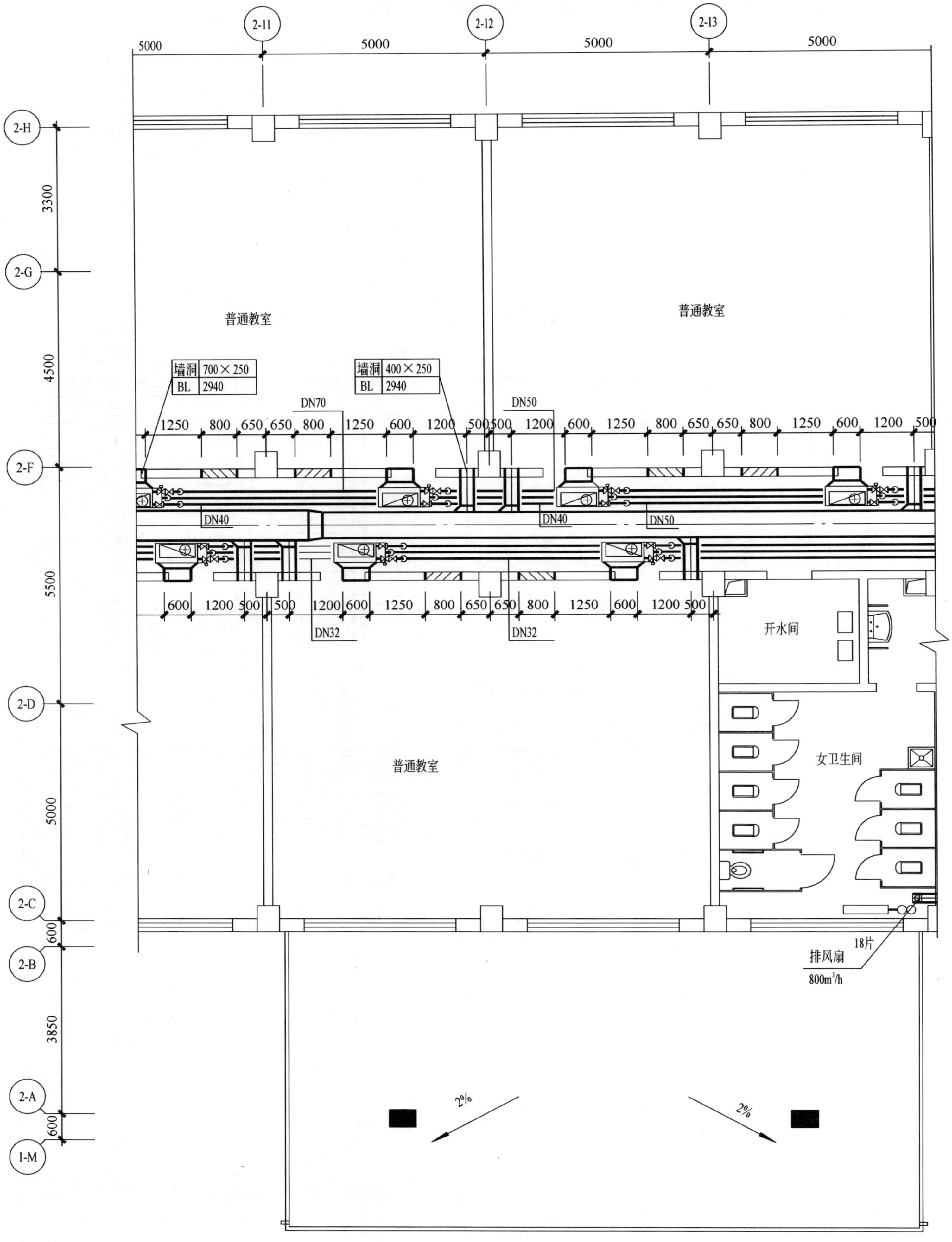


2号教学楼二层空调平面图（三）

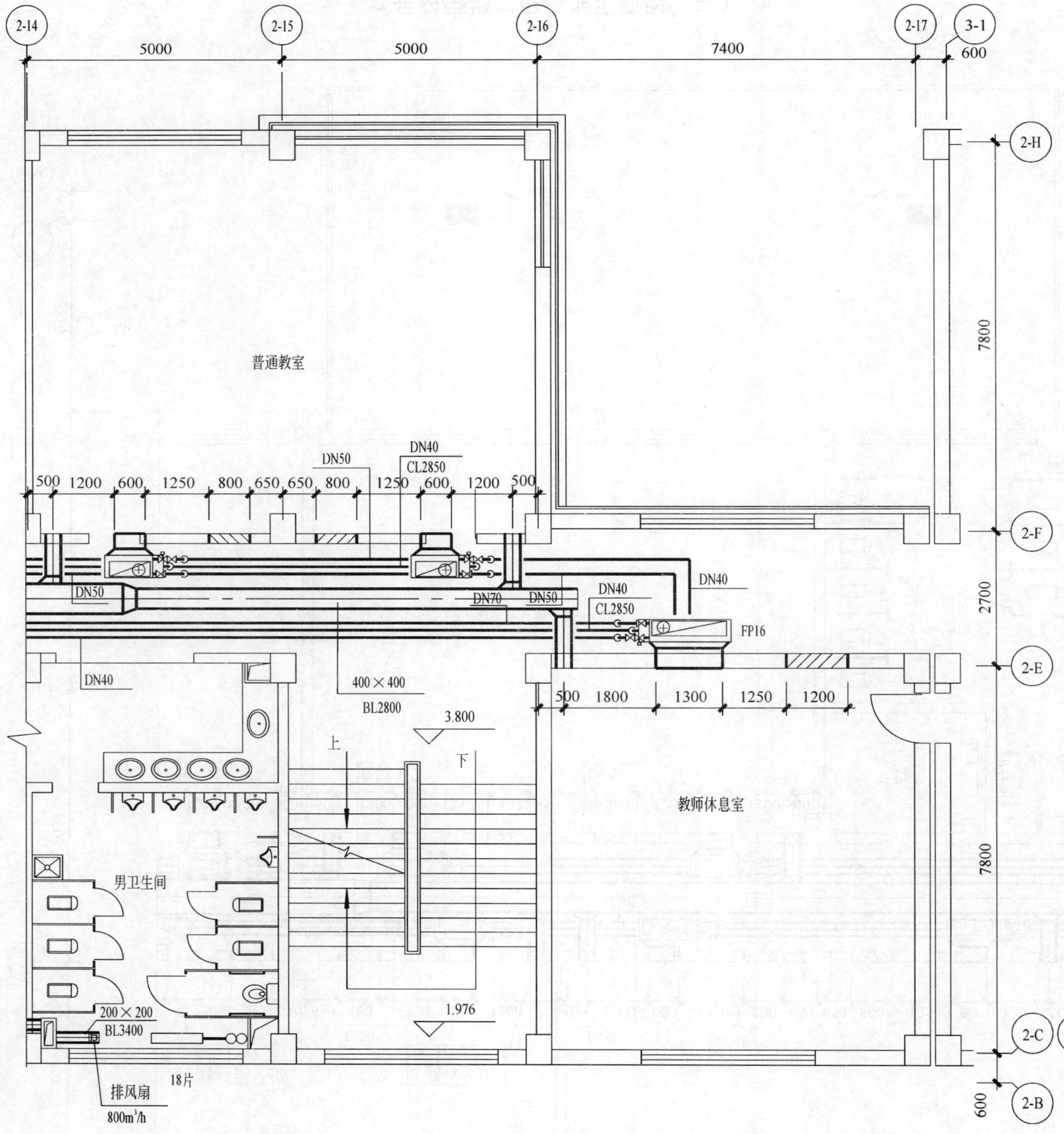


2号教学楼二层空调平面图（四）

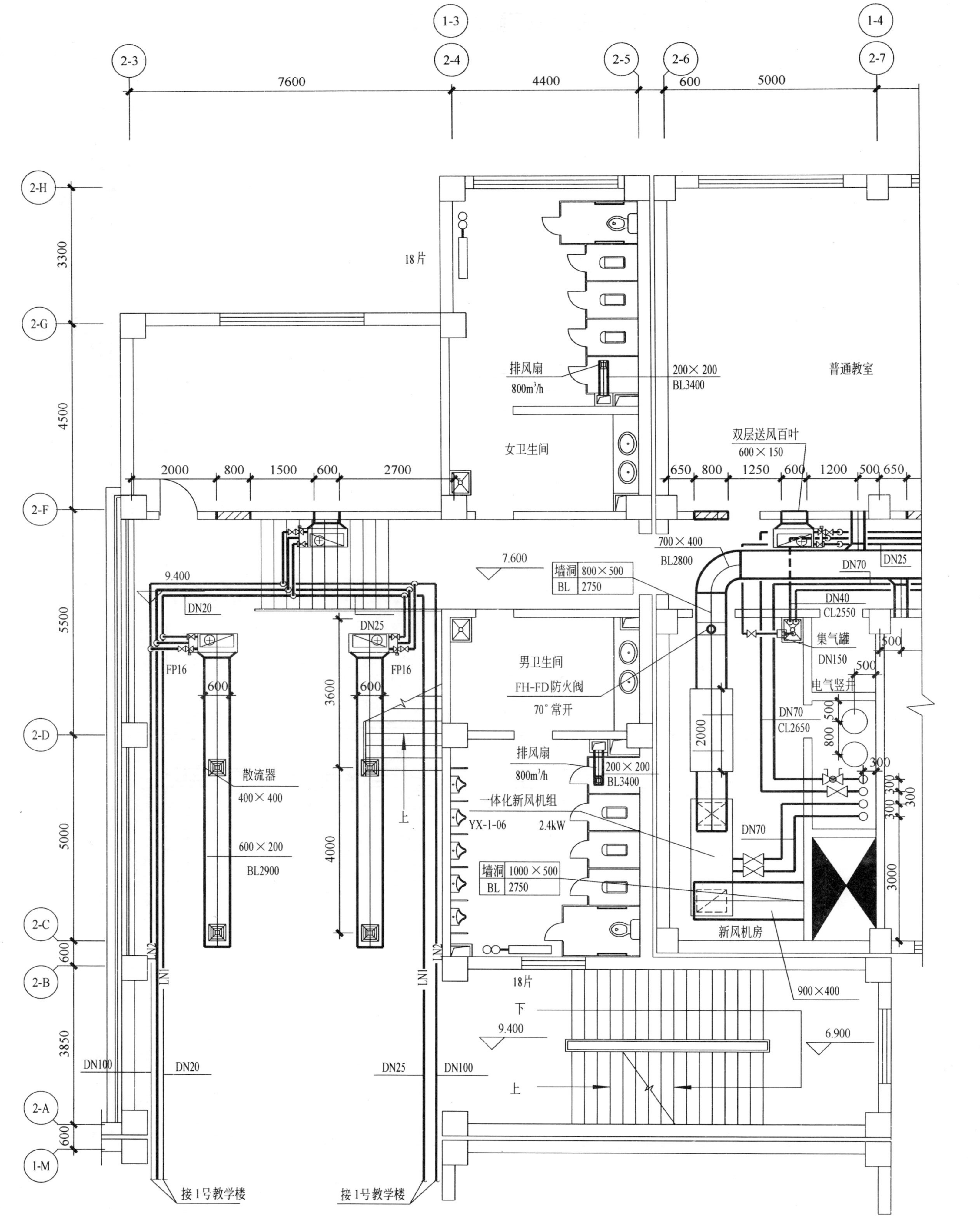

2号教学楼三层空调平面图（一）

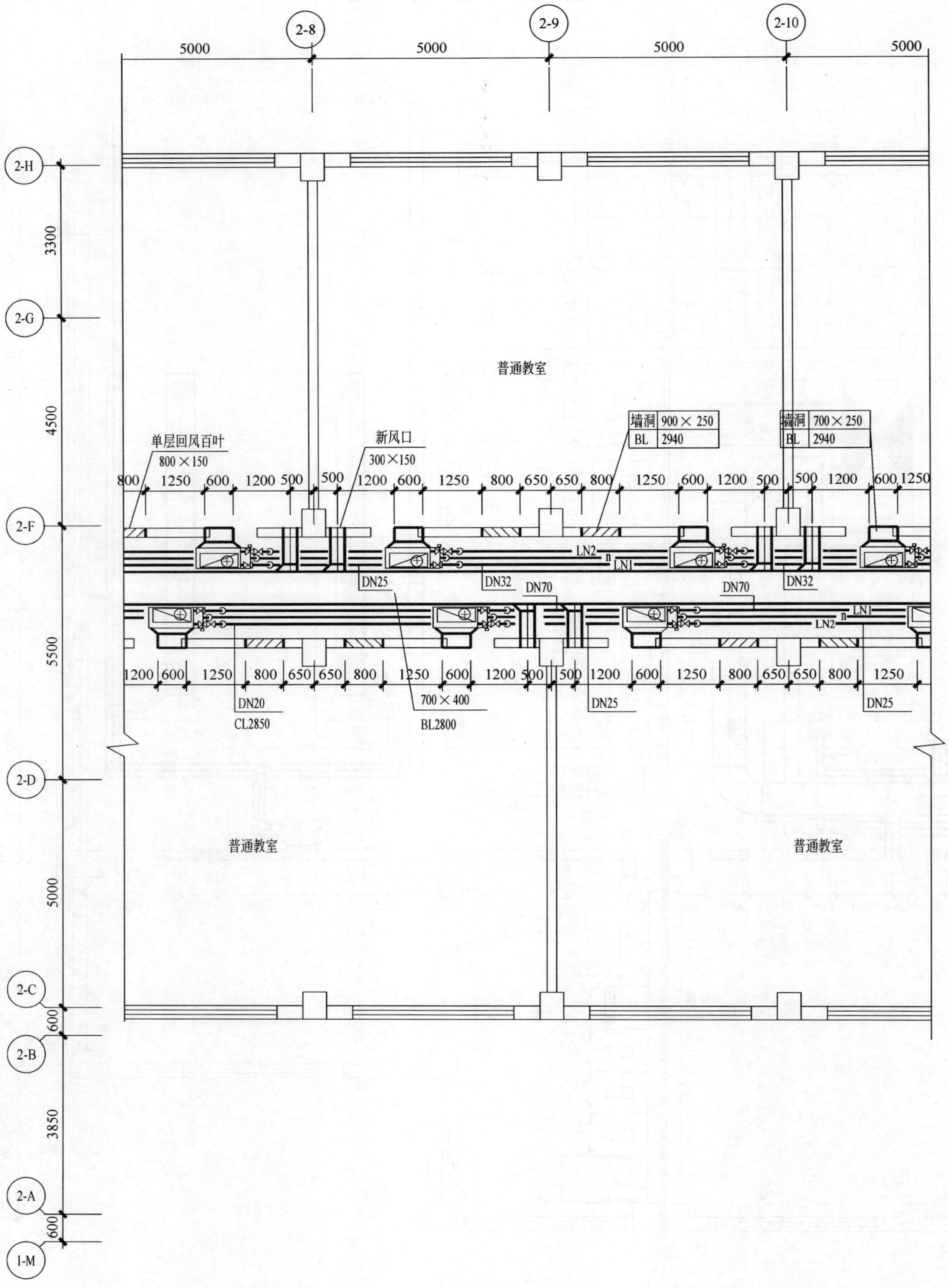


2 号教学楼三层空调平面图（二）

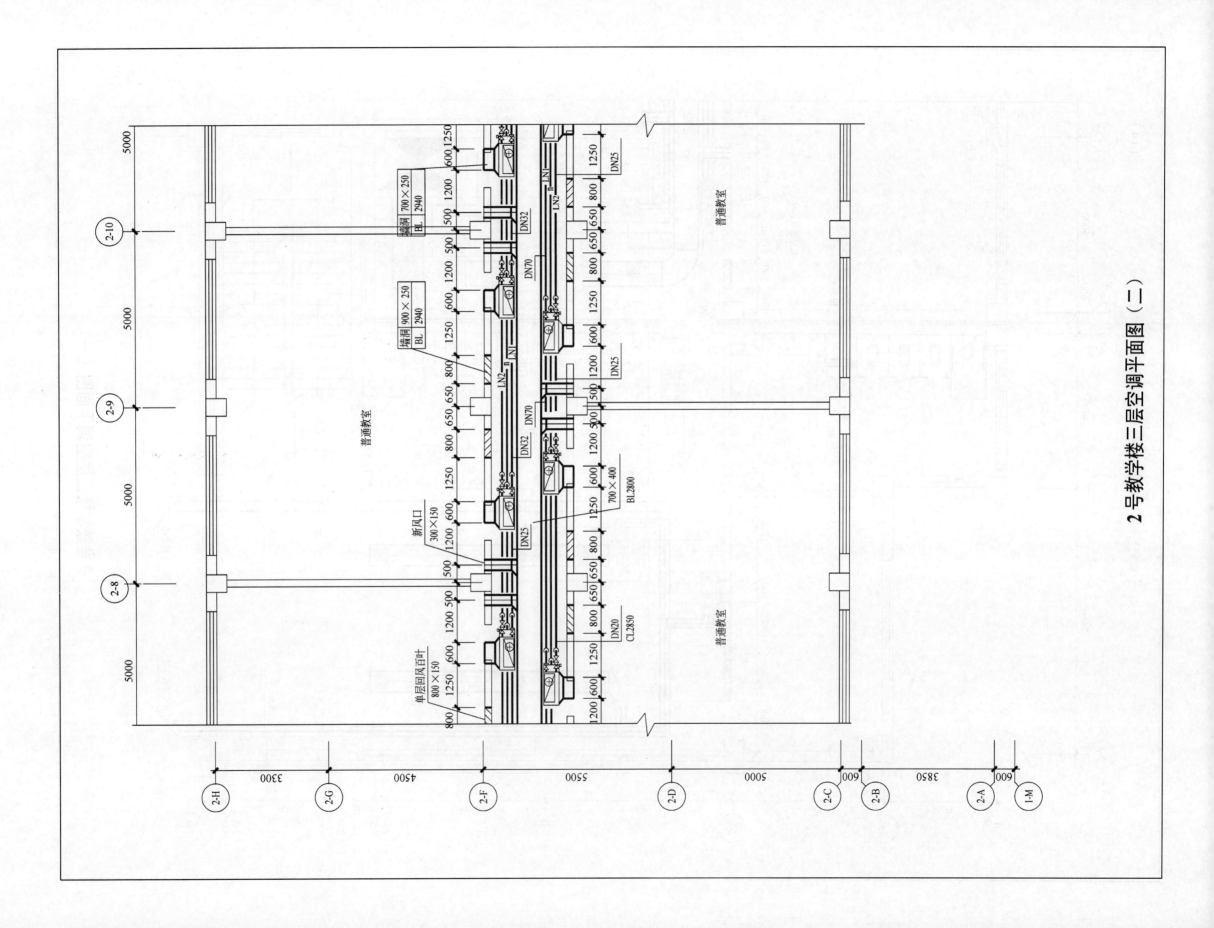

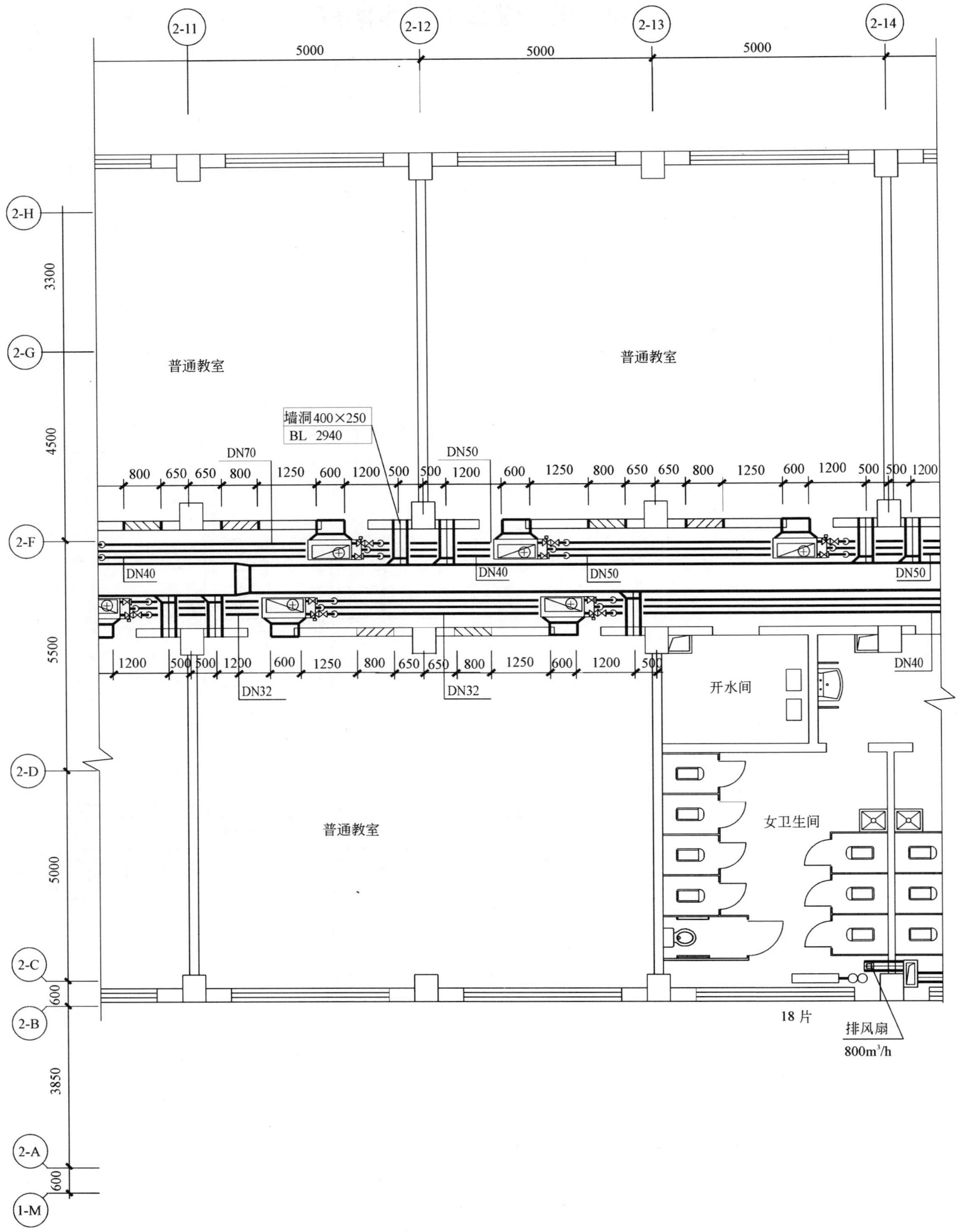


## 2号教学楼三层空调平面图（三）

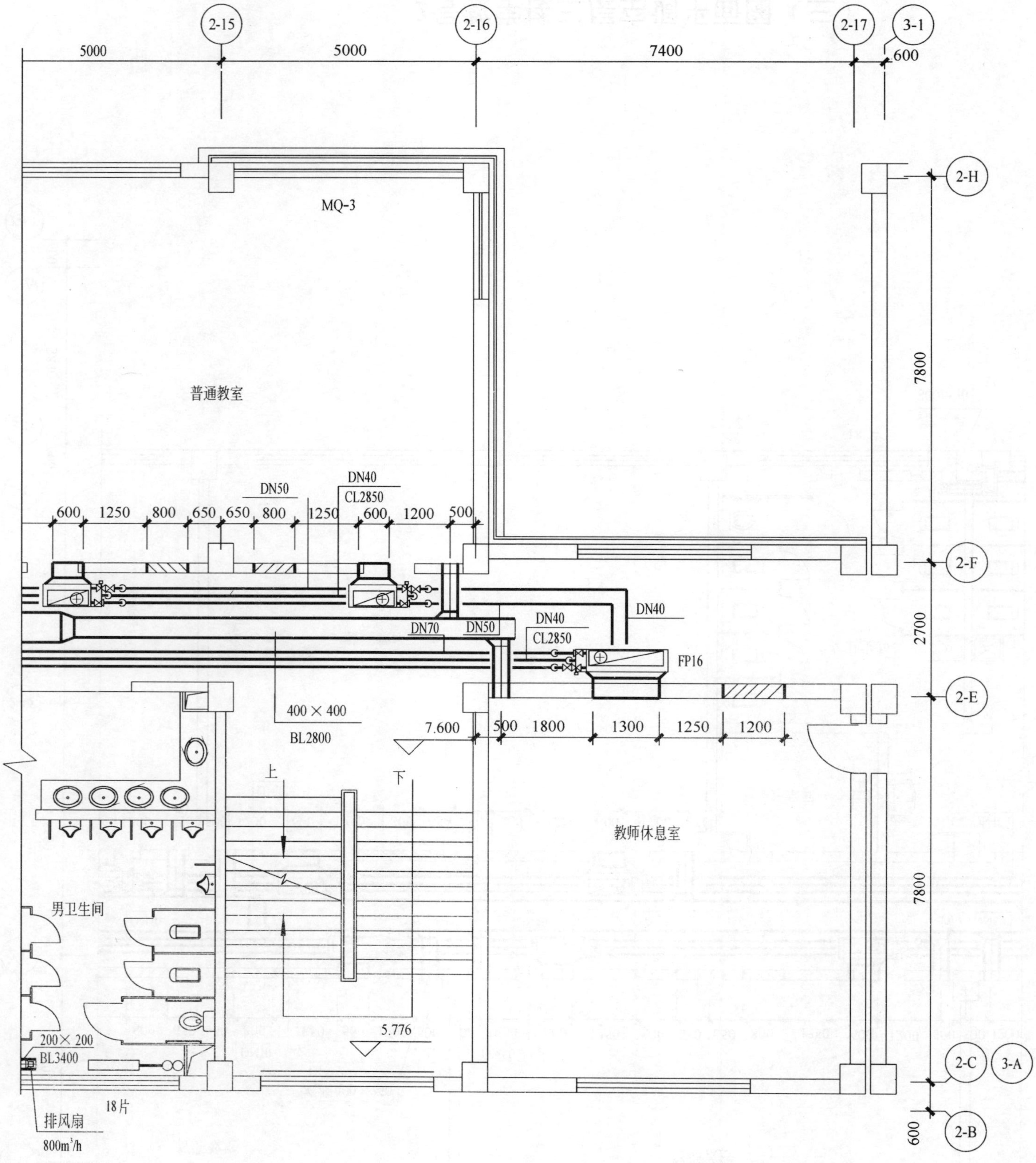


2号教学楼三层空调平面图（四）

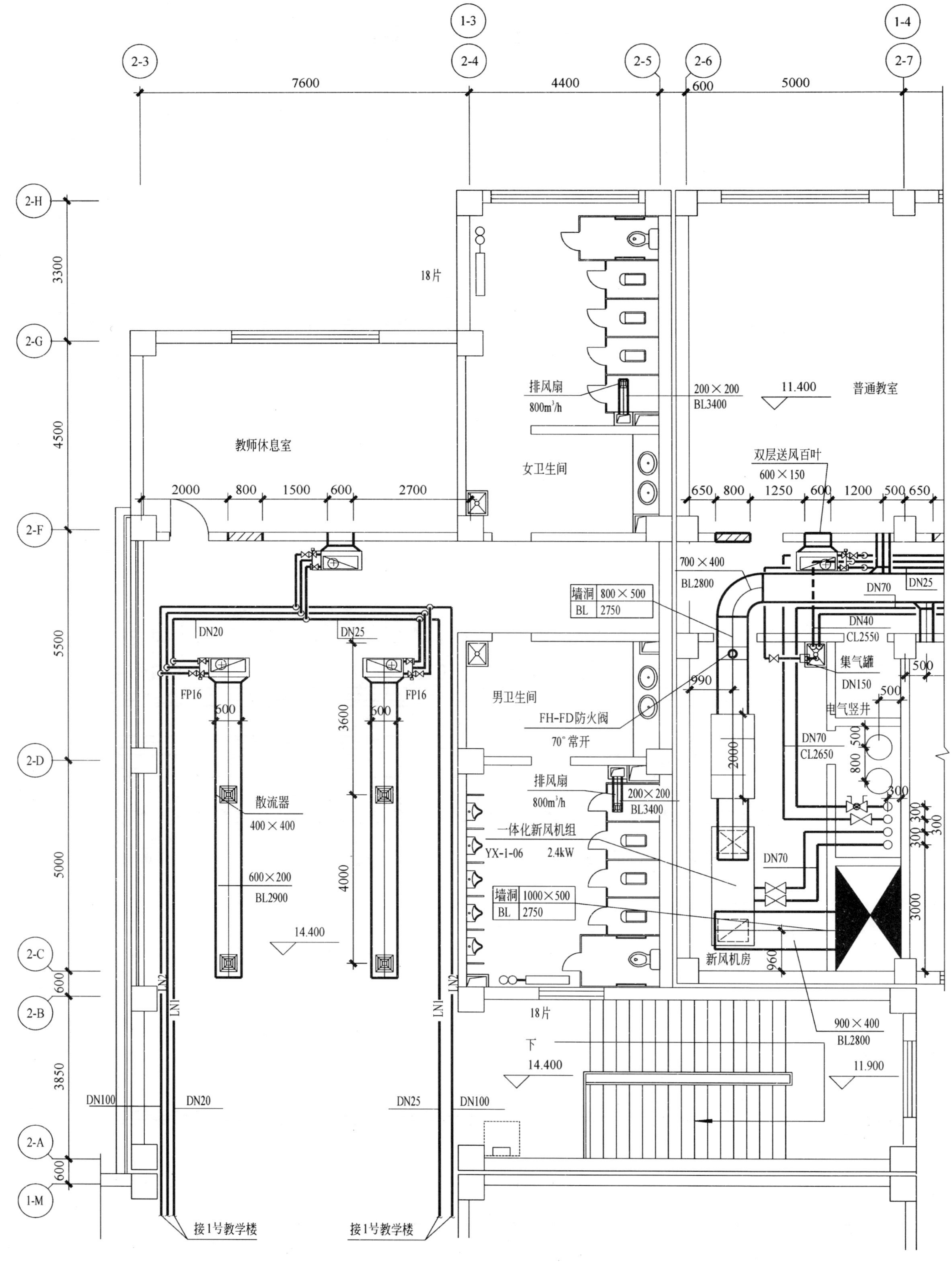


## 2号教学楼四层空调平面图（一）

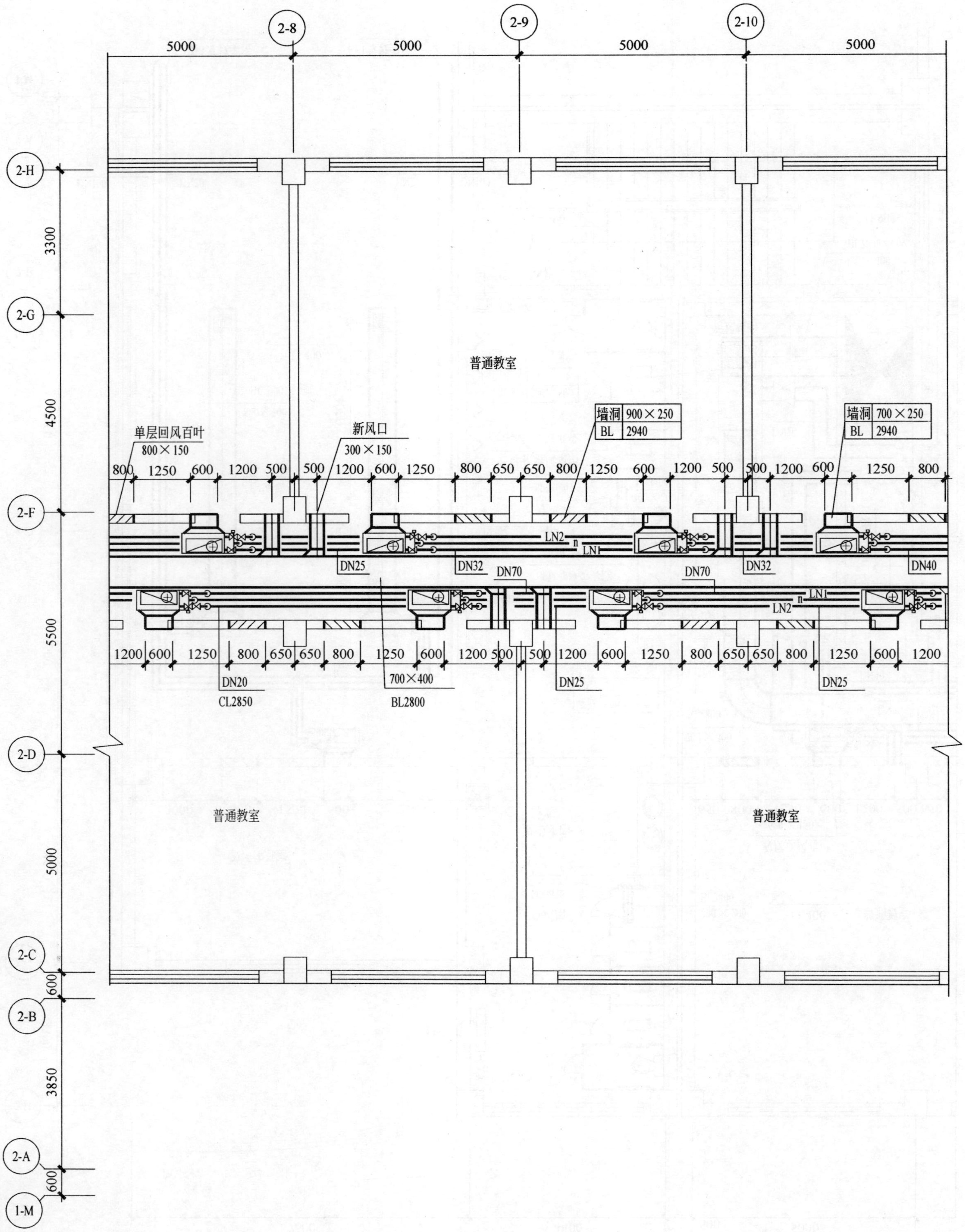


2号教学楼四层空调平面图（二）

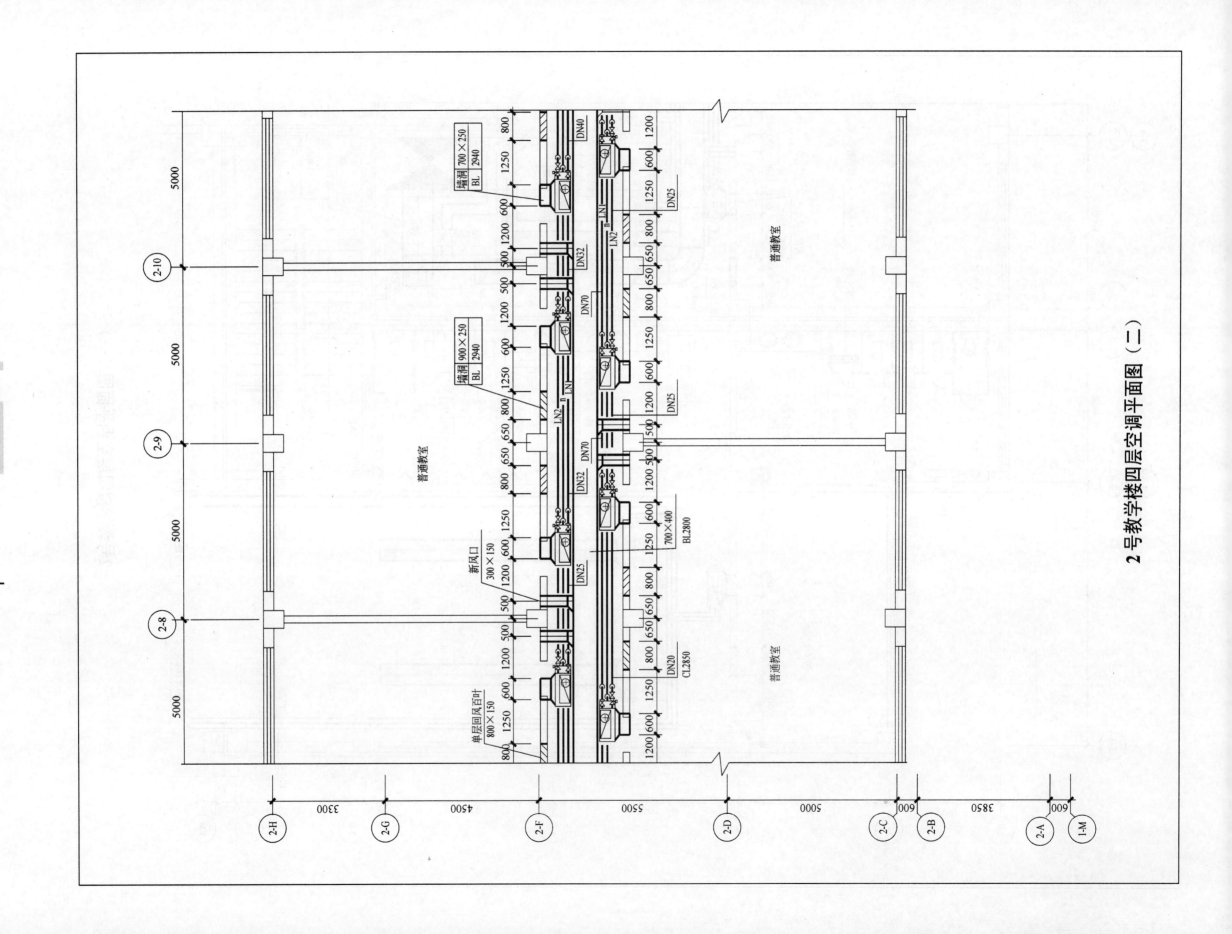

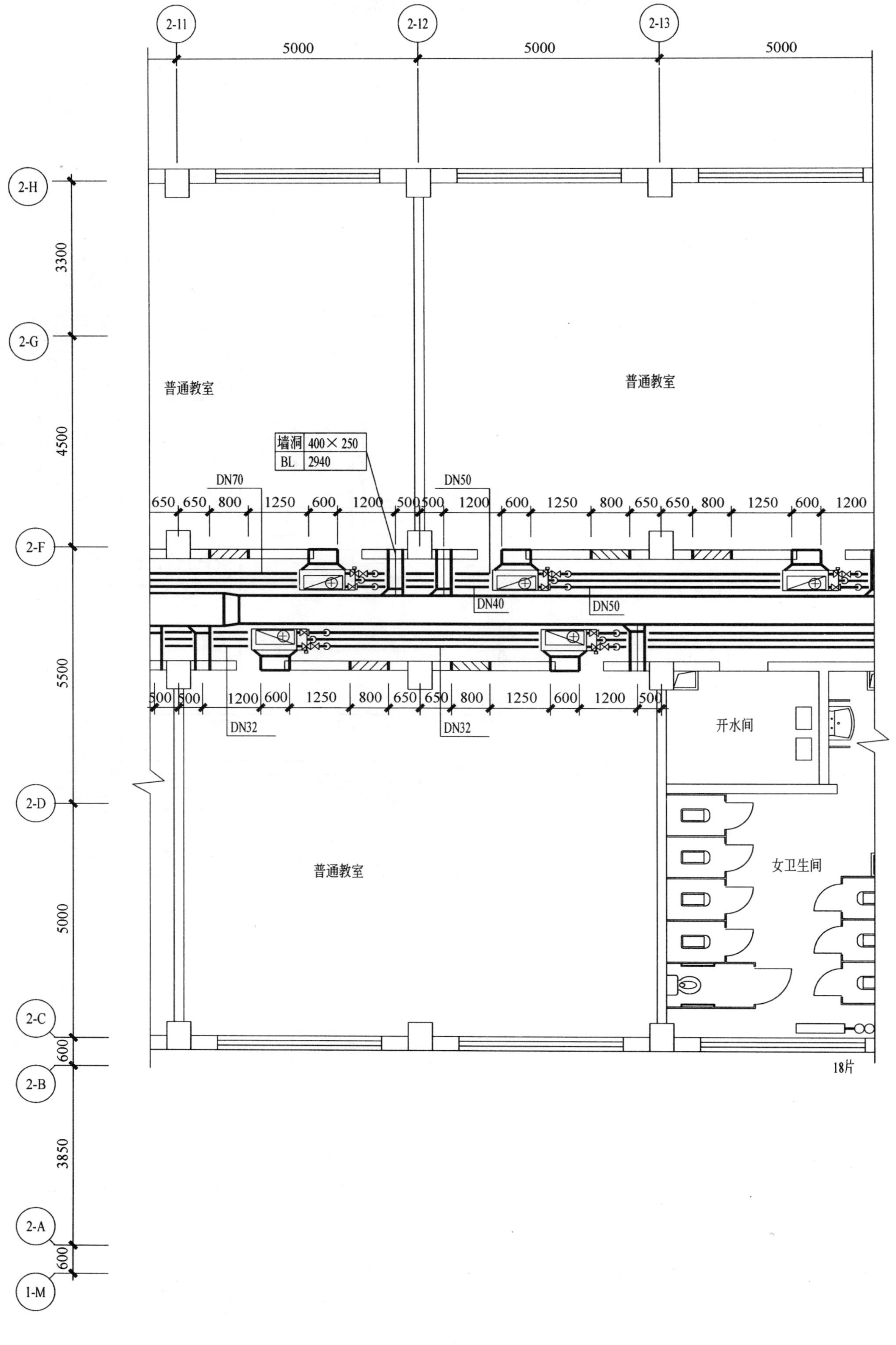


## 2号教学楼四层空调平面图（三）

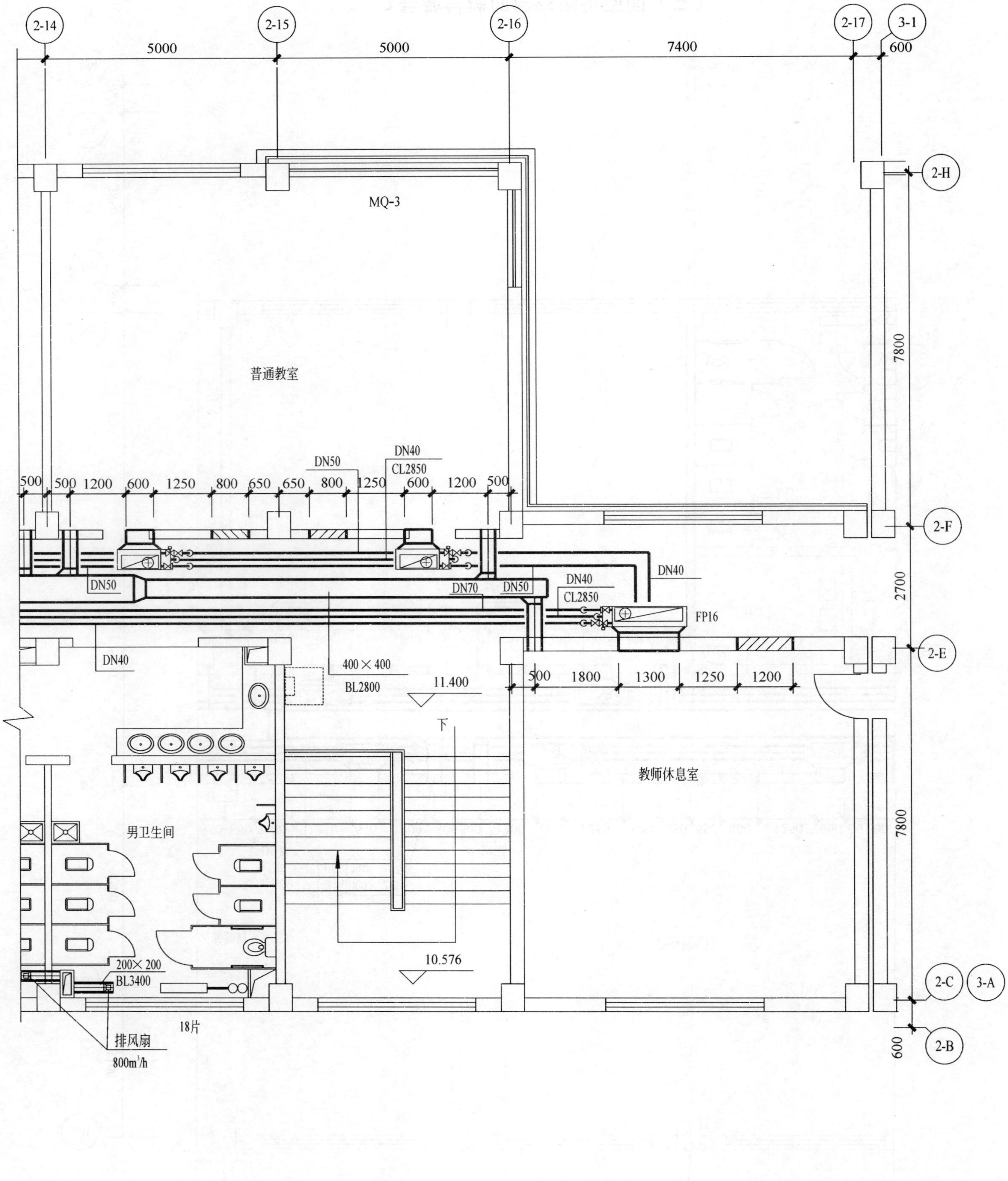


2号教学楼四层空调平面图（四）

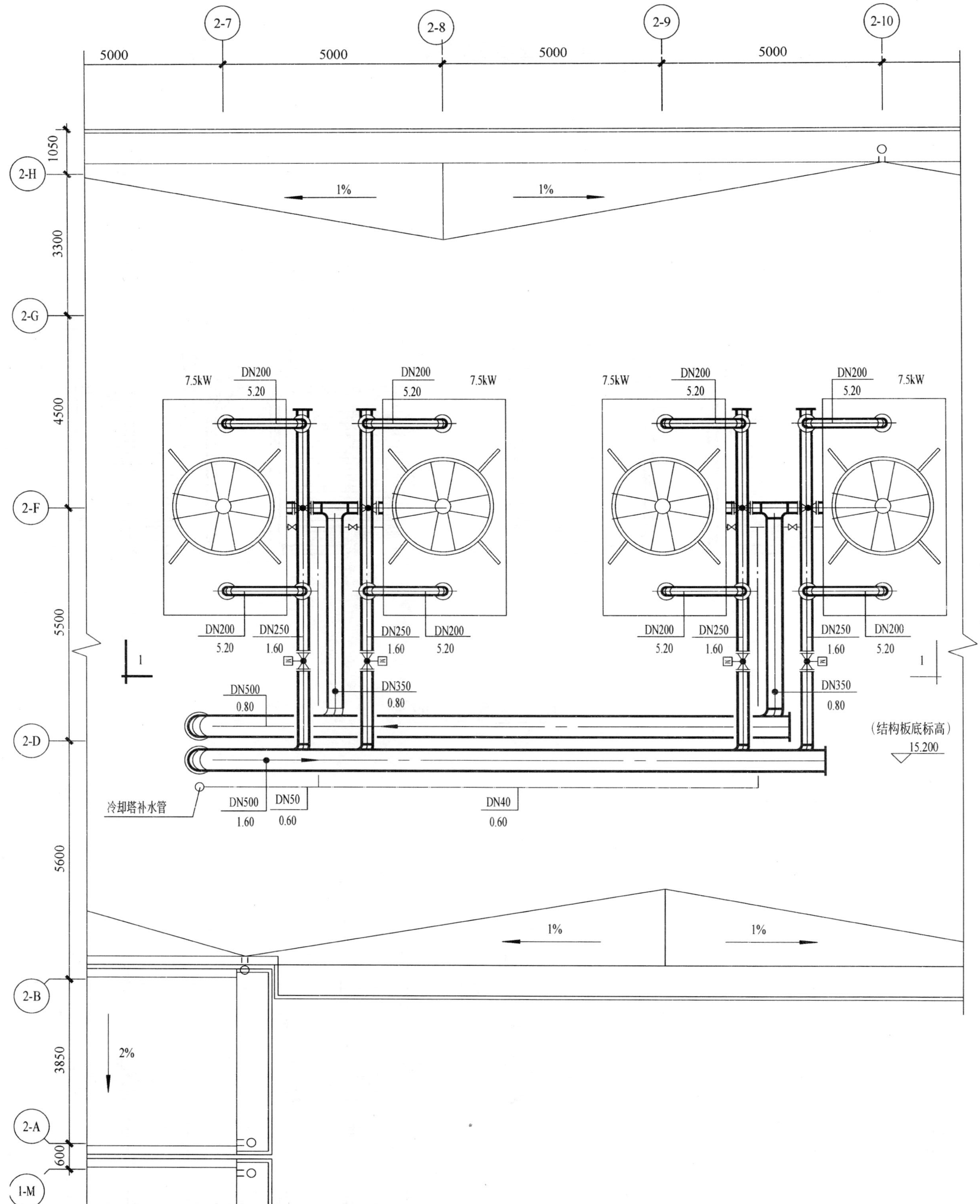
2-7
2-8
2-9
2-10
5000
5000
5000
5000
1050
2-H
3300
2-G
4500
2-F
5500
2-D
5600
2-B
3850
2-A
600
1-M
1%
1%
1%
1%
2%
7.5kW
7.5kW
7.5kW
7.5kW
DN200
5.20
DN250
1.60
DN350
0.80
DN500
0.80
DN500
1.60
DN50
0.60
DN40
0.60
冷却塔补水管
（结构板底标高）
15.200
1
1

2号教学楼屋顶平面图

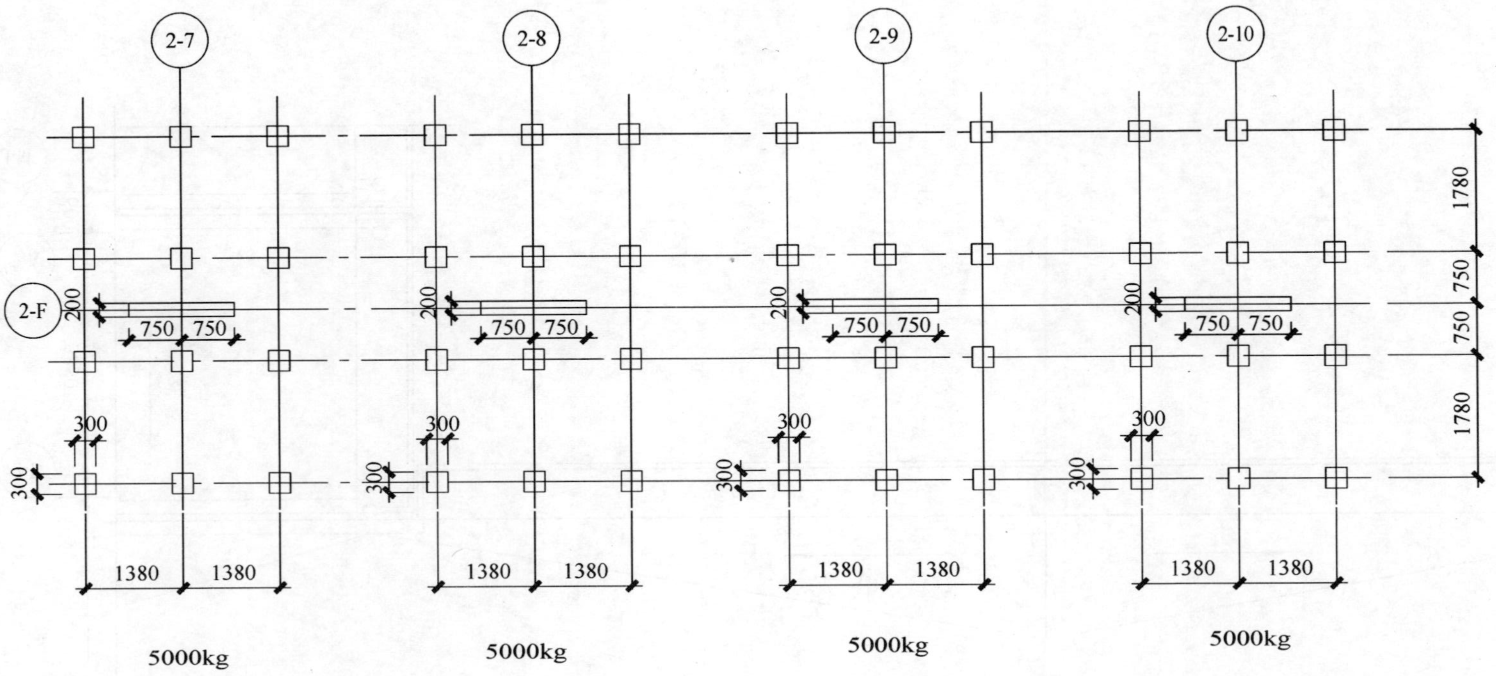


基础高 900mm，平面尺寸由厂家核实。

## 冷却塔基础平面图

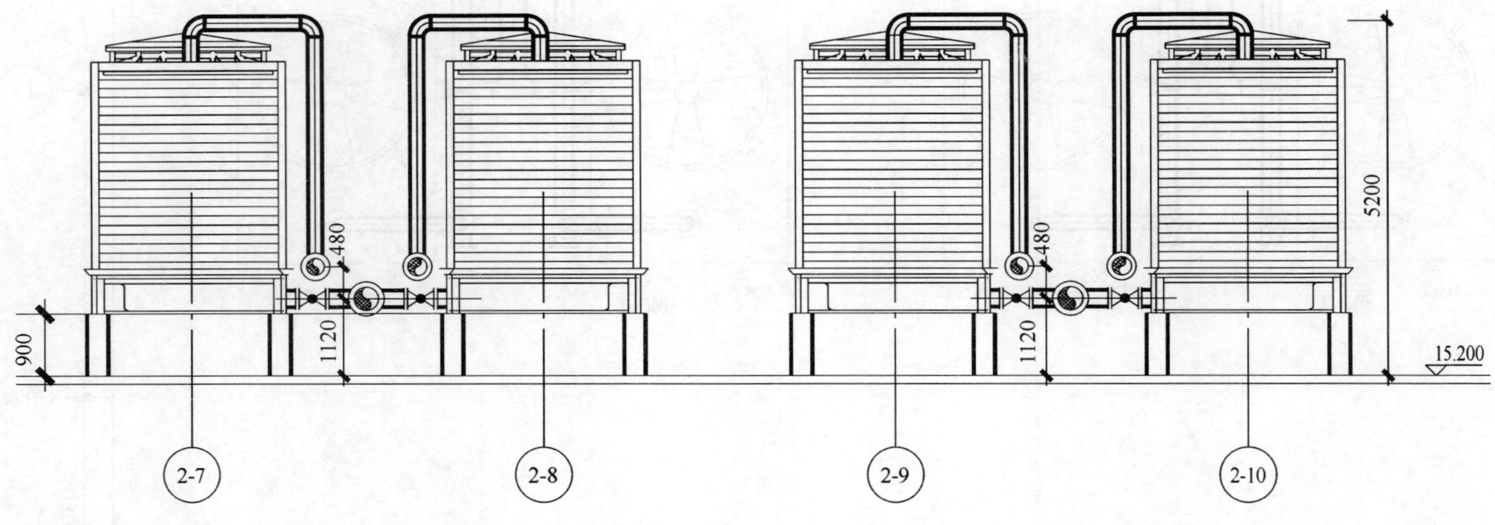


1—1 剖面图

# 2号教学楼屋顶

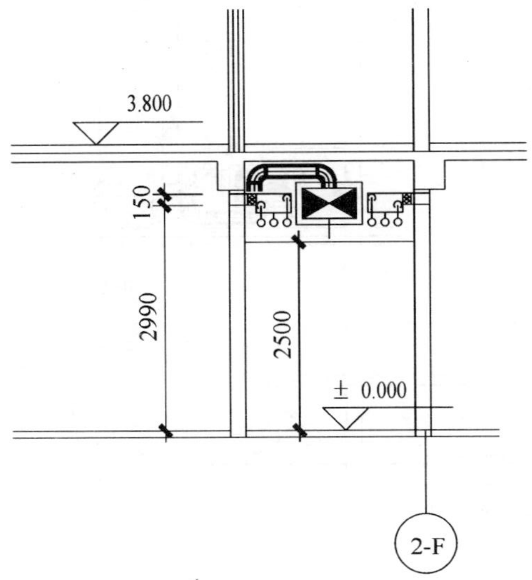


1—1 剖面图

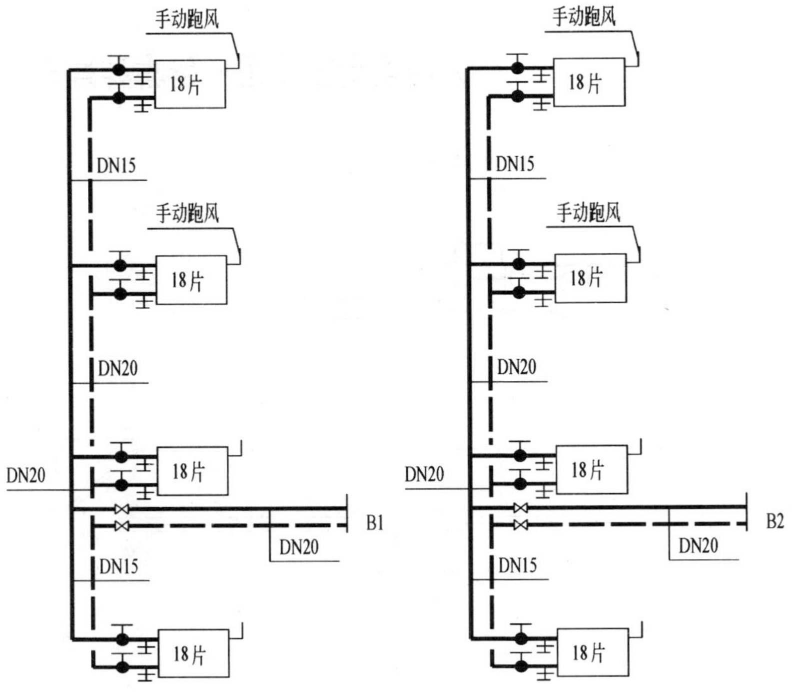


卫生间采暖系统图

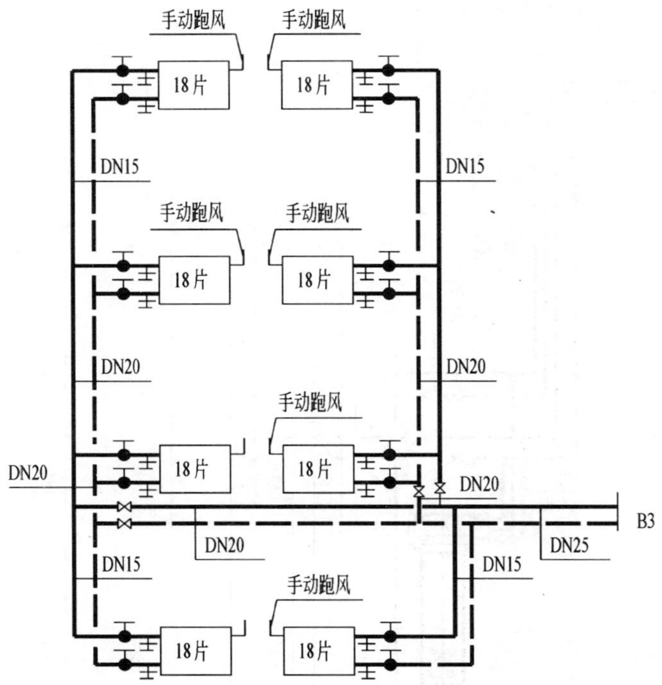


卫生间采暖系统图

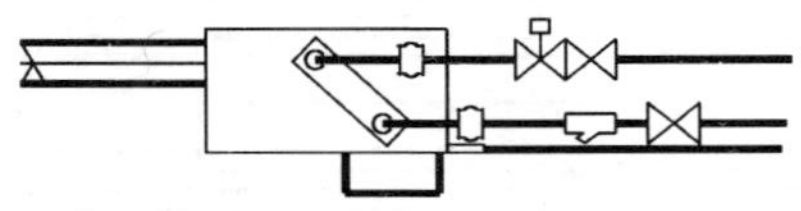

风机盘管接管详图

图中风机盘管除标注外，其余风机盘管均为 FP10

制冷量：5600W

制热量：8000W

电量：80W

风量：1000m³/h

# 3号教学楼二层空调平面图（二）

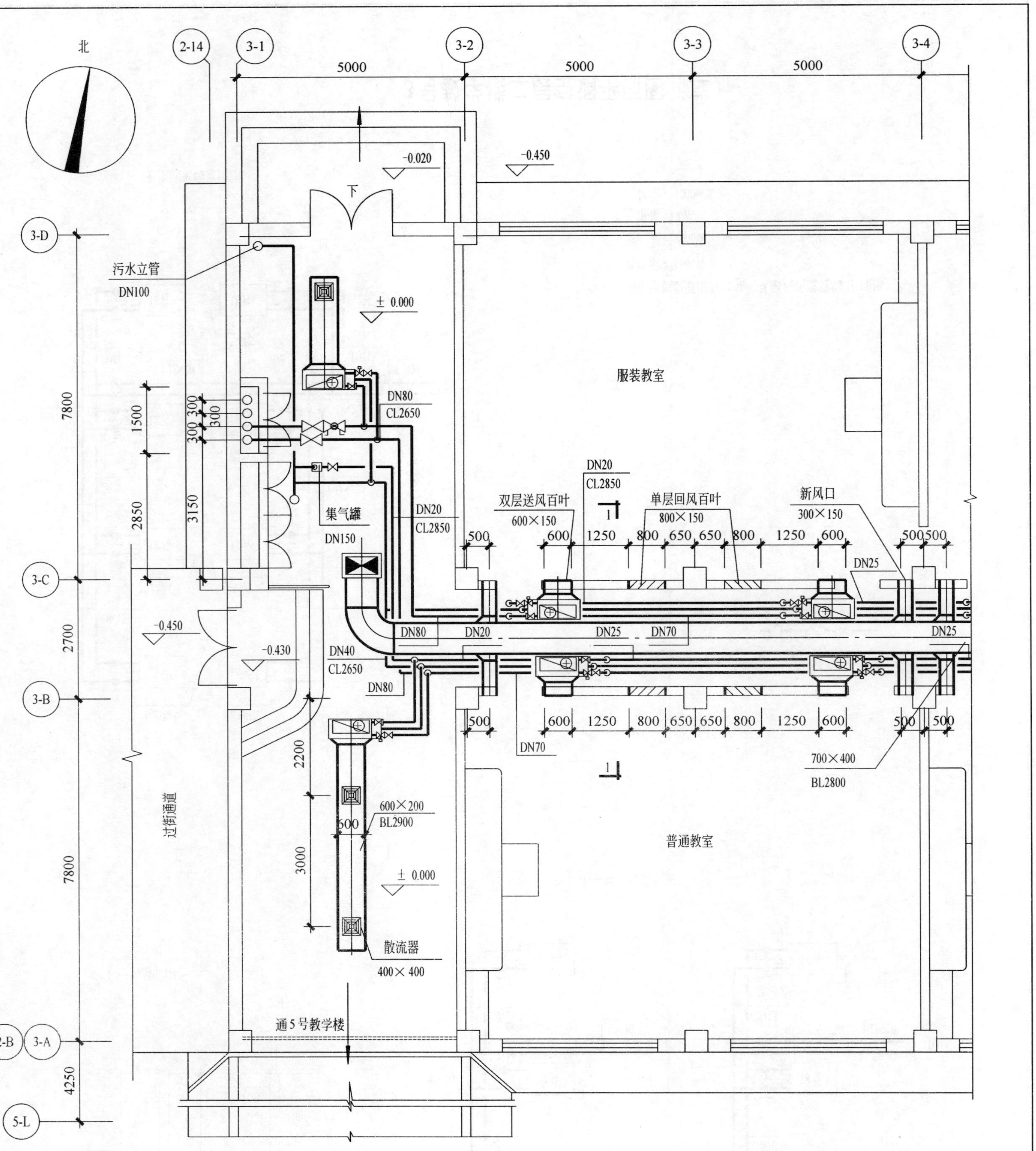


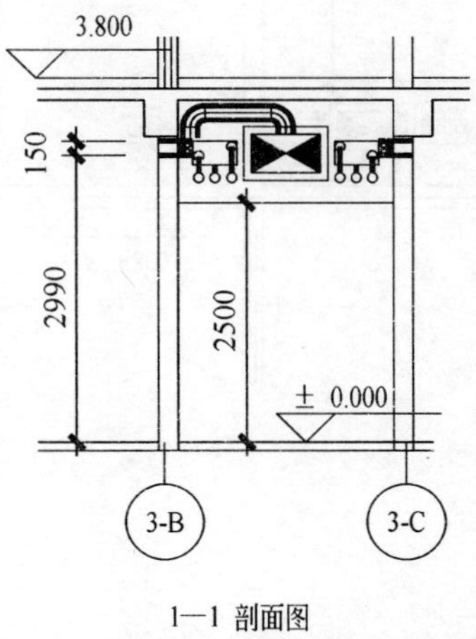

1—1 剖面图

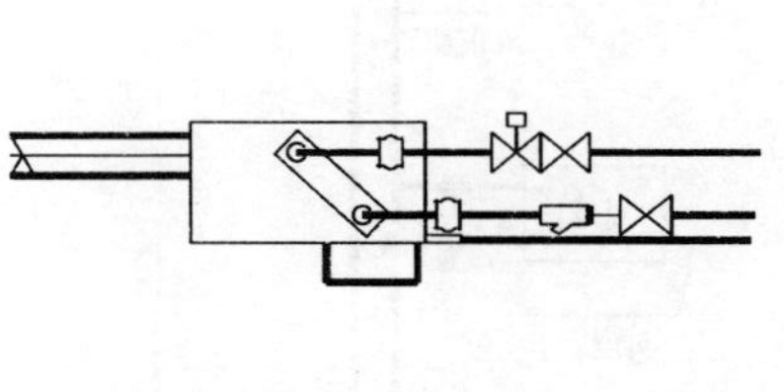
风机盘管接管详图

3号教学楼一层空调平面图（一）

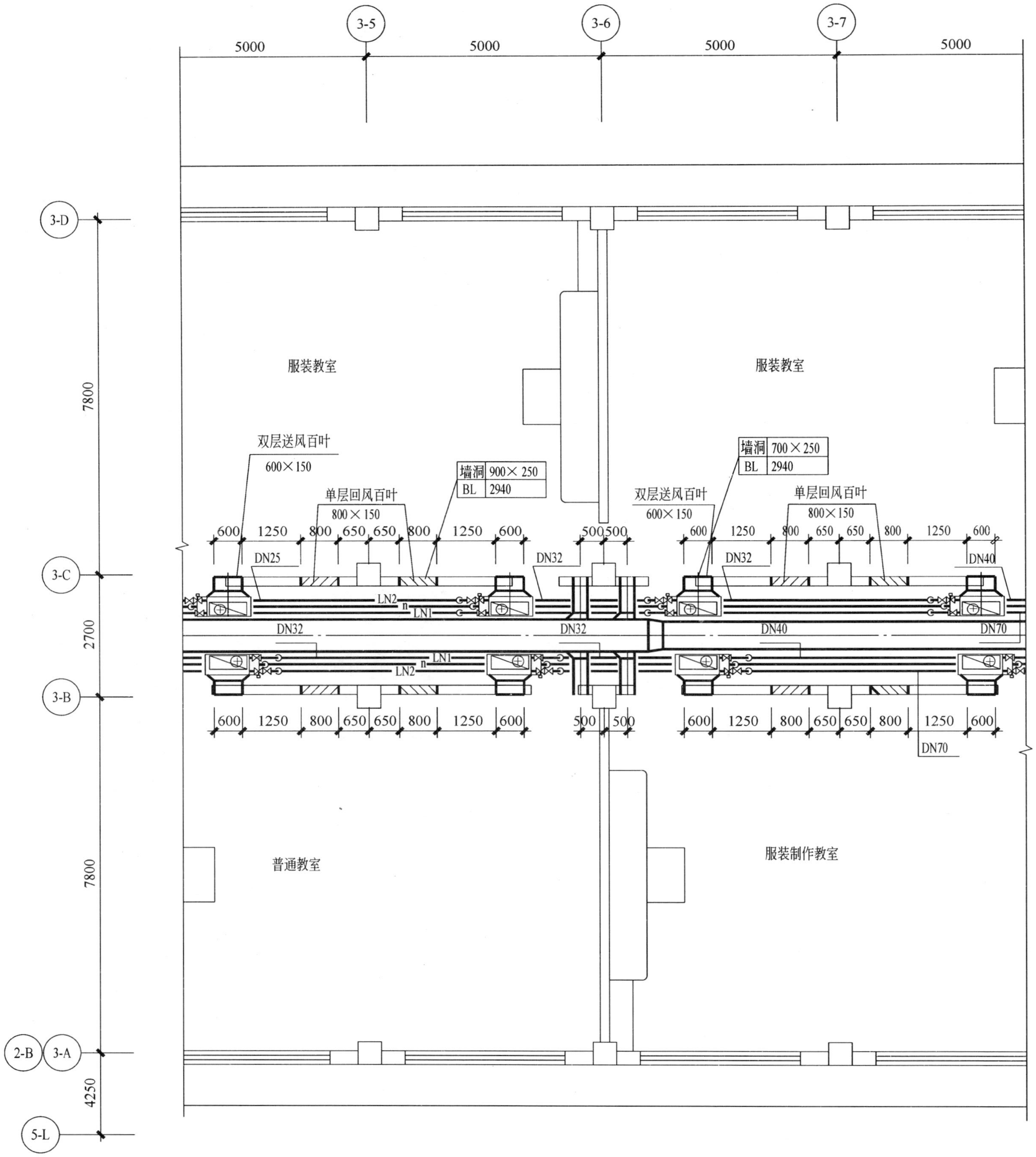


3号教学楼一层空调平面图（二）

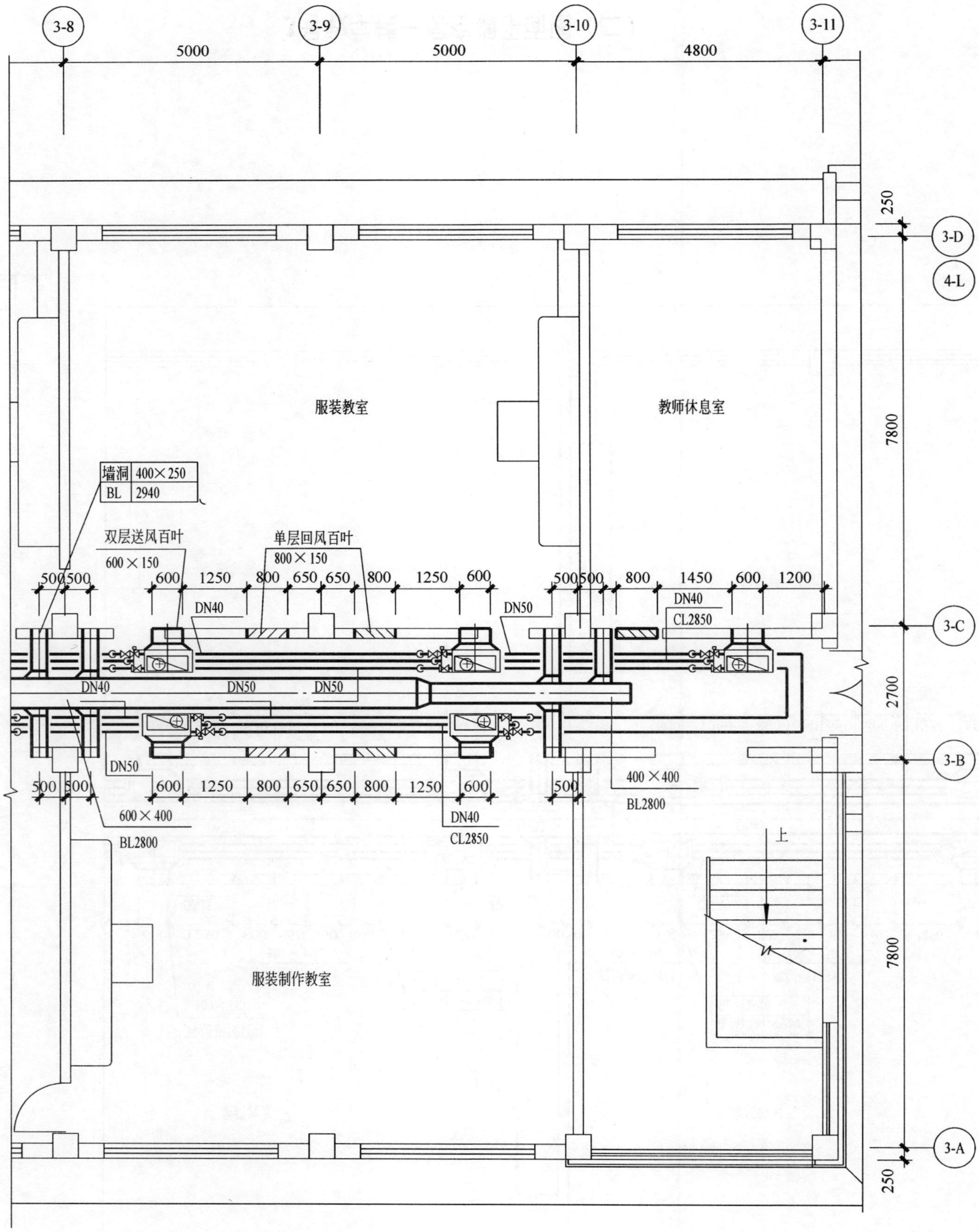


3号教学楼一层空调平面图（三）

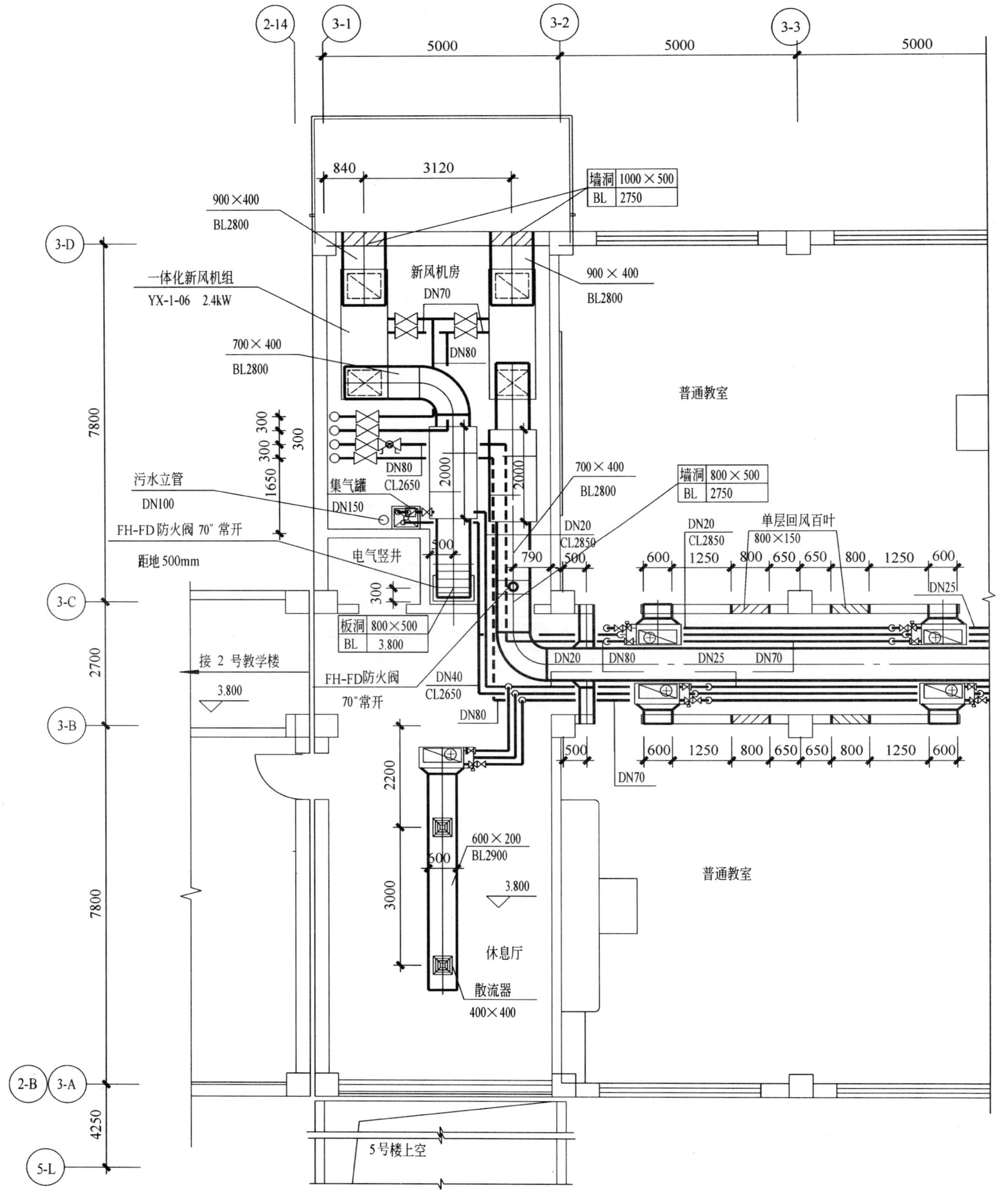


3号教学楼二层空调平面图（一）

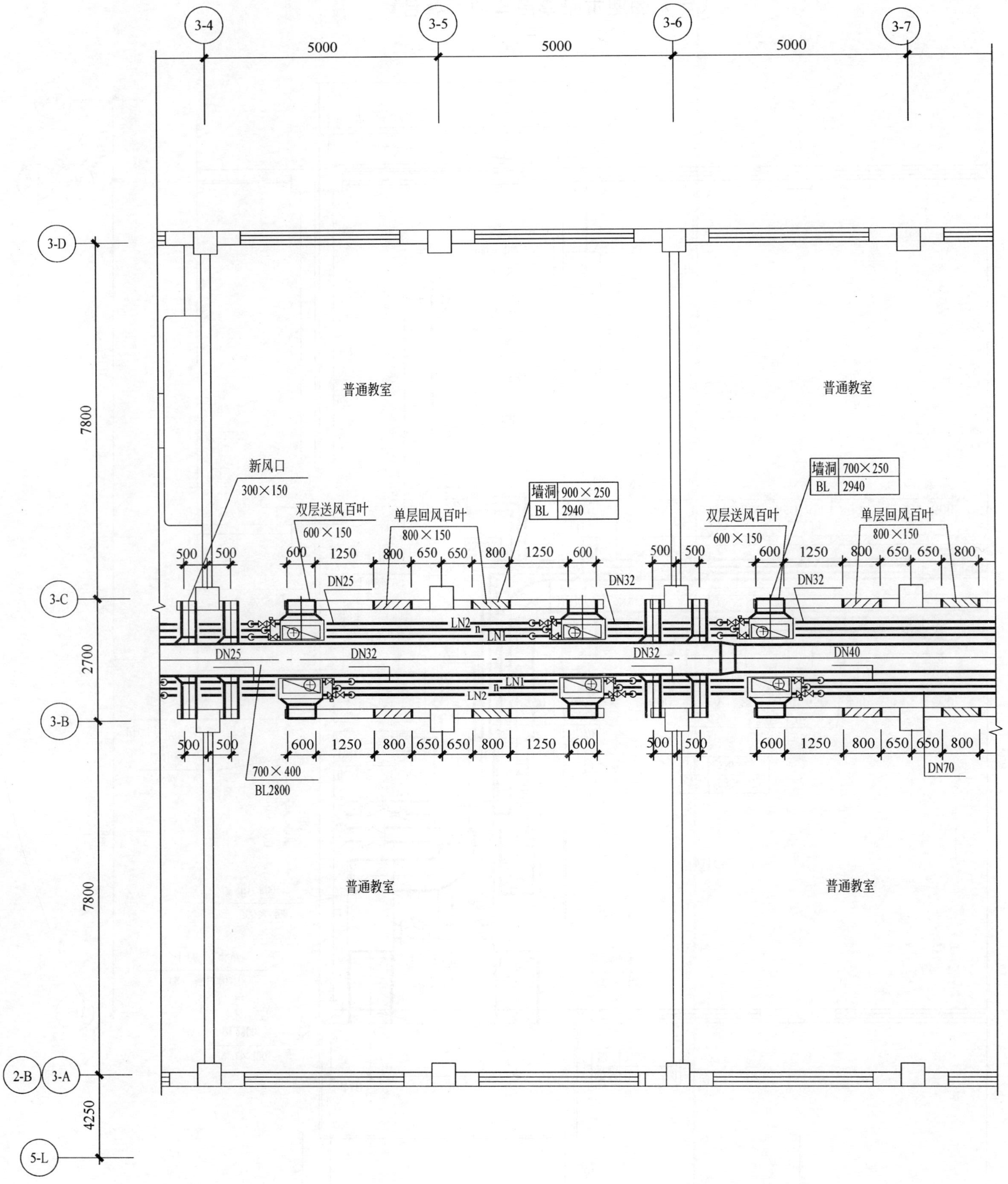


3 号教学楼二层空调平面图（二）

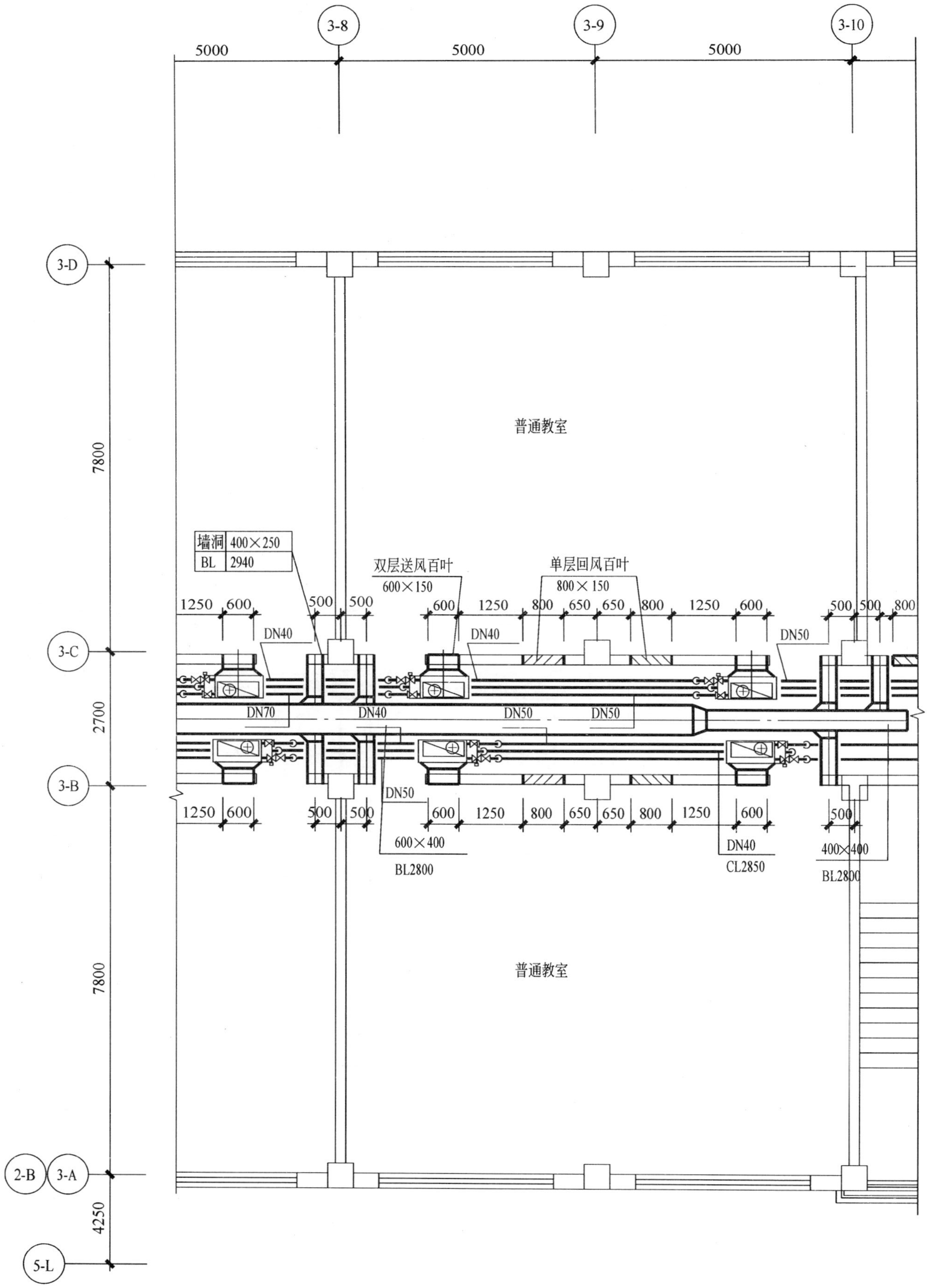


3号教学楼二层空调平面图（三）

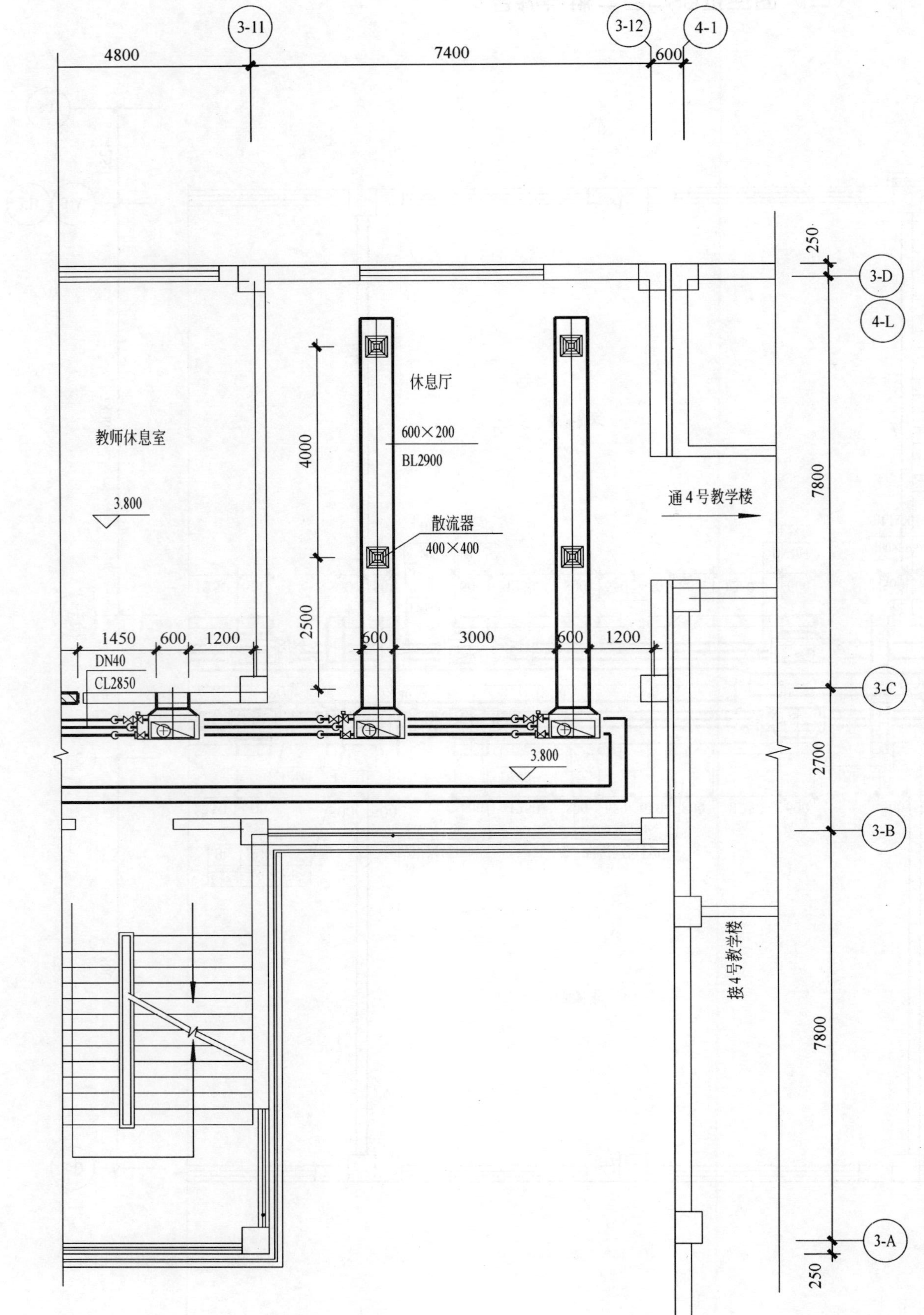


3号教学楼二层空调平面图（四）

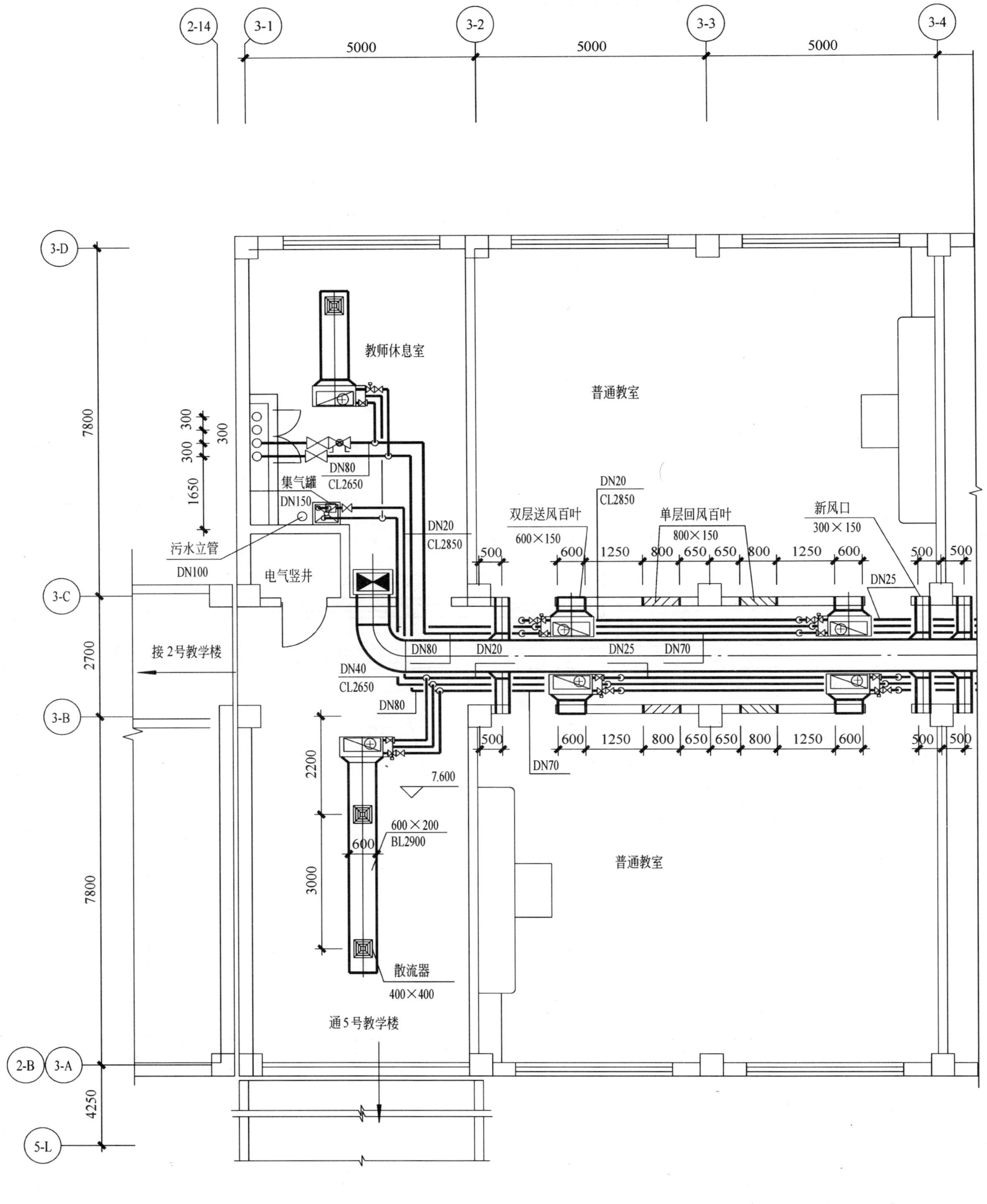


3号教学楼三层空调平面图（一）

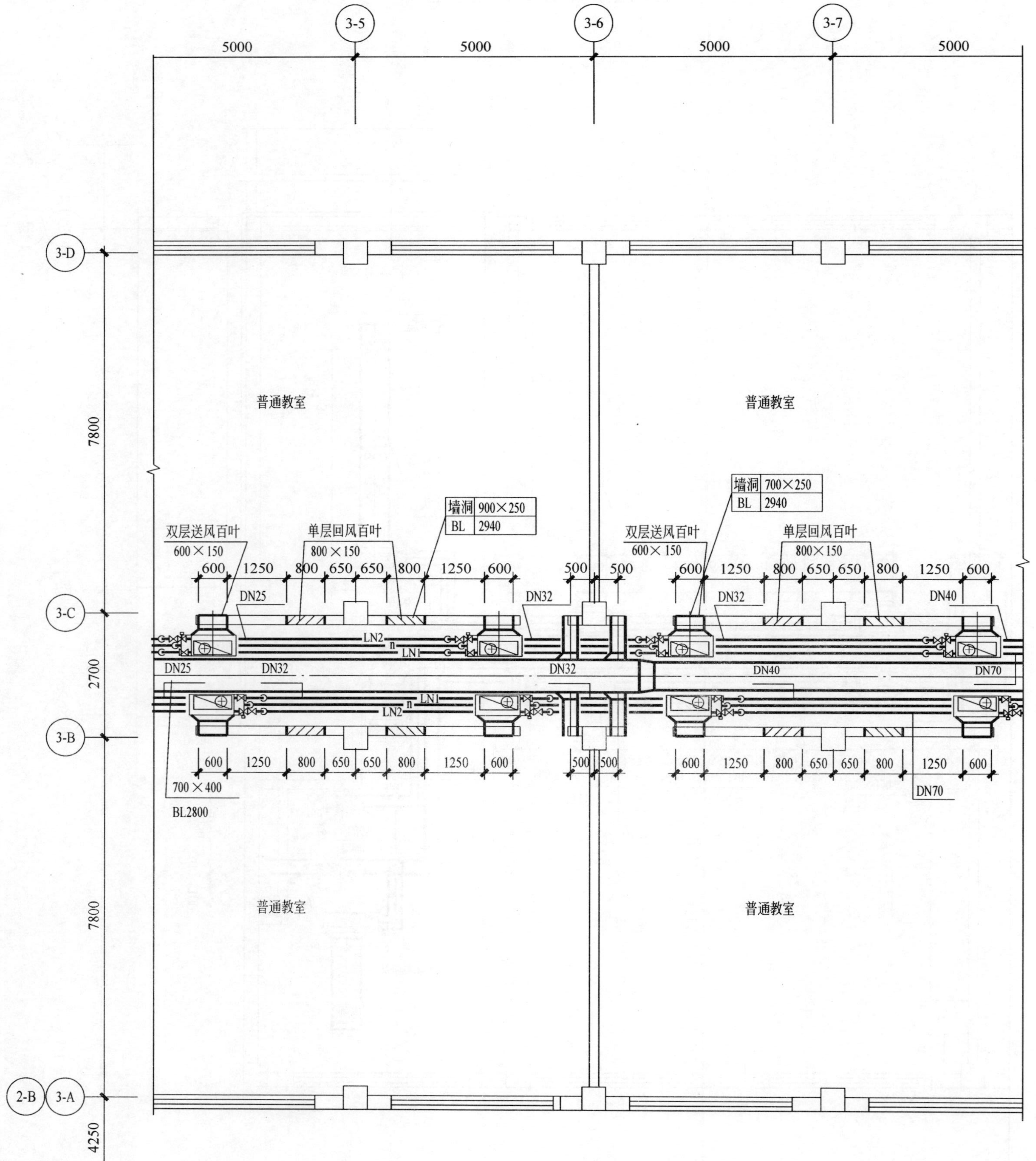


3号教学楼三层空调平面图（二）

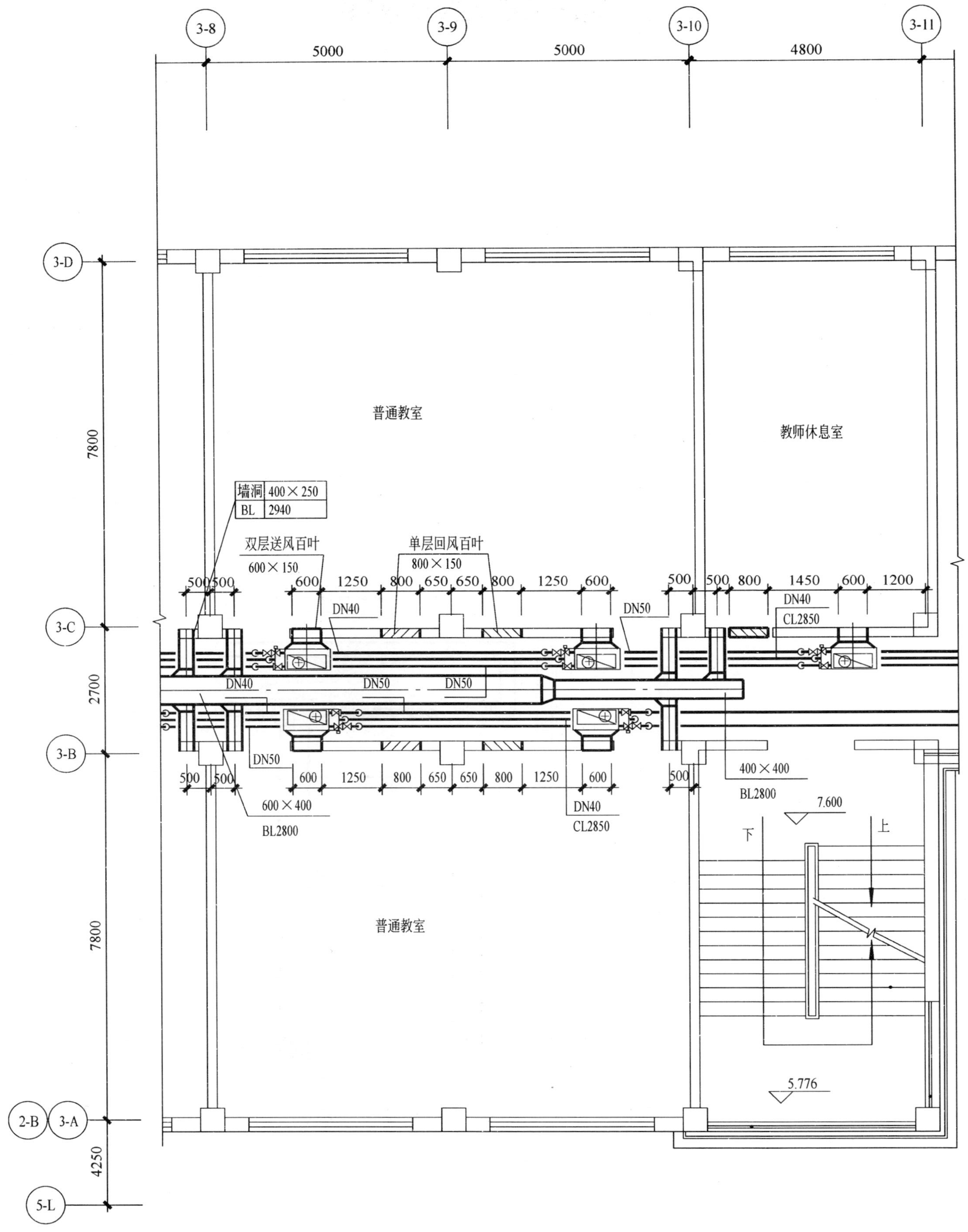


3号教学楼三层空调平面图（三）

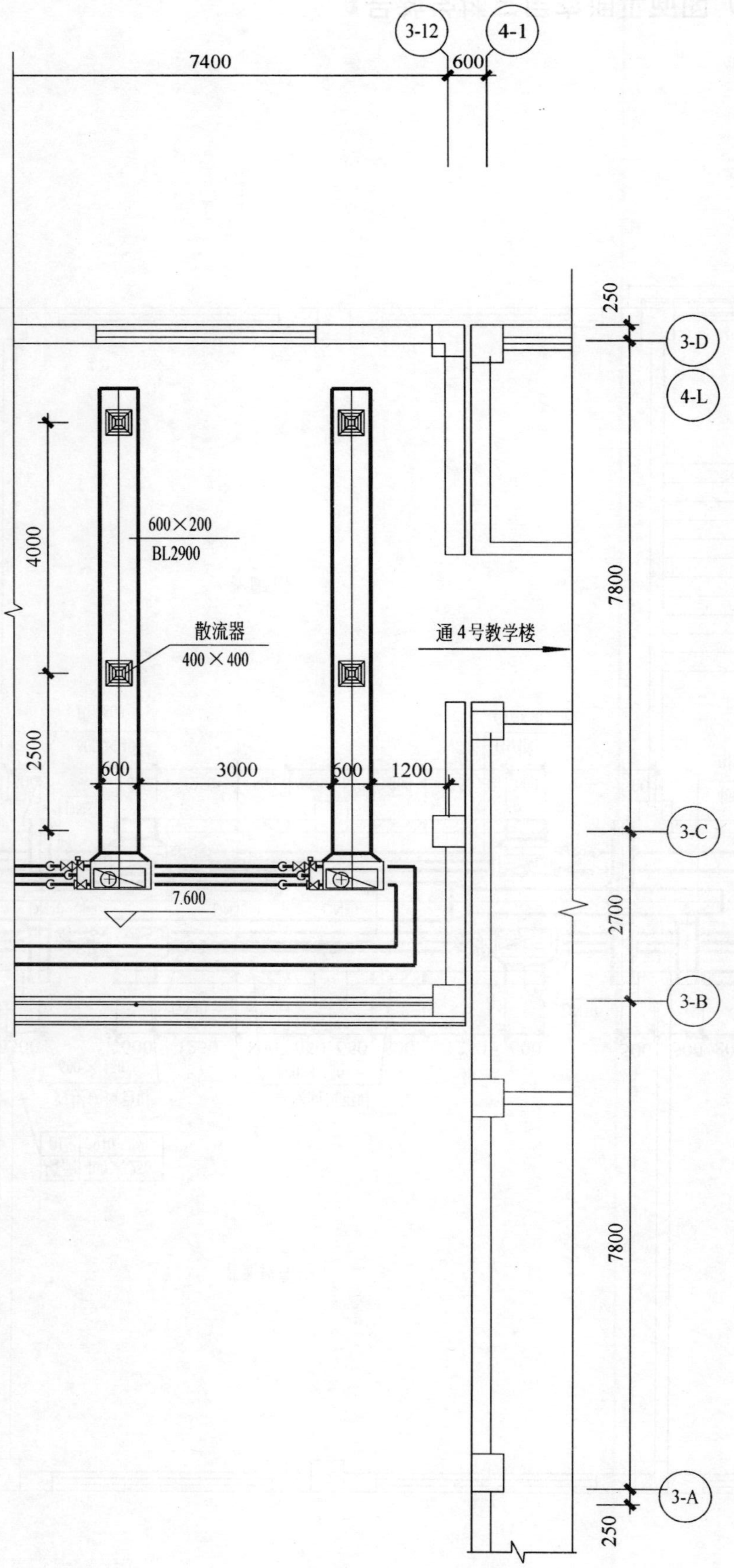


3号教学楼三层空调平面图（四）

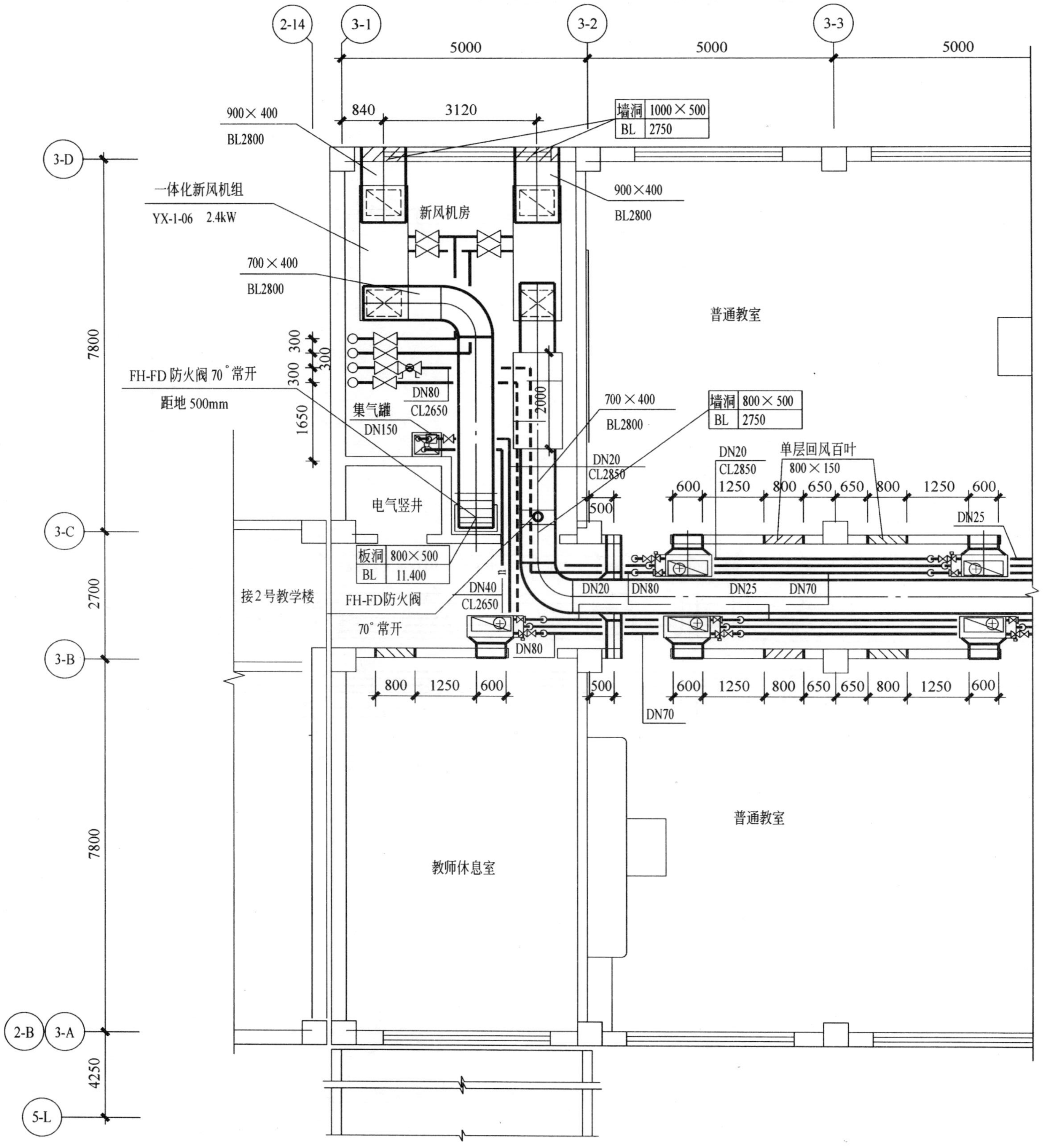


3号教学楼四层空调平面图（一）

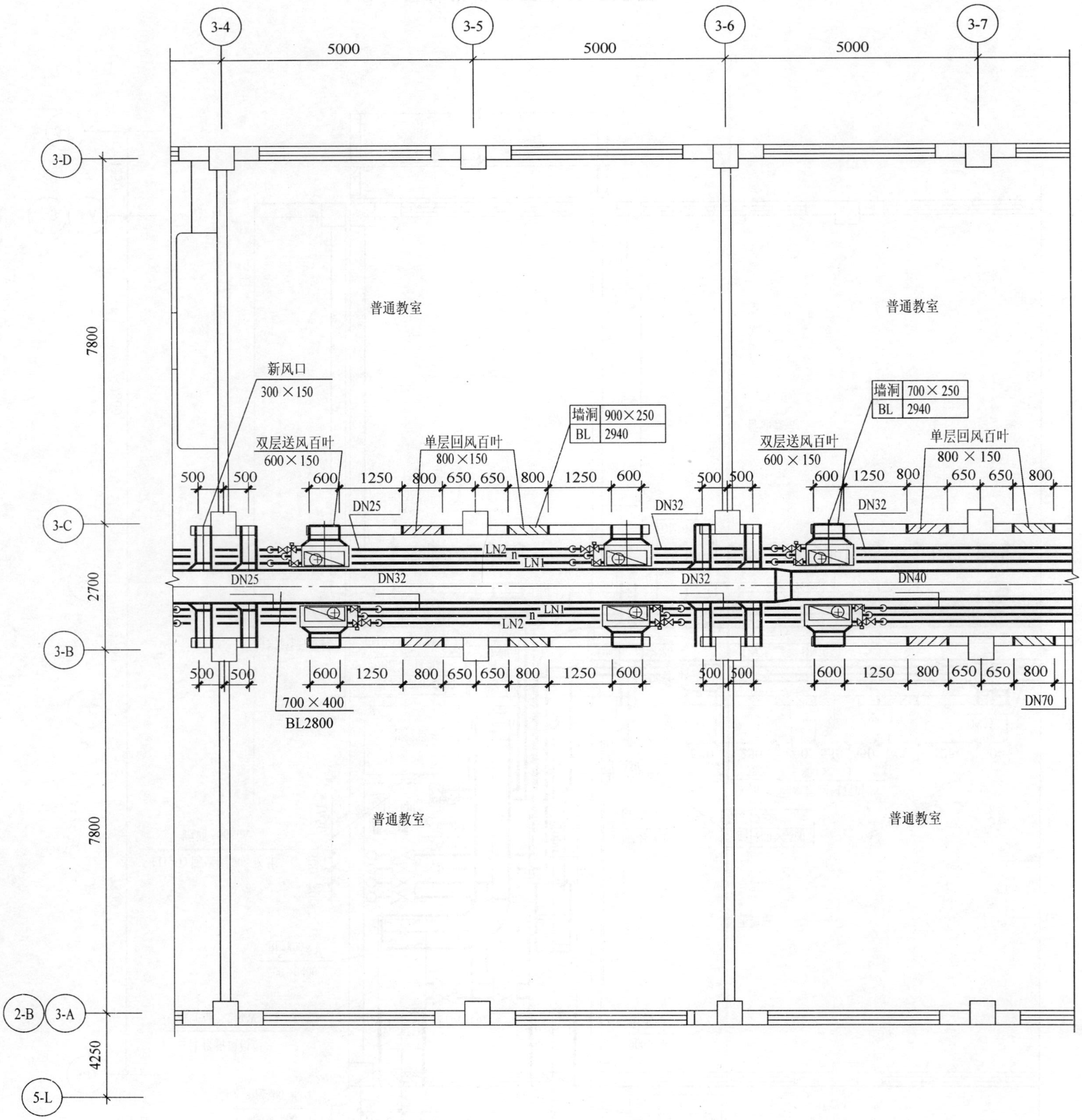


3号教学楼四层空调平面图（二）

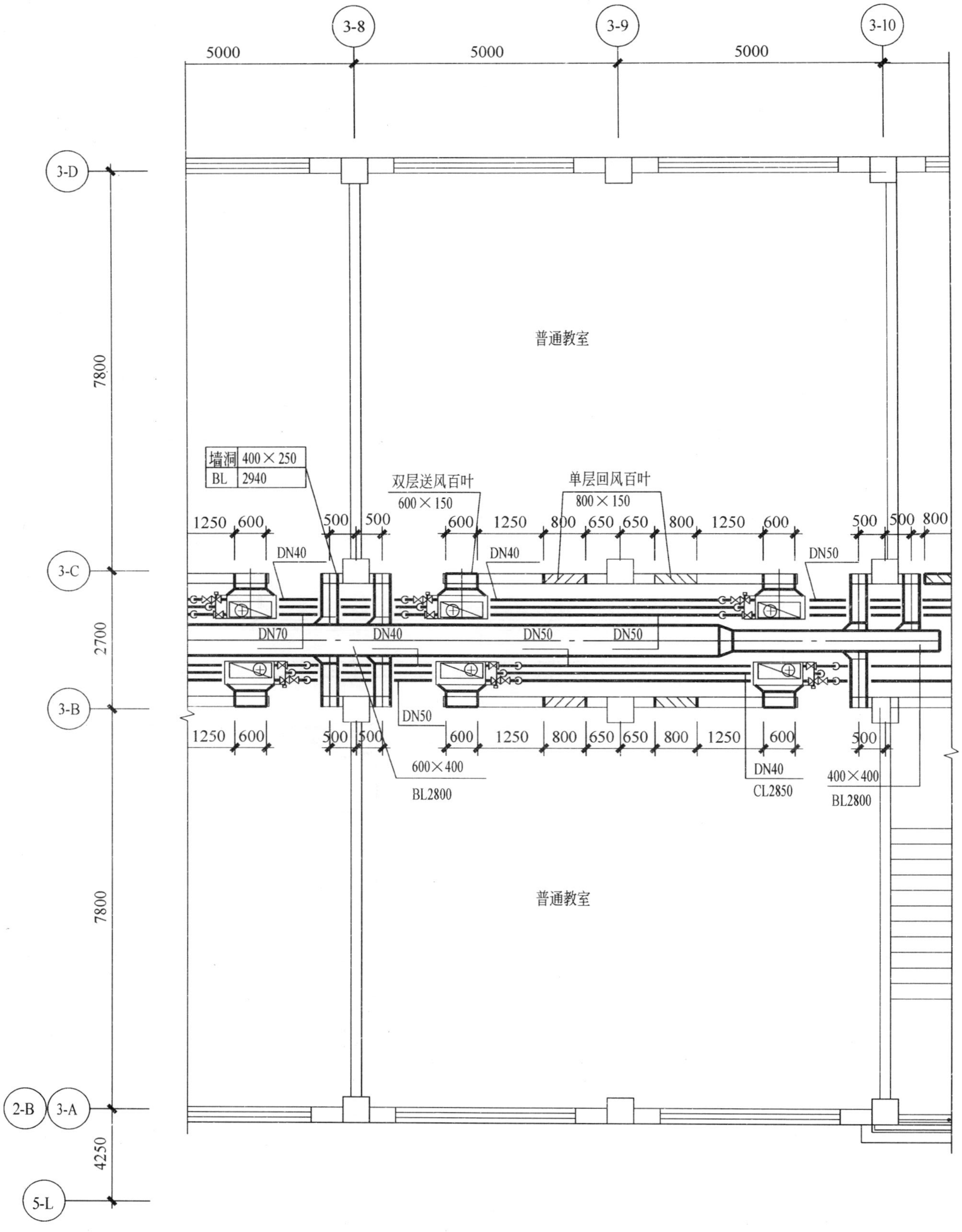


## 3号教学楼四层空调平面图（三）

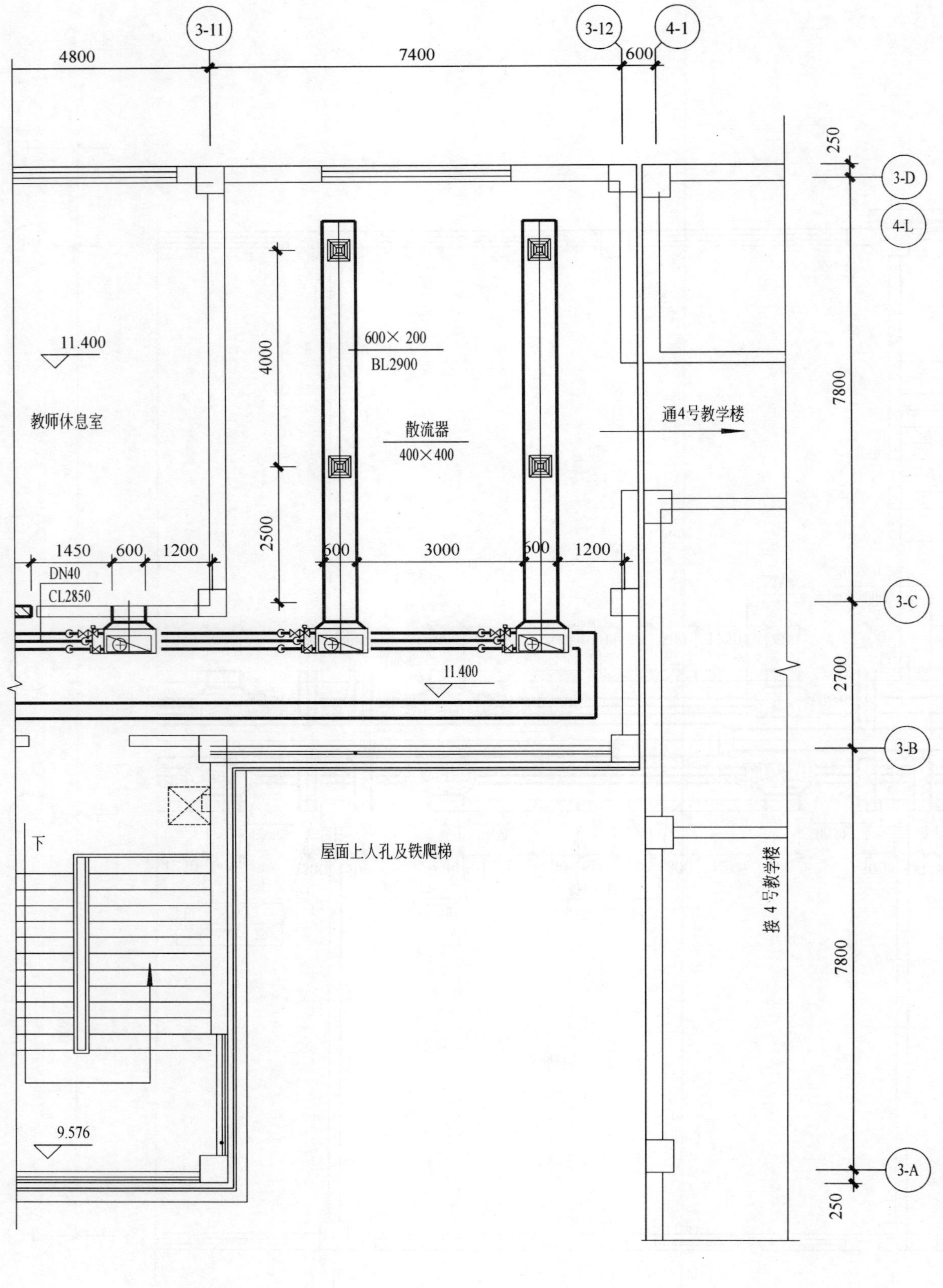


3 号教学楼四层空调平面图（四）

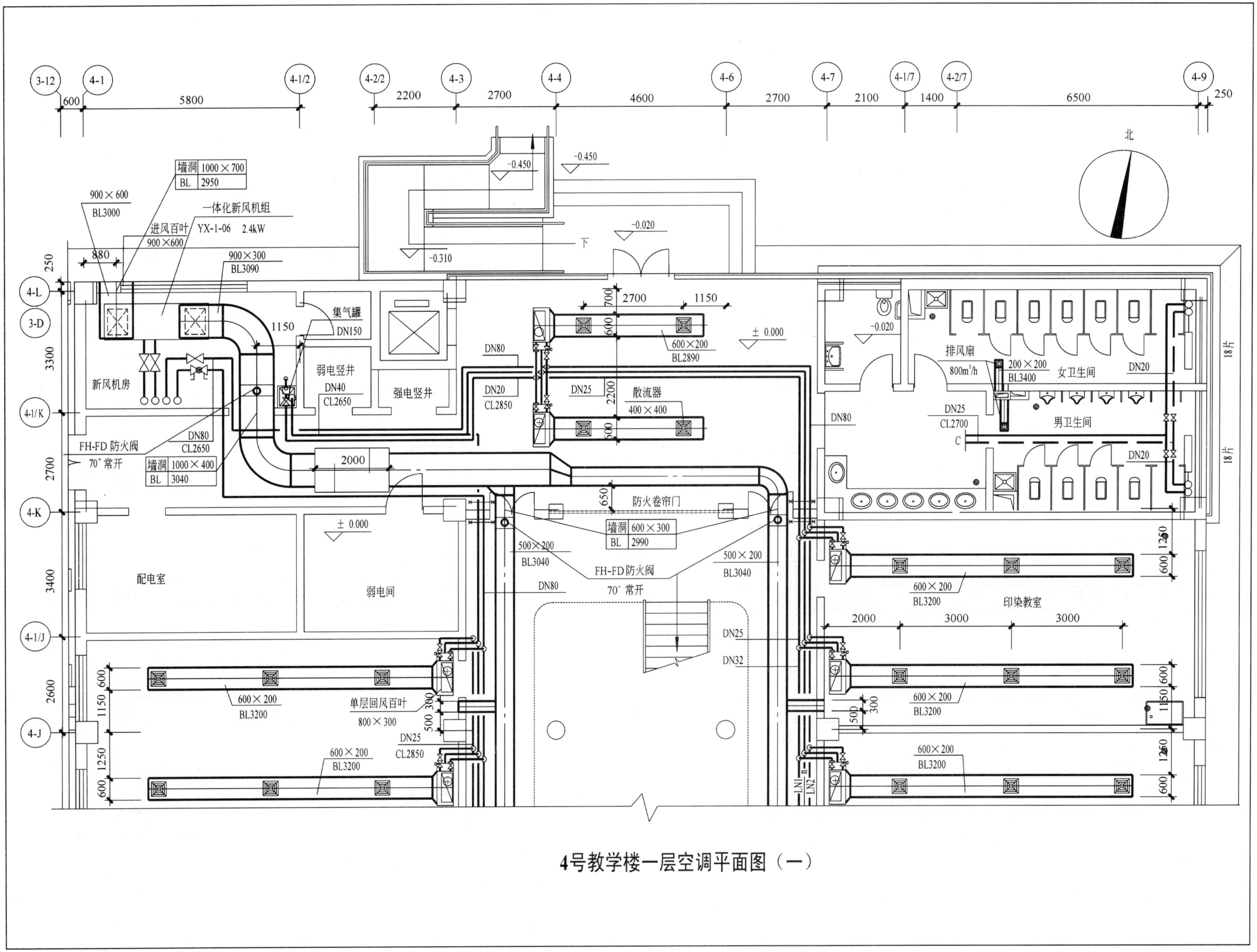


4号教学楼一层空调平面图（一）

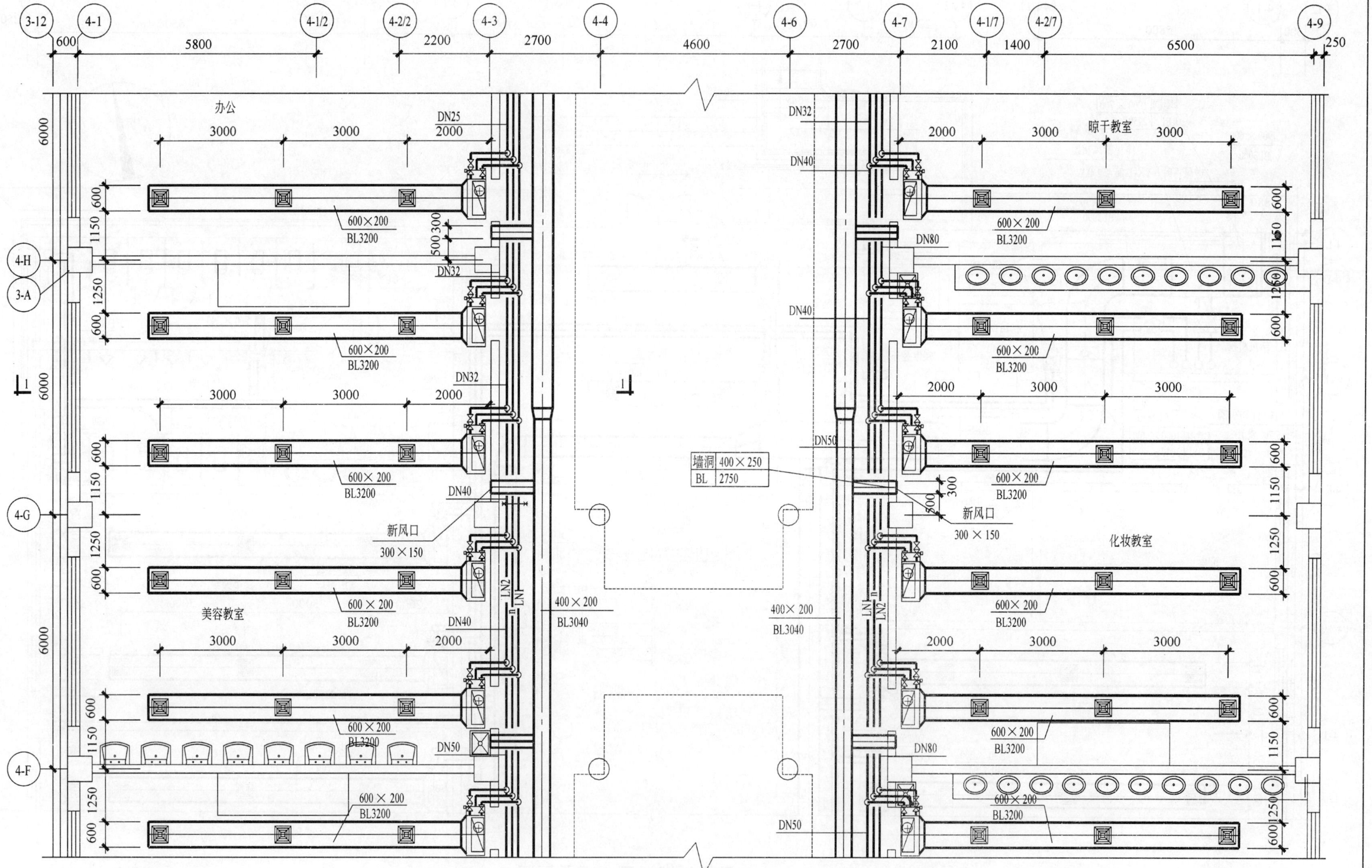


4号教学楼一层空调平面图（二）

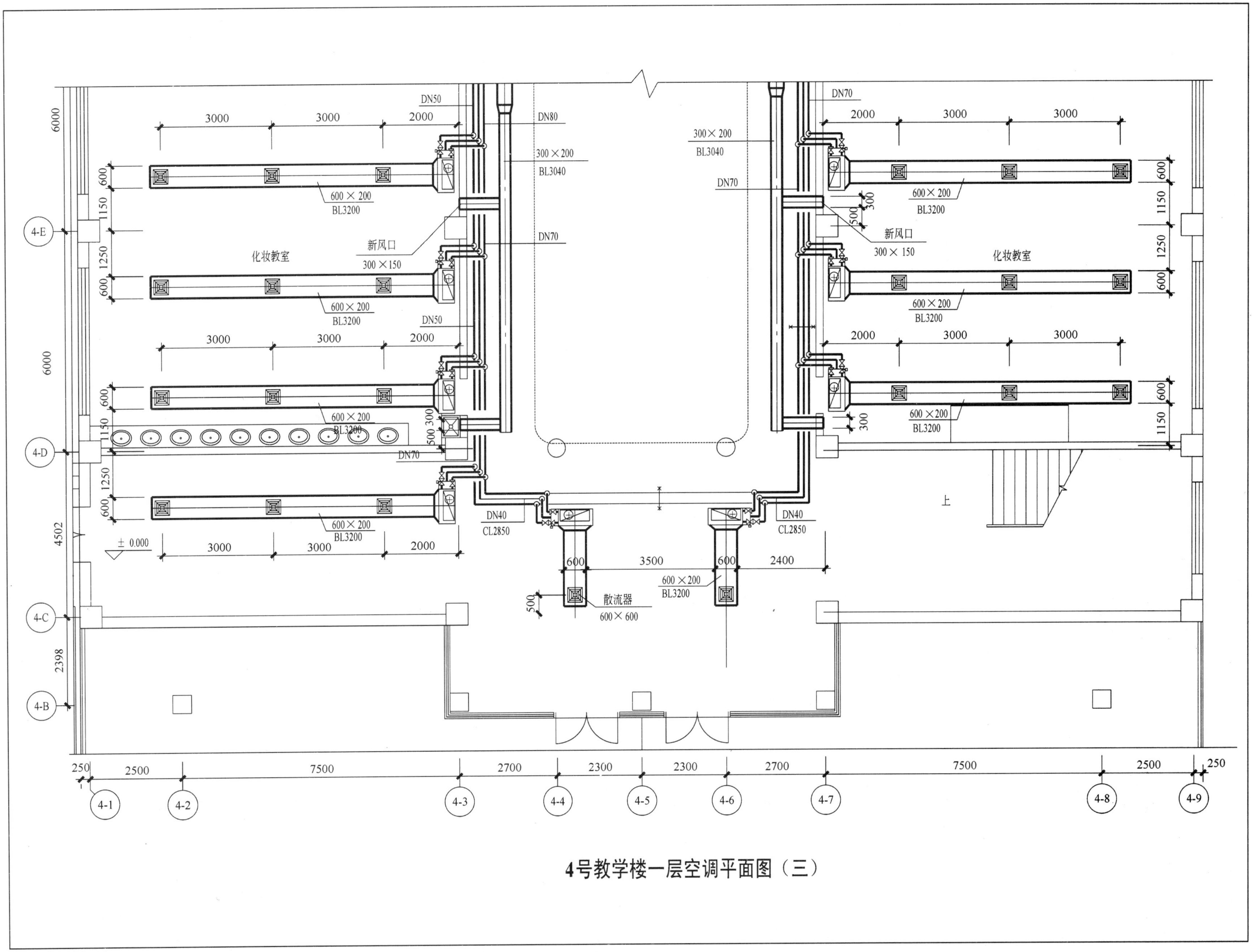


4号教学楼一层空调平面图（三）

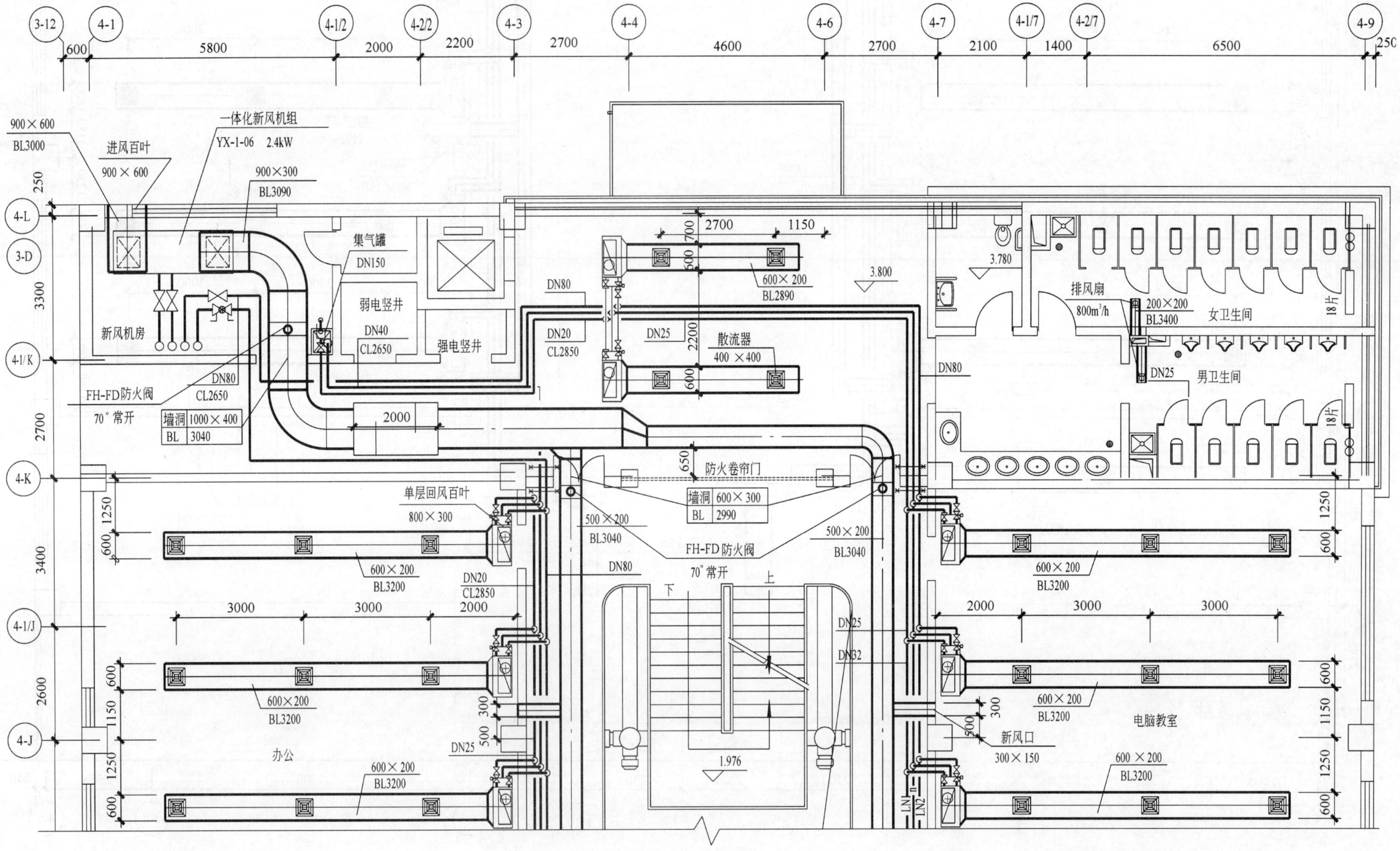


4号教学楼二层空调平面图（一）

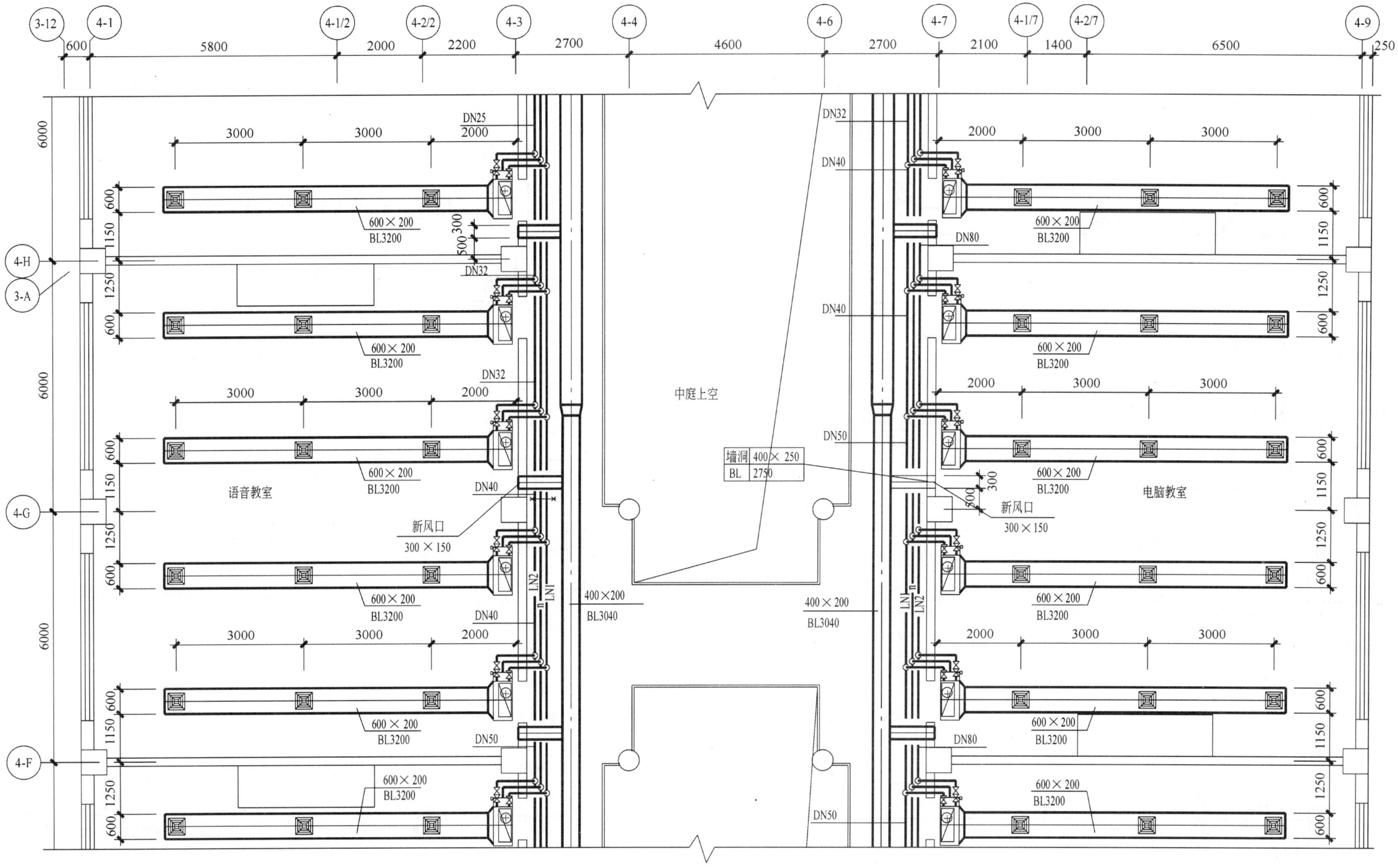

4号教学楼二层空调平面图（二）

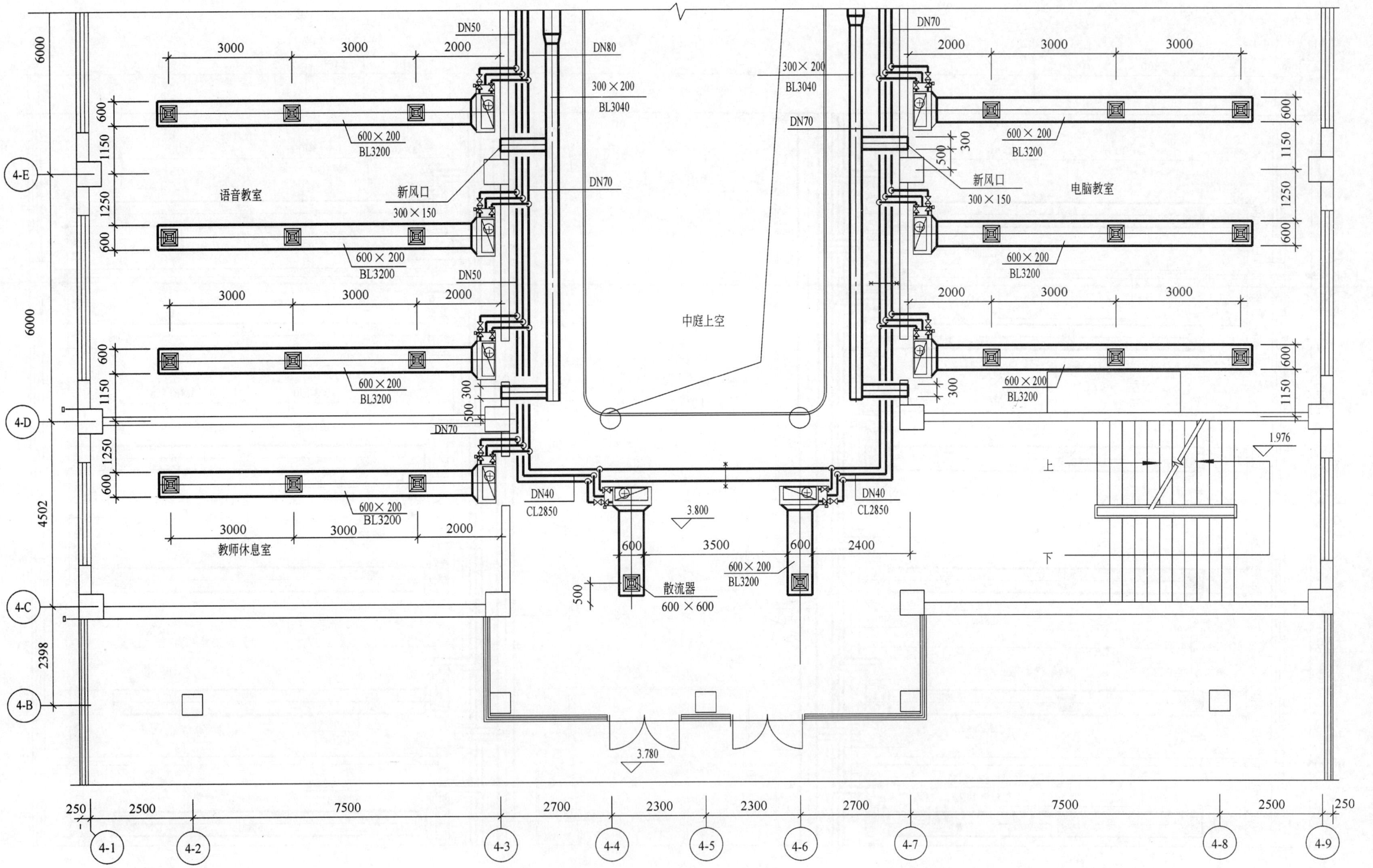


4号教学楼二层空调平面图（三）

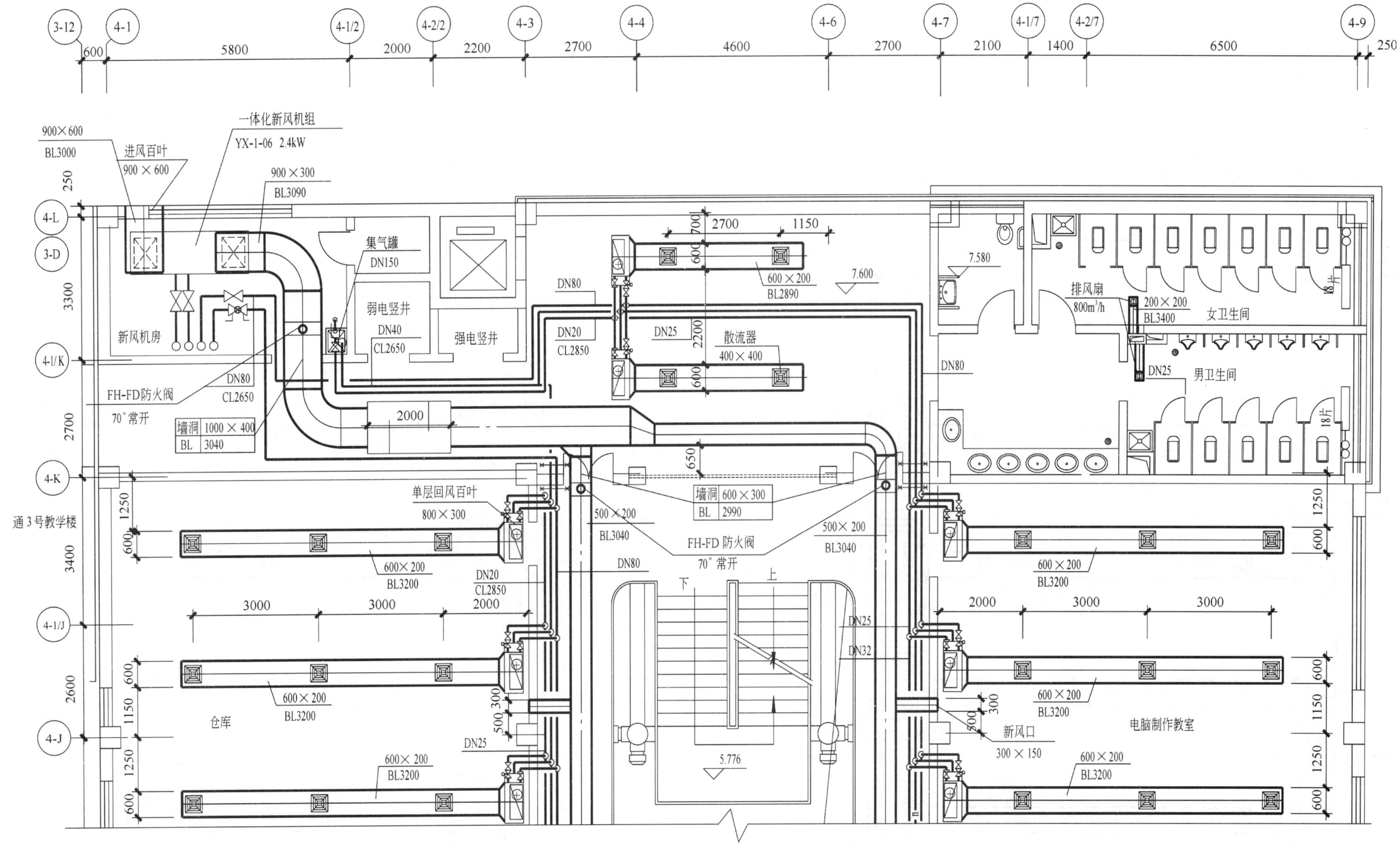


4号教学楼三层空调平面图（一）

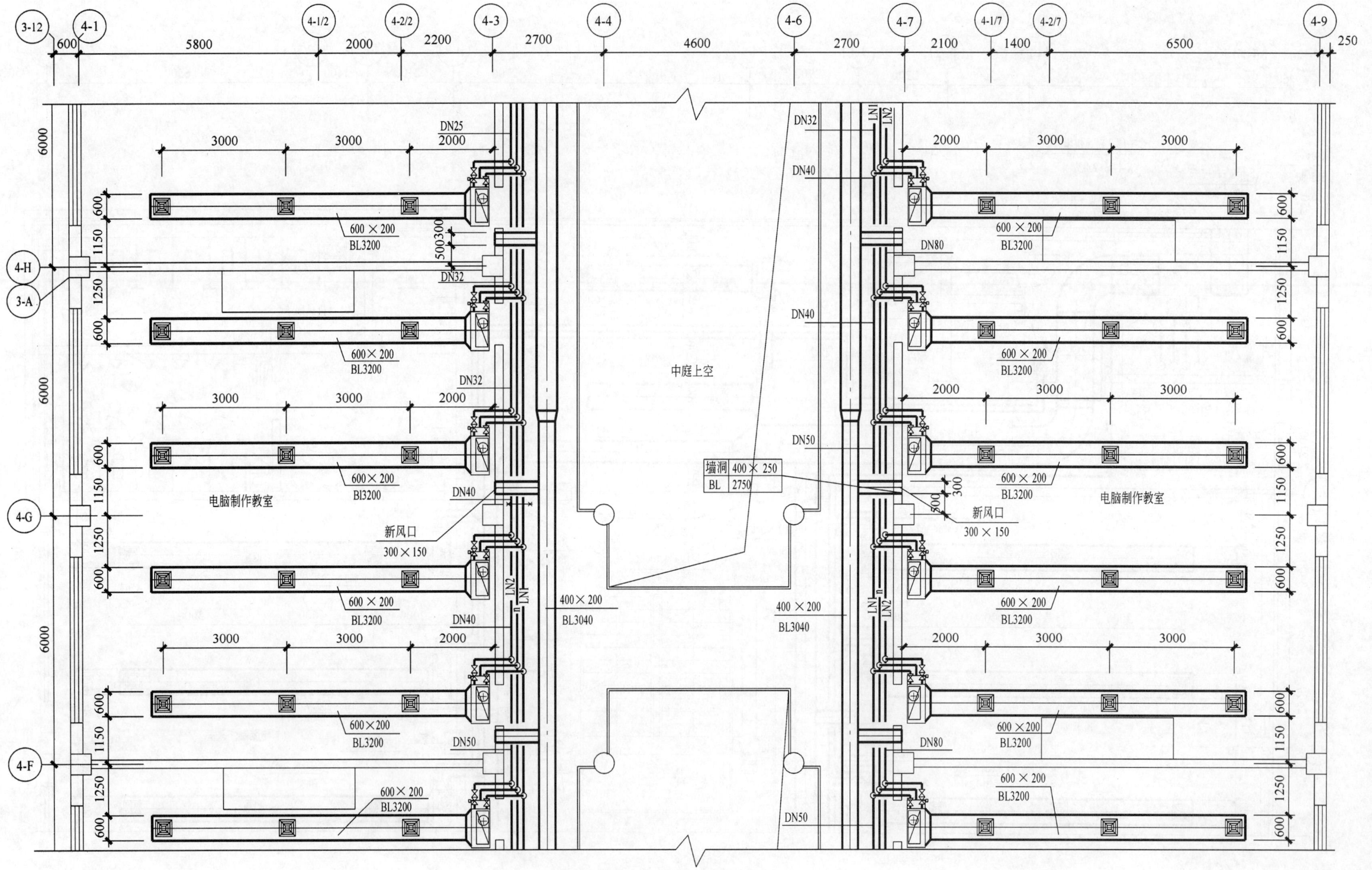


4号教学楼三层空调平面图（二）

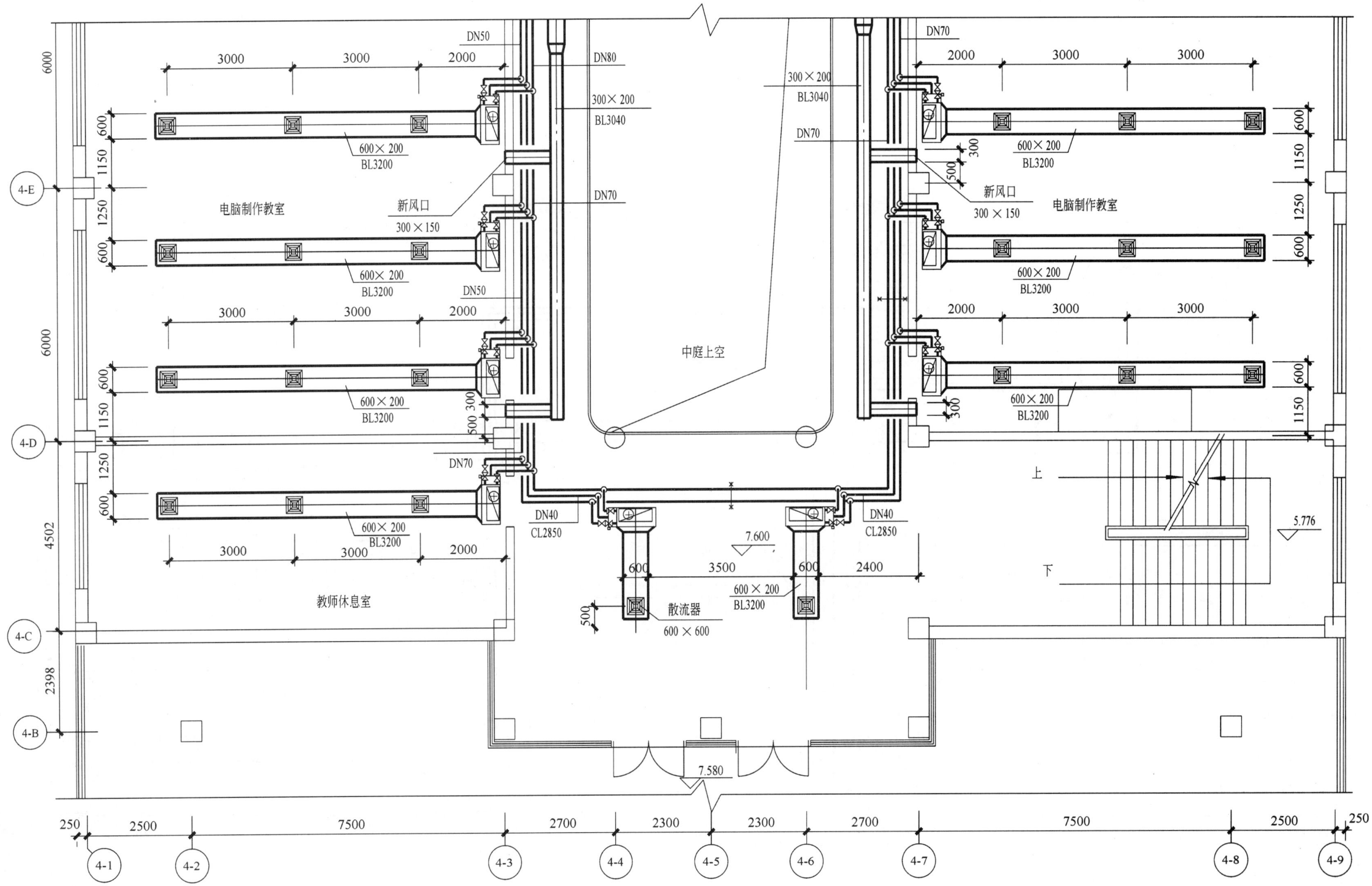


4号教学楼三层空调平面图（三）

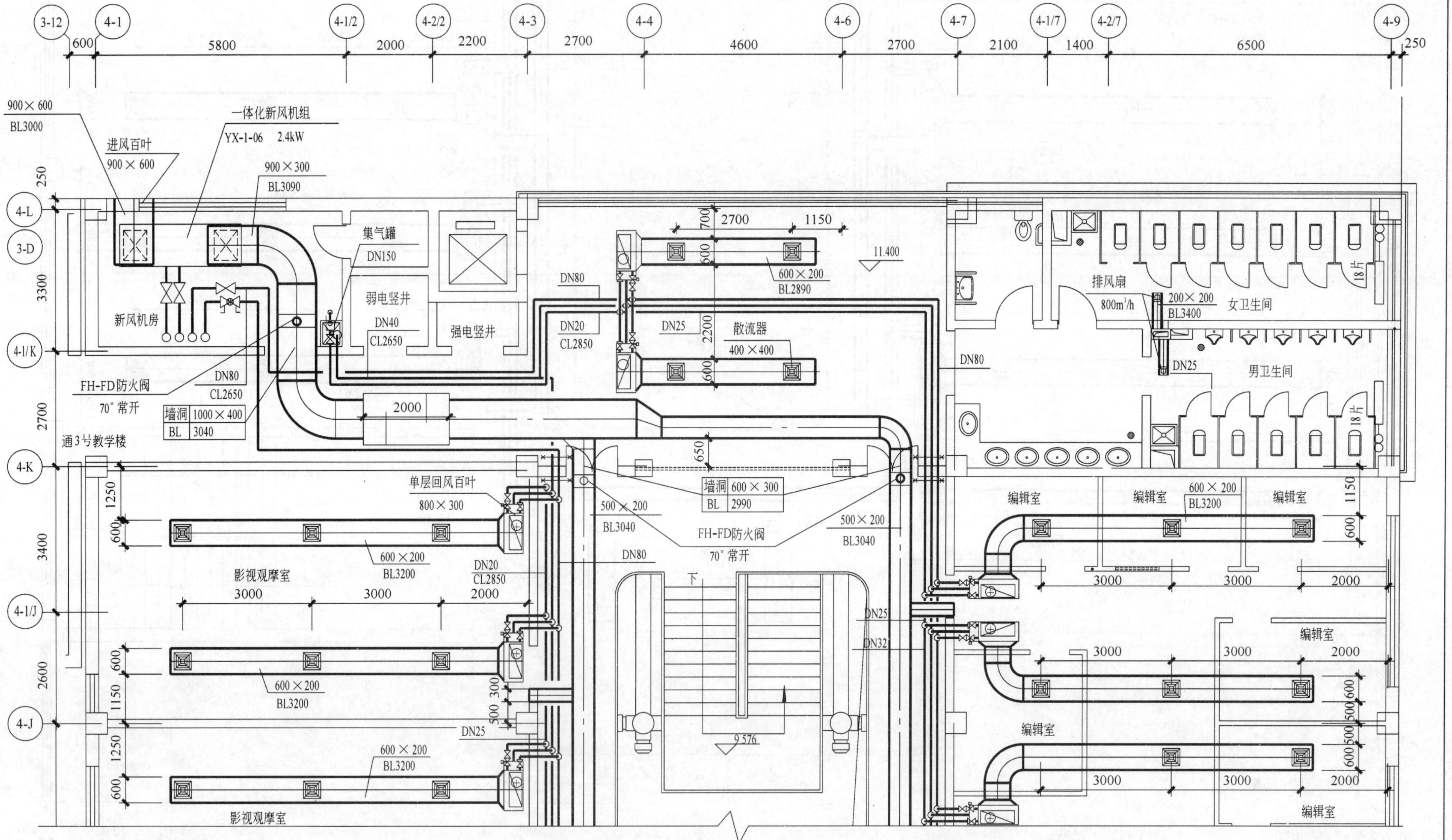


4号教学楼四层空调平面图（一）

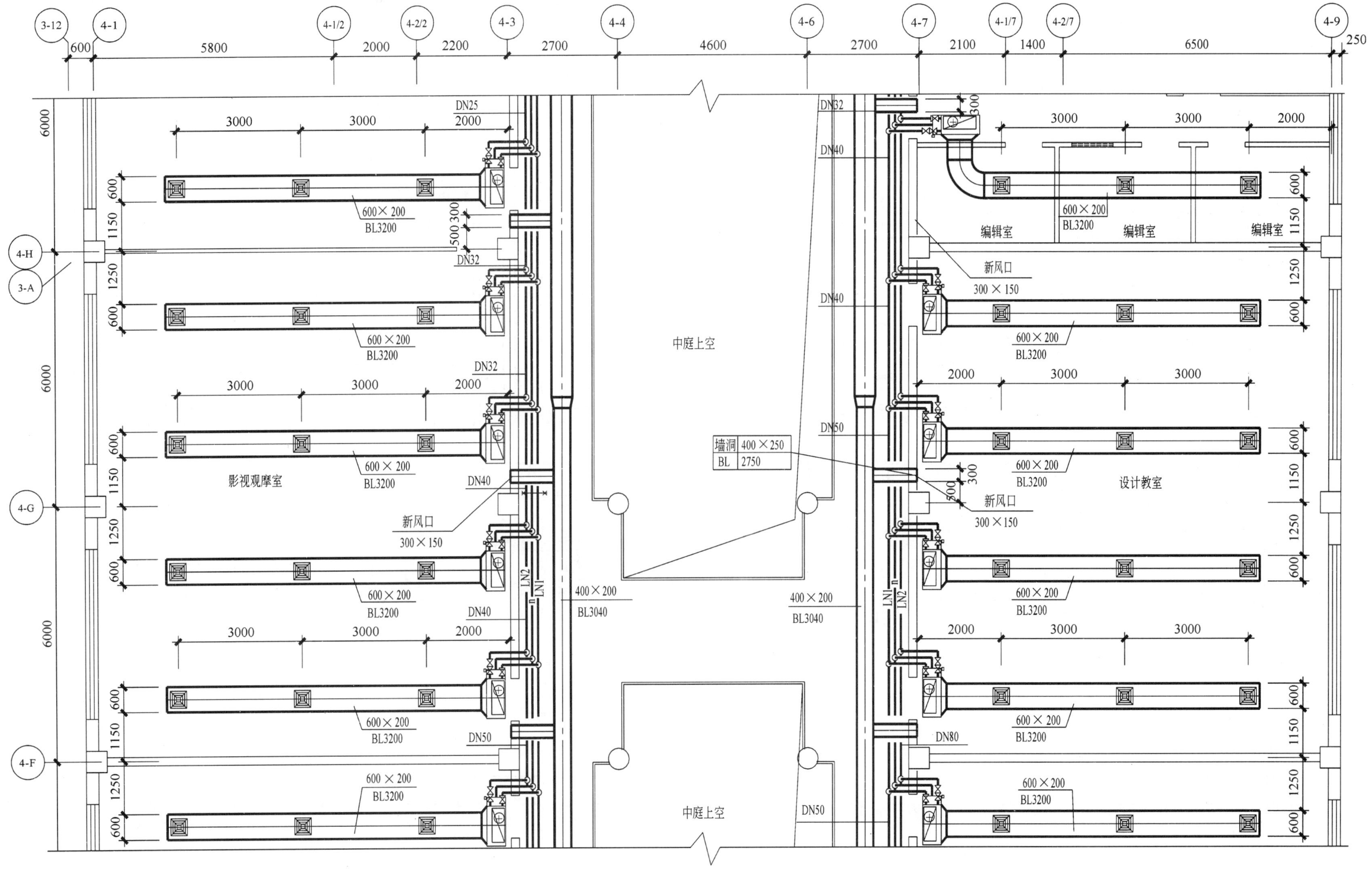


4号教学楼四层空调平面图（二）

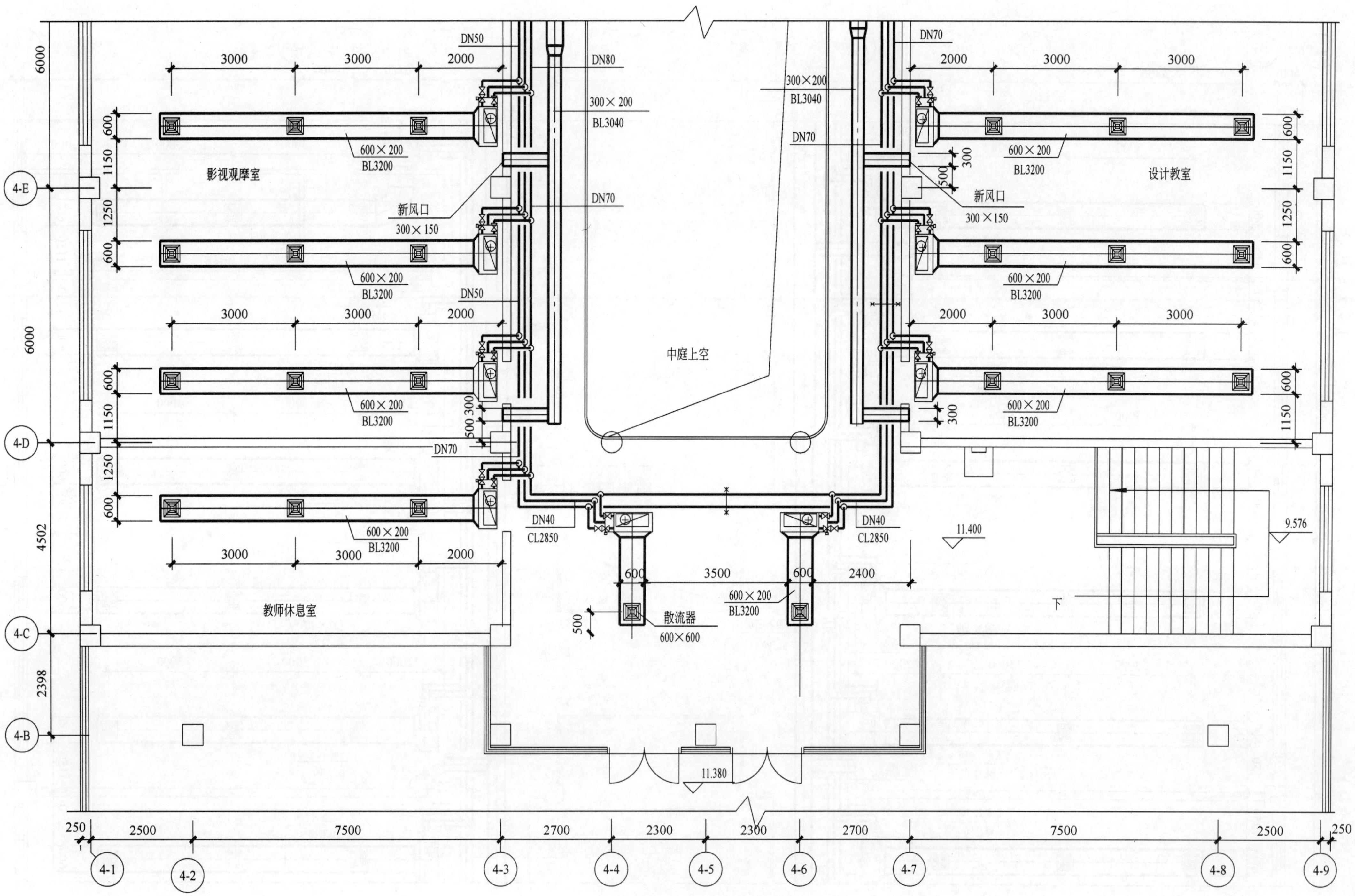


4号教学楼四层空调平面图（三）

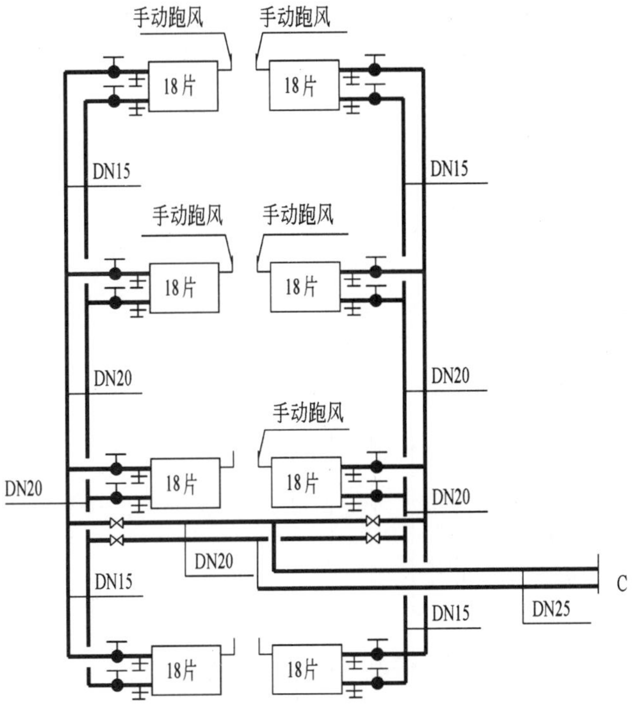


卫生间采暖系统图

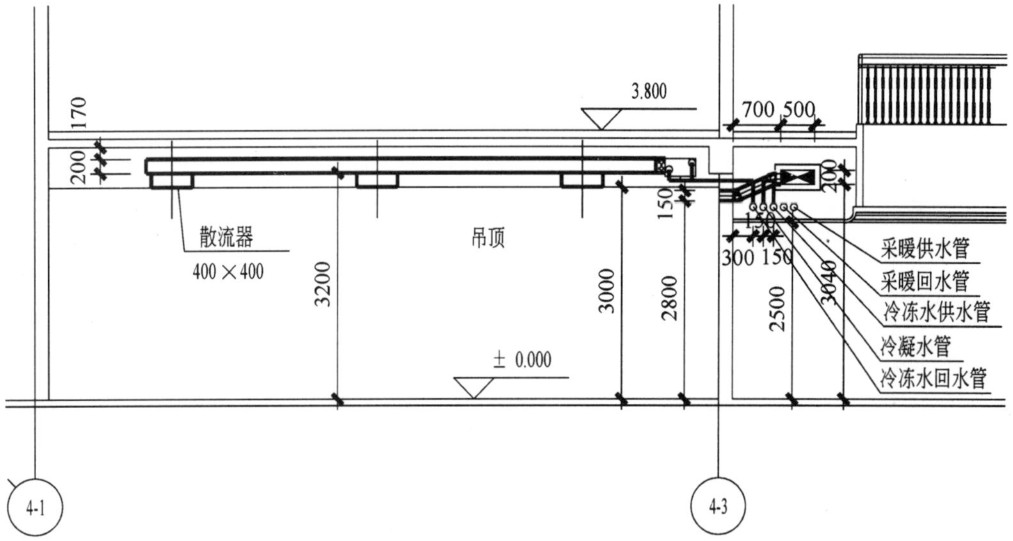


1 — 1 剖面图

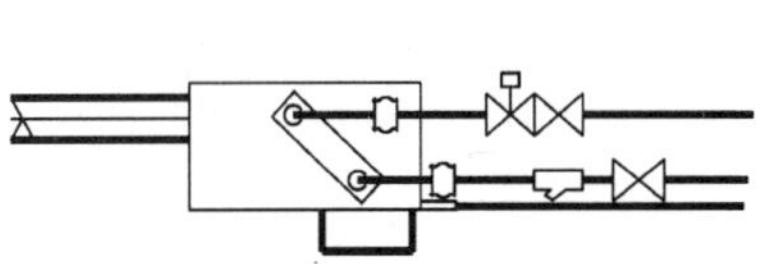

风机盘管接管详图

# 4号教学楼四层空调平面图（四）

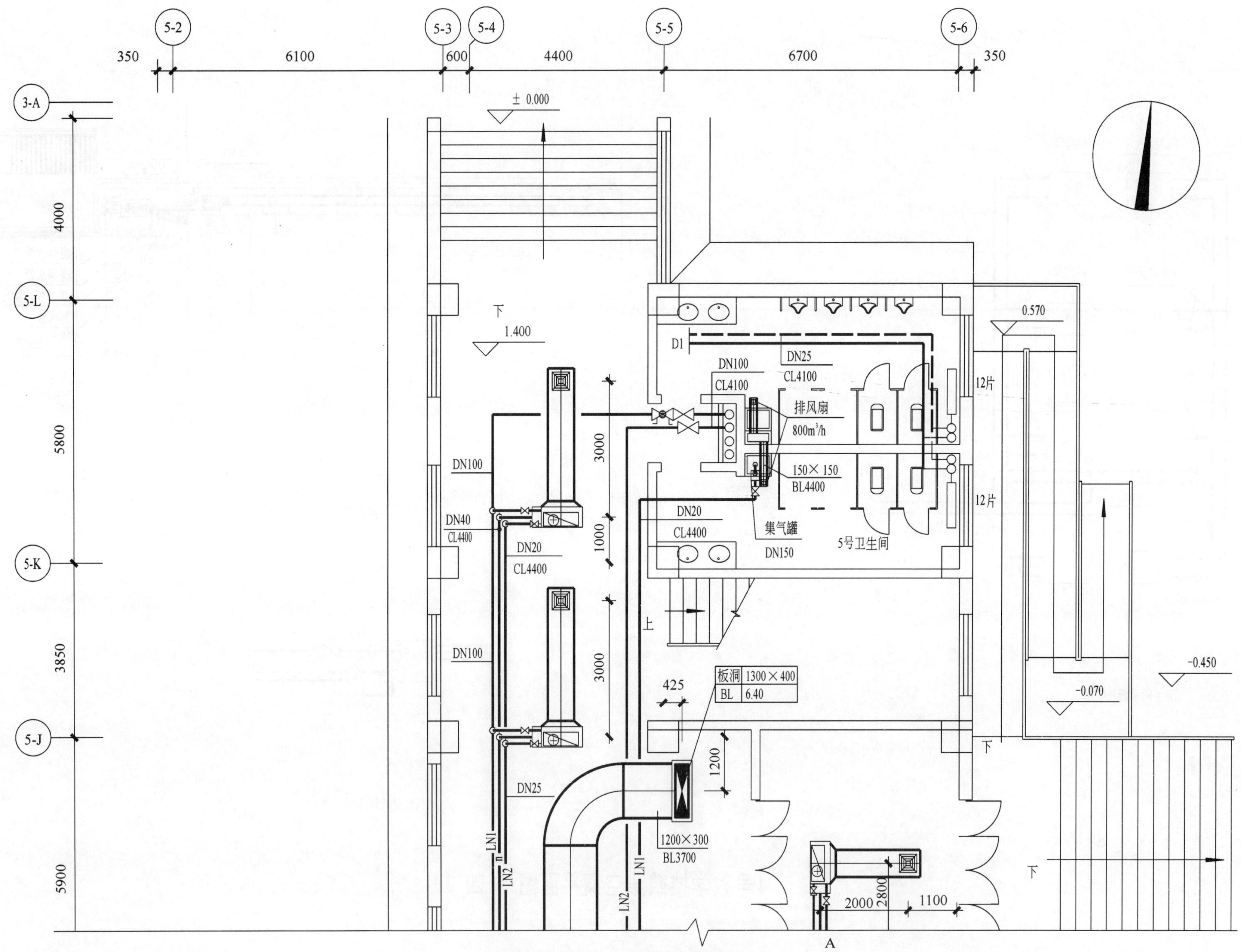


5号教学楼一层空调平面图（一）

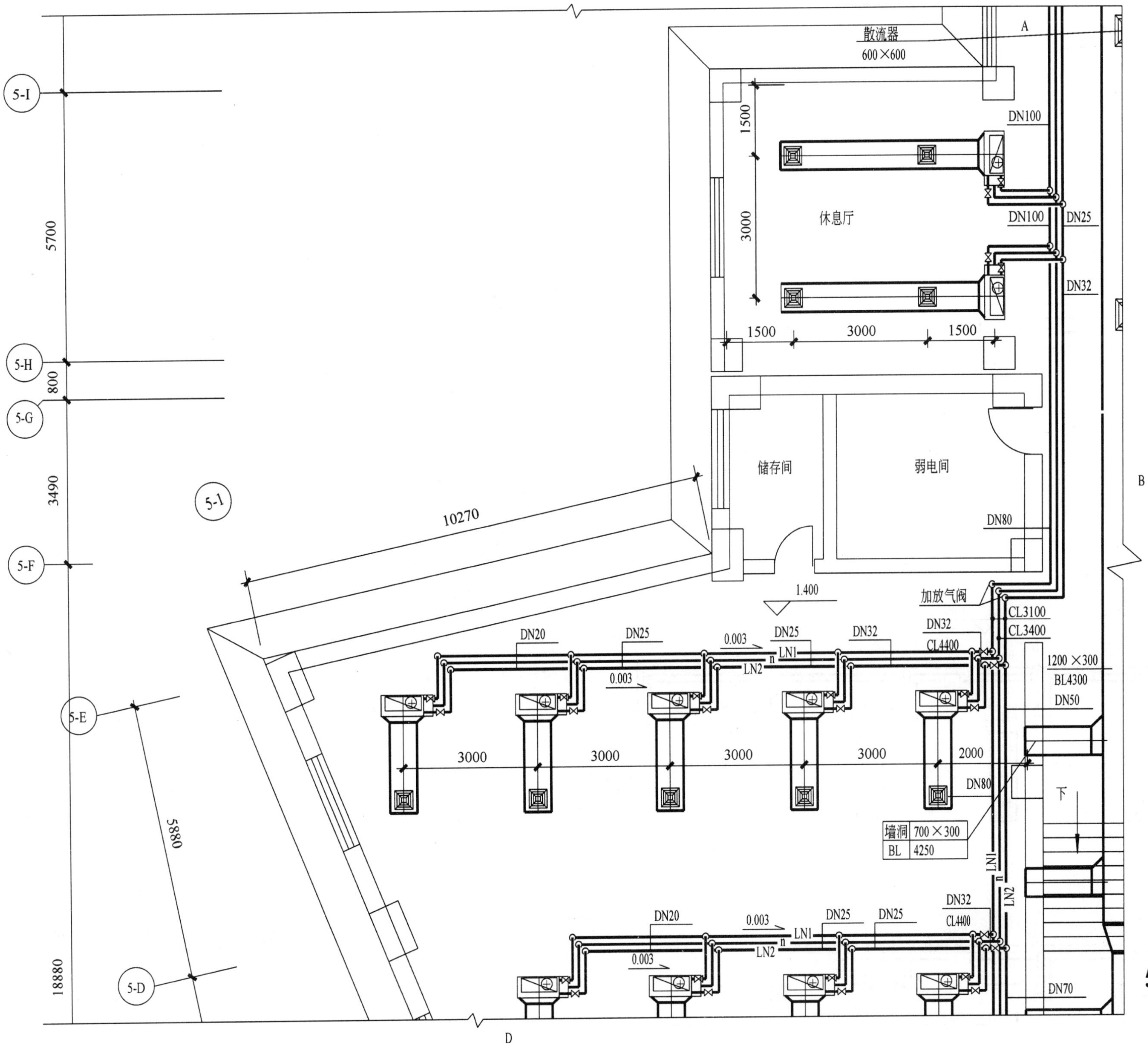


**5 号教学楼一层空调平面图（二）**

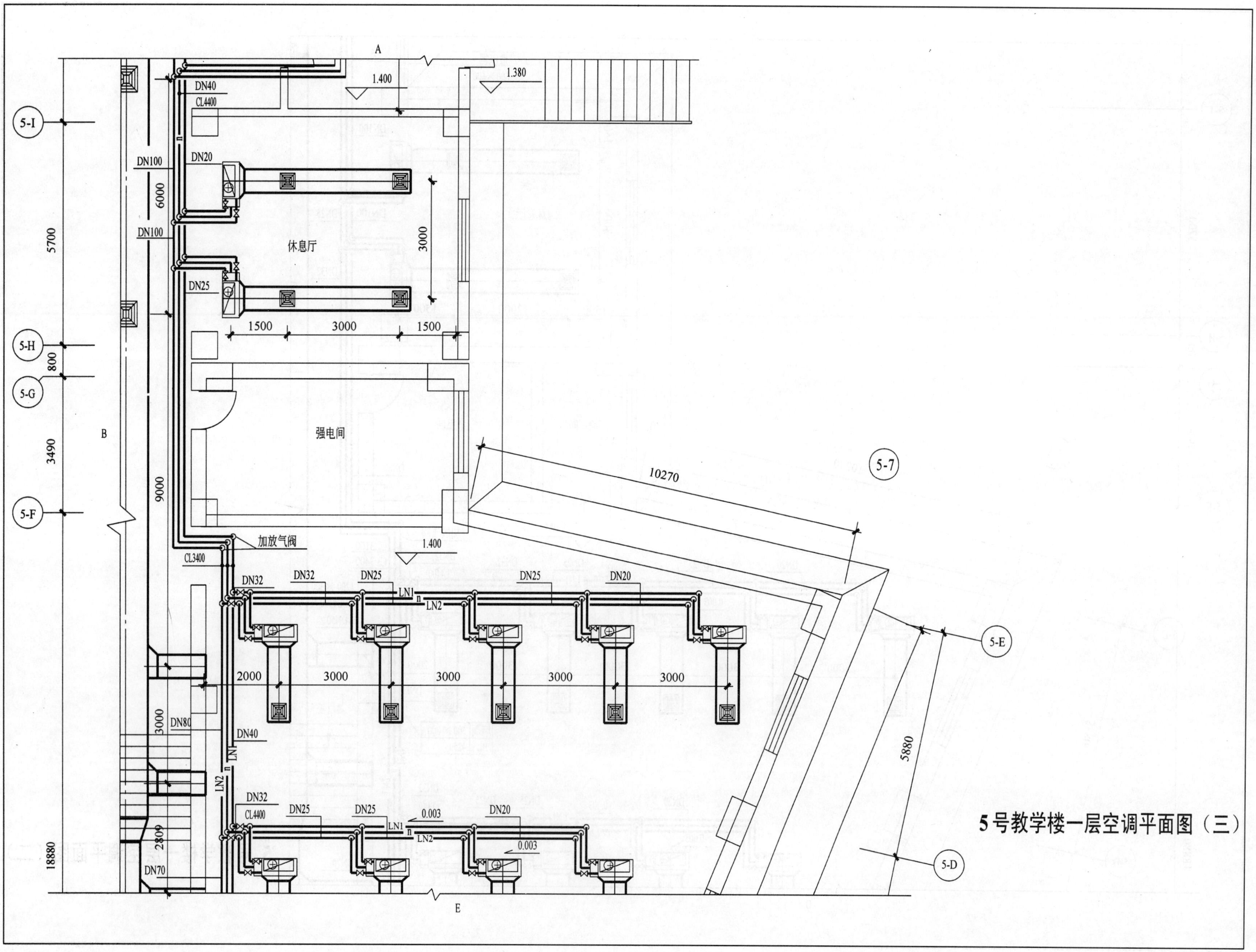


5号教学楼一层空调平面图（三）

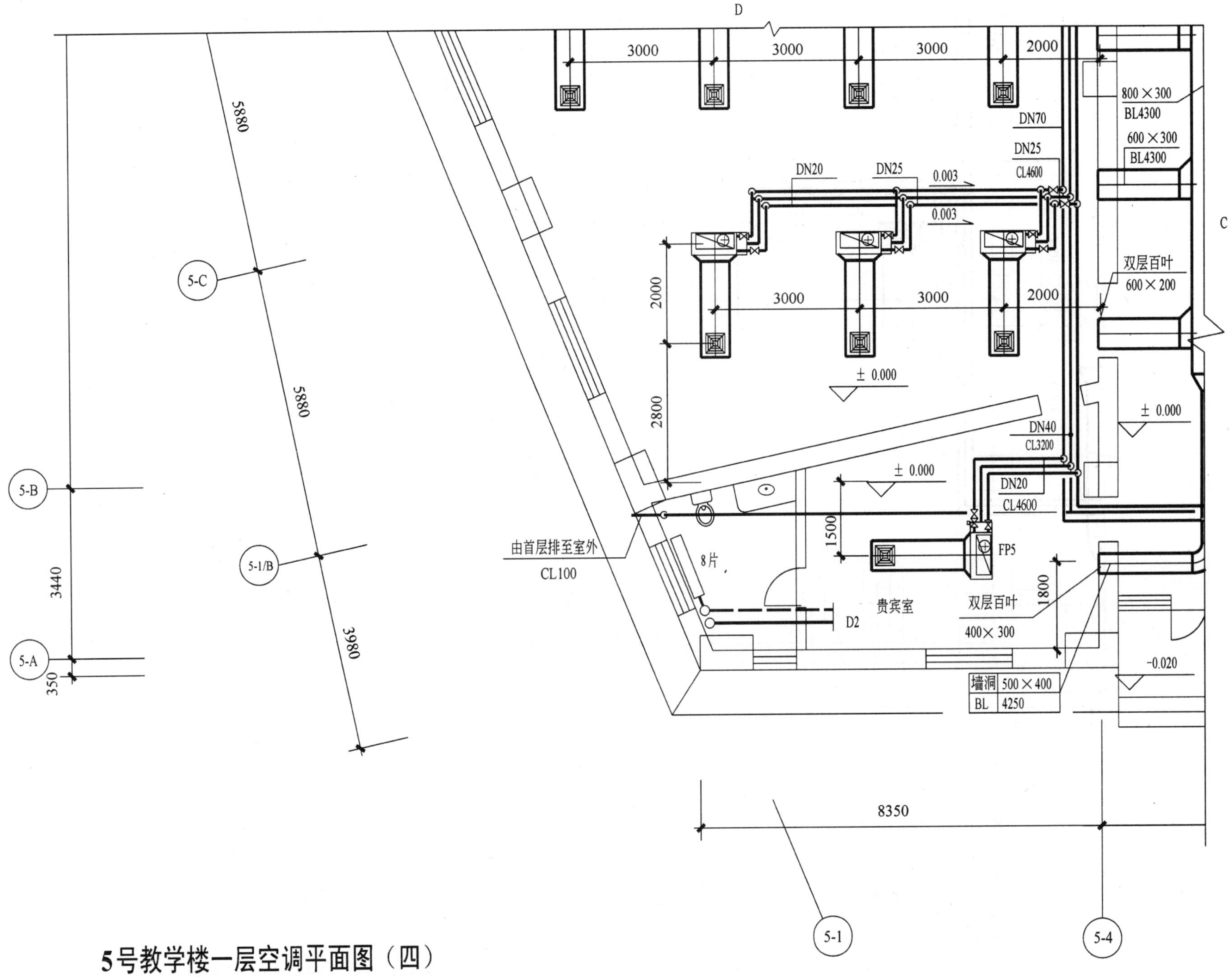


5号教学楼一层空调平面图（四）

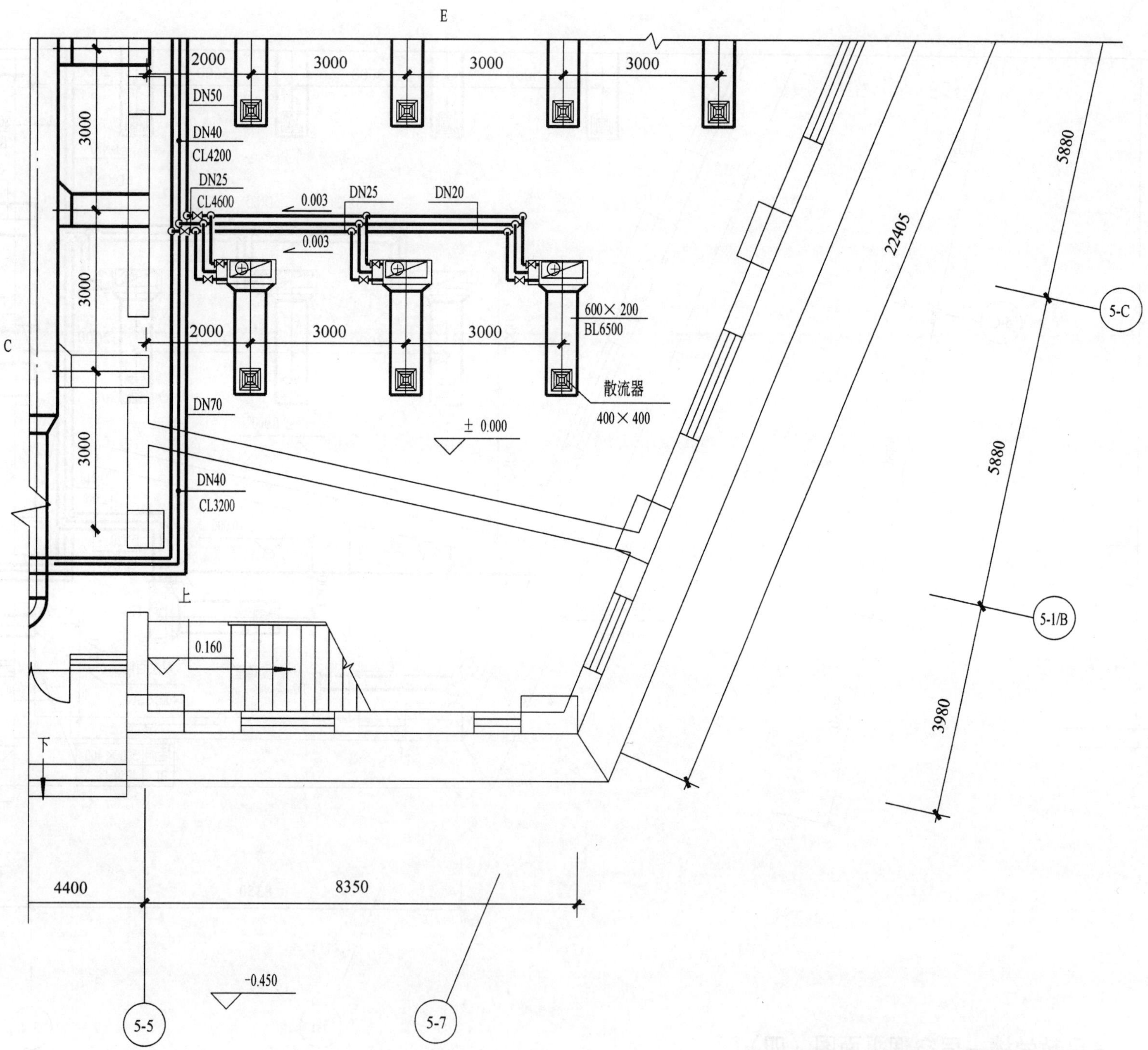


5号教学楼一层空调平面图（五）

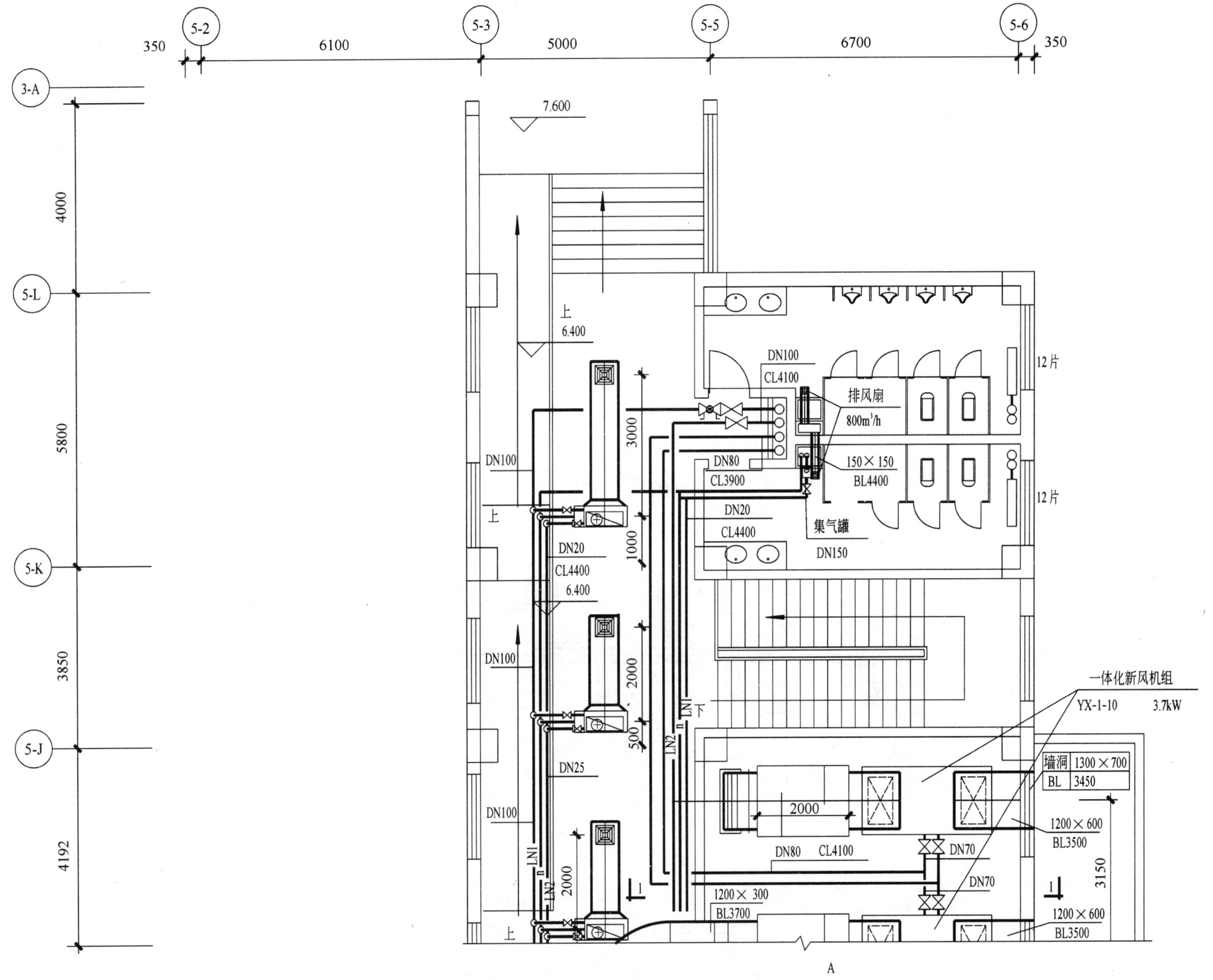


5号教学楼二层空调平面图（一）

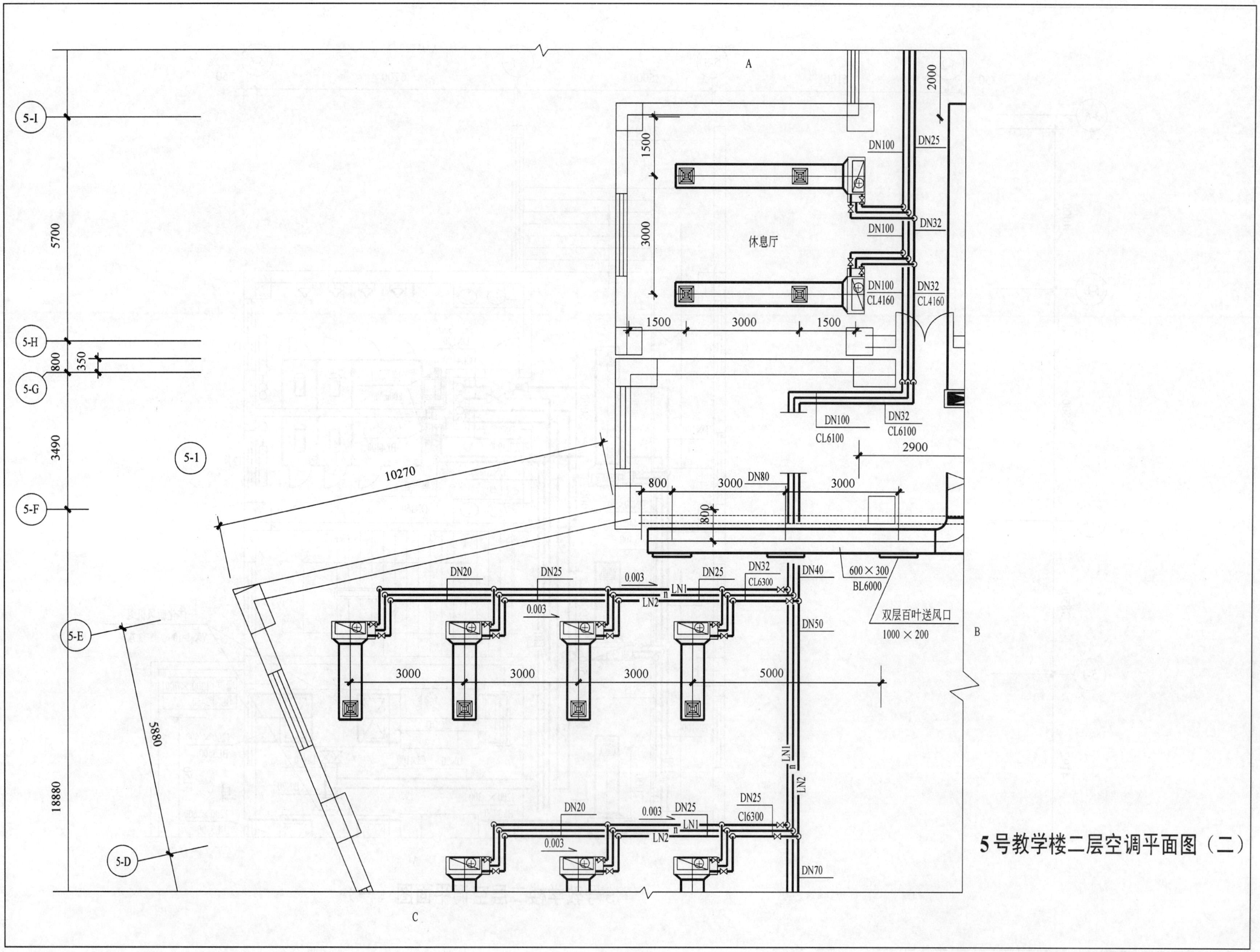


5号教学楼二层空调平面图（二）

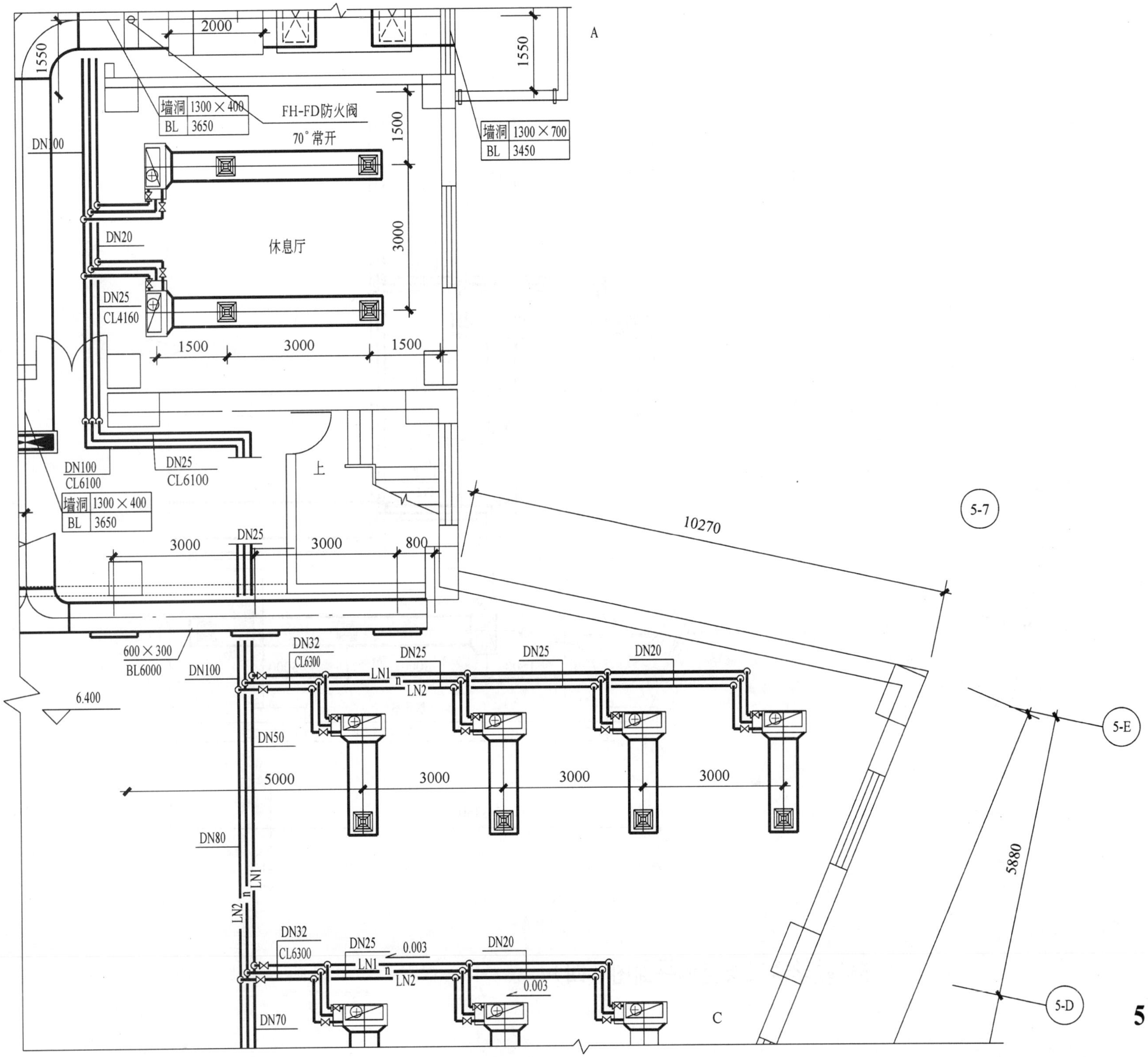


5 号教学楼二层空调平面图（三）

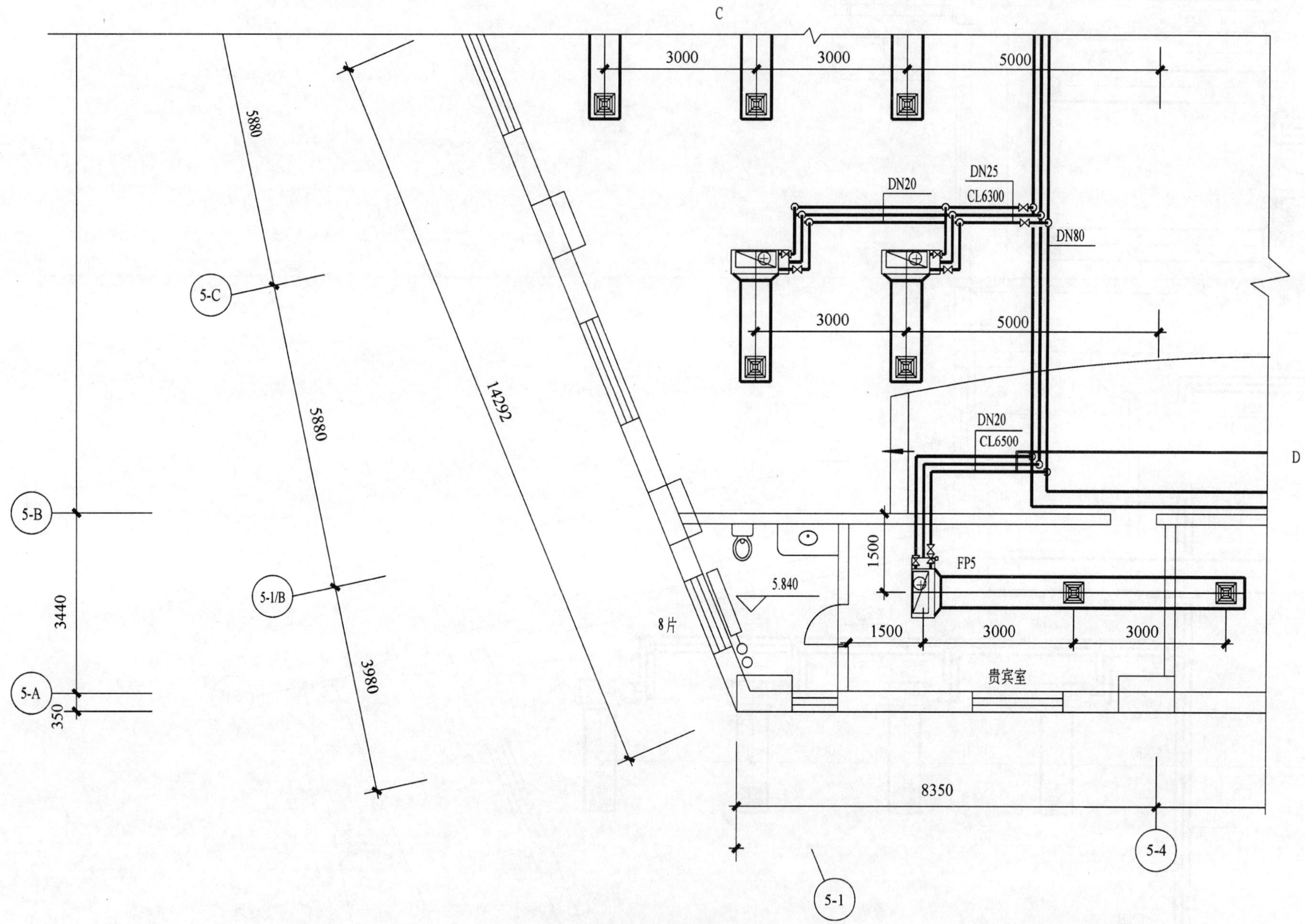


5号教学楼二层空调平面图（四）

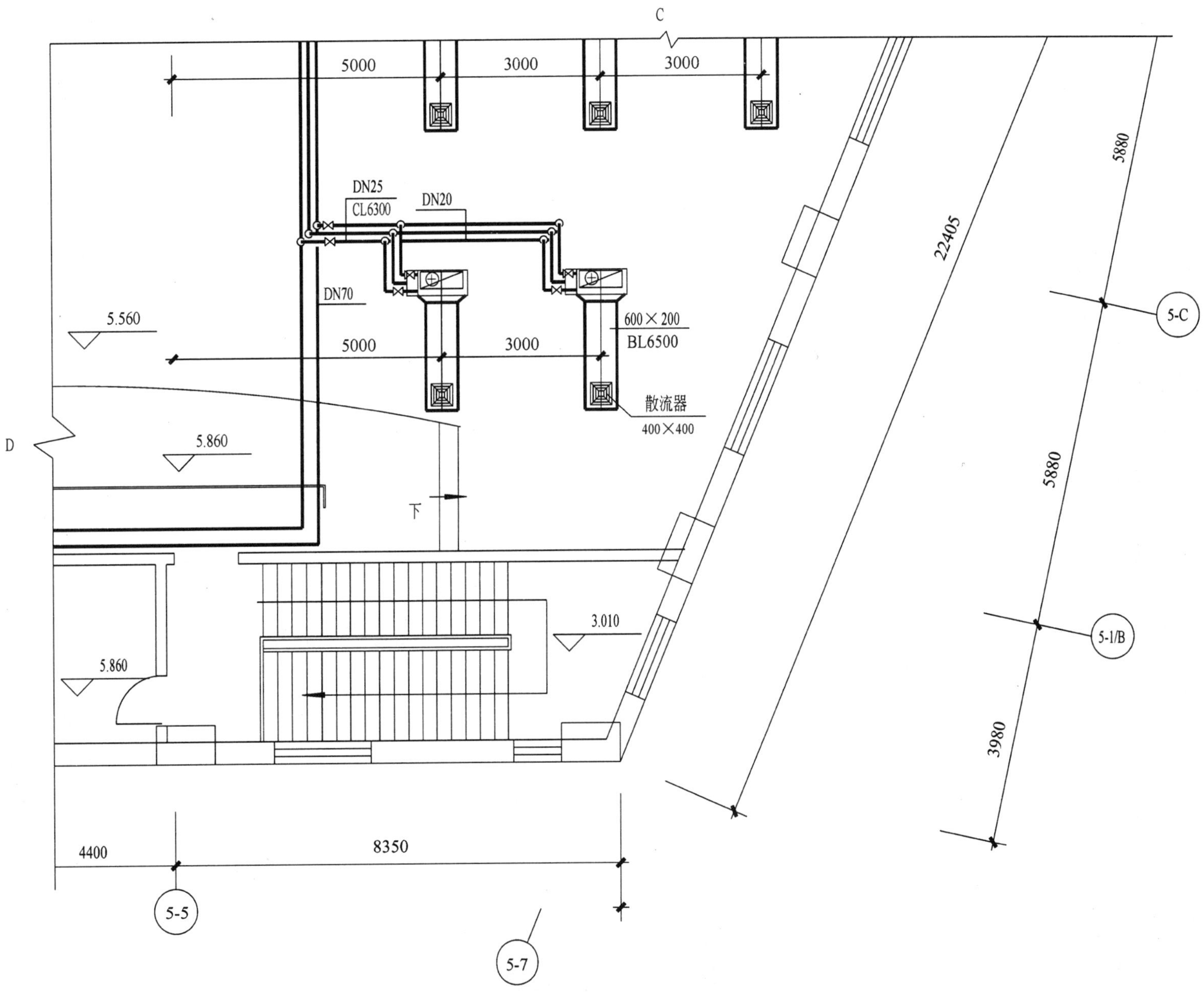


5 号教学楼二层空调平面图（五）

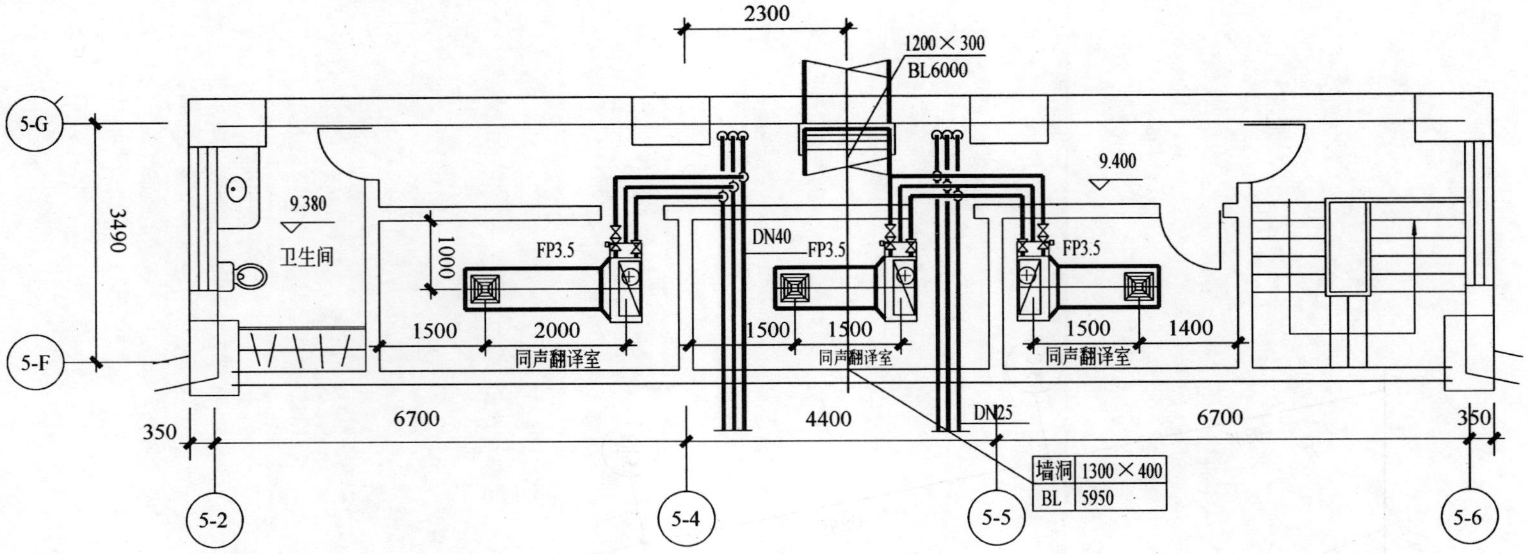


同声翻译室详图

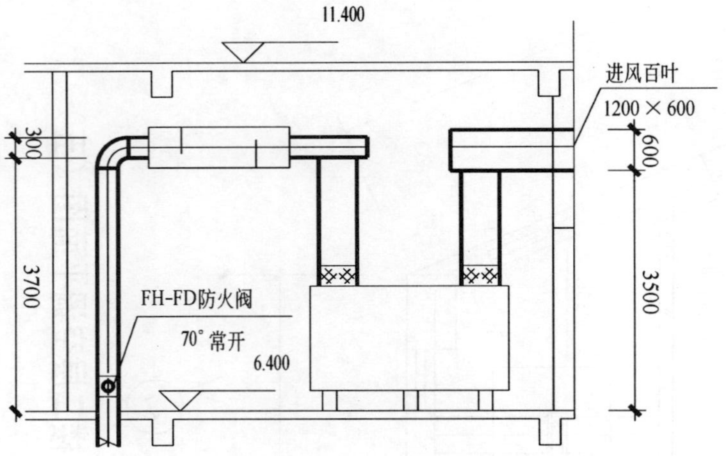


1—1 剖面图

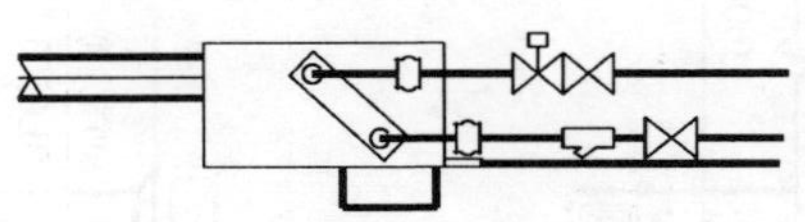

风机盘管接管详图

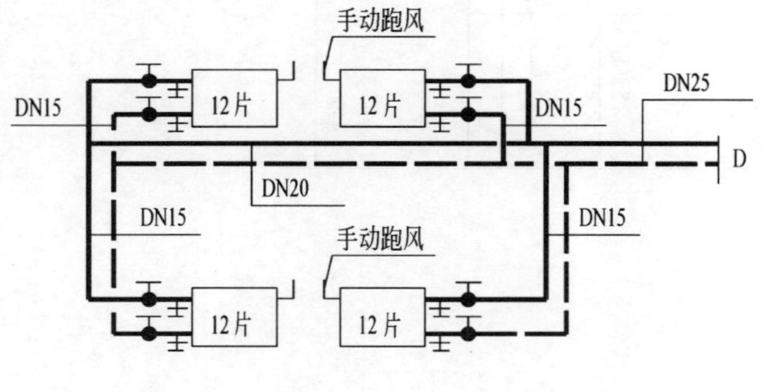


卫生间采暖系统图

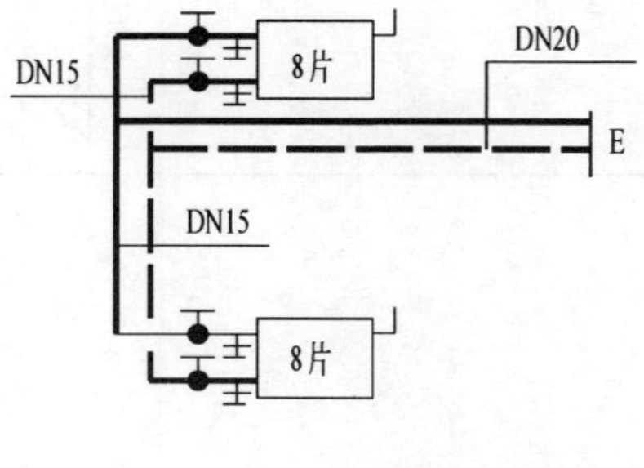


卫生间采暖系统图

## 5号教学楼二层空调平面图（六）

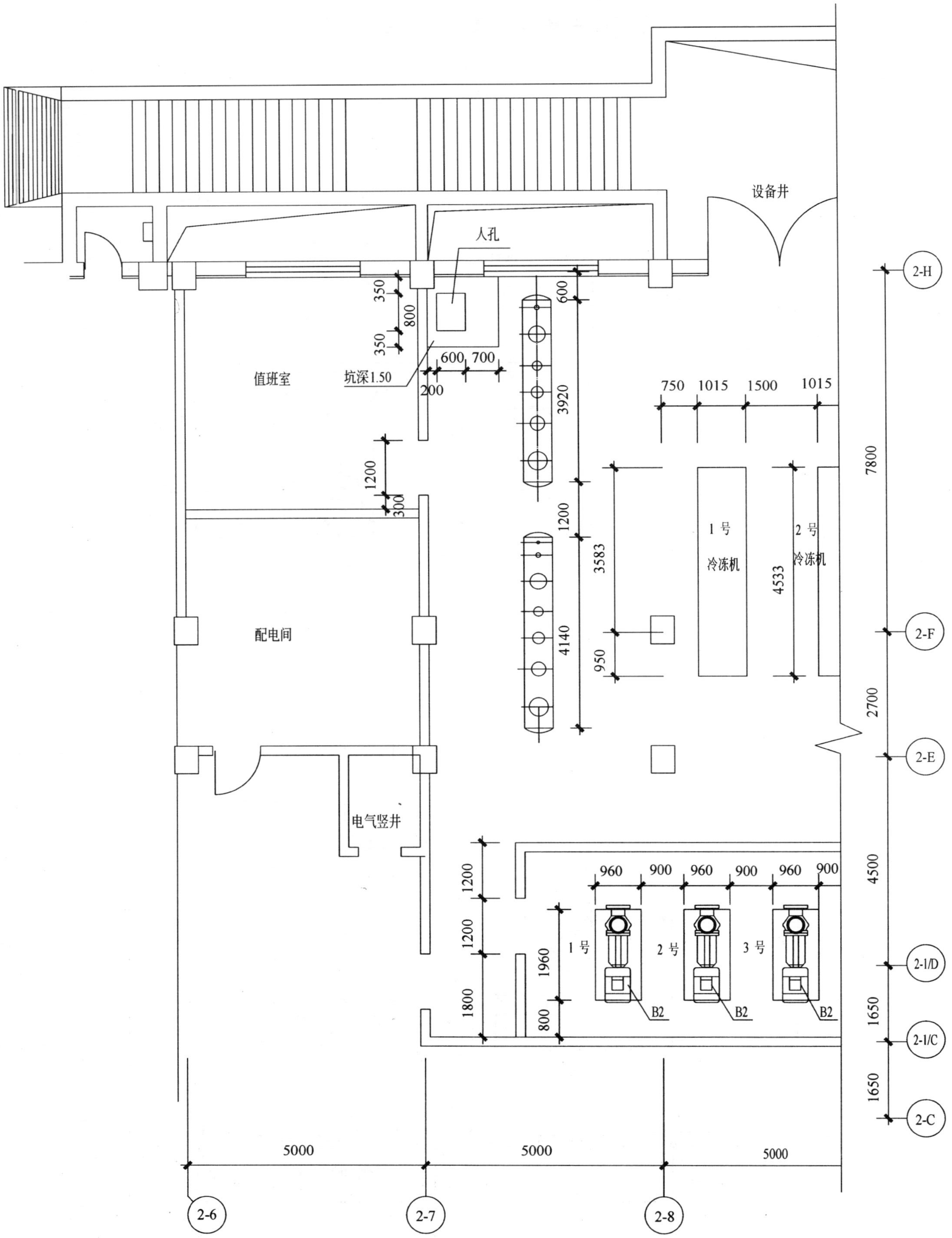


制冷机房设备布置平面图（一）

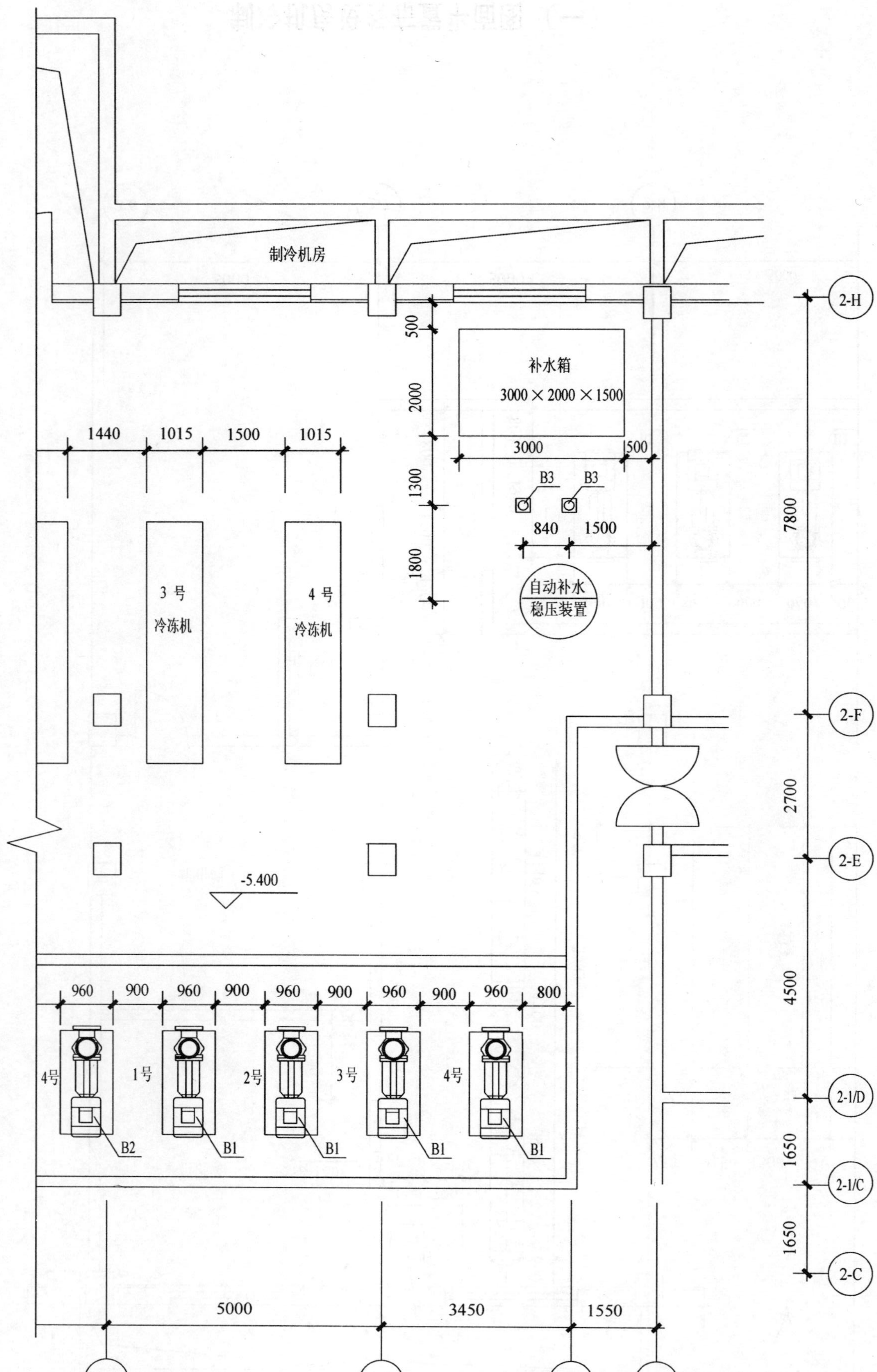


制冷机房设备布置平面图（二）

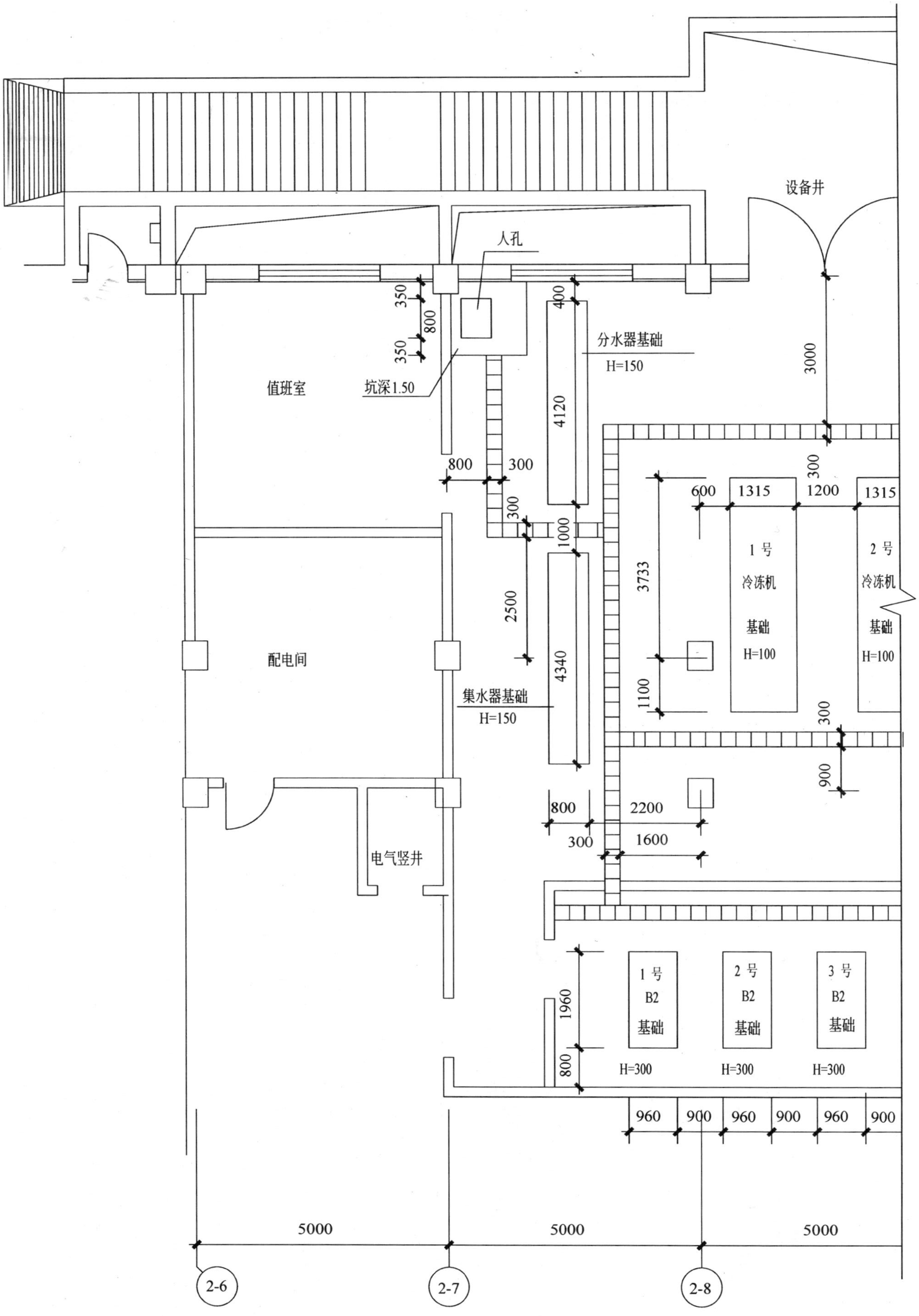


制冷机房基础布置平面图（一）

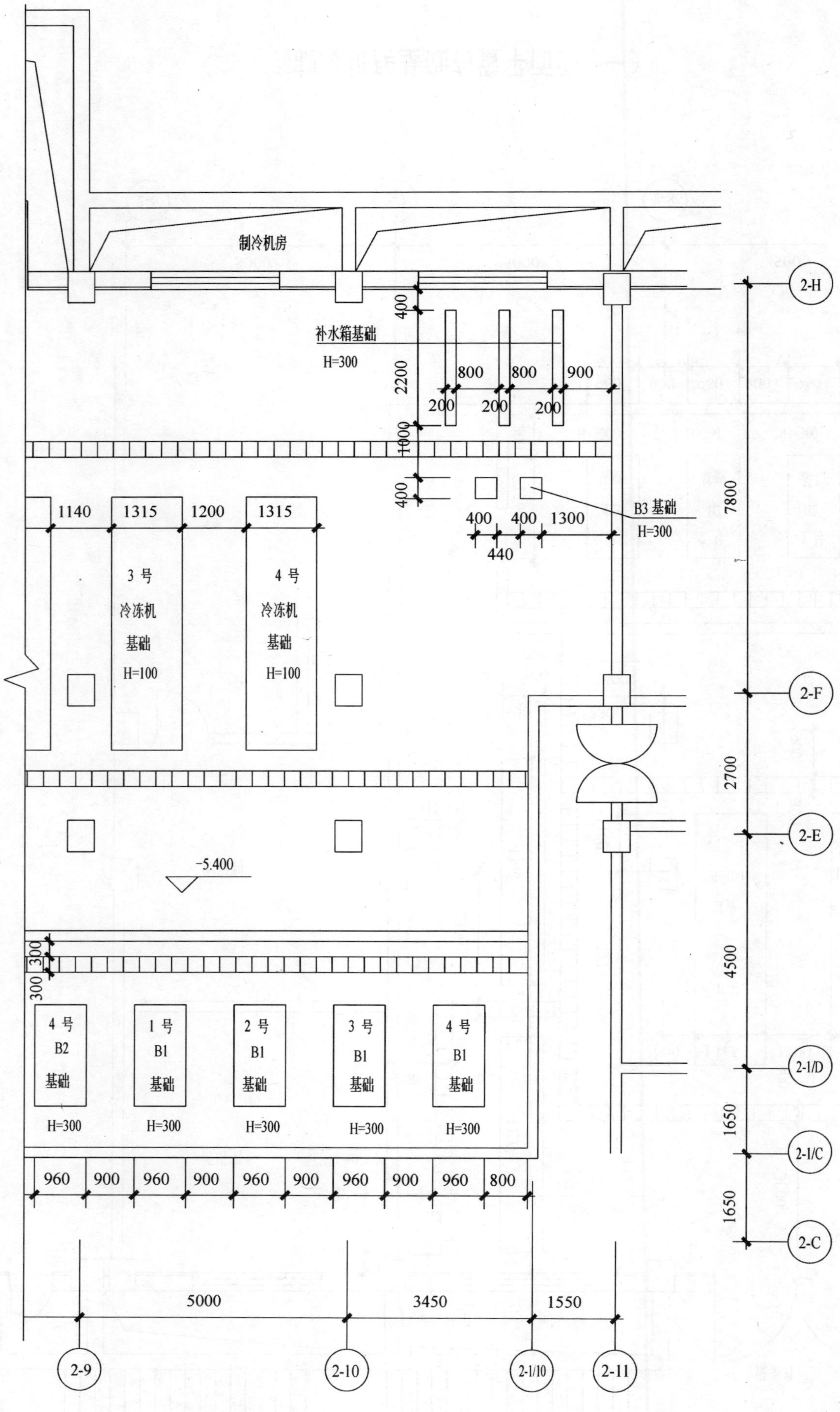


注：本图中所有基础高度均指距-5.40的高度，
所有基础要求做到结构底板。

## 制冷机房基础布置平面图（二）

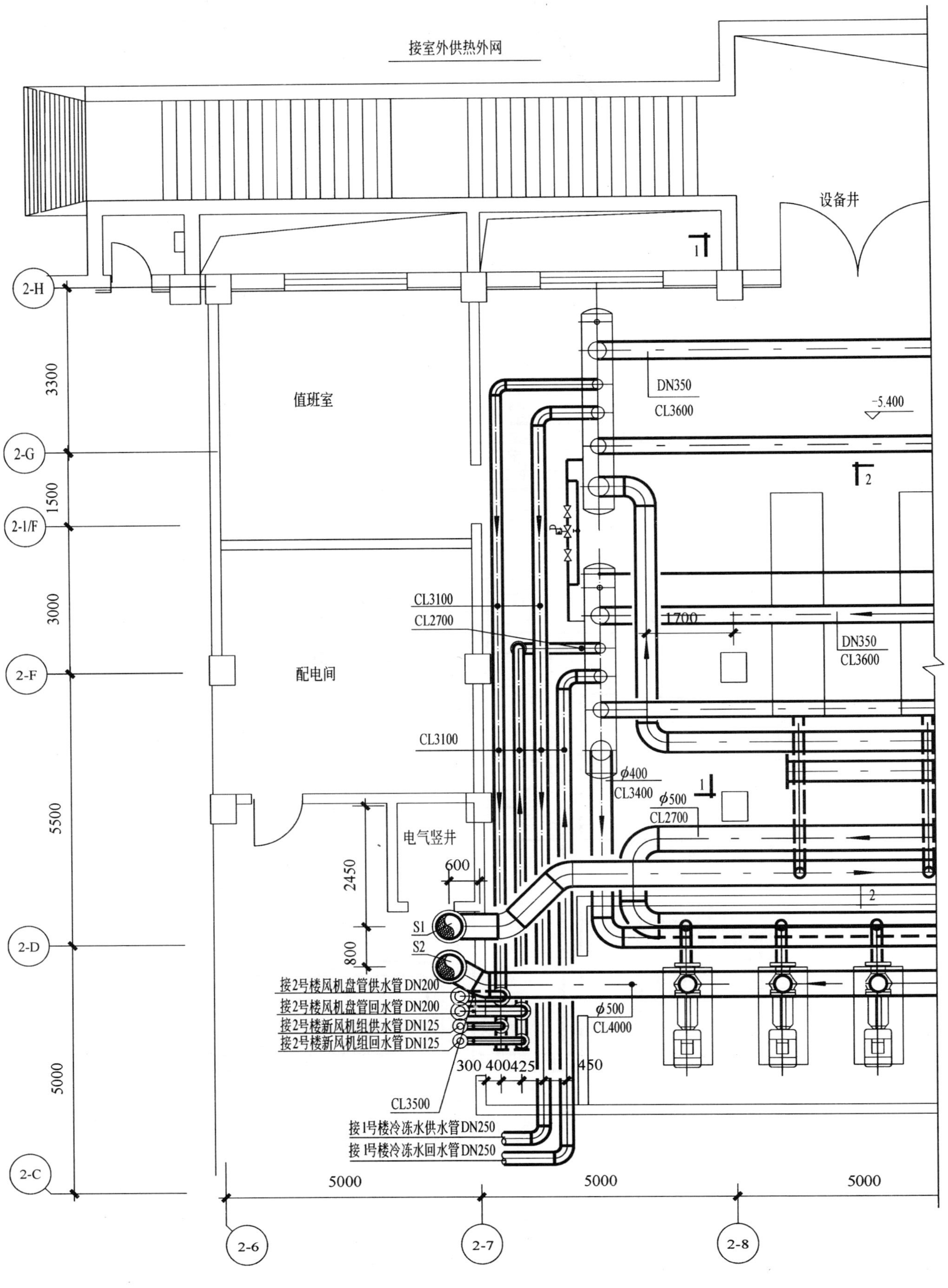
接室外供热外网
设备井
值班室
配电间
电气竖井
DN350
CL3600
-5.400
DN350
CL3600
1700
CL3100
CL2700
CL3100
ϕ400
CL3400
ϕ500
CL2700
ϕ500
CL4000
600
2450
800
S1
S2
接2号楼风机盘管供水管DN200
接2号楼风机盘管回水管DN200
接2号楼新风机组供水管DN125
接2号楼新风机组回水管DN125
300 400425
450
CL3500
接1号楼冷冻水供水管DN250
接1号楼冷冻水回水管DN250
2-H
2-G
2-1/F
2-F
2-D
2-C
3300
1500
3000
5500
5000
2-6
2-7
2-8
5000
5000
5000

制冷机房管路平面图（一）

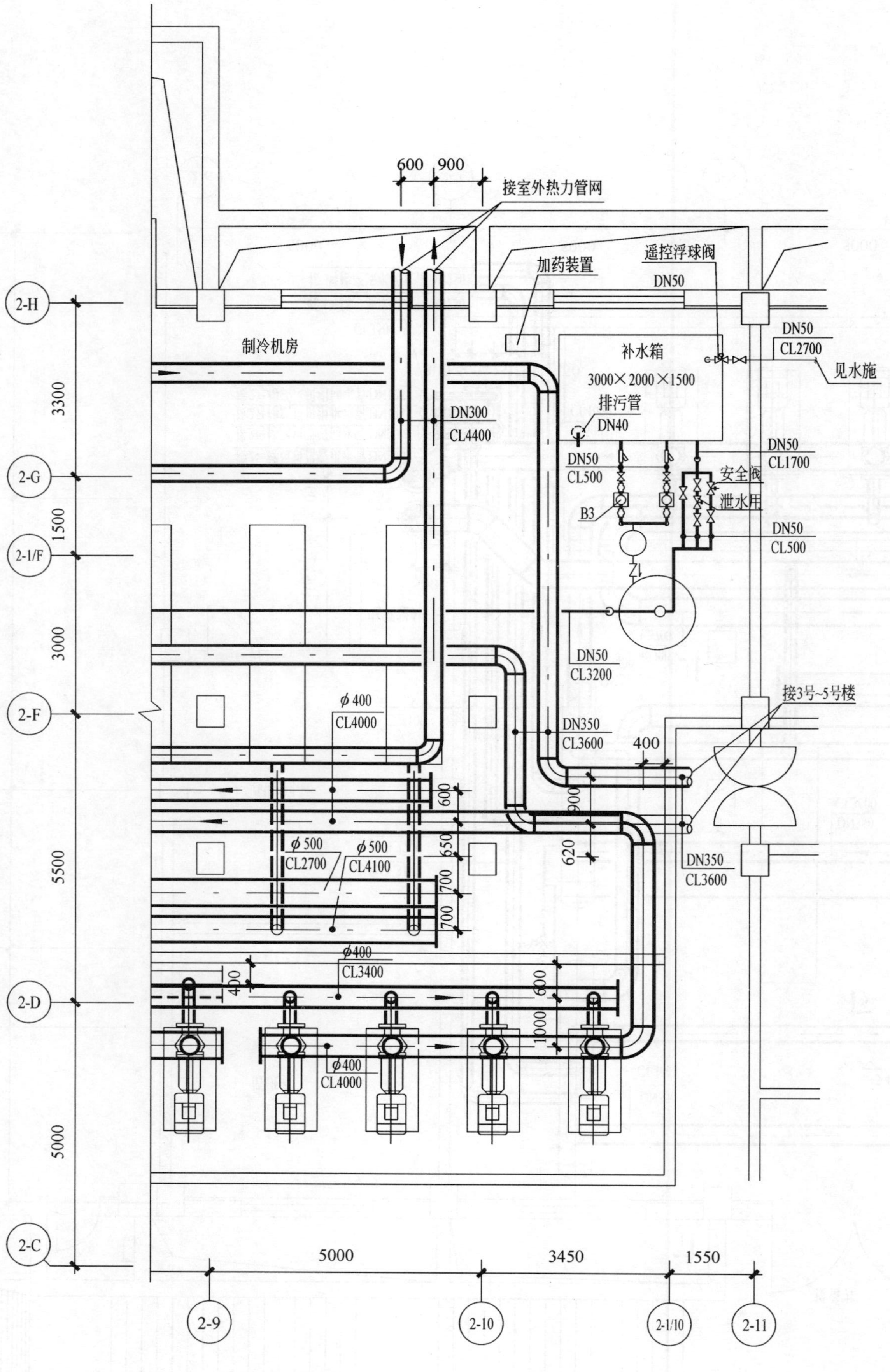
600
900
接室外热力管网
加药装置
遥控浮球阀
DN50
制冷机房
补水箱
3000×2000×1500
排污管
DN40
DN50
CL2700
见水施
DN300
CL4400
DN50
CL500
DN50
CL1700
安全阀
泄水用
B3
DN50
CL500
DN50
CL3200
DN350
CL3600
接3号~5号楼
400
ϕ400
CL4000
ϕ500
CL2700
ϕ500
CL4100
600
650
700
700
900
620
DN350
CL3600
ϕ400
CL3400
400
600
1000
ϕ400
CL4000
2-H
2-G
2-1/F
2-F
2-D
2-C
3300
1500
3000
5500
5000
5000
3450
1550
2-9
2-10
2-1/10
2-11

制冷机房管路平面图（二）

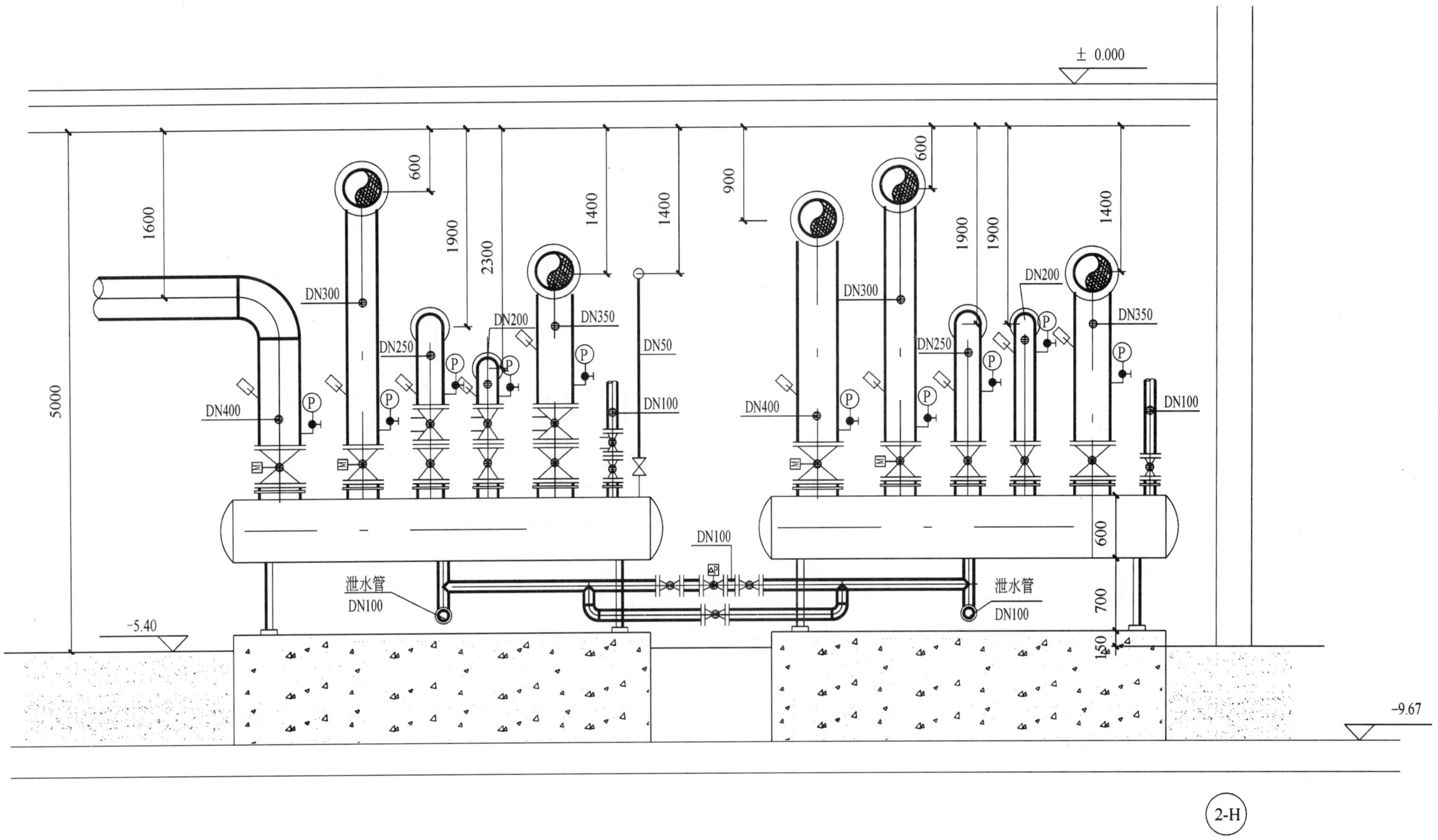

± 0.000
1600
5000
600
1900
2300
1400
1400
900
600
1900
1900
1400
DN300
DN250
DN200
DN350
DN50
DN400
DN100
DN300
DN250
DN200
DN350
DN400
DN100
DN100
泄水管
DN100
泄水管
DN100
600
700
150
-5.40
-9.67
2-H


1—1剖面图

详图（一）

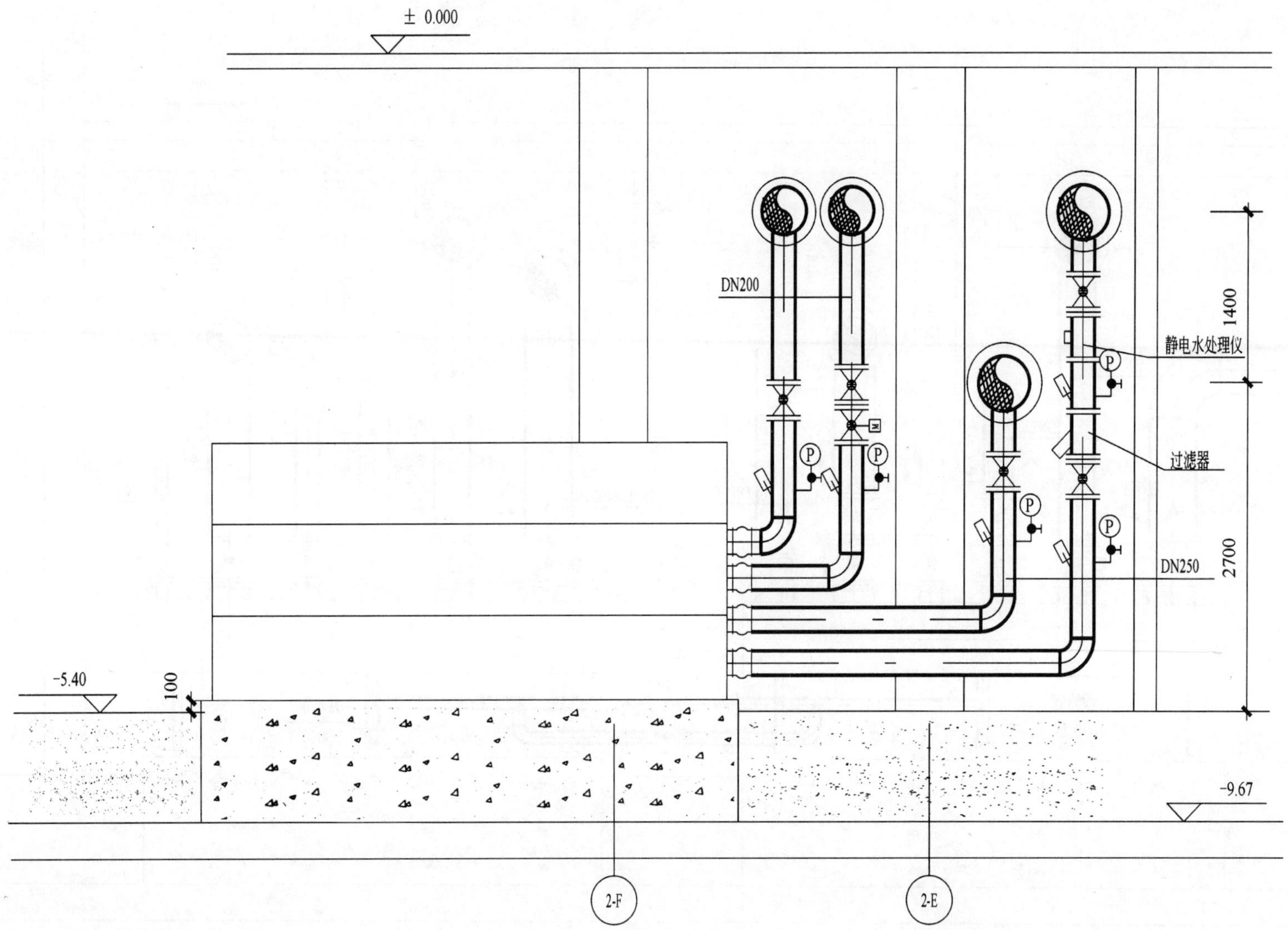


2—2 剖面图

详图（二）

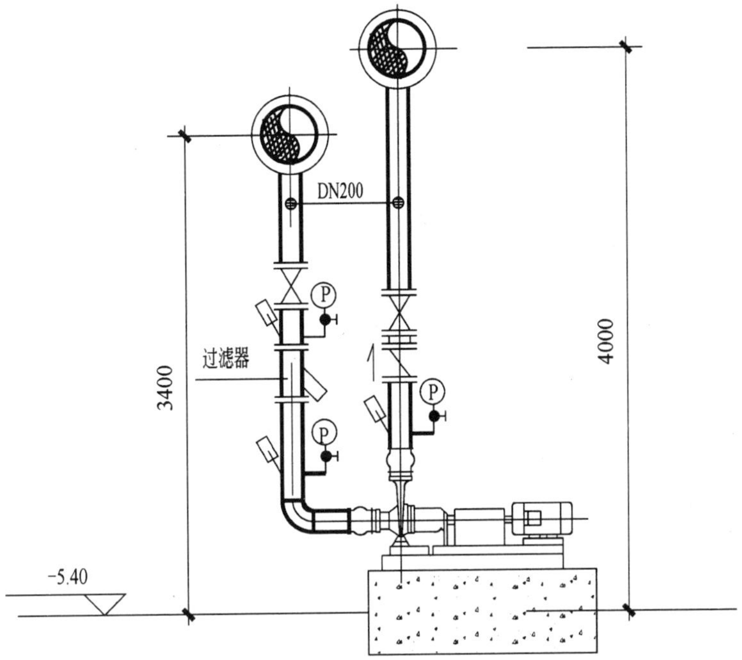


冷冻水泵接管详图

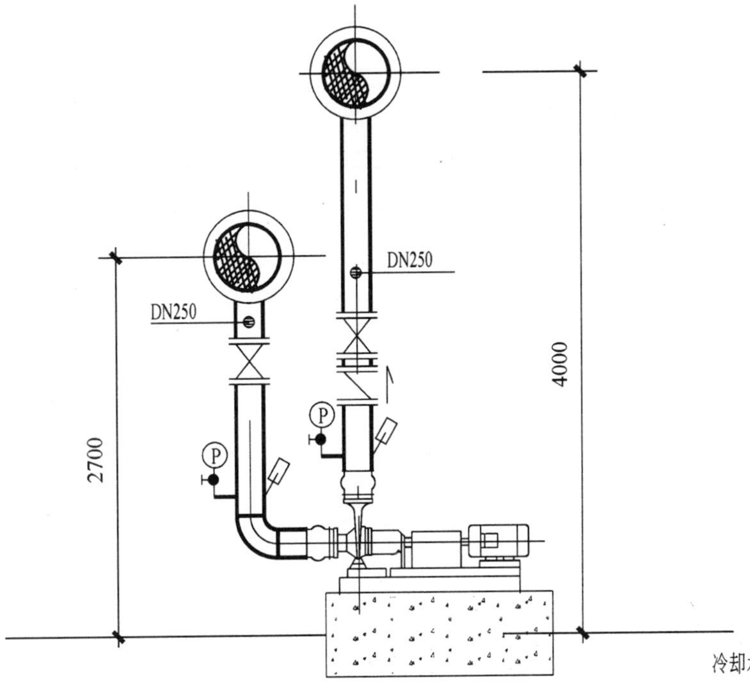


冷却水泵接管详图

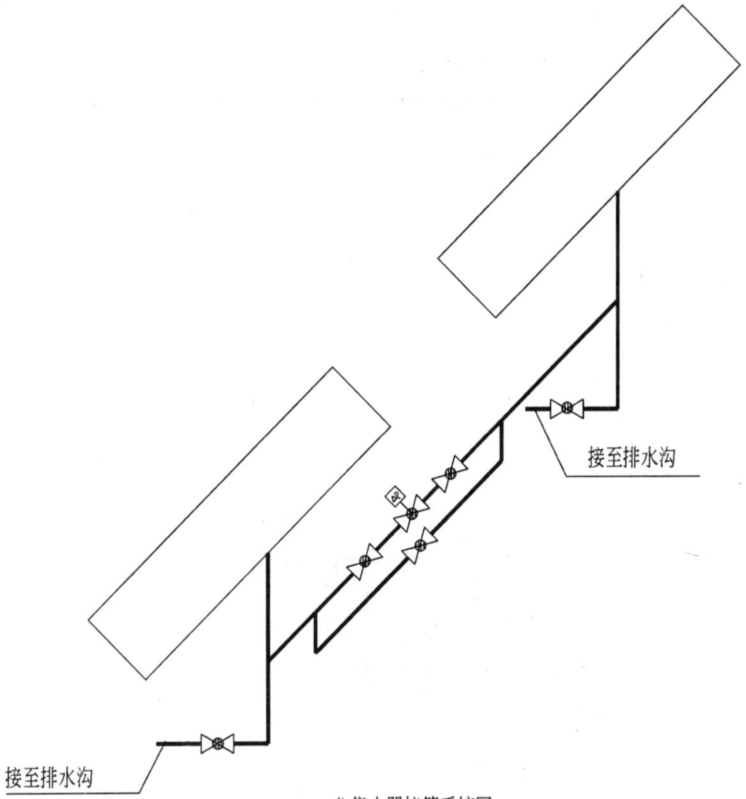


分集水器接管系统图

## 详图（三）

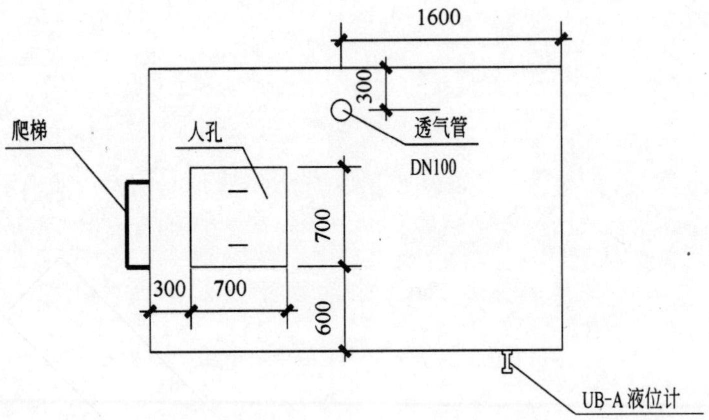


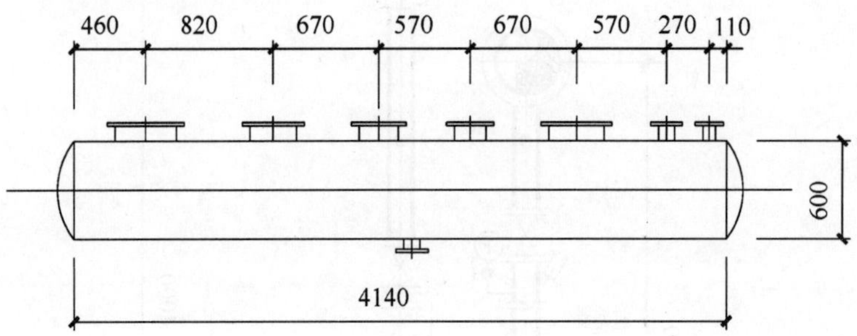


集水缸构造图

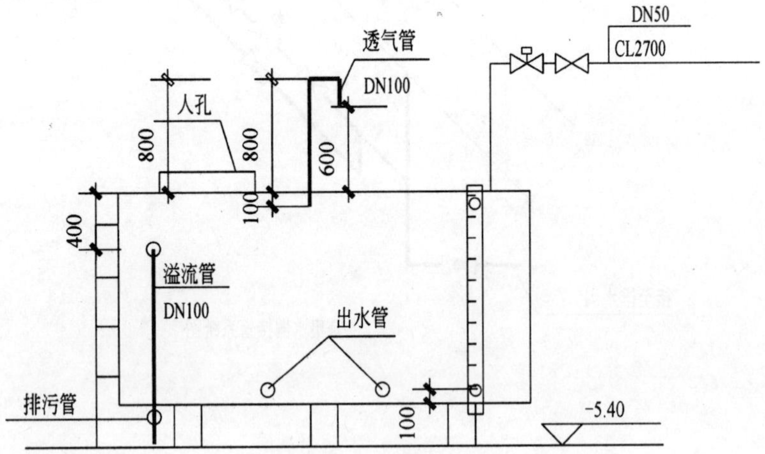


补水箱详图

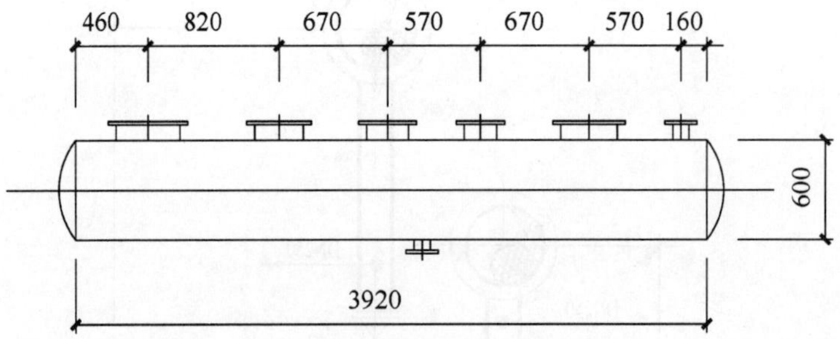


分水缸构造图

详图（四）

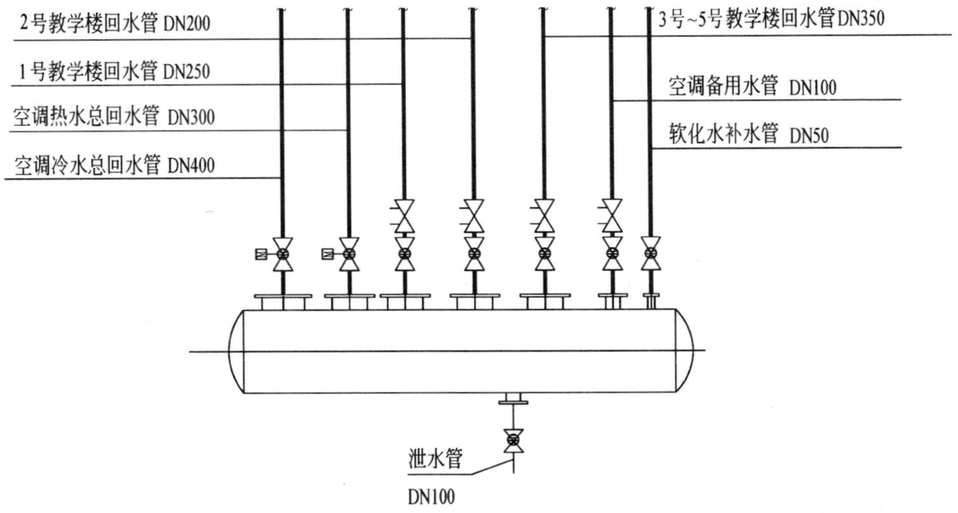


集水缸接管图

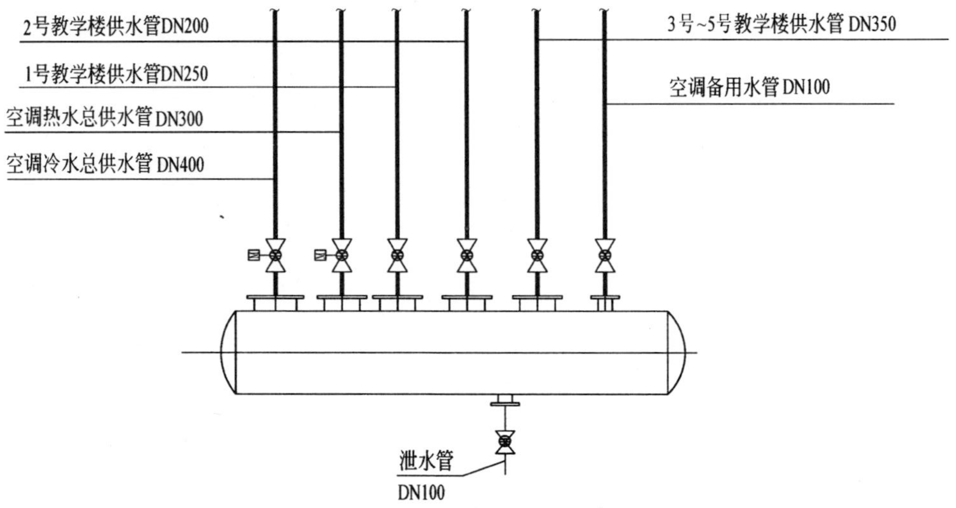


分水缸接管图

## 详图（五）